Die klassische Physik eines Galilei und Newton hat die Mechanik des menschlichen Körpers verständlich gemacht. Doch erst die Quantenphysik versetzt uns in die Lage, den letzten Geheimnissen des Lebens ein Stück näherzukommen. In einer präzisen, bild- und beispielreichen Sprache lädt der amerikanische Physiker Fred Alan Wolf Fachleute und Laien zu einer neuen Entdeckungsreise in den menschlichen Körper ein. Was hier an Informationen über physiologische und Bewußtseinsprozesse vermittelt wird, läßt erneut staunen über etwas scheinbar Selbstverständliches, das Funktionieren von Organismen, und läßt nachdenken über den bisher ungeklärten Zusammenhang von Körper und Geist.

Fred Alan Wolf promovierte in theoretischer Physik an der University of California in Los Angeles. Forschungsaufträge und Seminare führten ihn an die Universitäten von London, Paris, Tokio und Leningrad sowie an verschiedene amerikanische Hochschulen. Wolf lebt heute als Physiker, Schriftsteller und High-Tech-Berater in San Diego. Zahlreiche Veröffentlichungen; für sein Buch *Der Quantensprung* erhielt er den American Book Award für das beste Sachbuch 1982. Im Insel Verlag erscheint ebenfalls seine große Studie über *Parallel-Universen. Die Suche nach anderen Welten.*

insel taschenbuch 1497
Fred Alan Wolf
Körper, Geist und neue Physik

Fred Alan Wolf
Körper, Geist und
neue Physik

Eine Synthese der neuesten
Erkenntnisse von Medizin und
moderner Naturwissenschaft

Aus dem Amerikanischen
von Friedrich Griese

Insel Verlag

insel taschenbuch 1497
Erste Auflage 1993
Insel Verlag Frankfurt am Main und Leipzig
© der deutschen Ausgabe Scherz O. W. Barth Verlag,
Bern-München-Wien 1989
Alle Rechte vorbehalten
Lizenzausgabe mit freundlicher Genehmigung des Scherz Verlags, Bern
Hinweise zu dieser Ausgabe am Schluß des Bandes
Vertrieb durch den Suhrkamp Taschenbuch Verlag
Umschlag nach Entwürfen von Hermann Michels
Druck: Nomos Verlagsgesellschaft, Baden-Baden
Printed in Germany

1 2 3 4 5 6 – 98 97 96 95 94 93

Inhalt

Vorwort von Dr. med. Larry Dossey   7

Geleitwort von Prof. Dr. Alfred M. Freedman   11

Einführung: Der Körper ist ein Mysterium   15

Erster Teil: Bewegung   27

1. Die Physik der körperlichen Dimensionen   29
2. Was wir in den Knochen haben   36
3. Die Physik von Hals- und Beinbruch   42
4. Astronauten, Skelette und die Wechseljahre der Frau   47
5. Die Quantenphysik der Fitneß und der Müdigkeit   51
6. Die Quantenphysik von Sport und Streß   66

Zweiter Teil: Ernährung   77

7. Du bist, was du ißt   79
8. Körperrhythmen und die Physik der Gewichtskontrolle   88

Dritter Teil: Aufbau   103

9. Die Quantenphysik des Körperaufbaus   106
10. Woraus bestehen Hinz und Kunz?   114
11. Die Struktur der Moleküle des Lebens   119
12. Genetischer Code und Quantenphysik   125
13. Die lebende Zelle: Information und Proteine in Bewegung   129
14. Reproduktion: Die Quantenphysik des Sex   136

Vierter Teil: Wahrnehmen   147

15. Was den elektrischen Körper zum Sirren bringt   149
16. Der magnetische Körper   162
17. Wer Ohren hat zu hören ...   173
18. Was ich sehe, das glaube ich   189

Fünfter Teil: Atmen   211

19. Das Herz und wie man es messen kann   213
20. Leben in Druckanzügen   222
21. Die Quantenphysik des Blutes   237
22. Warum wir Luft schnappen müssen   248

Sechster Teil: Bewußtsein   255

23. Kommunikation: Sie haben Nerven!   257
24. Gib mir Autonomie, oder gib mir den Tod   261
25. Die Wechselwirkung zwischen Geist und Körper   268

Siebenter Teil: Heilung   281

26. Die Quantenphysik der Krankheit   283
27. Krebs oder der Schrei einer Zelle nach Unsterblichkeit   291
28. Ursache und Heilung quantenphysikalischer
    Krankheiten   295
29. Der Quantencode des Todes   302
30. Der Geist: Quantenmörder und Quantenheiler   314

Achter Teil: Transformation   321

31. Botschaften aus einem parallelen Universum   324
32. Ich, Streß und Streßabbau – ein Quantenmodell   333
33. Die Transformation des Körper-Geistes   352

Nachwort: Die Zukunft des Körpers   356
Literaturverzeichnis   359
Personen- und Sachregister   364

Vorwort

In der modernen Medizin geschieht etwas Eigenartiges. Allerorten gibt es heute Erscheinungen, die offenbar bedeutsam sind, die aber ignoriert werden, Ereignisse, die nach einer Erklärung verlangen, die wir jedoch bewußt übersehen. Warum zum Beispiel läßt uns nicht die erstaunliche Tatsache stutzig werden, daß der Herzinfarkt, die häufigste Todesursache in unserer Gesellschaft, montags mehr Opfer findet als an jedem anderen Wochentag? Warum sollte der Mensch das einzige Säugetier sein, das häufiger an einem bestimmten Wochentag stirbt? Es ist nicht schwer, noch viele weitere rätselhafte Vorkommnisse zu finden. Warum zum Beispiel ist die Verweildauer von Patienten nach einer Gallenblasenoperation kürzer, wenn sie aus dem Fenster ihres Krankenhauszimmers statt auf eine Backsteinmauer auf grüne Bäume schauen? Warum setzt bei manchen Menschen, die ihren Ehegatten verloren haben, die Immunabwehr aus, und warum steigt im ersten Jahr nach einem solchen Verlust die Sterbehäufigkeit? Warum empfinden Angina-Patienten 50 Prozent weniger Schmerz, wenn sie den Eindruck haben, ihre Ehefrau sei liebevoll und fürsorglich? Warum beobachten wir bei der *Mehrheit* derjenigen, die ihren ersten Herzinfarkt erleiden, *keinen* der großen Risikofaktoren für Herzkrankheiten: Zigarettenrauchen, hoher Blutdruck, Diabetes oder erhöhter Cholesterin-Spiegel im Blut?

Es ist vielleicht nicht ganz richtig zu sagen, diese anomalen Erscheinungen würden ignoriert, denn sie alle sind aufgrund sorgfältiger wissenschaftlicher Beobachtung dokumentiert worden und finden bei einer wachsenden Zahl von interessierten Forschern Aufmerksamkeit. Doch die Mehrheit der Biowissenschaftler und der praktizierenden Ärzte zeigt an derartigen Erscheinungen, die offensichtlich etwas mit dem menschlichen Bewußtsein zu tun haben, bislang wenig Interesse. Im Mittelpunkt der Medizin steht bis heute der physische Körper, und klinische Erscheinungen, bei denen «die Seele» hereinspielt, gelten nicht als ebenso legitim oder «real» wie Probleme, die eine rein körperliche Ursache haben.

Mit dem vorliegenden Buch führt der Physiker Fred Alan Wolf ein verblüffend neues Denkmodell in die Medizin ein, das uns den Körper mit neuen Augen sehen läßt und vielleicht dazu beitragen wird, medizinische Rätsel wie die oben geschilderten zu lösen. Auf die Erkenntnisse der modernen Physik gestützt, entwickelt er eine neue Auffassung vom Körper und von Gesundheit und Krankheit. In dieser neuen Sicht kann man eigentlich nicht mehr von «körperlichen» Krankheiten sprechen, so als ließen sie sich losgelöst von der Seele und vom Bewußtsein betrachten. *Die körperliche Welt der festen Materie, des Lichts und der Energie ist ihm zufolge ohne das menschliche Bewußtsein gar nicht existent und kann unabhängig von diesem gar nicht existieren.* Von zentraler Bedeutung für diese neue Sicht des Körpers ist die ausschlaggebende Rolle, die der Beobachter in der Quantenphysik spielt, ohne den dieses, moderne Weltbild im Grunde nicht zu verstehen ist.

Doch warum sollten wir auf Prof. Wolf hören? Können wir nicht bei unseren gewohnten Vorstellungen über das Funktionieren des Körpers bleiben, die sich ganz auf die klassische Auffassung von Materie und Energie stützen? Warum etwas so Ätherisches wie das Bewußtsein einführen, um etwas so Konkretes wie den physischen menschlichen Körper zu erklären? Dafür sprechen mehrere Gründe, die über die oben geschilderten klinischen Beobachtungen hinausgehen.

Einer der größten Physiker dieses Jahrhunderts, Niels Bohr, hat vorausgesagt, daß die biologischen Vorstellungen «selbstverständlich» einmal der Quantenphysik folgen würden. Im gleichen Sinne hat der Wissenschaftler und Philosoph Jacob Bronowski bemerkt, quantenphysikalische Vorgänge seien genau das, was sich in unserem Gehirn und Nervengewebe und in der DNS abspielt, aus der unser Erbmaterial besteht. Ein Physiker von heute, John Archibald Wheeler, erklärt, die ganze Welt sei im Grunde eine Quantenwelt und jedes System (darunter wohl auch der menschliche Körper) sei unweigerlich ein Quantensystem.

Den Gegenpol zu diesen Äußerungen, nach denen die Medizin sich irgendwann mit der Quantenphysik wird auseinandersetzen müssen, bildet die Selbstgewißheit der meisten Mediziner, die kaum ahnen, wie weit die Implikationen der modernen Physik reichen. Bei allem Respekt vor den unglaublichen Leistungen der modernen Biowissenschaft kann man von einer schizophrenen Situation sprechen: Während die exakteste Wissenschaft, die es je gegeben hat – die moderne Physik –, die Rolle des Beobachters im allgemeinsten Sinne einschließt, schließt die moderne Biowissenschaft eine solche Rolle aus und bleibt dabei, daß man den menschlichen Körper mit klassischen Begriffen erklären könne. Zumindest kann man von einer angespannten Situation sprechen. *Keine Lösung* bietet das herkömmliche Argument, der Körper als makroskopisches Objekt entziehe sich den Vorgängen im Quantenmaßstab, diese Vorgänge würden durch das Gesetz der großen Zahlen «überspielt» und *daher* sei das Bewußtsein für das Funktionieren des Körpers nicht von Belang.

Fred Wolf sieht diese Ungereimtheit und will mit seinem bahnbrechenden Buch quantenphysikalisches Denken in die Medizin einführen. Dabei ist nicht wichtig, daß ein Physiker wie er sich dieser Aufgabe angenommen hat, ein Mann mit ausgewiesenen wissenschaftlichen Verdiensten; die Erkenntnisse, die hier vorgetragen werden, stammen nämlich von einem, der die dünne Luft der mathematischen Höhen atmet, zu denen die Quantenphysik sich aufgeschwungen hat.

Wer in Wolfs Bemühen um ein verändertes Verständnis des menschlichen Körpers einen belanglosen Ausflug in unnötige Komplikationen sieht, ist meilenweit von der Wahrheit entfernt. Von unseren Realitäts*modellen* hängt ganz real ab, was wir beobachten können, was wir als wichtig betrachten und was wir im Hinblick auf bestimmte Probleme zu tun beschließen. Dies einzusehen ist nirgendwo wichtiger als in der Medizin, wo es um menschliches Leiden und um Menschenleben geht. Wir erkennen, daß wir mit Phänomenen, die wir nicht verstehen, auch nicht umgehen können; dadurch bleiben unsere Hände, was die Therapie betrifft, an die altehrwürdigen Säulen der Pharmazie und der Chirurgie gebunden, und unsere seelenlosen Modelle hindern uns daran, nützliche Therapien anzuwenden, die sich auf das Bewußtsein stützen.

Dieses Buch leistet einen bedeutenden Beitrag zur Medizin, es ruft unüberhörbar zu einer neuen Betrachtungsweise auf; vor allem versucht es, dem modernen Menschen wieder deutlich zu machen, welche Bedeutung das Bewußtsein für den menschlichen Körper hat, nachdem eine reduktionistische Wissenschaft alles getan hat, das Bewußtsein aus dem Körper zu verbannen. Diese Arbeit ist ein Anzeichen dafür, daß wir vor einem Neubeginn im medizinischen Denken stehen, der ebenso grundlegend ist wie damals, als die Wissenschaft als unerwarteter Gast in der Medizin auftauchte. Sie ist ein Vorzeichen für künftige Dinge, *Seelen*-Dinge, *Bewußtseins*-Dinge, die in Wirklichkeit natürlich gar keine Dinge sind.

Der werte Leser möge bedenken, daß er es hier nicht mit einem landläufigen Anatomie-Lehrbuch zu tun hat: Dies ist stärkere Medizin. Mit der Weltsicht, die sich im Anatomie- oder Physiologie-Labor bewährt hat, ist sie nicht zu verdauen. In diesem Buch geht es um etwas mehr als den Körper – und dieses «etwas mehr» ist die Botschaft des Buches.

Dr. med. Larry Dossey

Geleitwort

Wann immer ich ein Buch oder einen Aufsatz von Fred Alan Wolf lese, spüre ich, wie alle meine Neuronen aktiviert werden und mit höchster Intensität feuern. Ich fühle, was man in meinem Alter nicht erwarten würde, daß neue Verbindungen – Synapsen – entstehen und daß ich eine neue, höhere Stufe des Verstehens der Funktionsweise des Menschen und der Natur erreiche. Nicht, daß ich mit allem, was er schreibt, übereinstimme oder jede Gleichung völlig verstehe; aber wegen seiner treffenden Ausdrucksweise und der seltenen Fähigkeit, komplizierte physikalische Zusammenhänge verständlich darzustellen, kann ich dem, was er geschrieben hat, in den meisten Fällen folgen. Sogleich kommt mir der Gedanke: «Das ist es, was ich gesucht habe. Dies ist eine neue Art, komplizierte Probleme, deren Lösung unmöglich erschien, darzustellen.»

Ich muß an einen Satz von Albert Einstein denken: «Die Spaltung des Atoms hat alles verändert, nur nicht unser Denken, und deshalb treiben wir einer beispiellosen Katastrophe entgegen... Wenn die Menschheit überleben soll, müssen wir ein grundlegend neues Denken fordern». Die Wendung «ein neues Denken» kommt mir in den Sinn, wenn ich dieses Buch lese, und ich habe dabei die künftige Entwicklung der Psychiatrie, der Verhaltenswissenschaft und der Medizin im Auge. Mediziner und Psychiater wie ich selbst und der bekannte Dr. George Engel halten schon seit einiger Zeit Ausschau nach einem neuen biomedizinischen Modell, das sich auf Ideen der modernen Physik stützt.

Fred Wolf stützt sich auf die Erkenntnisse der modernen Physik, wenn er in diesem Buch die Vorgänge im menschlichen Körper im gesunden und im kranken Zustand erläutert und deutet. Zu den zahlrei-

chen Themen, die er behandelt, gehören die Wechselwirkung zwischen
Leib und Seele sowie eine neue, herausfordernde Darstellung des Bewußtseins, in der er zwischen dem menschlichen Bewußtsein und der
Quantenphysik einen grundlegenden Zusammenhang herstellt. In bezug auf das Bewußtsein – es umfaßt das Denken, das Fühlen und die
Wahrnehmung – stützt sich Wolf auf die allgemein anerkannte Deutung
der Quantenmechanik, die sogenannte Kopenhagener Deutung, derzu-
folge erst der Akt der Beobachtung, das Eindringen der bewußten Aktivität des Menschen, ein tatsächlich feststellbares Ereignis auf der
subatomaren Ebene eintreten läßt. Der Beobachtereffekt bedeutet, daß
die Handlungen des menschlichen Beobachters «eine dynamischere
Rolle im Universum spielen, als man bislang ahnte».

Fred Wolf weist auf die in der Physik wohlbekannte Tatsache hin, daß
«es von jener unvorhersagbaren Wirkung, die als Beobachtereffekt bekannt ist, abzuhängen scheint, wann ein Teilchen ein solides Objekt und
wann es eine Welle ist». Je nachdem, wie die Beobachtung durchgeführt
wird, erscheint ein subatomares Teilchen bald als solides Objekt, bald
als physikalische Welle. Nicht nur, daß der Akt der Beobachtung oder
die Art und Weise, in der die Beobachtung durchgeführt wird, die Natur
dessen, was man beobachtet, verändert – es ist darüber hinaus unmöglich, Ort und Impuls eines solchen subatomaren Teilchens gleichzeitig
zu bestimmen, ein Beispiel für Heisenbergs Unschärferelation. Dieser
Begriff der «Komplementarität» ist nur eine der zahlreichen unge-
wohnten Erscheinungen, auf die wir bei der Beschreibung des Verhaltens jener Welt stoßen, die nicht nur unserer Alltagserfahrung, sondern
auch der Theorie und Praxis der modernen Medizin widerspricht.

In der Physik sind diese Vorstellungen seit mehr als achtzig Jahren im
großen und ganzen anerkannt. Daß sie in das Denken der medizinischen Forscher, der Physiologen, der Biochemiker und anderer, die sich
auf die lineare Kausalität der Newtonschen Mechanik verlassen, bisher
nicht Eingang gefunden haben, ist verwunderlich. Der Geist hat für die
Vertreter dieses Denkens seinen Ort im euklidischen Raum. Wolf dagegen setzt das Bewußtsein gleich mit dem Prozeß der Wellentransforma-
tion durch die Festsetzung von Genauigkeitsgrenzen für die Beobachtung sei es der Energie, sei es des Ortes von Protein-Tormolekülen, die
in die neurale Membran eingebettet sind.

Meine Kollegen werden natürlich die berechtigte Frage stellen: Wozu
sollen wir uns mit all diesem komplizierten Zeug abgeben? Wir kommen auch ohne das ganz gut zurecht. Die Fortschritte der Medizin und

besonders der biologischen Psychiatrie sind ja schließlich höchst beeindruckend. Wir Mediziner legen zwar Lippenbekenntnisse zu einem ganzheitlichen Konzept ab und erkennen die Wichtigkeit multipler Variablen an, doch wir haben kein Modell von den komplexen Zusammenhängen innerhalb des Menschen, insbesondere nicht von der Wechselbeziehung zwischen Leib und Seele und vom Bewußtsein. Daß ein biologisch-reduktionistisches Modell oder auch ein psychologischer oder sozialer Reduktionismus ungeeignet sind, wird bereitwillig von den meisten (wenn auch nicht von allen) Medizinern anerkannt. Aber schließlich heißt es dann doch, aus heuristischen Gründen müßten wir unsere Untersuchung auf die eine oder andere Variable beschränken. Es erscheint uns unmöglich, alle Elemente zu einem schlüssigen Ganzen zusammenzufassen.

Fred Wolfs Auseinandersetzung mit der Quantenmechanik läßt einen anderen Aspekt deutlicher hervortreten: Wenn man tiefer und tiefer bohrt, stößt man auf immer kleinere Teilchen. In der medizinischen und psychiatrischen Forschung von heute läßt sich das beobachten. Ihr Zielobjekt hat sich verschoben, vom Organ zur Zelle, dann zum Molekül, zum Atom und jetzt zum subatomaren Teilchen. Wird die Zuverlässigkeit oder die Genauigkeit der Ergebnisse dadurch verbessert? Werden unsere Erkenntnisse dadurch zwangsläufig präziser, gewinnen wir größere Eingriffsmöglichkeiten?

Wenn wir schließlich zur subatomaren Welt vordringen, begegnen wir unweigerlich der Unschärferelation, die unserer Erkenntnis Grenzen setzt. Auch wenn wir uns neue Techniken ausdenken, werden wir um dieses Prinzip nicht herumkommen; es ist eine Grundeigenschaft der Welt, und wir werden es niemals los. Aber viele Forscher in Medizin und Psychiatrie arbeiten drauflos, ohne zu bedenken, daß sie auf dieses Hindernis zusteuern.

Am anderen Extrem sind wir auf die moderne Physik angewiesen, wenn wir das Universum und andere Universen verstehen wollen. Auch um die Ganzheit des Menschen zu begreifen, könnte die moderne Physik vonnöten sein. Sie könnte uns, wie Wolf sagt, zu einem neuen Denken verhelfen, dank dessen es uns eher gelingen könnte, das Funktionieren des Menschen umfassend zu verstehen.

Dr. Larry Dossey hat in einer seiner Arbeiten darauf hingewiesen, daß die Beschränkungen des klassischen Ansatzes zu entmenschlichenden Vorstellungen vom Menschen geführt haben, die aus der Sicht der modernen Physik kaum zu halten sind. Er zitiert Carl Sagan mit der

Äußerung: «Die fundamentale Prämisse über das Gehirn lautet, daß seine Funktion, die wir gelegentlich ‹Geist› nennen, Konsequenzen seiner Anatomie und Physiologie sind *und sonst nichts*», und bemerkt dazu: «Wie Wolfs Perspektive zeigt, gibt es aus der modernen Physik ableitbare Betrachungsweisen, in denen diese ‹fundamentale Prämisse› nicht mehr so fundamental ist, wie es bisher den Anschein hatte, und in dem ‹sonst nichts› könnten sich noch einige Überraschungen verbergen».

Die Schlußfolgerung ist klar: Die klassisch-mechanistische, bruchstückhafte Betrachtungsweise läuft unausweichlich darauf hinaus, den Menschen zu zerstückeln und damit das Individuum zu entmenschlichen. In der Medizin äußert sich das in der ausschließlichen Beschäftigung mit den Organen: «Hier haben wir eine interessante, von Krebs befallene Leber». Kein Wort über den Menschen, seine Geschichte, seine Arbeit, seine Familie, seine Ambitionen.

In diesem Buch wird deutlich, daß die Quantenmechanik und die Theorien der modernen Physik mit ihren relativistischen, probabilistischen und nichtlinearen Ansichten nicht nur für Elektronen und andere subatomare Teilchen sowie für Sterne und Galaxien Gültigkeit haben, sondern auch für das Funktionieren des Körpers im gesunden und im kranken Zustand von entscheidender Bedeutung sein könnten. In diesem Sinne könnte die Arbeit von Fred Wolf zu einem neuen Denken führen und es uns dadurch erlauben, einen bislang unerreichbaren Grad von physischer und psychischer Gesundheit zu erreichen.

Prof. Dr. Alfred M. Freedman
Leiter der psychiatrischen Abteilung
New York Medical College
Valhalla, New York

Einführung
Der Körper ist ein Mysterium

Sollten Sie jemals über Ihren Körper nachdenken, so wird es Sie wahrscheinlich ebenso verblüffen wie mich, daß es ihn überhaupt gibt. Die Abermillionen von Prozessen, die in jedem von uns ablaufen, müssen uns einfach in Staunen versetzen. Wie kommt es, daß sich das Leben in Gestalt eines menschlichen Körpers manifestiert, der sich bewegt, ißt, sich aufbaut, wahrnimmt, atmet, Bewußtsein hat, gesundet und sich transformiert?

Der Körper, den wir bewohnen, ist vielfältiger Erfahrungen fähig. Dieses herrliche Instrument kann hochgestimmt oder bedrückt, erschöpft oder verzückt sein. Es kann sich durch Genuß, Wachstum, Denken, Fühlen und Lieben ausdrücken. Es kann auch Haß und Angst empfinden, überlastet und gestreßt sein und sexuelles Verlangen spüren. Es kann sich selbst heilen und sich selbst töten. Und im (scheinbaren?) Unterschied zu anderen Lebewesen und Pflanzen ist uns bewußt, daß wir leben und das Leben erfahren. Wir wissen auch, daß das Leben in unserem Körper irgendwann erlischt. Der Tod bleibt weiterhin das letzte Mysterium.

Es ist anzunehmen, daß schon die ersten Menschen sich dieser Mysterien bewußt waren. Ob sie sich wohl gefragt haben, warum sie lebendig sind, statt als leblose Objekte vom Anbeginn der Zeit bis zum vermutlichen Ende alles Seienden durch das All zu schweben? Das ist gut möglich.

Wenn Sie veranlagt sind wie ich, dann ist Ihr Geist unablässig dabei zu forschen, dann schaut er unter die Steine unserer zeitlosen Existenz und fragt sich: Warum bin ich da? Warum gibt es lebende Wesen und nicht bloß tote Objekte, die im All schweben? Welcher Zusammenhang besteht zwischen dem Leben und dem Unbelebten? Wie läßt sich das Bewußtsein erklären?

Ärzte und Physiker des Altertums

Die alten Griechen haben sich bestimmt mit derartigen Fragen befaßt. Aristoteles zum Beispiel meinte, die Scheidelinie zwischen dem Leben und dem Unbelebten sei unsichtbar. Er schrieb:

> Die Natur geht ganz allmählich von den leblosen Dingen zum tierischen Leben über, so daß man unmöglich bestimmen kann, wo genau die Grenze verläuft oder zu welcher Seite eine Zwischenform gehört. (McKeon, S. 249)

Bevor im 17. Jahrhundert das Zeitalter der Aufklärung heraufdämmerte, waren der Physiker und der Arzt (Physikus) in einer Person vereinigt. Die Materie galt nicht, wie in den Augen vieler Physiker von heute, als ein toter, träger, von Kräften bewegter Stoff und sonst nichts. Man wußte noch nicht, um Aristoteles zu zitieren, «zu welcher Seite eine Zwischenform [des Lebendigen] gehört». Doch im 17. Jahrhundert verkündete René Descartes die Trennung von Körper und Geist. Der Körper galt nun als ein Ding, das von «etwas anderem», das man die Seele nannte, getrennt und verschieden ist. In der Seele sah man das, was dem leblosen Körper, der aus träger Materie bestand, Leben verleiht.

In irgendeiner Weise «beseelt» nach dieser Ansicht die Seele die tote Materie des Körpers und bewegt den Körper mechanisch durch den Raum und den unentrinnbaren Ablauf der Zeit. Isaac Newton brachte die Idee der mechanischen Zeit, des grenzenlosen Raums und der toten, trägen Materie auf. In dem historisch kurzen Zeitraum von hundert Jahren, den wir als Zeitalter der Aufklärung bezeichnen, setzte sich seine Auffassung durch, und das ganze Universum galt als eine Maschine.

So sah man auch den menschlichen Körper. Der Arzt, der sich inzwischen spezialisiert und vom Physiker getrennt hatte, forschte in den Zusammenhängen und Rhythmen des Körpers nach dem Uhrwerk. Vieles wurde aufgedeckt, doch einige Rätsel blieben ungelöst.

Die moderne Medizin und Physik

Trotz der reichen medizinischen und biologischen Erkenntnisse, die wir inzwischen gesammelt haben, wahrt der menschliche Körper noch immer sein Geheimnis. Je mehr wir lernen, desto mehr, so scheint es, müssen wir noch dazulernen.

Viele Bücher über den Körper sind angelegt wie eine Besichtigungstour. Fast könnte man meinen, den Reiseführer zu hören: «Schauen Sie hier herüber, meine Damen und Herren. Hier sehen Sie die Leber und das phantastische Funktionieren ihres Apparates. Und hier, bitte beeilen Sie sich, wir haben nicht viel Zeit, sehen Sie das Nervensystem, und dort drüben . . .» Eine solche Reise durch den Körper mag nützlich sein, aber sie dringt kaum zum Kern der Dinge vor, nämlich zu dem doppelten Rätsel, daß das Leben auf scheinbar toter, träger Materie aufbaut und auf irgendeine Weise auch «weiß», daß er das tut. Das sind die Fragen, die ich in diesem Buch ergründen möchte.

Die moderne Wissenschaft hat zwar viele detaillierte Karten des Körpers erarbeitet, doch über die Erfahrung, die wir «Leben» nennen, wissen wir nicht mehr als vor Jahrhunderten. Ich habe mir jedoch in letzter Zeit die Frage gestellt, ob es nicht durch die Neue Physik möglich wird, den uralten Traum zu verwirklichen, unsere Erfahrung der lebendigen Seele mit dem Wissen um die träge Materie des Körpers zu vereinen. Mit der Neuen Physik meine ich die in unserem Jahrhundert entwickelte Physik, insbesondere die Quantenphysik. Die Erforschung der Lebensprozesse hat zwar zu erstaunlichen Einsichten geführt, aber die Quantenphysik wird hierbei in der Regel übergangen.

In der Quantenphysik geht es um die Bewegungen und Umwandlungen von Materie und Energie auf dem untersten uns bekannten Niveau des Seienden, um die Welt der atomaren und subatomaren Materie. Wohl die bedeutendste Entdeckung der Quantenphysik war die des *Beobachtereffekts*. Dadurch erkannten wir, daß je nachdem, wie eine Beobachtung durchgeführt wird, was der Physiker also in die Beobachtung der Materie einbringt, diese Materie auf unkontrollierbare Weise gestört wird. Diese Störung ist nicht einfach auf einen Fehler eines ungeschickten Experimentators zurückzuführen. Die Physiker wurden vielmehr zu der grundlegend neuen Entdeckung geführt, daß – ganz gleich, wie sorgfältig sie das Experiment durchführen, eine solche Störung unvermeidbar ist. Dem liegt ein bis dahin unbekanntes Prinzip der physikalischen Welt zugrunde, die Heisenbergsche Unschärferelation.

Unsere gewohnte Sicht der materiellen Welt, nach der diese aus Materieteilchen besteht, die Bewegungsgesetzen gehorchen, war – das zeigte dieses Prinzip – von Grund auf falsch. Die atomare und subatomare Materie verhält sich nicht gemäß unserer gewohnten Wahrnehmung. Ein subatomares Teilchen kann zum Beispiel nicht einen wohldefinierten Ort im Raum und zugleich einen wohldefinierten Weg in der Zeit haben. Ein wohldefinierter Ort bedeutet für ein subatomares Teilchen, daß es keinen eindeutigen Weg in die Zukunft hat. Umgekehrt bedeutet eine eindeutige Bahn des Teilchens, daß es keinen Ort im Raum hat.

Zur Auflösung dieses Paradoxons bedarf es eines menschlichen Experimentators. Der Experimentator muß entscheiden, was er beobachten will, den Ort eines Teilchens im Raum oder seinen Weg durch die Zeit. Auf diese Weise «schafft» der Experimentator durch seine Entscheidung die Realität des atomaren oder subatomaren Teilchens. Das bedeutet, daß die Handlungen eines menschlichen Beobachters eine dynamischere Rolle im Universum spielen, als man zuvor angenommen hat.

Die alte Physik eines Galilei und Newton zeigte, wie ein Objekt sich bewegen und auf andere Objekte einwirken kann. Sie machte die Mechanik des Körpers verständlich. Doch das Rätsel des Lebens löste sie nicht. Sie konnte auch nicht erklären, wie bewußte Lebewesen möglich sind.

Die Entdeckung der Quantennatur jeglicher Materie, so dachte ich mir, müsse Aufschluß darüber geben, wie überhaupt ein lebender Körper möglich ist. Bislang wird der Körper in medizinischen Büchern sowie in anderen Büchern über den Körper und über die Gesundheit als eine Maschine dargestellt, ohne daß man die weitergehende Frage stellt: Warum ist diese Maschine lebendig, und warum denkt sie? Könnten die Entdeckungen der Neuen Physik zur Lösung dieses Rätsels beitragen?

Im übrigen ist bei der Fülle von Informationen, die sowohl medizinische Publikationen als auch Sachbücher über den Körper bieten, überraschend wenig über die – alte wie neue – Physik des Körpers geschrieben worden. Dabei gehorchen alle körperlichen Prozesse den Gesetzen der Physik. Das Heilen, die Verdauung, die Sexualfunktion und selbst das Tagträumen sind unausweichlich in irgendeiner Weise von physikalischen Gesetzen bestimmt.

Demnach muß die Physik, die klassische ebenso wie die Quantenphysik, für den menschlichen Körper bedeutsam sein. Die Unterscheidung zwischen lebender und toter, träger Materie muß noch einmal überpüft werden. Die Entdeckungen der Quantenphysik und besonders die Wirkung menschlicher Beobachtung auf jegliche Materie spielen vermutlich eine Rolle, die weit bedeutender ist, als bislang angenommen wurde. Um diese Rolle aufzuklären, wurde das vorliegende Buch geschrieben.

Physik im Körper

Die Bewegungen unseres Körpers in zeitlicher und räumlicher Hinsicht unterliegen zum Teil unserer Kontrolle, teils entziehen sie sich ihr. Am rätselhaftesten sind wohl die automatischen Prozesse, die ohne unsere bewußte Kontrolle ablaufen. Das Funktionieren unserer Organe ist ein komplizierter Tanz von physikalischen Bewegungen und elektromagnetischen Impulsen. Unser Körper reagiert und erzeugt Kräfte, die ihn im Gleichgewicht halten oder in Bewegung setzen. Unsere Knochen sind so ausgelegt, daß sie – mit klug bemessenen technischen Toleranzen – gerade das richtige Gewicht tragen können, nicht mehr und nicht weniger.

Ohne physikalische Kräfte würde unser Körper sich nicht bewegen, unsere Lunge nicht atmen, unser Herz nicht pumpen. Unser Blut fließt genau mit der richtigen Geschwindigkeit und ohne nennenswerte Turbulenz: etwas schneller, und die verstärkte Turbulenz würde Herzanfälle und Schlaganfälle nach sich ziehen; etwas langsamer, und wir würden an Sauerstoffmangel sterben. Die Newtonschen Kräfte bestimmen, wie wir gehen, uns bücken, tanzen, etwas heben oder werfen. Wenn wir Luft einatmen, gehorchen wir den grundlegenden Gasgesetzen, etwa dem adiabatischen Gesetz des Gasdrucks. Unser Körper erwärmt sich und kühlt sich ab nach dem Stefan-Boltzmann-Gesetz der Wärmestrahlung. Gewichtsverlust und -zunahme werden vom Gesetz der Erhaltung der Energie bestimmt. Daß die Physik allen molekularen Prozessen im Körper zugrunde liegt, erscheint unzweifelhaft.

In diesem Buch werden wir den Körper mit den Augen der klassischen und der Quantenphysik betrachten. Zwar hat die Grundlage der Neuen Physik, die Quantenphysik, schon vor langem die klassische Physik ersetzt, doch ist diese zur Erklärung der mechanischen und elektromagnetischen Vorgänge innerhalb und außerhalb des Körpers noch immer sehr brauchbar. Es ist beispielsweise nicht nötig, die Quantenphysik der Knochen zu bestimmen, um zu begreifen, wie unser Skelett uns aufrechthält oder warum es unter Belastung bricht. Auch brauchen wir nicht die Quantenphysik, um zu verstehen, wie ein Nerv Elektrizität leitet. Diese und viele andere Vorgänge lassen sich mit Hilfe der klassischen Physik recht gut erklären.

Klassische Physik und Quantenphysik

Der fundamentale Mangel der klassischen Physik besteht darin, daß sie deterministisch ist; das heißt, daß sich aus einer gegebenen Ursache eine bestimmte Wirkung herleiten läßt. Der Quantenphysik verdanken wird die Erkenntnis, daß diese Beziehung zwischen Ursache und Wirkung auf der Ebene der Atome und Moleküle nicht mehr gilt. Wir können die Wirkung nicht mehr vorhersagen, also zum Beispiel, wann ein energetisch angeregtes Atom welche Energie abstrahlen wird oder wann ein Molekül eine molekulare Änderung erfahren wird, wenn es von einem Lichtteilchen getroffen wurde. Auch unsere Vorstellung von den Atomen hat sich geändert: Wir sehen sie nicht mehr als solide kleine Dinge, sondern eher als Wolken. Die Form dieser Wolken hängt davon ab, wie wir mit den Atomen experimentieren.

Bei größeren Ansammlungen von Atomen sprechen wir von Molekülen. Je größer das Molekül, desto eher ist es vorhersagbar, aber nur solange wir das Atom als Ganzes betrachten und uns nicht für seinen inneren atomaren Aufbau interessieren. Die klassische Physik kann daher nicht erklären, wie ein DNS-Molekül aufgebaut ist oder warum Krankheiten wie Krebs oder Emphysem entstehen können. Sie kann ebensowenig erklären, wie wir denken oder wie unser Denken unseren Körper beeinflußt. Ich denke, daß die Quantenphysik uns über diese tieferen Geheimnisse Aufschluß geben kann.

Warum wir die Quantenphysik brauchen, um den lebenden Körper zu erklären

Die klassische Physik erklärt den Körper nicht vollständig; wir benötigen außerdem die Quantenphysik. Letzten Endes sind die verborgenen Mechanismen des Körpers quantenmechanischer Natur, und es geht bei ihnen um die Molekularbiologie der Zelle, also um die Strukturen der DNS, der Proteine, Fette und Kohlehydrate sowie um den für die Energieerzeugung des Körpers erforderlichen Transport von Sauerstoff und Kohlendioxid. Dank der Erkenntnisse der Quantenphysik kann vielleicht sogar die chronische universale Krankheit, nämlich das Altern, verstanden und geheilt werden.

Wenn wir mit den Augen der Quantenphysik schauen, dann beginnen wir auch den Geist wahrzunehmen – den menschlichen Geist als Anzeichen für die Existenz dessen, was man früher «die Seele» nannte, also dessen, was die unsichtbaren atomaren und molekularen Lebensprozesse steuert und reguliert. Diese Instanz steuert letztlich die lebendige Bewegung der Materie im Körper, bewußt und unbewußt. In diesem Buch vertrete ich die These, daß der Mechanismus zur Steuerung der lebendigen Bewegung körperlicher Materie auf den Effekten der Quantenphysik beruht, besonders auf der Wirkung, die die Beobachtung auf die Materie ausübt.

Die Beobachtung des eigenen Körpers, ob sie bewußt oder unbewußt erfolgt, verändert den Körper. Der Ausdruck «unbewußte Beobachtung» mag unsinnig erscheinen. Wie kann man unbewußt etwas beobachten? Ich verwende das Wort «Beobachtung» hier jedoch in einem anderen Sinn, als Sie es möglicherweise gewohnt sind. In der Quantenphysik versteht man unter Beobachtung eine Wirkung, die eine Entscheidung erfordert, zum Beispiel die Wahl zwischen dem Ort eines Teilchens im Raum und seiner Bewegung in der Zeit. Solche Wirkungen treten ganz plötzlich und diskontinuierlich auf, und sie durchbrechen das bisherige Verhaltensmuster. Unbewußte Beobachtung vollzieht sich in unserem Körper in jedem Augenblick; sie ist notwendig zur Bewältigung der zahllosen Veränderungen, die unser Körper selbst bei den einfachsten Tätigkeiten erfährt, zum Beispiel wenn wir aufstehen und durchs Zimmer gehen. Solche Tätigkeiten verrichten wir zwar unbewußt, aber sie setzen nach meiner Meinung dennoch *Beobachtungen* auf der Ebene der quantenphysikalischen Prozesse voraus; ohne sie wären wir Automaten. Die unbewußte Beobachtung erfolgt automatisch oder wie die Mediziner sagen, «autonom».

Phänomene wie Wachstum, Körpergröße, Nervenfunktion und Stimmung werden vermutlich von Prozessen gesteuert, die nicht unserer direkten bewußten Kontrolle unterliegen. Bewußte Beobachtungen – wie zum Beispiel, wenn Sie bemerken, daß Sie Zorn oder Liebe empfinden – verändern sicherlich die Chemie des Körpers und wahrscheinlich die Bewegung von Nervenimpulsen. Ob Sie entspannt oder angespannt sind, können Sie durch bewußte Beobachtung bestimmter Muskelgruppen – etwa im Nacken und im Rücken – beeinflussen, vielleicht auch durch Anwendung von Biofeedback-Verfahren. Wie das im einzelnen funktioniert – das gehört zum Bereich der Quantenphysik, insbesondere der Beobachtereffekt, demzufolge die Art, *wie* Sie beobachten, das verändert, *was* Sie beobachten.

Ein Schnellkurs in Quantenphysik

Um die Rolle der Quantenphysik im Körper begreifen zu können, müssen wir auf einige Tatsachen des Lebens – des quantenphysikalischen Lebens – eingehen. Die Quantenphysik bezieht sich auf die Bewegungen und Energien atomarer und subatomarer Teilchen, zum Beispiel der Atome und Elektronen, die unseren Körper durcheilen. Diese Teilchen sind nicht einfach als mikroskopisch kleine Billardkugeln zu verstehen, die aufgrund atomarer Kräfte umherhüpfen. Sie sind zu verstehen als «Tendenzen», bisweilen als billardkugelartige Objekte, dann aber auch wieder eher als Wellen zu existieren. Wann genau ein Teilchen ein solides Objekt und wann es eine Welle ist, das scheint von der unvorhersagbaren Wirkung abzuhängen, die man als Beobachtereffekt bezeichnet.

Kurz gesagt, bewegt sich ein Teilchen, solange es unbeobachtet ist, wie eine Welle, die sich über ein Raumgebiet erstreckt. Diese Welle ist jedoch keine physikalische Welle wie eine Meeres- oder eine Schallwelle, sondern sie ist eine «Wahrscheinlichkeitswelle». Jeder Teil der Welle repräsentiert einen möglichen Ort des Teilchens. Ich nenne eine solche Welle ein «Quiff», ein Kürzel für *Quantenwellenfunktion*. Die Quantenphysik liefert uns eine mathematische Beschreibung von Quiffs. Die Physiker können vorhersagen, wie sich ein Quiff verhalten wird. Die für ihre Bewegung geltenden mathematischen Gesetze sind dieselben wie für bestimmte Arten von Wellenbewegungen. Deshalb haben die Physiker sie als Quantenwellenfunktionen bezeichnet.

Ich wiederhole jedoch, daß diese Wellen nicht physikalischer Art sind. Sie können nie *als Wellen* beobachtet werden. Sobald eine Beobachtung stattfindet, «kollabiert» die Welle, wie man sagt, zu einem winzigen Raumgebiet und erscheint als Teilchen. Eine Einzelbeobachtung ergibt immer ein Teilchen; eine Beobachtungsreihe ergibt unterschiedliche Muster. Diese Muster werden dann anschließend entweder als Wellen- oder als Teilchenbewegung interpretiert.

Werden die Beobachtungen auf eine bestimmte Art durchgeführt, so ergibt das Muster eine zusammenhanglose Bewegung des Teilchens von einem Punkt zum anderen. Bei einer solchen Beobachtungsreihe kann man nicht vorhersagen, wo die nächste Beobachtung stattfinden wird. Bei einer anderen Art von Beobachtung erscheint ein anderes Muster, das die Bewegung als physikalische Welle widerspiegelt. Hier läßt sich das Gesamtmuster vorhersagen, und man muß diese Vorhersage im Sinne einer Wellenbewegung interpretieren.

Bei einem berühmten Experiment, dem sogenannten Doppelspalt-Experiment, wandert zum Beispiel ein einzelnes Licht-Teilchen von einer Quelle, etwa einem Glühfaden, zu einem Schirm, etwa einer Photoplatte. Dort landet es und verursacht einen punktförmigen Fleck. Bei mehrmaliger Wiederholung des Experiments entsteht auf der Platte eine Zufallsverteilung von Flecken. Man mag dieses Experiment so exakt wiederholen, wie nur möglich, es läßt sich nicht vorhersagen, wo ein bestimmter Fleck erscheinen wird. Was man jedoch vorhersagen kann, ist, daß die Wolke von Flecken auf dem Schirm einem Muster folgt, das wie eine Welle über die Platte flutet. Dieses Wellenmuster allein ist jedoch nicht aussagekräftig – man könnte es ebenso als Ergebnis einer Zufallsverteilung erklären.

Nun wird das Experiment abgeändert, indem zwischen der Lichtquelle und der Photoplatte ein Schirm angebracht wird, der zwei lange, schmale, parallel verlaufende Spalte aufweist. Um zur Platte zu gelangen, muß jetzt jedes Teilchen durch einen der beiden Spalte gehen, oder es wird von der Platte absorbiert oder reflektiert. Bei jeder einzelnen Teilchenemission ist es also mögich, daß auf der Platte ein Fleck erscheint oder auch nicht. Sind eine Anzahl von Flecken auf der Platte erschienen, beginnt sich ein neuartiges Muster abzuzeichnen, ein sogenanntes Interferenzmuster. Ein solches Muster entsteht nicht dadurch, daß eine Reihe von Teilchen, die durch einen der Spalte gegangen sind, in Zufallsverteilung auf die Platte treffen, denn es gibt Gebiete auf der Platte, die frei von Flecken sind. Prüft man nach, wo diese Gebiete liegen, stößt man darauf, daß sie einem Muster entsprechen, das entstehen würde, wenn eine *Wellenfront* auf die *beiden* Spalte träfe und sich von dort weiter bis zu der Platte ausbreitete.

Nun kann man die Emissionen von Teilchen zeitlich so steuern, daß jeweils nur *ein* Teilchen ausgesandt wird, das (als *Teilchen*) auch nur durch *einen* der Spalte gehen könnte. Dennoch tritt ein Welleninterfe-renzmuster auf. Irgendwie geht also jedes einzelne Teilchen durch beide Spalte zugleich, denn sonst würden einige Teilchen auf die leer bleiben-den Gebiete der Platte treffen. Man sagt deshalb, daß sich das *Teilchen* wie eine *Welle* durch die Spalte bewegt.

Dieses Paradoxon bezeichnet man als «Welle-Teilchen-Dualismus». Ob man das Ergebnis des Experiments als Welle oder als Teilchen interpretiert, hängt davon ab, wie das Experiment durchgeführt wird. Befindet sich zwischen der Quelle und der Platte kein Doppelspalt-Schirm, so kann die Serie von Fleck-Beobachtungen als eine Serie von Teilchen-Beobachtungen interpretiert werden. Ist der Doppelspalt-Schirm angebracht, dann muß das Fleckenmuster als durch Wellen er-zeugt interpretiert werden. Dabei ist die Beobachtung jedes einzelnen Flecks weiterhin eine Teilchen-Beobachtung. Bei nur einer Beobach-tung, der eines einzelnen Flecks, kann man niemals den Welleneffekt beobachten; bei einer Reihe von Beobachtungen kann dagegen der Welleninterferenz-Effekt beobachtet werden.

Am besten stellt man sich dies so vor, daß ein unbeobachtetes Teil-chen als Welle durch den Raum wandert. Sobald es beobachtet wird, ist es ein Teilchen. Seine «Wellengeschichte» kann jedoch – je nachdem, wie der Experimentator die Beobachtungsreihe durchführt – manifest werden. Jedes Materieteilchen existiert somit als eine Wellen*tendenz*, wenn es nicht beobachtet wird, und als eine Teilchen*realität*, sobald es beobachtet wird.

Dadurch kommt den Wirkungen der Beobachtung, besonders der Versuchsanordnung, in der Quantenphysik eine wesentliche Rolle zu. Das ist die Wirkung des Beobachtereffekts. Ich führe sie auf das menschliche Bewußtsein im besonderen und auf ein Gesamtbewußtsein im allgemeinen zurück. Dieses Gesamtbewußtsein – die Versuchsan-ordnung, die wir Leben nennen – wird von den einzelnen Denkschulen unterschiedlich benannt; einige nennen es Gott, andere Evolution.

Durch solche Entscheidungen – Welle oder Teilchen – kommt es zu unterschiedlichen physikalischen Ereignissen oder Ereignisreihen. Viele solcher Entscheidungen werden in unserem Körper getroffen – und deshalb hat die Quantenphysik sehr wohl mit dem menschlichen Körper zu tun. Und damit komme ich zum *Körperquant*.

Was ist das Körperquant?

Das Wort «Quant» bezieht sich auf eine ganze Mengeneinheit von *etwas*. Das Wort «Körperquant» bezieht sich folglich auf eine ganze Mengeneinheit von etwas Wichtigem, das den ganzen menschlichen Körper bestimmt. Dieses Etwas ist das *Bewußtsein*. Ich behaupte in diesem Buch, daß das Bewußtsein in unserem Körper auf Quantenart wirksam ist. Seine Wirksamkeit ruft all die verschiedenen Aktivitäten hervor, die wir genießen und die unser Leben ausmachen, sowohl die aufregenden als auch die langweiligen.

Quantenbewußtsein ist daher gleichbedeutend mit dem Beobachtereffekt in der Quantenphysik. Das heißt: Die bloße Tatsache, daß etwas beobachtet wird, verändert plötzlich und durchschlagend die beobachtete Sache. In der Quantenphysik äußert sich diese Veränderung in der Weise, daß aus dem Wahrscheinlichen Gewißheit wird. Aus Ereignissen, die nur gewisse Realisierungs*tendenzen* haben, werden auf diese Weise *wirkliche* Ereignisse. Das Kennzeichen solcher Ereignisse ist, daß das Körperquant physikalische Gestalt annimmt.

Unser tägliches Leben setzt sich zusammen aus scheinbar zahllosen Akten des Quantenbewußtseins, bei denen das Körperquant aus dem Bewußtseinsstrom in den Strom des Körpers selbst übertritt. Alles, was wir tun, ob wir uns bewegen, essen, unseren Körper aufbauen, etwas wahrnehmen, unseren eigenen Körper bemerken, ihn heilen oder transformieren, alles beruht auf dem Körperquant: Aus etwas, das wahrscheinlich war, ist mit einem Mal etwas Wirkliches und Bewußtes geworden, und dieses hat sich dabei ebenfalls verändert. Denn es ist nicht so, daß sich das Körperquant nur auf das Physische auswirkt. Es wirkt sich auch auf unseren Geist und unsere Gedanken aus. Wenn wir uns in wachsendem Maße unserer selbst bewußt werden, muß sich auch der Körper ändern, dessen wir uns bewußt werden. Diese Änderungen können, wie wir in diesem Buch sehen werden, sowohl ein Segen als auch ein Fluch sein.

Die Leib-Seele-Wechselwirkung

Wir Menschen können denken und bewußte Kontrolle über unser Leben erlangen; deshalb ist die Wechselwirkung zwischen Leib und Seele für das Verstehen des menschlichen Körpers von größter Bedeutung.

Ich behaupte: Wenn wir die Physik des Körpers und speziell die Wirkungsweise der Quantenphysik und des Beobachtereffekts im menschlichen Körper verstehen, können wir zu einem gesünderen und glücklicheren Leben gelangen.

Um das deutlich zu machen, habe ich das Buch in acht Teile eingeteilt: Bewegung, Ernährung, Aufbau, Wahrnehmen, Atmen, Bewußtsein, Heilung und Transformation. Ich hoffe, in jedem Teil zeigen zu können, daß für das Verstehen unseres Körpers die klassische Physik ebenso wesentlich ist wie die Quantenphysik. In jedem Teil werden wir sowohl den Überbau, das klassisch-physikalische Verständnis, als auch den Unterbau, das quantenphysikalische Verständnis, kennenlernen und insbesondere sehen, wie das Bewußtsein in seiner Quantenrolle als Beobachter in den Körper eingreift und dadurch die einzelnen Körperfunktionen ermöglicht.

Erster Teil
Bewegung

Der berühmte Beatles-Song *A Day in the Life* handelt davon, wie einer aufwacht, sich aus dem Bett aufrappelt, sich mit dem Kamm durch die Haare fährt und so weiter. Er erinnert uns daran, was für eine Plackerei es schon sein kann, bloß den Körper und die Arme zu bewegen, besonders am Morgen, wenn man kaum erwacht ist. Wenn wir gerade aufwachen, scheinen Bewegungen in der Tat eine bewußte Anstrengung zu erfordern, während wir uns im weiteren Verlauf des Tages von einem Ort zum anderen bewegen, ohne sonderlich darauf zu achten.

Für die meisten von uns sind die Bewegungen, die wir tagtäglich ausführen, etwas Selbstverständliches. Denken wir jedoch einmal daran zurück, was für eine gewaltige Aufgabe die ersten Schritte unserer Kinderzeit waren. Das Bewegen unseres Körpers durch den Raum wurde irgendwann im Laufe unserer Kindheit aus einer Aufgabe, die unsere gesamte Aufmerksamkeit in Anspruch nahm, zu einer gewohnheitsmäßigen, unbewußten Handlung, die keinerlei Beachtung mehr erfordert. Mit zunehmendem Alter entdeckten wir, daß uns darüber hinaus noch andere Bewegungen möglich sind, etwa wenn wir begannen, Sport zu treiben oder zu tanzen. Ich kann mich noch an den Tag erinnern, als ich lernte, wie man einen Football wirft: Es war ziemlich schwierig, dem Ball beim Fortfliegen einen gewissen «Drall» zu geben. Mit acht Jahren lernte ich radfahren. Es erschien mir damals unmöglich: Wie konnte ein zweirädriges Fahrzeug, das die Straße entlangrollt, sich aufrechthalten?

Als Erwachsene brauchen wir über die meisten Bewegungen, die wir machen, gar nicht oder kaum nachzudenken. Die meisten unserer Bewegungen erfolgen scheinbar unbewußt. Dennoch ist Bewußtsein am Werk. Bei der Bewegung unseres Körpers geht es nicht nur um unsere

Arme und Beine, sondern auch um den Mund, die Augen, die Zunge, die Finger, die Zehen, und erlernen wir eine körperlich anspruchsvolle Betätigung wie Skifahren oder Yoga, geht es dabei um ein bis dahin ungekanntes Zusammenwirken von Muskelgruppen. Wenn wir in den Körper hineinsehen, entdecken wir weitere, scheinbar unbewußte Bewegungen. Unser Darmtrakt bewegt sich in rhythmischen Wellen, die die verdaute Nahrung weiterbefördern. Unser Herz und unser Zwerchfell führen regelmäßige Bewegungen aus, wiederum ohne unser bewußtes Zutun.

Wie kommen all die Bewegungen, an denen unser Körper teilnimmt, zustande? Ich hoffe, diese Frage in diesem ersten Teil zu einem gewissen Maße beantworten zu können, indem ich einige grundlegende Prinzipien der Bewegung erläutere, die aus der Welt der Physik stammen.

In den folgenden sechs Kapiteln gehe ich auf die vielfältigen Einflüsse ein, denen unsere Körperbewegungen unterliegen. Wie wir sehen werden, liegt all den Bewegungen unseres Körpers eine Art von Bewußtsein zugrunde. Und dieses Bewußtsein setzt, auch wenn es überwiegend «unbewußt» ist, Intelligenz voraus. Ihm liegt, wenn meine Spekulationen denn zutreffen, der zuvor beschriebene Effekt zugrunde, den man in der Quantenphysik als Beobachtereffekt bezeichnet. Ich hoffe also, sowohl die klassische Physik als auch die Quantenphysik der ganz normalen Körperbewegung erhellen zu können. Wir werden dadurch nicht nur die Bewegungen von Teilen unseres Körpers und des Körpers im ganzen besser verstehen, sondern auch die Unterschiede zwischen der klassischen Physik und der Quantenphysik.

1. Die Physik
der körperlichen Dimensionen

Wie die Größe eines Tieres seine Bewegungen bestimmt

Sicherlich hat jeder von uns schon einmal lähmendes Entsetzen empfunden, wenn in Filmen ungeheure wilde Bestien auftreten, Riesenspin-
nen, gigantische Motten oder prähistorische Monster, eins schrecklicher
als das andere. Sie haben sich vielleicht gefragt, ob diese Bestien in
Wirklichkeit existieren könnten. Könnte ein Affe so groß werden wie
King Kong? Könnte eine ungeheure Ameise in den Ebenen Neu-Mexi-
kos umherspazieren wie in dem Film *Them?* Und wie steht es mit
menschlichen Riesen? Könnte es einen Menschen geben, der rund 18
Meter groß ist, mit entsprechendem Umfang und Gewicht?
   Wir können diese Fragen schon anhand der Gesetze der klassischen
Physik beantworten. Es wird Sie vielleicht nicht überraschen, daß diese
Gesetze bestimmen, wie unser Körper sich bewegt. Aber haben Sie
schon daran gedacht, daß sie auch der physischen Größe aller Dinge,
besonders der Tiere, Grenzen setzen?
   Galilei hat sich bereits Gedanken über das Problem der Größe von
Tieren gemacht, noch ehe Sir Isaac Newton die entsprechenden Ge-
setze der Physik formulierte. Er schrieb (zitiert nach Haldane, S. 1):

Aus dem, was bereits bewiesen wurde, kann man leicht ersehen, daß
es unmöglich ist, die Größe von Strukturen bis zu ungeheuren Dimensionen zu steigern, sei es in der Kunst, sei es in der Natur; . . .
noch kann die Natur Bäume von außergewöhnlicher Größe hervorbringen, weil die Äste unter ihrem eigenen Gewicht brechen würden;
ebenso wäre es unmöglich, daß das Knochengerüst von Menschen,

Pferden oder sonstigen Tieren so ausgebildet ist, daß es zusammenhält und seine normalen Funktionen erfüllt, wenn diese Tiere zu
ungeheurer Größe heranwüchsen; denn diese Größensteigerung
kann nur durch Verwendung eines Materials erreicht werden, das
härter und stärker ist als gewöhnlich, oder durch eine Steigerung des
Umfangs der Knochen, wodurch sich ihre Gestalt ändern würde, so
daß die Form und Erscheinung der Tiere schließlich an eine Monstro-
sität erinnern würde.

Der britische Genetiker J. B. S. Haldane, der Professor der Biometrie
(das bedeutet: Messung biologischer Systeme) am University College in
London war, veröffentlichte 1928 ein köstliches Buch mit dem Titel
Possible Worlds. Darin zeigte er, daß es für die meisten Tiere eine
optimale Größe gibt. Ein Kaninchen könnte nicht so groß sein wie ein
Nilpferd, und ein Wal könnte nicht so klein sein wie ein Hering. Wenn
sich die Größe eines Tieres ändert, muß sich auch seine Gestalt ändern.
Nehmen wir zum Beispiel den Vergleich zwischen einer Gazelle, einem Geschöpf, mit langen, dünnen Beinen, und einem Nashorn. Ließen
sich die Abmessungen einer Gazelle proportional derart steigern, daß
sie den Körperumfang eines Nashorns erreichte? Das ist wegen der
Schwerkraft und der Grenzen des Knochengerüsts nicht möglich.
Schauen wir uns die Sache ein wenig näher an.
Würden der Körperumfang der Gazelle und entsprechend ihre übrigen Abmessungen auf das Dreifache steigen, dann müßte ihr Volumen
um den Faktor 9 zunehmen. Da das Tier nicht schwerer (d. h. dichter)
als nötig sein soll, würde sein Gewicht im gleichen Maße zunehmen wie
sein Volumen; die Gazelle mit ihren etwa 45 kg würde auf ein Gewicht
von rund 400 kg kommen. Ein derartiges Gewicht würde jedoch eine
andere Körpergestalt erfordern. Derart vergrößert, würde das Tier
keine Gazelle mehr sein.
Wir können auch einen Riesen aus dem Märchen nehmen, der von
mir aus 18 Meter groß sein soll. Wenn er in den Proportionen einem
normalen Menschen gleicht, muß er einen entsprechenden Körperumfang haben, sonst wäre er viel zu dünn. Bei einer um den Faktor 10 (von
1,80 auf 18 m) gesteigerten Körpergröße muß sein Taillenumfang
ebenfalls um den Faktor 10 von rund 90 cm auf 9 m wachsen. Damit
muß aber sein Volumen um den gewaltigen Faktor 1000 zunehmen!
Statt 90 kg müßte er 90 Tonnen wiegen! Jeder Quadratzentimeter seiner Knochen und besonders seiner Fußknöchel hätte 100mal soviel

Gewicht zu tragen wie die Knochen eines normalen Mannes von 1,80 Meter. Der Riese würde sich daher schon beim ersten Schritt die Knöchel brechen.

Das bloße Vorhandensein der Schwerkraft bestimmt, wie groß ein Tier sein kann. Die Giraffe ist größer als das Nilpferd oder das Nashorn und sicherlich größer als die Gazelle. Ihre dünnen Beine kompensiert sie so gut wie möglich durch einen gedrängten Körper und die angewinkelte Stellung der Beine. Einerseits erhöhen diese physischen Anpassungen die Standfestigkeit der Giraffe, andererseits wird ihr Leben dadurch riskanter: Eine Giraffe kann sich leichter ein Bein brechen als ein Elefant. Dazu kommen andere Probleme. Die Giraffe muß ihr Blut höher hinaufpumpen als der Mensch. Sie muß einen höheren Blutdruck und festere Blutgefäße haben. Je größer ein Tier ist, um so wahrscheinlicher wird ein Schlaganfall durch das Platzen eines Blutgefäßes im Gehirn.

Die schlichte Tatsache, daß eine Größenänderung in einer Abmessung zwangsläufig eine Änderung in allen Abmessungen nach sich zieht, bedeutet für ein Lebewesen eine dramatische Umstellung. Wächst die Länge um den Faktor 10, so ändern sich Volumen und Gewicht um den Faktor 1000. Dementsprechend finden wir, wenn wir Tiere von unterschiedlicher Größe miteinander vergleichen, ganz unterschiedliche Verhaltensweisen.

Schon unter Menschen haben Größenunterschiede ihre Folgen. Nehmen wir zum Beispiel einen Jockey und einen Basketballspieler. Der Jockey leidet, weil er kleiner ist, wahrscheinlich weniger unter Rückenschmerzen, obwohl er von den Rennpferden immer wieder durchgerüttelt wird. Der gedrungene Körper des Jockeys kann die Schwingungsbewegungen aushalten; er kann sogar vom Pferd fallen, ohne sich ernstlich zu verletzen. Jetzt stellen Sie sich einen Basketballspieler von zwei Metern auf dem Rücken eines Pferdes vor! Die Organe in seinem großen Körper sind vergleichsweise groß, und sie können, wenn sie Stöße empfangen, leichter Schaden nehmen, einfach weil sie einen größeren Weg zurücklegen. Außerdem ist das Risiko des hochgewachsenen Basketballspielers größer, wenn er bloß auf seinem eigenen Spielfeld umherrennt und springt. Seine proportional dünneren Knöchel und Beinknochen werden beim Spiel stark belastet – deshalb haben so viele Basketballspieler irgendwann Probleme mit den Beinen.

Fall und Luftwiderstand

Eine Maus hat von einem Sturz aus großer Höhe nicht viel zu befürchten, während ein Mensch sich vor einem Fall aus nur wenigen Metern Höhe ängstigt. Warum? Es liegt am Luftwiderstand. Ein Mann von 90 kg Gewicht erreicht bei einem Fall aus großer Höhe eine Endgeschwindigkeit von etwa 300 km/h, wenn er sich während des Falls zu einer Kugel zusammenrollt. Er verringert dadurch die Körperoberfläche, die er dem verhältnismäßig starken Wind aussetzt, der ihm entgegenschlägt. Streckt er sich dagegen aus, so daß er der Luft, durch die er fällt, eine größere Körperoberfläche darbietet, erreicht er eine Geschwindigkeit von nur 150 km/h. Die Fallgeschwindigkeit hängt somit von der Fläche ab, die ein fallender Körper einem Widerstand leistenden Medium wie Luft oder Wasser darbietet.

Der ausgestreckte Mann erreicht die Geschwindigkeit von 150 km/h nach nur wenigen Sekunden und fällt dann weiter mit dieser Geschwindigkeit (der sogenannten Endgeschwindigkeit), bis er am Boden ankommt – oder sein Fallschirm sich öffnet. Bei Erreichen der Endgeschwindigkeit wird die Schwerkraft gerade durch die Kraft des Luftwiderstandes ausgeglichen.

Wenn der Mann mit der Endgeschwindigkeit auf den Boden aufschlägt, hat er aufgrund seines hohen Gewichts und seiner Geschwindigkeit einen großen Impuls. Die Maus, deren Volumen und Gewicht etwa um den Faktor 1000 kleiner ist, setzt dem Wind eine kleinere Oberfläche entgegen, die aber nach der Dimensionsregel nur um den Faktor 100 kleiner ist. Auf das Gewicht bezogen, hat sie also eine zehnmal so große Oberfläche wie der Mensch. Sie erreicht ihre Endgeschwindigkeit bei nur 30 km/h, und da sie nur ein Tausendstel vom Gewicht des Mannes wiegt – etwa 90 g –, ist ihr Impuls beim Auftreffen auf den Boden erheblich kleiner, etwa um den Faktor 10000. Nach einem Fall aus 15 km Höhe steht die Maus lachend auf.

Die Physik der Nässe

Während die Maus von einem Fall durch die Luft nichts zu befürchten hat, macht es ihr jedoch sehr wohl etwas aus, ein Bad zu nehmen. Ein Mann von 90 kg, der aus dem Bad steigt, trägt auf seiner gesamten Körperoberfläche eine Wasserschicht, die etwa einen halben Millimeter dick ist. Wasser hat ein Gewicht von etwa 1 kg/dm^3, und der Mann hat eine Hautfläche von rund 1,8 m^2; somit trägt er rund 900 g Wasser. Natürlich werden Sie, wenn Sie tropfnaß aus der Wanne steigen, nicht 900 g mehr auf die Waage bringen, weil das Wasser zum größten Teil abtropft; sein bloßes Gewicht ist stärker als die Oberflächenspannung, die es an Ihrer Haut haften läßt. Aber selbst wenn das ganze Wasser an Ihnen hängen bliebe, würde sich Ihr Gewicht nur um ein Prozent erhöhen.

Bei der Maus sieht das ganz anders aus. Ihr Gewicht beträgt ein Tausendstel von dem des Mannes, und da ihre Hautfläche ein Hundertstel von der des Mannes beträgt, ist ihre Oberfläche nur 1,8 dm^2 groß. Sie wird folglich um 9 g Wasser beschwert. Da sie selbst nur 90 g wiegt, macht das Gewicht des Wassers 10 Prozent ihres eigenen Gewichts aus. Das ist so, als würde ein Mann, der aus der Badewanne steigt, ein 9 kg schweres Netz um seine Schultern tragen.

Für eine Fliege ist die Nässe noch schlimmer. Wenn sie in die Toilette gefallen ist, trägt sie das Mehrfache ihres Eigengewichts an Wasser. Dadurch erhält die Aerodynamik einen gehörigen Dämpfer: Die Fliege kann nicht mehr fliegen. Während Insekten also vom freien Fall in der Luft kaum etwas zu befürchten haben, mögen sie es gar nicht, wenn sie naß werden. Wenn ein kleines Insekt bei dem Versuch, aus einem Teich zu nippen, einsinkt, ist die Oberflächenspannung des Wassers zu stark, als daß die relativ geringe Auftriebskraft des Wassers sie überwinden könnte. Der Käfer geht unter. Deshalb haben viele Insekten lange Rüssel, mit denen sie aus sicherer Entfernung Wasser aufsaugen. Der Wasserkäfer umgeht das Problem der Durchnässung mit Hilfe einer wasserabweisenden, öligen Haut. Das Wasser kommt einfach nicht an seine Oberfläche heran. Die Wasserperlen auf seinem Rücken gleichen den Tropfen auf einem glänzend gewachsten Cadillac.

Fläche, Oberflächen und die Physik der Atmung

Auf die Funktion der Lungen werden wir in späteren Kapiteln ausführlich eingehen, aber dennoch wollen wir sie im Geiste des vorigen Abschnitts kurz beleuchten. Wodurch wird die physikalische Größe und Struktur der Lunge bestimmt? Der Mensch hat eine Lungenoberfläche von rund 90 m^2 (in Wirklichkeit liegt sie näher bei 80 m^2, aber wir wollen keine Haarspalterei betreiben). Unser Mann, den wir als Beispiel gewählt haben, hat bei einem Gewicht von 90 kg und einer Körpergröße von 1,80 m (wiederum nur angenäherte Zahlen) eine Hautfläche von nur 1,8 m², doch nur für den Zweck, Sauerstoff aus der Luft zu holen, enthält er 90 m² Lungengewebe. Wie ein Teppich auf dem Boden ausgebreitet, würden die Lungen einen Raum von 9,5 · 9,5 m bedecken. Die Hautfläche dieses Mannes würde dagegen nur einem kleinen Läufer von 1,20 · 1,50 m entsprechen.

Diese Lungenoberfläche ist nun vielfach gewunden und gefältelt. Die Lungen nehmen zwar insgesamt nur ein Raumvolumen von 6 Litern ein (denken Sie an den Platz, den 6 l Milch in Ihrem Kühlschrank brauchen), sind aber dennoch das Organ, das den stärksten Kontakt mit der Außenwelt hat. Ein Atemzug hat ein Volumen von rund einem halben Liter. Er enthält 10^{22} Moleküle Luft. Da die Atmosphäre der Erde nur 10^{44} Luft-Moleküle enthält, nehmen sie mit einem Atemzug $1/10^{22}$-stel der gesamten Luft der Erde auf. Das ist eine erstaunliche Zahl. Aus ihr folgt, daß jeder halbe Liter Luft im Durchschnitt ein Molekül enthält, das vor Jahrhunderten oder Jahrtausenden schon einmal von einem Menschen eingeatmet worden ist. Stellen Sie sich nur vor, daß Sie gerade ein Luft-Molekül eingeatmet haben, das von Jesus oder von Moses oder auch von Sol, dem Schlachter, der vor 200 Jahren in Minsk lebte, eingeatmet worden ist. Auch ein hechelnder Hund atmet Jesus ein.

Warum braucht ein Mensch eine so große Lungenfläche?

Betrachten wir, um diese Frage zu beantworten, noch einmal die Tiere. Zunächst benötigt jede Zelle in einem lebenden Körper zum Überleben Sauerstoff. Da jede Zelle einen bestimmten Raum braucht, nehmen die Zellen insgesamt ein bestimmtes Volumen ein. Je größer das Tier ist, desto mehr Zellen enthält es und desto größer ist sein Sauerstoffbedarf. Da Sauerstoff ein Gas ist, muß er, um in den Körper des Tieres zu gelangen, eine Oberfläche oder Haut durchqueren.

Das Rädertierchen, ein mikroskopisch kleiner Wurm, hat eine glatte Haut und keine Lungen. Dennoch atmet es. Der gesamte Sauerstoff, den es benötigt, wird über seine Haut aufgenommen, die mit sauerstoffreichem Wasser in Kontakt ist. Das Verhältnis zwischen Oberfläche und Volumen ist, verglichen mit dem des Menschen, enorm. Ein typisches mikroskopisches Tierchen ist etwa 1/1000 mm lang. Seine Oberfläche beträgt ungefähr 13/1 000 000 mm², sein Volumen etwa $4,4/10^9$ mm³. Entsprechend wiegt es nur $0,5/10^{14}$ kg. Das Verhältnis zwischen Oberfläche und Gewicht beträgt beim Rädertierchen also 2800 m²/kg.

Man vergleiche dies mit einem Mann, dessen Hautfläche von 1,8 m²

90 kg bedeckt (das Verhältnis von Oberfläche zu Gewicht beträgt nur 0,02 m^2/kg). Das Rädertierchen hat im Gasaustausch mit seiner Umgebung ein 140 000mal günstigeres Verhältnis von Oberfläche und Gewicht. Seine Oberfläche ist also relativ groß, und sie braucht nicht für die Sauerstoffaufnahme extra gefältelt zu sein. Es ist nicht auf eine Lunge angewiesen, und wenn es eine hätte, wüßte es nicht, was es damit anfangen sollte.

Ganz anders der Mensch: Um seine große Gewebemasse mit Sauerstoff zu versorgen, benötigt er zusätzliche Quadratzentimeter atmender Haut. Seine Lungen sind gerade das, was er braucht.

2. Was wir in den Knochen haben

Kehren wir nochmals zu unserem Riesen zurück. Wir hatten festgestellt, daß ein Mensch von 18 Metern eigentlich nicht wie ein Mensch aussehen würde; schon um stehen zu können, müßte er dickere Knöchel haben, damit die Querschnittfläche größer würde und die Druckbeanspruchung seiner Knöchel und Beinknochen entsprechend kleiner.

Knochenmaße

Wie groß muß ein Knochen sein, um ein bestimmtes Gewicht tragen zu können? Wie steht es mit den übrigen Kräften, die auf Knochen einwirken, wie zum Beispiel bei der Verdrehung oder der Scherung (die oft bei Football-Verletzungen vorkommt)? Welche sonstigen Zwecke erfüllen die Knochen?

Die Knochen des Menschen sind von unterschiedlichster Größe und Form. Die kleinsten Knochen, die sogenannten Knöchelchen, liegen im Mittelohr. Aneinandergereiht würden diese drei Knochen, die am Trommelfell ansetzen, knapp den Durchmesser eines amerikanischen Cent [etwas kleiner als ein 50-Pfennig-Stück] ergeben. Was noch erstaunlicher ist: Diese Knochen erreichen schon vor der Geburt ihre volle ausgewachsene Größe – der winzige Fötus hört im Mutterleib.

Mit den menschlichen Knochen befassen sich die Zahnmedizin und die orthopädische Chirurgie. Da Knochen zu etwa 22 Prozent aus Kalzium bestehen und Kalzium einen schwereren Atomkern hat als die Mehrzahl der übrigen Elemente im Körper (ein Kalzium-Atom wiegt 40mal soviel wie ein Wasserstoff-Atom), absorbieren Knochen sehr viel besser als das umgebende weichere Gewebe Röntgenstrahlen. Aus diesem Grund sind Knochen auf dem Röntgenschirm so deutlich zu erkennen.

Es gäbe wohl kaum das Forschungsgebiet der biologischen Anthropologie, wenn die Knochen nicht über lange Zeiträume erhalten blieben.

Die von Anthropologen ausgegrabenen Knochen und Skelette werfen ein Licht auf unsere dunklen Ursprünge. Wir können aus den Knochen nicht nur Erkenntnisse über das Erscheinungsbild und die Lebensweise unserer Vorfahren gewinnen, sondern diese Erkenntnisse auch noch zeitlich bestimmen. Da Knochen zu etwa 16 Prozent aus Kohlenstoff bestehen, besitzen sie natürliche Radioaktivität. Kohlenstoff gibt es nämlich in zwei natürlich vorkommenden Isotopen: Kohlenstoff 12 und Kohlenstoff 14, und der letztere ist radioaktiv, mit einer Halbwertzeit von 5700 Jahren. Nach dem Tod eines Lebewesens zerfällt der in den Knochen auf natürliche Weise enthaltene Kohlenstoff 14, und anhand der übriggebliebenen Menge von Kohlenstoff 14 können die Wissenschaftler die Knochen datieren.

Woraus setzen sich die Knochen zusammen?

Knochen setzen sich aus zwei verschiedenen Materialien und Wasser zusammen. Das eine dieser Materialien, das Knochenmineral, ist anorganisch und macht 60 Prozent vom Gewicht sowie 40 Prozent vom Volumen des Knochens aus. Dieses Knochenmineral besteht aus Kristallen, die ihrerseits aus Molekülen bestehen, welche sich zu 10 Teilen aus Kalzium, 6 Teilen Phosphoroxyd und 2 Teilen Hydroxyd zusammensetzen. Ein Molekül enthält demnach 10 Kalzium-Atome, 6 Phosphor-Atome, 26 Sauerstoff-Atome und 2 Wasserstoff-Atome. Die Kristalle sind stabförmig und haben einen Durchmesser von 200 bis 700 Nanometern (ein Nanometer ist ein Milliardstel Meter) bei einer Länge von 500 bis 1000 Nanometern. (Zum Vergleich: Die Wellenlänge des sichtbaren Lichts liegt zwischen 400 und 700 Nanometern.) Wegen ihrer Winzigkeit ist bei diesen Kristallen das Verhältnis von Oberfläche zu Gewicht enorm: es liegt bei 2000 m²/kg.

Da Knochenmineral etwa 6 Prozent des Körpergewichts ausmacht und eine Dichte von 2,8 kg/l aufweist (ein Mann von 90 kg besitzt etwa 5,4 kg Knochenmineral), würde Ihr Knochenmineral, wenn man es ausbreitete, eine Fläche von 15 000 m² – das sind 123 · 123 m – bedecken.

Aufgrund des enormen Verhältnisses zwischen Oberfläche und Gewicht ist Knochenmineral ein ideales Baumaterial, das auch von Wasser umgeben sein kann, welches in Lösung viele der vom Körper benötigten Substanzen enthält. Dadurch können die Knochen rasch mit den im Blut vorhandenen chemischen Substanzen reagieren.

Die Physik der Knochen

Die Knochen des menschlichen Knochengerüsts erfüllen im Körper mindestens sechs Funktionen: Stützung, Fortbewegung, Schutz der Organe, chemische Speicherung, Ernährung und Schall-Leitung (zum Beispiel im Mittelohr). Bei einigen Arten dienen Knochen außerdem dem Geschlechtsverkehr. Die Männchen sämtlicher Primaten mit Ausnahme des Menschen haben Penisknochen; sogar das Walroß und der Waschbär erfreuen sich dieser «Hilfsversteifung».

Die wohl faszinierendsten Funktionen der Knochen bestehen im Aufrechthalten des Körpers und in seiner Stützung bei der Fortbewegung. Gehen, Stehen, Laufen, Heben oder auch das Aufstehen aus dem Bett wären nicht möglich, wenn nicht die Knochen das Gewicht tragen würden. Ein Überblick über die Physik der Knochen sollte uns die Kräfte, Belastungen und Drücke verständlich machen, denen wir unseren Körper bei diesen Funktionen aussetzen.

Unsere Knochen weisen eine phantastische Konstruktion auf, so als sei ein Techniker mit einem großartigen Bauplan am Werk gewesen. Die Verbindungen der Knochen untereinander bezeichnet man im gewöhnlichen Sprachgebrauch als Gelenke. Die Funktionsweise der Gelenke hat man noch immer nicht vollständig geklärt. Damit ein Gelenk funktionieren kann, muß eine spezielle Schmierung von geringer Reibung die aneinanderstoßenden Knochen vor Abnutzung bewahren. Zwischen zwei Knochen findet man einen Gelenkknorpel, der von einer speziellen Flüssigkeit mit geringer Viskosität, der sogenannten Gelenkschmiere, umspült wird. Diese Flüssigkeit enthält saure und schleimige Zuckerverbindungen mit einem gewaltigen Molekulargewicht (rund 500 000mal das Gewicht eines Wasserstoffatoms).

Was noch immer ein wenig rätselhaft ist, ist die Wechselwirkung zwischen der Flüssigkeit und dem Knorpel. Sie haben vielleicht gedacht, die Oberfläche des Knorpels sei so glatt wie bei einem Kugellager, aber sie ist ziemlich rauh. Sie weist wie bei einem Schwamm winzige Einbuchtungen auf, die die Flüssigkeit festhalten und auf diese Weise für eine glatte Gesamtoberfläche sorgen. Einer Theorie nach funktioniert der Knorpel tatsächlich wie ein Schwamm; demnach müßte, wenn das Gelenk zusammengepreßt wird, beispielsweise bei Belastung, Schmiermaterial fadenförmig herausschießen, und wenn die Belastung nachläßt, würden diese Schmierfäden wieder zurückgezogen.

Jedenfalls hat die Gelenkschmiere ganz erstaunliche Eigenschaften. Cameron und Skofronick beschreiben in ihrem Buch *Medical Physics*, das für diesen und andere Abschnitte dieses Buches eine wertvolle Quelle war, ein scheinbar absonderliches, an Frankenstein erinnerndes Experiment (Cameron, S. 56). Der Leiche eines gerade Verstorbenen wurde ein normales Hüftgelenk entnommen, bestehend aus dem Kopf des Oberschenkelknochens und der Gelenkpfanne, und umgekehrt montiert, so daß die Pfanne sich unten befand; ein an dieser Vorrichtung hängendes schweres Gewicht, das sich regulieren ließ, um die Auswirkung unterschiedlicher Belastung zu untersuchen, war mit dem Oberschenkelknochen verbunden und preßte ihn in die Pfanne.

Das angehängte Gewicht wirkte wie ein makabres Pendel. Wenn man es hin- und herschwingen ließ, konnte man beobachten, wie die Schwingungsamplitude mit der Zeit kleiner wurde. Dieser Versuch wurde mit verschiedenen Gewichten wiederholt, und so entdeckte man, daß die Gelenkschmiere, die noch vollkommen intakt war, einen extrem niedrigen Reibungskoeffizienten hat. Er ist unabhängig von der Belastung (zwischen 9 und 90 kg) und der Schwingungsamplitude und liegt unter 0,01, weit unter dem Reibungskoeffizienten der Stahlschiene eines Schlittschuhläufers auf Eis (er beträgt rund 0,03).

Um sich davon einen Begriff zu machen, stellen Sie sich bitte vor, Sie hätten eine Zentnerlast auf einer Straße hinter sich herzuziehen. Bei einer rauhen Straßenoberfläche kann es sein, daß Sie eine Zugkraft von einem Zentner ausüben müssen, um die Last zu bewegen. Dies entspricht einem Reibungskoeffizienten von 1,0. Wenn Sie nur eine Zugkraft von 5 kg anwenden müssen, beträgt der Reibungskoeffizient 0,1, während eine Zugkraft von 500 g einem Reibungskoeffizienten von 0,01 entspricht, und genau das ist der Wert, den man beim Hüftgelenk fand, auch wenn es durch ein pendelndes Gewicht von 90 kg belastet wurde. Die Gelenkschmiere ist in der Tat erstaunlich reibungslos!

Am offenkundigsten ist die Stützfunktion der Knochen. Um diese Funktion zu erfüllen, müssen die Knochen stark sein. Wenn wir jetzt noch einmal die Zusammensetzung der Knochen prüfen, finden wir, daß sie außer aus Kalzium-Kristallen aus Wasser und einer organischen Substanz bestehen, dem Kollagen. Für sich genommen, sieht Kollagen wie ein flexibles Stück weichen Gummis aus. Es besitzt eine gewisse Zugfestigkeit, läßt sich aber leicht biegen. Vielleicht denken Sie jetzt, die Stärke der Knochen beruhe auf ihrem Kalziumgehalt. Doch wenn dem Knochen (wie zum Beispiel bei der Einäscherung) Kollagen und Wasser entzogen werden, bleiben Mineralkristalle zurück, die sehr brüchig sind und sich leicht mit den Fingern zermalmen lassen. Was in der Urne aufbewahrt wird, ist das Knochenmineral.

Doch zusammen ergeben Kollagen und Kalzium-Kristalle ein erstaunlich starkes, ziemlich poröses Material. Wie stark es ist, untersuchen Physiker anhand der Reaktion eines typischen Knochens auf verschiedene Kräfte, die man auf ihn einwirken läßt: Dehnung, Biegung, Zusammendrücken, Drehung und Scherung. Wenn man sich beim Skifahren ein Bein bricht, handelt es sich in der Regel um einen Scheroder einen Drehbruch.

Der gesunde Knochen weist bei näherer Untersuchung ein unterschiedliches Maß an Porosität auf. Der Oberschenkelknochen, der von der Hüfte bis zum Kniegelenk reicht, zeigt eine große Variation in der Zahl der Poren. Je nach der Porosität teilt man die Knochen allgemein in Knochenrinde und Knochenschwammwerk ein. Das Knochenschwammwerk setzt sich aus langen, dünnen, schwammartigen Fäden zusammen, den Knochenbälkchen, die am Ende eines Knochens auftreten, während die Knochenrinde massiv ist und im mittleren Schaft des Knochens auftritt.

Das Knochenschwammwerk ist poröser und daher sehr viel schwächer als die Knochenrinde. Seine Schwäche ist vor allem darauf zurückzuführen, daß es pro Raumvolumen weniger Knochensubstanz aufweist, ähnlich wie eine Honigwabe, die ja auch zerbrechlicher ist als ein Papierstapel.

Warum hat die Natur die Knochen so gestaltet? Um die Kraftverteilung an den Knochenenden zu optimieren. Die Kraftlinien der auf die Knochenenden – beim Oberschenkelknochen zum Beispiel in der Nähe der Hüfte und des Knies – einwirkenden Kräfte folgen den Linien der Knochenbälkchen. Dadurch wird die Kraft pro Flächeneinheit in einem beliebigen Bereich des Knochens herabgesetzt, und es ermöglicht Flexibilität, wenn die Gelenke besonders stark belastet werden. Mit anderen Worten: Die Knochenenden sind schwammig genug, um Belastung aufzufangen. Außerdem sind die Bälkchenlinien, an denen entlang die

Kraftlinien verlaufen, untereinander durch senkrecht auf ihnen stehende Bälkchen verbunden, was sowohl eine Verstärkung bedeutet als auch dem Knochenende zusätzliche Elastizität verleiht.

Das Knochenschwammwerk weist also zwei Vorteile auf: Kraftverteilung unter Druck und Elastizität unter Belastung. Hingegen kann das Knochenschwammwerk, da es weniger Knochensubstanz pro Volumen aufweist, Biegebelastungen nicht gut standhalten wie die Knochenrinde im mittleren Schaftbereich des Knochens.

Hier, im Mittelschaft des Knochen, hat die Natur ein anderes Prinzip der Physik angewandt: Ökonomie. Wenn Sie einen massiven Stab (wie zum Beispiel bei einem Trapez) zwischen zwei Auflagen anbringen und in der Mitte mit einem Gewicht belasten, wird er sich unter der Belastung verformen. Wie stark er sich verformt, das hängt natürlich von der Stärke der Belastung ab. Die Physiker sprechen hier vom Verhältnis zwischen Belastung und Verformung.

Die Belastung des Stabes ist an der Stelle, an der das Gewicht hängt, unterschiedlich verteilt; sie geht von Druck an der Oberseite zu Zug an der Unterseite über. Das Gewicht führt also dazu, daß der Stab an der Oberseite zusammengepreßt, an der Unterseite auseinandergezogen wird. In der Mitte des Stabes, in seinem Inneren, ist daher keine Belastung wirksam, weder Druck noch Zug. Ingenieure machen sich diese Tatsache zunutze, wenn sie statt massiver rechteckiger Stäbe als horizontale Stützen in Gebäuden sogenannte Doppel-T-Träger verwenden. Ist jedoch damit zu rechnen, daß aus irgendeiner Richtung Biegekräfte auftreten, so wäre ein zylindrischer, röhrenförmiger Träger angebracht, und genau dafür hat die Natur in unseren Knochen gesorgt: Das Innere unserer Knochen ist hohl.

Ein Hohlzylinder verbindet maximale Stärke mit minimalem Gewicht, wenn Kräfte im rechten Winkel zu seiner Längsrichtung angreifen. Und wenn Kräfte in Längsrichtung angreifen? Wenn Sie oben auf einen Trinkhalm Druck ausüben, wird er in der Mitte knicken; bei unseren Knochen passiert unter einer solchen Belastung dasselbe. Der Oberschenkelknochen ist jedoch in der Mitte zusätzlich verstärkt, wodurch der Hohlraum schmaler wird; zu den Enden hin wird er dünner und der Hohlraum weiter. Dank dieser großartigen Gestaltung kann der Knochen dem Einknicken unter einer in Längsrichtung wirkenden Belastung widerstehen.

3. Die Physik
von Hals- und Beinbruch

Knochen bestehen, wie gesagt, aus Kollagen und Mineral. Die Stärke dieser Verbundstoffe mag manchen überraschen. Zusammen bilden sie ein Material, das unter Druckbelastung ebenso stark ist wie Granit und unter Zugbelastung 25mal stärker als Granit. Das haben Physiker festgestellt, indem sie maßen, wie ein Knochen sich unter Krafteinwirkung dehnt oder zusammengedrückt wird. Bei einer ähnlichen Messung wird der Knochen in sich gedreht, um festzustellen, wie er der Scherbelastung standhält.

Wie das Skelett uns stützt

Unter Druck- oder Zugbelastung verändern alle Materialien ihre Länge. Nach dem Hookeschen Gesetz entspricht die relative Längenänderung L (d. h. die Veränderung δ L, geteilt durch L) der angewandten Kraft, geteilt durch die Fläche, auf die die Kraft wirkt.

Die Kraft geteilt durch die Fläche nennt man Belastung, die relative Längenänderung nennt man Verformung. Teilt man Belastung durch Verformung, erhält man eine Verhältniszahl, den sogenannten Young-Modul Y. Ist die angewandte Kraft hinreichend klein, bleibt diese Verhältniszahl bei zunehmender Kraft konstant (ihre Größe ändert sich nicht), und man spricht von einer Kennziffer des jeweiligen Materials. Ist die angewandte Kraft nicht zu groß, so ist Y bei Druck- wie bei Zugbelastung gleich. Das heißt, ob man auf das Ende eines Knochens drückt oder daran zieht, sein Young-Modul bleibt gleich.

Je größer das Y eines Materials, desto größer ist sein Widerstand gegen Veränderungen. Harter Stahl hat ein Y von 2,1 Millionen kg/cm^2, während weiches Gummi ein Y von nur 10,2 kg/cm^2 hat. Das Y von Granit beträgt 527 000 kg/cm^2, das von Beton 169 000 kg/cm^2. Knochenrinde und Knochenschwammwerk haben ein sehr unterschiedliches Y. Knochenrinde hat mit 183 000 kg/cm^2 ein ähnliches Y wie Beton, Knochenschwammwerk dagegen ein Y von nur 773 kg/cm^2. Damit können Sie sich ausrechnen, um wieviel sich Ihr Körper verkürzt, wenn Sie aufstehen. (Wußten Sie, daß Sie im Liegen größer sind?)

Wenn wir die Längenänderung der Wirbelsäule außer acht lassen und nur die Länge des Oberschenkelknochens betrachten (beim durchschnittlichen Erwachsenen etwa 69 cm), so wird unser 90-kg-Mann, wenn er sein ganzes Gewicht auf das kompakte Knochengewebe nur eines Beines verlagert, um nur 18/1000 cm kürzer. Um wieviel Sie kürzer werden, hängt von Ihrem Gewicht und Ihrer Körpergröße ab, aber es liegt in dieser Größenordnung. Das Knochenschwammwerk wird jedoch proportional stärker zusammengedrückt, da sein Y kleiner ist. Das Schwammwerk ist allerdings kürzer und hat einen größeren Querschnitt (die Knochenenden sind breiter als die Mitte), und so läuft die Verkürzung, die eintritt, wenn man auf einem Bein steht, auf etwa 2,5 mm hinaus.

Ein großes Y bedeutet zwar Widerstand gegen Veränderung, aber es bedeutet nicht unbedingt hohe Bruchfestigkeit. Kehren wir für einen Augenblick in das Labor des Physikers zurück. Wird auf ein Material eine allmählich zunehmende Kraft angewandt, so ändert sich sein Y zunächst nicht. Geht die Kraft aber über einen bestimmten Punkt hinaus, so nimmt das Y erst langsam und dann rasch ab, bis ein Punkt erreicht wird, an dem Y gleich Null ist. An diesem Punkt ist die Belastung so groß, daß selbst eine geringe Steigerung eine drastische Längenänderung bewirkt. Wenn das geschieht, ist der Bruchpunkt erreicht und das Material zerreißt.

Zwischen dem Bruch eines Materials unter Druckbelastung und dem Bruch unter Zugbelastung besteht ein Unterschied. Harter Stahl wird zum Beispiel unter einer Druckbelastung von 5625 kg/cm^2 zerdrückt, aber er reißt erst bei einer Zugbelastung von annähernd 8440 kg/cm^2. Granit wird von 1480 kg/cm^2 zerdrückt, aber er wird schon bei 49 kg/cm^2 zerreißen. Beton bricht unter 210 kg/cm^2 zusammen, zerreißt aber schon bei 21,4 kg/cm^2. Jetzt wissen Sie, warum es Wiegestationen für Lastwagen gibt. Weil Betonstraßen zu Staub zerbröckeln, wenn die Belastung 210 kg/cm^2 überschreitet, müssen schwere Lastwagen zusätzliche Räder haben. Dadurch vergrößert sich die Fläche, auf die sich das Ladegewicht verteilt, und die Belastung des Betons verringert sich.

Knochenrinde ist weit stärker als Beton; sie hält einer ähnlichen Druckbelastung stand wie Granit (sie bricht bei 1733 kg/cm^2 zusammen), aber unter Zugbelastung ist sie 25mal stärker (1223 kg/cm^2). Die Zugfestigkeit von Knochenschwammwerk ist schwer zu testen, die Druckfestigkeit dagegen leichter: es bricht bei 22,4 kg/cm^2 zusammen.

Da wir die Young-Module und die Druck- und Zugfestigkeit kennen, können wir bestimmen, wie sicher Ihr Skelett Sie stützt. Ingenieure bauen in ihre Pläne gern einen Sicherheitsfaktor 10 ein; das verwendete Material soll einer Belastung standhalten, die bis zum Zehnfachen der größten zu erwartenden Last, aber nicht darüber hinausgeht.

Wie schneiden nun Ihre Knochen unter verschiedenen Beanspruchungen ab, gemessen an den Normen des Ingenieurs? Angenommen, Sie wiegen 68 kg. Dann lasten bei jedem Schritt, den Sie machen, kurzfristig 90 kg auf dem einzelnen Bein. Das liegt daran, daß Sie den Fuß mit einer gewissen Beschleunigung auf den Boden setzen. Nach dem Newtonschen Reaktionsprinzip übt der Boden einen gleichen und entgegengesetzten Druck auf den Fuß aus. Bei einem Hochsprung wächst diese Reaktion (und der Druck, den Sie auf den Boden bringen) auf rund 270 kg an.

Da der Fuß aber mit 190 cm^2 eine recht große Fläche besitzt, entsteht selbst bei einer so großen Kraft nur eine Belastung von 1,4 kg/cm^2. Wenn Sie vekehrt landen und die ganzen 270 kg sich auf die Ferse eines Fußes verlagern, verteilen Sie die ganzen 270 kg auf das Schienbein, dessen Querschnitt rund 2,6 cm^2 beträgt; es wird also mit 105 kg/cm^2 belastet. Da der Knochen erst unter 1733 kg/cm^2 zusammenbricht, ist der Sicherheitsfaktor beim Laufen und Springen also größer als 16.

Wie übersteht man nun einen Fall? Angenommen, Sie springen aus einem Fenster in 3 m Höhe. Wenn Sie unten ankommen, haben Sie eine Geschwindigkeit von etwa 27 km/h. Würden Sie aus einer Höhe von 6 m fallen, so hätten sie beim Auftreffen eine Geschwindigkeit von 38 km/h, und bei einem Sturz aus 300 m Höhe hätten Sie eine Aufschlaggeschwindigkeit von rund 270 km/h. Ein Sturz aus noch größerer Höhe würde Ihre Geschwindigkeit wegen des Luftwiderstandes nicht nennenswert über 320 km/h hinaus steigern.

Was die Gefahr eines Knochenbruchs angeht, kommt es entscheidend darauf an, wie lange Ihr Bein beim Auftreffen mit dem Boden Kontakt behält. Je kürzer, um so verheerender ist die Wirkung. Denn nach der Newtonschen Bewegungsgleichung ist die Kraft, die auf Ihr Schienbein einwirkt, gleich der Impulsänderung, geteilt durch die Zeit, in der die Änderung sich vollzieht.

Wenn Sie aus 3 m Höhe fallen und eine Geschwindigkeit von 27 km/h erreichen, hat Ihr Körper (angenommen, Sie wiegen 68 kg) einen Impuls von etwa 53 kgs. Diese Zahl an sich besagt nicht viel, aber dahinter steckt doch die Möglichkeit eines recht schmerzhaften Stoßes: Käme Ihr Körper innerhalb einer Zehntelsekunde völlig zum Stillstand, dann hätten Sie ein Gefühl, als wöge er über 500 kg!

Wenn Sie beim Auftreffen zurückprallen (man spricht dann von einem elastischen Stoß), erfährt Ihr Körper eine doppelt so große Impulsänderung, also 106 kgs. Angenommen, dieser Rückstoß dauert ebenso lange, eine Zehntelsekunde, dann hätten Sie das Gefühl, über eine Tonne zu wiegen. Ihre inneren Organe würden bei derartigen Impulsänderungen Ihres Körpers ganz schön durcheinandergerüttelt. Wenn ein Boxer einen Volltreffer am Kopf erhält, wird der Kopf nach hinten gestoßen, aber das Gehirn geht zunächst nicht mit. Die Impulsänderung, die das Gehirn erfährt, wenn es innen gegen die Schädelwand schlägt, ist das, was dem Boxer so sehr schadet. Ihre inneren Organe würden ebenfalls großen Schaden nehmen.

Wenn Sie sich jedoch abrollen und den Aufprall abfangen (man spricht dann von einem unelastischen Stoß), erfährt Ihr Körper eine Änderung von nur 53 kgs. Teilt man diese Zahl durch die Dauer des Aufpralls (in Sekunden), so erhält man die Kraft, die Sie beim Aufprall auszuhalten haben.

Es ist nicht ungewöhnlich, daß ein Aufprall nur 3/1000 Sekunden (3 Millisekunden) dauert. Würden Sie bei einem Fall aus nur 3 m Höhe mit den Füßen voran landen und versuchen, mit gestreckten Beinen aufzukommen oder wie bei einem elastischen Stoß zurückzuprallen, wodurch sich Ihre Aufprallzeit auf rund 3 Millisekunden verkürzen würde, dann würden Sie eine Kraft von über 36 000 kg erfahren. Auf die 2,6 cm^3 des Schienbeins verteilt, würde Ihr Unterschenkelknochen einem Druck von 14 000 kg/cm^2 ausgesetzt. Da Knochenrinde unter einer Last von 1733 kg/cm^2 zusammenbricht, würde Ihr armes Schienbein dieser Belastung nicht standhalten. Kein Wunder, daß man Fallschirmspringern sagt, sie sollten sich beim Landen abrollen. Ein Aufprall mit steifen Beinen läßt das Schienbein erbarmungslos brechen. Ein Sturz ohne Fallschirm aus einem Flugzeug würde diese Belastung auf über 14 000 kg/cm^2 ansteigen lassen. Bei einem solchen Sturz würde ein steifbeiniger Aufprall das Schienbein in Staub verwandeln.

Lassen Sie dagegen nach einem Fall aus 3 m Höhe Ihren Körper abrollen, krümmen Sie sich nach dem Auftreffen zusammen und erhöhen Sie die Berührungsdauer damit auf rund eine Zehntelsekunde, so erleiden Sie nur einen Stoß von 530 kg. Durch den Querschnitt des Schienbeins (2,6 cm^2) geteilt, werden die Schienbeine nur mit etwa 205 kg/cm^2 belastet. Das liegt weit unter der maximalen Druckbelastung von 1733 kg/cm^2. Darum werden Sie nach dem Fall imstande sein, aufzustehen und fortzugehen. Wenn Sie nach dem Sturz aus einem Flugzeug die nämliche Abrollbewegung zustande brächten, würden die Schienbeine dennoch mit 2100 kg/cm^2 belastet – genug, um Ihnen die Beine zu brechen.

Sind unsere Knochen also den Belastungen des Alltagslebens gewachsen? Durchaus! Selbst ein Sturz ohne Fallschirm aus einem Flugzeug würde nur einen Schienbeinbruch nach sich ziehen, vorausgesetzt, der Stürzende rollt sich beim Aufprall ab. Unser struktureller Stützapparat ist so gestaltet, daß er den Ansprüchen des Alltagsleben vollkommen gerecht wird, auch wenn er eine Fülle von Hochsprüngen ausführen muß. Ein besseres Material als Knochen ist in der Tat schwer zu finden. Knochen bilden das lebende Gerüst des Menschen und vieler Tiere. Gott und die Natur haben wirklich für große Sicherheitsspielräume gesorgt.

4. Astronauten, Skelette
und die Wechseljahre der Frau

Bei wachsender Aktivität in der Raumfahrt werden immer mehr Menschen das Gefühl des freien Falls auf einer Umlaufbahn erleben. Dabei wird die Schwerkraft völlig durch die Fliehkraft neutralisiert.

Am Beispiel des Autofahrens möchte ich verdeutlichen, um was es geht. Achten Sie darauf, wie Ihr Körper reagiert, wenn Sie durch eine Kurve fahren. Er neigt sich in die Richtung, die der Richtung der Kurve entgegengesetzt ist. Wenn Sie also schnell durch eine Rechtskurve fahren, wird Ihr Körper sich nach links neigen, vielleicht sogar nach links rutschen. Von Ihrem Standpunkt im Auto aus gesehen, erfahren Sie eine Kraft, die entgegen der Richtung der Kurve wirkt. Das ist die Fliehkraft oder Zentrifugalkraft. In vielen modernen Chemielabors verwendet man sogenannte Zentrifugen. Darin werden Flüssigkeiten, in denen Teilchen in Suspension enthalten sind, geschleudert. Durch die Fliehkraft werden die Teilchen gegen die Wände des sich drehenden Zylinders gedrückt und schließlich von der Flüssigkeit, in der sie zunächst in Suspension enthalten waren, getrennt.

Der Astronaut in der Kabine eines Raumfahrzeugs befindet sich auf einer Kreisbahn um die Erde. Eigentlich müßte er, wie der Fahrgast in einem Auto, der sich in der Kurve zur entgegengesetzten Richtung neigt, an die Kabinendecke fliegen. Daß er das nicht tut, liegt an der im entgegengesetzten Sinne wirkenden Schwerkraft. Die Kräfte heben sich gegenseitig auf, und der Astronaut schwebt frei. Diese Aufhebung der Kräfte gilt für alle Gegenstände in dem Erdsatelliten. Alle Gegenstände schweben deshalb frei herum. Der Mensch und alle Gegenstände werden, gleichgültig, wie schwer oder groß sie sind, schwerelos. Überlegen wir einmal, wie es sich auf das menschliche Skelett auswirken würde, wenn wir Gelegenheit hätten, uns in einer schwerelosen Umgebung zu entwickeln. Der Zweck des Skeletts war es, den Körper unter der Einwirkung der Schwerkraft zu stützen. Welche Gestalt würden wir annehmen, wenn die Schwerkraft entfiele? Würden wir lang und dünn, oder würden wir tropfenförmig, mit armähnlichen Anhängen?

Aufgrund der Beobachtung von Tieren hier auf der Erde können wir dazu eine begründete Hypothese aufstellen. Wir müssen dazu nicht in die Lüfte hinaufschauen, sondern unter die Oberfläche unserer Ozeane. Durch den Auftrieb des Wassers erfahren alle untergetauchten Tiere eine aufwärts gerichtete Kraft, die durch die Wasserverdrängung des Tieres hervorgerufen wird. Dort, wo das Tier ist, ist kein Wasser. Die Kraft, die das Tier nach oben treibt, gleicht exakt dem Gewicht des verdrängten Wassers. Fische haben eine ähnliche Dichte wie Wasser; beim Schwimmen erfahren sie deshalb nur eine geringe Schwerkraft und brauchen deshalb kein starkes Skelett. Ein gutes Beispiel ist der entwicklungsgeschichtlich primitive Hai: Sein Skelett besteht nicht aus Knochen, sondern aus Knorpel. Da die Schwerkraft entfällt, braucht der Hai im Grunde keine Knochen.

In Abwesenheit der Schwerkraft werden sich die Geometrie und die Gestalt des Körpers verändern. Die großen Wassersäugetiere, die Delphine und Wale, vermitteln uns eine Ahnung davon, wohin wir uns entwickeln würden, wenn wir in der Schwerelosigkeit des Alls schweben. Da die Belastung durch das Gewicht entfiele, würden wir rundlicher werden. Unsere Beine würden entweder verschwinden oder sich zu handähnlichen Gliedmaßen entwickeln, wie sie ähnlich die Affen besitzen. Wir würden lange, dünne Arme bekommen, da wir uns an den Wänden oder Haltegriffen unseres Raumfahrzeugs festhalten müßten, um nicht in der Kabine herumzutorkeln.

Inzwischen gibt es eindeutige Belege dafür, daß sich das menschliche Skelett im Weltall verändert (Leach, Wronski). Wie Untersuchungen an Astronauten gezeigt haben, sinkt die Kalziumaufnahme im Weltall, während die Ausscheidung von Kalzium mit dem Urin steigt. Das deutet darauf hin, daß die Knochensubstanz im Weltall verfällt. Was läßt sich aus dem Kalziumverlust schließen? Dr. T. J. Wronski meint, daß die Knochen im Weltall möglicherweise deshalb Masse und Kraft zu verlieren beginnen, weil sie einfach nicht mehr nötig sind.

Knochengewebe ist lebendiges Gewebe, das sowohl von Blutgefäßen als auch von Nerven durchzogen ist, deshalb verändert es sich ständig im Laufe des Lebens. Bestimmte Knochenzellen sorgen für einen ständigen Prozeß der Zerstörung und Schöpfung. Die *Osteoklasten* oder Knochenbrecher zerstören Zellen, die *Osteoblasten* oder Knochenbildner bauen sie auf.

Man bezeichnet den Aufbau der Knochen auch als einen Umbau. Es ist jedoch ein ungleicher Kampf, der da zwischen dem Aufbau und der Zerstörung stattfindet. Die Zerstörung ist, wie bei vielen physikalischen Prozessen, stets effizienter als der Aufbau. Eine Knochenbrecher-Zelle kann Knochenzellen rund hundertmal schneller zerstören, als ein Knochenbildner sie aufbauen kann. Die vollständige Neubildung eines Skeletts dauert rund sieben Jahre. Aber tagtäglich wird etwa ein halbes Gramm Knochenkalzium von den Osteoklasten «gefressen». Solange man noch wächst, sind die Knochenbildner den Knochenfressern überlegen (deshalb brauchen Kinder mehr Kalzium als Erwachsene), doch wenn man über die vierzig hinaus ist, holen die Knochenfresser auf. Mit zunehmendem Alter nimmt die Knochenmasse allmählich ab – ein Prozeß, der bis zum Tode weitergeht.

Die Wechseljahre der Frau und weiche, spröde Knochen

Es ist bekannt, daß manche Frauen im gebärfähigen Alter Knochenkalzium verlieren. Während der Schwangerschaft holt sich der wachsende Fötus das Kalzium aus den Knochen und Zähnen der Mutter, wenn sie mit der Nahrung nicht genügend Kalzium aufnimmt. Doch selbst kinderlose Frauen verlieren mit fortschreitendem Alter aus einem noch unbekannten Grund mehr Kalzium als Männer. Das kann zu einem ernsthaften Gebrechen führen, der Osteoporose (das bedeutet: poröse Knochen). Nach einem Bericht der «Scripps Clinic and Research Foundation» aus dem Jahre 1984 sind in den USA sieben Millionen Frauen nach dem Klimakterium von diesem Gebrechen betroffen, das bei weiteren sieben Millionen in nicht symptomatischer Form vorkommt. Durch Osteoporose, offenbar eine Stoffwechselstörung, kann die Körpergröße um 15 bis 22 cm schrumpfen. Oft geht sie einher mit der typischen Rückgratverkrümmung, die man als Witwenbuckel bezeichnet.

Dr. George E. Dailey, III., der an der Scripps-Clinic in La Jolla, Kalifornien, die Abteilung für Diabetes, Endokrinologie und Nephrologie leitet, erklärt: «Der Knochenverlust vollzieht sich ganz allmählich, das Skelett nimmt jährlich um ein Prozent ab. Mit den üblichen Rönt-

genverfahren ist das nicht feststellbar; sie zeigen erst eine Veränderung
an, wenn das Skelett dreißig bis fünfzig Prozent seiner Mineralien verloren hat.»

Durch den Kalziumverlust werden die Knochen poröser und damit
nicht nur weicher, sondern auch spröder. Eine Verletzung, die viele
ältere Menschen trifft, ist der Hüftknochenbruch. In den USA sind
davon alljährlich rund 150 000 Frauen betroffen, und gewöhnlich leiden sie an Osteoporose. Warum gerade der Hüftknochen? Zwar leiden
alle Knochen unter dieser Störung, doch trifft der Kalziumverlust diese
Region schwerer, weil sie durch das Gehen besonders belastet wird. Die
Knochen nutzen sich ja durch Belastung ab. Ein normaler Knochen
wächst nach, aber der betroffene Hüftknochen kann sich nicht selbst
reparieren. Irgendwann bricht er einfach, auch bei einer relativ geringfügigen Belastung, beispielsweise, wenn man vom Bürgersteig auf die
Straße tritt.

Die eigentliche Ursache der Osteoporose kennt man noch nicht, aber
es gibt ein neues Diagnoseinstrument zur Früherkennung des Gebre-
chens. An der Scripps-Clinic verwendet man jetzt ein Doppel-Photo-
nenstrahl-Absorptions-Densitometer, um winzige Veränderungen in
der Knochendichte festzustellen. Ein Strahl von energiereichen Photonen (Röntgenstrahlen) wird in geringen Dosen vom Knochen absorbiert. Anhand der Absorption läßt sich der Kalziumgehalt des Knochens bestimmen.

Um der Osteoporose vorzubeugen, muß die Nahrung genügend Kalzium enthalten; als Minimum gelten 1000 bis 1500 mg täglich. Ein Glas
Milch enthält etwa 250 mg Kalzium. Auch körperliche Betätigung oder
Gymnastik scheint hilfreich zu sein. Dadurch, daß man den Körper
bewegt und den Knochen belastet, wird die Verschlechterung des Ske-
lettzustandes aufgehalten, seine Entwicklung angeregt.

Das Wachstum und die Regeneration der Knochen hängen somit
offenbar von den Kräften ab, die wir bei normaler Bewegung auf unseren Körper ausüben. Übungen, bei denen man sein Gewicht tragen
muß, wie Gehen, Laufen und Radfahren, scheinen die Knochen zu
stärken, Übungen, bei denen man kein Gewicht zu tragen hat, wie etwa
Schwimmen, dagegen nicht. Aufgrund der bisherigen Erfahrungen in
der Raumfahrt erscheint es ratsam, mit künstlichen Mitteln dafür zu
sorgen, daß die Knochenentwicklung der Menschen im Weltall weitergeht. Dieses Problem ergibt sich besonders dann, wenn man Kinder in
Raumstationen aufziehen will.

5. Die Quantenphysik
der Fitneß und der Müdigkeit

Auf welche Weise verwendet der Körper die Energie, um sich von Ort zu Ort zu bewegen und seine inneren Organe in Gang zu halten? Das entscheidende Wort ist hier «Energie»; ohne Energie kann der Körper sich nicht bewegen oder überhaupt funktionieren.

Die Energie, die uns bewegt

Energie ist, wie schon bemerkt, ein ziemlich rätselhaftes Ding. In der Physik bedeutet es nicht mehr als die Fähigkeit, Arbeit zu leisten. Energie kann auf vielfältige Weise gemessen werden. Bei aller Vielfalt laufen die Meßmethoden auf eines hinaus, nämlich auf das, was man allgemein als Kalorien bezeichnet. Eine Kalorie ist somit eine Einheit des Energiemaßes.

Der Körper braucht Kalorien. Wie viele, das hängt von den Prozessen ab, mit denen der Körper beschäftigt ist. In diesem Kapitel werden wir einige grundlegende Vorgänge erörtern, bei denen Energie, die in der Nahrung enthalten ist, also gespeicherte Energie, in Bewegung oder kinetische Energie umgewandelt wird.

Hier müssen einige Grundbegriffe erwähnt werden. Der Prozeß der Umwandlung von Nahrungsenergie in Bewegungsenergie heißt *Glykolyse*. Die Nahrung, die dabei umgewandelt wird, ist Glucose oder Blutzucker. Vollzieht sich die Glykolyse in Gegenwart von Sauerstoff, spricht man von *aerober Glykolyse* oder einfach von Oxidation. Vollzieht sich die Glykolyse in Abwesenheit von Sauerstoff, so spricht man von *anaerober Glykolyse.*

Warum werde ich müde, wenn ich schwer arbeite?

Jeder hat es schon erlebt. Nach einem langen Tag im Büro oder nach einer besonders anstrengenden Situation fühlen wir uns müde. Worauf beruht diese Müdigkeit? In der letzten Zeit sieht man immer mehr Jogger, die vor Energie fast zu platzen scheinen. In den sechziger Jahren sah man kaum jemanden laufen, es sei denn, er wollte einen Bus erwischen oder er trainierte für ein Football- oder Basketball-Spiel; seit den siebziger Jahren und bis heute laufen viele morgens als erstes zwei, drei oder mehr Kilometer, und das zwei-, dreimal oder noch häufiger in der Woche.

Woran liegt es, daß ein Läufer bis zu 42 km laufen kann, ohne zum Ausruhen, Essen oder Luftschöpfen anzuhalten? Wie kommt es, daß ich an manchen Tagen, besonders, wenn sie nicht sehr ereignisreich waren, voller Energie nach Hause komme und unternehmungslustig bin, während ich an anderen Tagen vor dem Fernseher zusammenklappen möchte? Diese Fragen kann man inzwischen teilweise beantworten. Die Antwort enthält, wie ich glaube, eine Möglichkeit, das Bewußtsein ins Spiel zu bringen, und das Bewußtsein wird eines Tages die vollständige Antwort liefern.

Der Hauptgrund, warum wir müde werden, ist die Bildung von Milchsäure in unseren Muskelzellen. Milchsäure ist ein Produkt der anaeroben Glykolyse, die sich in allen Zellen vollzieht, wenn die Sauerstoffversorgung aus irgendeinem Grunde begrenzt ist. Dann kann die Glucose in den Muskelzellen nicht die energiereichsten Produkte bereitstellen. Sie wird vielmehr in Milchsäure umgewandelt, und der Energievorrat der Zelle ist rasch verbraucht. Auf einige Einzelheiten werden wir weiter unten eingehen.

In Gegenwart von Sauerstoff – das ist der Normalfall und der Grund, warum wir atmen – läuft in den Körperzellen eine Reihe von chemischen Reaktionen ab. An diesen Reaktionen sind zahlreiche komplexe Moleküle beteiligt, darunter auch Enzyme, über die ich später noch einiges sagen werde. Diese Reaktionen vollziehen sich in den meisten aeroben Organismen, besonders während der Atmung, und werden zusammengefaßt als *Krebs-Zyklus* bezeichnet. Der Krebs-Zyklus ist eine bemerkenswerte Abfolge von aeroben chemischen Reaktionen, die sich in jeder Zelle Ihres Körpers abspielen. Er ist der eigentliche Weg, auf dem sich der Stoffwechsel (die Energieumwandlung) in Gegenwart von Sauerstoff vollzieht. Das Endprodukt des Krebs-Zyklus ist ein energiereiches Molekül, das *Adenosintriphosphat* oder kurz ATP.

Der Krebs-Zyklus ist notwendig für die Bereitstellung energiereicher Elektronen, die unter Abgabe ihrer Energie letzten Endes ATP produzieren. Wir brauchen Sauerstoff, weil diese Elektronen bei der Produktion von ATP an einem Ort geringerer Energie landen müssen. So finden sie schließlich ihren Weg zu dem Sauerstoff (O) und bilden negativ geladene Sauerstoff-Ionen, die von Protonen (H^+) angezogen werden und mit ihnen zusammen Wasser, H_2O, bilden. Sauerstoff übt auf ein Elektron starke Anziehung aus. Man kann das Elektron auf dem Weg zum Sauerstoff mit einem Ball vergleichen, der auf einen Abgrund zurollt. Wenn er den steilen Abhang hinunterfällt, erhält er kinetische Energie. Dadurch, daß das Elektron in ein Sauerstoffatom stürzt, erhält es die Energie, die es für die Produktion von ATP verwendet.

Ist kein Sauerstoff vorhanden, kann aus der Glucose kein Acetat gemacht werden. Statt dessen wird Milchsäure hergestellt, und das kommt den Körper teuer zu stehen. Dabei wird nur eine geringe Energiemenge verfügbar gemacht.

Bei der Oxydation der Glucose, der Verbrennung in Gegenwart von Sauerstoff, ist die Kalorienausbeute sehr viel größer. Verglichen mit der Gärung, bei der Milchsäure entsteht, erbringt die Verbrennung von Glucose das 13fache an Energie. Beim aeroben Prozeß, bei dem keine Milchsäure entsteht, werden andere Zwischenprodukte, die *Pyruvate*, oxidiert, und die Endprodukte sind Kohlendioxyd und Wasser. Die entscheidende Erkenntnis besteht darin, daß bei der Oxydation sehr viel mehr Energie aus einem Molekül Glucose gewonnen wird als bei der anaeroben Gärung. Betrachten Sie Ihren Körper einmal als eine gut abgestimmte Maschine, die die Zellen in einem bestimmten Umfang mit Glucose aus dem Blut versorgt; die anaerobe Gärung, die im Vergleich zur aeroben Verbrennung sehr viel Glucose verbraucht, würde den Vorrat rasch erschöpfen. Die Nachfrage übersteigt das Angebot, und die Zelle erleidet einen Schock.

Diesen Schock erleben wir als Müdigkeit. Sportler erleben das häufig, wenn sie ihre Muskeln bis an die Grenze trainieren. Diese Grenze wird dann erreicht, wenn die anaeroben Prozesse in den Muskelzellen die aeroben Prozesse überholen. Der Sportler, der seine Muskeln bis zum äußersten anstrengt, zwingt die Muskelzelle, sich schneller zu bewegen und schneller zu reagieren, als das Blut sie mit Glucose versorgen kann.

Wenn Sie einen langen, mühsamen Bürotag hinter sich haben, empfinden Sie wahrscheinlich nicht die gleiche Müdigkeit wie der Sportler nach einem 100-m-Sprint. Bei einem gestreßten Büroangestellten beruht die Müdigkeit wahrscheinlich gleichermaßen auf Muskelverkrampfung, die eine schlechtere Blutversorgung nach sich zieht, und auf einer schlechteren Nervenkommunikation. Die Muskelzellen des erschöpften Büroangestellten sind wegen solcher Spannungen wirklich hungrig. Die Muskeln des Sprinters sind ebenfalls hungrig, aber nicht wegen Spannungen: seine Muskelzellen sind ganz einfach leer von Glucose, weil er zuviel von ihnen verlangt hat und der Vorrat auf anaerobe Weise verbraucht wurde. Während des kurzen, nur 10 sec dauernden Sprints bis zum Ziel konnte nicht genügend Sauerstoff seine Zellen erreichen. Statt der erforderlichen Pyruvate wurde Milchsäure erzeugt.

Auch die anaerobe Glykolyse erzeugt eine gewisse Energie, nämlich zwei Moleküle ATP. Bei der aeroben Oxydation entstehen dagegen aus jedem verbrauchten Glucose-Molekül 36 Moleküle ATP. Durch Überanstrengung und seelischen Streß belastet, brauchen die Muskeln ihre Glucoseketten, das Glykogen, sehr rasch auf.

Die Fähigkeit, ohne Sauerstoff weitermachen zu können, muß sehr wichtig sein, sonst hätten wir diesen Weg der Energieerzeugung nicht entwickelt. Dieser Trick geht möglicherweise auf unsere Uranfänge als Einzeller zurück. Die ersten Zellen, die sich wahrscheinlich entwickelt haben, bevor es überhaupt freien Sauerstoff in der Atmosphäre gab, mußten, um leben zu können, die anaerobe Glykolyse benutzen. Ihr Nahrungsbedarf muß enorm gewesen sein. Als dann der Sauerstoff in der Atmosphäre und später gelöst im Wasser zur Verfügung stand (darum können Fische atmen), wurde die effizientere aerobe Oxydation der Glucose möglich, die über 36 Prozent ihrer Energie für die Bildung von ATP bereitstellte.

Die Evolution brachte schließlich komplizierte Geschöpfe hervor, und damit brachen bewegtere Zeiten an. Jetzt galt es, zu kämpfen, zu fliehen oder zu kopulieren. Um zu überleben, mußte das prähistorische Tier sich rasch bewegen können, schneller, als es die aerobe Glykolyse zuließ. In diesem Fall trat die anaerobe Glykolyse in Funktion. Das Tier konnte fortlaufen, ohne Atem zu holen. Natürlich mußte es irgendwann Atem holen, aber seine Fähigkeit, ohne Sauerstoff zu überstehen, wurde zum Prüfstein seiner Überlebensfähigkeit. Dank seiner Überlebensfähigkeit hatte es sowohl eine Menge Glucose zur Verfügung als auch ein ausgefeilteres System der Sauerstoffversorgung seiner Muskeln, wenn Sauerstoff zur Verfügung stand.

Wenn viel Glykogen zur Verfügung stünde und von der Leber, wo es erzeugt wird, in großer Menge in Gestalt von Glucose-Einheiten bereitgestellt würde, bräuchten die Menschen nicht zu atmen. Es wäre durchaus möglich, wie Wale und andere meeresbewohnende Säugetiere lange ohne Sauerstoff auszukommen. Daß wir Menschen nach nur wenigen Minuten von Sauerstoffmangel sterben, liegt an dem Glucosemangel in den Zellen. Die Glucose-Oxydation erzeugt 36 Moleküle ATP, die anaerobe Glykolyse aber nur 2, und deshalb ist für die gleiche Menge ATP 18mal soviel Glucose erforderlich.

Die Leib-Seele-Wechselwirkung vollzieht sich in den Muskeln

Die auf körperlicher Anstrengung und seelischer Belastung beruhende Müdigkeit wird vermutlich deutlicher in den Muskeln empfunden. Unter Müdigkeit verstehen wir ja einen Energiemangel, hervorgerufen dadurch, daß nicht genügend ATP-Moleküle da sind, um den Energiebedarf der Körperzellen zu decken. Müdigkeit entsteht auch, wenn für die Oxydation der Glucose nicht genügend Sauerstoff bereitgestellt wird. Dann kommt es zur anaeroben Glykolyse, die Milchsäure erzeugt und 18mal schneller die Glucose verbraucht, als wenn Sauerstoff in der Zelle vorhanden ist.

Die Muskelzellen sind sehr komplex, und auf sie kommt es nach meiner Überzeugung an, wenn wir begreifen wollen, wie die Leib-Seele-Wechselwirkung den Körper verändert. In den Muskeln können sich Charaktereigenschaften niederschlagen. Wenn man an etwas Besorgniserregendes denkt, kommt es vor, daß die Muskeln sich anspannen, und es kann sein, daß diese Spannung bleibt. Möglicherweise «steckt» sogar Ihr Selbstgefühl in Ihren Muskelzellen. Angespannte Muskeln können als Schutz einen «Körperpanzer» bilden, so etwas wie ein veräußerlichtes Ich.

Muskeln können demnach der Schauplatz sowohl der klassischen bioenergetischen Vorgänge als auch seelischer Vorgänge sein. Muskeln sind die Verkörperung der Seele. Um die Wechselwirkung zwischen Seele und Muskel zu erfassen, müssen wir zunächst einen Blick auf die Bioenergetik der Muskeln und ihren Aufbau werfen. Muskeln machen 35 bis 45 Prozent des Körpergewichts aus. Es gibt drei Arten von Muskeln: glatte Muskeln, Herzmuskeln und Skelettmuskeln.

Glatte Muskeln bestehen aus länglichen, zu Bündeln zusammengefaßten Zellen. Jede Zelle hat einen Kern. Sie kommen in den Eingeweiden vor als ringförmige Bänder, die wellenartige, vom autonomen oder vegetativen Nervensystem gesteuerte Kontraktionen erzeugen können. Auch bei den Arterien und beim Harnleiter findet man sie. Diese Muskeln ziehen sich unwillkürlich zusammen.

Die Herzmuskulatur besteht aus verzweigten Zellen, die jeweils mehrere Kerne enthalten. Sie ziehen sich als spiralige Bänder um die Herzkammern und können sich, vom Schrittmacher des Herzens gesteuert, rhythmisch zusammenziehen; auch dies ist ein unwillkürlicher Vorgang. Das absolut Erstaunliche am Herzmuskel ist, daß er niemals müde wird oder Ruhe braucht, bevor nicht ein Infarkt eintritt, bei dem die Sauerstoffzufuhr zu den Zellen unterbunden wird.

Die Skelettmuskeln unterliegen der bewußten Kontrolle. Der einzelne Muskel besteht aus länglichen Zellen, die eine Länge von mehreren Zentimetern erreichen und zahlreiche Kerne sowie viele winzige Fasern enthalten, die *Myofibrillen*. Die Bioenergetik der Muskelkontraktion und -entspannung können wir bewußt steuern, und wenn wir das tun, werden Kalzium-Ionen freigesetzt. Die Skelettmuskeln sind der ideale Mechanismus, an dem sich die Leib-Seele-Wechselwirkung zeigen läßt.

Es sind ebenfalls die Skelettmuskeln, an denen sich Müdigkeit und Streß deutlich zeigen; sie sind auch dafür verantwortlich, daß wir uns wohl und gesund fühlen. Geschwächte Muskeln, die die Freude der spontanen Körperbewegung nicht ertragen können, sind in hohem Maße für Depressionen verantwortlich. Die Schwächung der Muskeln beruht auf falscher Verwendung von Glucose und Sauerstoff, jener Substanzen, von denen Gesundheit und Wohlergehen der Muskeln in erster Linie abhängen.

Wie die Kontraktion der willkürlichen Muskeln sich abspielen könnte

Der Prozeß der Kontraktion und Entspannung der Muskeln ist wahrscheinlich der bedeutendste Aspekt menschlichen Verhaltens, den man heute kennt. Durch diese Aktionen geben wir einander sichtbare Hinweise, teilen wir unsere wahren Gefühle mit, auch wenn unsere Worte lügen. Ohne diese Aktionen wären wir außerstande, uns zu bewegen oder uns auszudrücken. Jeder Gesichtsausdruck des Ekels, des Verlangens, der Erregung, jede Geste, der neueste Rock-and-Roll-Tanz, die Fähigkeit, zu sprechen, zu stehen, aufrecht zu gehen, zusammenzusinken, selbst zu schlafen, erfordert bewußte Aktionen, die sich an die willkürliche oder Skelettmuskulatur richten und von ihr beantwortet werden.

Ohne Skelettmuskeln wäre der Körper schlaff und zu keiner Bewegung fähig. Der Mensch besitzt über 600 willkürliche Muskeln. Man nennt sie willkürlich, weil sie bewußt gesteuert werden können. Ihre Größe reicht von den massigen Gluteus- oder Gesäßmuskeln, die aus zahlreichen Schichten von Tausenden von Myofibrillen bestehen, bis zu den winzigen Steigbügel-Muskeln im Mittelohr.

Die Muskeln stehen in Verbindung miteinander. An einem Punkt haben sie einen Ursprung, an einem anderen eine Ansatzstelle. Am Ursprung setzen sie unmittelbar am Bindegewebe an, das den Knochen umhüllt. An der Ansatzstelle laufen die Muskelfasern gewöhnlich in kabelartige Sehnen aus, die relativ unelastisch und daher außerstande sind, sich zu dehnen oder zu kontrahieren. Manche Muskeln setzen sich fort in die Bindegewebshüllen der Faserbündel anderer Muskeln.

Muskeln arbeiten gewöhnlich paarweise im gegenläufigen Sinne. Während der eine Muskel sich kontrahiert, dehnt sich der andere. Ein bekanntes Beispiel sind die Muskeln des Oberarms, bekannt als Bizeps und Trizeps. Wenn der «vordere» Bizeps sich zusammenzieht, entspannt sich der «hintere» Trizeps. Beim Strecken des Arms verhält es sich umgekehrt.

WAS IN DER SKELETTMUSKELZELLE VORGEHT   Werfen wir einen genaueren Blick darauf, wie sich ein Muskel unter bewußter Steuerung zusammenzieht. Die einzelne Zelle ist länglich und zylindrisch. Ihre zahlreichen Kerne enthalten einen reichen Vorrat an Nukleinsäuren für Baumuster für die Proteinsynthese und den Aufbau anderer Zellbestandteile. Ihre Myofibrillen sind die grundlegenden, der bewußten Steuerung unterliegenden Funktionseinheiten und können sich willkürlich kontrahieren und entspannen.

Unter dem Elektronenmikroskop erkennt man, daß jede Muskelzelle und jede Myofibrille innerhalb der Zelle quergestreift ist. Die Querstreifung beruht auf dem periodisch wiederkehrenden Wechsel verschiedener Abschnitte mit deutlich verschiedenen optischen Eigenschaften. In aktiven Muskeln findet man gewöhnlich in der Nähe der Querstreifung in regelmäßigen Abständen die Mitochondrien; sie sind die Energieproduzenten, die ATP in ADP verwandeln und dadurch die Energie für die Kontraktionen bereitstellen.

Faßt man diese Abschnitte näher ins Auge, so zeigen sie ein wiederkehrendes Muster. Jeder Abschnitt der Myofibrille besteht aus wiederkehrenden, längs der Achse des zylindrischen Muskels angeordneten Einheiten, den sogenannten *Sarkomeren.* Das Sarkomer enthält zwei Grundbestandteile, das dünne und das dicke Filament. Das dünne Aktinfilament, auch *fibrilläres Aktin* oder *Aktin F* genannt, besteht aus einer langen Doppelkette von Molekülen, die wie zwei liebende Schlangen spiralförmig umeinander geschlungen sind.

Das dicke Filament setzt sich aus Myosin-Molekülen zusammen. Diese bestehen aus dicken Strängen von Polypeptid-Ketten, die in bartähnlich aufgefächerte Köpfe auslaufen. Die Köpfe enthalten kurze Polypeptid-Ketten und ein Enzym namens ATPase, das an der Umwandlung von ATP in ein anderes Molekül, ADP, beteiligt ist. Dieses verwendet die Energie des ATP, um die Fasern des dünnen Filaments zu kontrahieren.

MOLEKULARE BRÜCKEN Die Kontraktion oder Streckung eines willkürlichen Muskels wird durch eine Reihe von Schritten hervorgerufen, zu denen auch der Aufbau und der Abbruch von molekularen Brücken gehört. Dies ist ein sowohl quantenphysikalischer als auch klassisch-mechanischer Vorgang. Das dicke Muskelfilament besteht aus zahlreichen fadenartigen Molekülen, die in parallelen Strängen umeinandergewunden sind, wie die Stränge eines starken Seils. Aus dem Korpus des «Seils» ragen winzige Fortsätze hervor, die Köpfe der langen Myosin-«Fäden». Diese winzigen Köpfe, kurze Polypeptid-Ketten, enthalten das Enzym ATPase, das am Kopf die Umwandlung von ATP in ADP ermöglicht.

Das dünne Muskelfilament besteht im Grunde aus kugelförmigen molekularen Einheiten, den sogenannten G-Aktinen, Globulärproteinen mit einem Molekulargewicht von etwa 46000. Diese Kugeln von G-Aktinen hängen aneinander und bilden einen Doppelstrang von wiederkehrenden G-Aktinen, während die F-Aktin-Stränge die dünnen Filamente aller Muskeln bilden.

Actomyosin (Aktin und Myosin zusammen) entsteht, wenn die dünnen und die dicken Filamente Querbrücken zwischen sich bilden. Die Kontraktion des Muskels kommt durch den abwechselnden Aufbau und Abbruch der Querbrücken zustande.

Bei der Muskelkontraktion werden die dünnen Filamente so verschoben, daß die Sarkomere sich verkürzen. Die Köpfe der Myosin-Moleküle können wie eine Ratsche wirken, vorausgesetzt, die Sperrung und

Loslösung des Kopfes erfolgte rasch genug. Wenn der Muskel erschlafft und sich wieder dehnt, lösen sich die ratschenartigen Köpfe der Myosin-Moleküle von den dünnen Filamenten und wandern zu dem dicken Filament zurück. Auf diese Weise kann das dünne Filament reibungslos an dem dicken Filament entlanggleiten und in einen entspannten Zustand zurückkehren. Im entspannten Zustand ist das dünne Filament gestreckt.

Während der Kontraktion strömen doppelt ionisierte Kalzium-Ionen Ca^{2+} in den Raum zwischen dem Aktin F (dünne Filamente) und dem Myosin (Köpfe auf dem dicken Filament). Dadurch werden die Köpfe der Myosin-Moleküle von benachbarten Stellen auf dem Aktin-F-Molekül angezogen. So entsteht eine Reihe von molekularen Brücken, und es bildet sich der Actomyosin-Komplex, der dem Muskel seine Sperre und seine Spannung verleiht. Myosin-Querbrücken, die nach dem Abbruch-befehl dennoch bestehen bleiben, sind die Hauptursache von Kopf-schmerzen, Rückenschmerzen und Muskelschmerzen allgemein.

Werden die Kalzium-Ionen bei dem Vorgang verbraucht, so bleiben die Brücken bestehen, und der Muskel kann starr erscheinen. Wird der Muskel entspannt, ohne daß freie Kalzium-Ionen verfügbar sind, bleiben die Querbrücken tatsächlich bestehen, wobei das Sarkomer sein größt-mögliches Volumen behält. Ich möchte nicht den Eindruck vermitteln, als seien die Querbrücken an sich die Ursache der Spannung. Was das bekannte Müdigkeitsgefühl und die Kopfschmerzen hervorruft, ist das eigentlich unangebrachte, auf dem Mangel an freien Kalzium-Ionen beruhende Weiterbestehen der Querbrücken während der Kontraktion der Sarkomere.

Wenn zusätzliche Kalzium-Ionen hereinströmen, verlieren die Quer-brücken ihre Verankerung auf dem Aktin und dem Myosin, und die Brücken zerbrechen. Diese Ionen regen das ATP an, seine Energie freizusetzen, und dadurch zerbricht die Brückenverbindung. Sind die Brücken zerbrochen, können das Aktin und das Myosin aneinander entlang in den entspannten Zustand zurückgeleiten. Solange Kalzium-Ionen im Actomyosin-Raum verfügbar sind, werden immer wieder Brük-ken zerbrochen und neu gebildet, wobei jedesmal ATP-Energie ver-braucht wird. Durch das immer wiederholte Zerbrechen und Freisetzen kommt die Muskelkontraktion zustande.

Sind keine freien Kalzium-Ionen mehr vorhanden, so erschlafft der Muskel langsam, und die Sarkomere dehnen sich. Der Muskel entspannt sich also wieder, wenn die Kalzium-Ionen aus dem Raum herausströmen und dadurch die Reaktion ATP → ADP unterbinden.

Bewußtsein und Kalzium-Vermittlung

Kalzium vermittelt die Kontraktion und Erschlaffung aller Muskeln. Es stimmt allerdings, daß, wenn kein ATP vorhanden ist, auch ein anderes Molekül, das *Kreatinphosphat*, Energie liefern kann. Die Hauptenergiequelle scheint dennoch die durch Kalzium-Ionen vermittelte Umwandlung von ATP in ADP zu sein.

Ein Trauma, das einem Menschen widerfährt, scheint vom Körper in den Muskeln und in der Seele festgehalten zu werden. Anhaltspunkte dafür liefert die Körperhaltung. Häftlinge, die viele Jahre abgesessen haben, erwecken bei ihrer Freilassung oft den Eindruck von geprügelten Hunden. Nicht selten versuchen sie das dadurch auszugleichen, daß sie übertrieben selbstbewußt die Brust herausrecken. Kinder, die gescholten wurden, lassen vielfach den Kopf hängen. Die Körpersprache, die verrät, was wir über unerfreuliche oder verschwiegene Sachverhalte wirklich empfinden, ist ein anderer Anhaltspunkt dafür, daß wir Traumata in unserem Körper bewahren.

Manche Menschen bekommen Hörprobleme und zeigen damit, daß sie in Wirklichkeit nicht hören wollen, was vor sich geht. Ich selbst erinnere mich noch daran, wie ich kurzsichtig wurde. Als Kind hatte ich schreckliche Angst davor, in der letzten Bank zu sitzen und übergangen zu werden, weil mein Nachname mit W beginnt, und gleichzeitig wollte ich auch nicht aufgerufen werden, etwas vorzulesen, weil ich furchtbar stotterte. Die Lösung meines Problems war die Kurzsichtigkeit. Da ich die Tafel nicht gut sehen konnte, mußte ich weiter vorn sitzen, und weil ich die Tafel nicht sehen konnte, brauchte ich auch nicht vorzulesen. Natürlich bekam ich schließlich eine Brille.

Es geht in die gleiche Richtung, wenn Menschen, die das Gefühl haben, nicht genügend unterstützt zu werden («keine Rückenstärkung zu bekommen»), von chronischen Rückenschmerzen geplagt werden. Wer an Kehlkopfentzündung leidet, hat möglicherweise Angst, deutlich seine Meinung zu sagen, oder er unterdrückt Ärger. Menschen mit Beinproblemen haben vielfach Angst vor der Zukunft – sie fürchten sich, auf die Zukunft zuzugehen. Wenn Sie etwas «nicht verdauen» können, also etwas nicht akzeptieren oder vertragen können, können Sie einen gastrointestinalen Muskelkrampf bekommen. Wer aufgrund einer emotionalen «Lähmung» körperlich gelähmt ist, kann durchaus durch den heilenden Geist einer «Jesus heilt»-Kampagne davon befreit werden.

Wie kommt es, daß Muskeln «einen Groll bewahren»? Der festgehaltene Groll ist ein Muskel, der in einer bestimmten Position fixiert ist. Das bedeutet, daß Kalzium-Ionen ständig das Sarkomer überschwemmen. Nachdem das Trauma eingetreten ist, bleibt das Kalzium, und der Muskel kann sich nicht entspannen; die Spannung wird durch ein beständiges Brechen und Wiederaufbauen der Myosin-Brücken in den Actomyosin-Molekülen aufrechterhalten, und deshalb muß der Muskel in der kontrahierten Stellung verbleiben. Diese Fixierung findet an einer geeigneten Körperstelle statt. Das Bewußtsein hat sich also im Körper ausgewirkt und ist durch die Aufrechterhaltung des Kalziums im Sarkomer «steckengeblieben». Dieses «eingefrorene Bewußtsein» könnte man als das Freudsche Unbewußte deuten. Ich möchte jedoch postulieren, daß es das gleiche Bewußtsein ist, das im zuvor erwähnten Beobachtereffekt der Quantenphysik auftritt. Es ist denkbar, daß das, was wir als unsere Seele oder unser Bewußtsein bezeichnen, in unserem *gesamten* Nervensystem und sogar in unseren Muskelzellen seinen Sitz hat.

Solche Muskelknoten können bei Körperarbeit oder Körpermassage leicht aufgespürt werden. Ein begabter Heiler, dessen Patient an Muskelschmerzen oder -beschwerden leidet, braucht oft nur das betreffende Körpergebiet zu berühren, und ihm «leuchtet etwas auf». Er erkennt, wodurch die ungelöste Muskelverspannung verursacht wurde. In vielen Fällen kommt der Patient während der Massage der betroffenen Körpergegend plötzlich auf Gedanken, die mit dem Muskelkrampf zusammenhängen.

Reichs Organ und das Quiff

Wilhelm Reich war wohl der erste Psychologe, der erkannte, daß der Zusammenhang von Muskelkontraktionen und Bewußtsein zu Funktionsstörungen und unangemessener Müdigkeit führen kann. Reich, der mit dem Konzept der Bioenergie arbeitete, war der Ansicht, daß der Körper auf Streß mit einer Art muskulärer Panzerung reagiert. Sein Konzept sah so aus:

Mechanische Spannung → bioenergetische Ladung →
bioenergetische Entladung → mechanische Entspannung

Reich hat vermutlich nicht gewußt, daß an diesem Vorgang Kalzium-Ionen beteiligt sind, und auch nicht, daß die Ladung, von der er sprach, eine reale elektrische Ladung ist, nämlich jene, die von den Kalzium-Ionen getragen wird. Wir wissen inzwischen, daß bei der Kontraktion eines Muskels Kalzium-Ionen die Sarkomere überschwemmen und die Kontraktion auslösen und daß die bioenergetische Entladung, von der Reich sprach, gleichbedeutend ist mit dem Ausströmen der Kalzium-Ionen aus den Gebieten der Sarkomere.

Alle Muskeln geben im Ruhezustand in einem geringen und konstanten Umfang Wärme ab. Man spricht von der *Ruhewärme*. Wird ein Muskel zur Kontraktion gereizt, so gibt er eine etwas größere Wärmemenge ab. Man spricht von der *Initialwärme*. Sie wird teilweise während des Aufbaus der Spannung vor der eigentlichen Kontraktion abgegeben. Der Rest der Initialwärme wird während der Kontraktion erzeugt. Wenn der Muskel erschlafft, wird erneut Wärme erzeugt, die sogenannte *Regenerationswärme*. Die Regenerationswärme ist ein Maß für die elektrischen Prozesse während des Ausströmens der Kalzium-Ionen und der Regeneration von ATP aus ADP durch Oxydation.

Der Gesamtnutzeffekt der Muskelarbeit ist mit nur 20 Prozent bestimmt worden. Ein Muskel, der unter ständiger Spannung steht, erzeugt mehr Wärme als im entspannten Zustand. Spannungen lassen sich daher an heißen oder wärmeren Körperstellen ablesen. Wegen der gesteigerten Verbrennung wird der angespannte Muskel rascher ermüden als das entspannte Muskelgewebe ringsum. Er wird, nur um seine Spannung aufrechtzuerhalten, mehr Nahrung beanspruchen und diese anderen Muskeln entziehen, die die Energie für nützliche Tätigkeit bräuchten. Das Bewußtsein kann also, indem es bestimmte Muskelzellen in einem «heißen» Zustand hält, Erinnerungen im Sinne einer Abwehr im Körper festhalten.

Ein anhaltender Zustand kann Dauerkontraktionen auslösen. Wenn etwa ein Ehepartner ständig den anderen anschreit, bleiben die empfindlichen Ohrmuskeln (die Steigbügelmuskeln) kontrahiert, und die Kalzium-Ionen sorgen für die Aufrechterhaltung der Kontraktion, um auf diese Weise den Lärm zu vermindern. Wenn beim Football ein Angriffsspieler ständig vom gegnerischen Verteidiger attackiert wird, entwickelt er eine Dauerkontraktion der Nacken- und Schultermuskeln, um sich vor Knochen- und Nervenschäden zu schützen. Wir alle haben einen gewissen Muskelpanzer, um uns vor einer äußeren «Invasion» zu schützen. Das Problem ist nur, wenn der Muskel erst darauf

trainiert ist, abzuwehren, ist es nicht immer leicht, ihm das wieder abzu-
gewöhnen. Ein Wachhund eignet sich nicht unbedingt zum Schoßhund.
Viele Menschen haben Spannungen in Kopf, Nacken und Schultern.
Solche Spannungen sind wahrscheinlich in der Kinderzeit als Schutz
davor entstanden, von anderen Kindern oder – traurig genug, es auszu-
sprechen – von den Eltern geschlagen zu werden. Verstärkt werden
diese Spannungen durch Bürotätigkeit, bei der der Oberkörper während der Arbeitszeit auf eine bestimmte Haltung eingeengt ist. Die
Folge sind Schmerzen in Kopf- und Schultermuskeln.

In vielen seiner Äußerungen über die Menschen ging Reich von der
Überzeugung aus, daß das gesamte Universum von einer unsichtbaren
Energie erfüllt sei. Er wurde auch von Freud beeinflußt, denn er
meinte, diese Energie habe etwas mit der Freudschen Libido zu tun und
hinge demnach stark mit den sexuellen Funktionen zusammen. Vermutlich war Reich einem richtigen Sachverhalt auf der Spur, denn zwischen
Sexualität und Quantenphysik könnte es einen Zusammenhang geben –
ein spekulativer Gedanke, den ich in meinem Buch *Star Wave* ausgeführt habe. Es steht fest, daß beim Geschlechtsverkehr viele Muskelzellen kooperativ tätig werden, und die Lust, die die meisten von uns beim
Sex empfinden, könnte darin bestehen, daß wir uns auf diese «Energie»
einstimmen. Reich bezeichnete diese Energie als *Orgonenergie* und
wollte damit einen Zusammenhang mit dem menschlichen Orgasmus
andeuten.

Er definierte diese Energie als:

1. masselos, ohne Trägheit und Gewicht;
2. allgegenwärtig (wenn auch nicht überall in gleicher Menge), auch im
   leeren Raum;
3. das Medium aller elektromagnetischen und gravitativen Aktivität,
   die Grundlage jeglicher Bewegung;
4. in ständiger Bewegung und unter speziellen Umständen beobacht-
   bar;
5. fähig, gegen das Entropiegesetz zu verstoßen – hohe Orgonkonzentrationen ziehen niedrige Orgonkonzentrationen an; und
6. fähig, Einheiten zu bilden, darunter Zellen, Pflanzen, Tiere, aber
   auch Wolken, Planeten, Sterne und Galaxien.

Reich wurde 1897 geboren. Er machte seine umstrittenen Entdeckungen in der Zeit, in der auch die Quantenphysik entdeckt wurde. Nach

meiner Ansicht könnte Reichs Orgon dasselbe sein wie die Quantenwellenfunktion der Physik. Die Quantenwellenfunktion oder das *Quiff* ist – wie das Orgon –

1. masselos, ohne Trägheit oder Gewicht;
2. allgegenwärtig (wenn auch nicht überall in gleicher Menge), auch im leeren Raum;
3. das Medium aller elektromagnetischen und gravitativen Aktivität, die Grundlage jeglicher Bewegung;
4. in ständiger Bewegung, aber unter allen Umständen unbeobachtbar, außer als ein Wahrscheinlichkeitsmuster;
5. fähig, gegen das Entropiegesetz zu verstoßen (Quiffs aus interagierenden Systemen vereinigen sich und bilden korrelierte Systeme); und
6. fähig, Einheiten zu bilden, darunter Zellen, Pflanzen und Tiere, aber auch Wolken, Planeten, Sterne und Galaxien.

Wenn wir Reichs Konzept der Orgonenergie aufgreifen und mit meiner Idee verknüpfen, daß das Orgon nicht eigentlich eine Energie ist, sondern eine Quanten-Wahrscheinlichkeitswelle, dann wird der Muskelpanzer des Körpers dadurch hervorgerufen, daß das Bewußtsein die Wahrscheinlichkeitsverteilung der Kalziumerzeugung und -freisetzung in den Muskeln verändert. Ist dieser Panzerungseffekt eingetreten und hat der Muskel gelernt, die Kalziumproduktion und das Kalziumvorkommen in den Sarkomeren ständig aufrechtzuerhalten, so spielt das Bewußtsein keine Rolle mehr. Genauer gesagt: Die Nervenimpulse, die ursprünglich das Hereinströmen des Kalziums bewirkten, haben keine Steuerungswirkung mehr. Der Muskel ist gewissermaßen zu einer isolierten Bewußtseinsinsel geworden und spricht auf den Nervenbefehl zur Entspannung nicht mehr an. Die Kalzium-Ionen bleiben ganz einfach.

Wenn mein Konzept richtig ist, läßt sich der Körperpanzer durch Denken verändern. Falls Sie in diesem Augenblick in einer bestimmten Muskelgruppe Spannungen fühlen, versuchen Sie, diese Gruppe in Ihrer Vorstellung zu isolieren. Überlassen Sie sich einmal Ihrer Imagination. Stellen Sie sich vor, die gespannten Muskeln bestünden aus vielen winzigen Seilbrücken, die von kleinen Soldaten straff gespannt gehalten werden. Jetzt sollen die Soldaten ihre Seile Stück um Stück loslassen; dabei wird die Brücke sich lockern, und gleichzeitig fangen Ihre Muskelzellen an, sich zu entspannen.

Während die Muskeln sich entspannen, fühlen Sie, wie Ihre Energie zurückkehrt, denn sie steht Ihnen in wachsendem Maße wieder zur Verfügung, befreit von der Last, die Seilbrücken Ihres Muskelpanzers in Spannung zu halten: Je mehr Sie sich entspannen, desto mehr Energie wird statt über die spannungserzeugende anaerobe Glykolyse über die aerobe Glykolyse umgesetzt, und desto mehr Kalorien stehen als frische Nahrung für Ihr Gehirn zur Verfügung. Ihr Körper wird sich besser fühlen, und da Sie den Sauerstoff jetzt besser ausnutzen (es tut gut, wenn Sie dabei tief durchatmen), brauchen Sie den Imbiß, den Sie sonst zu sich genommen hätten, vielleicht gar nicht. Durch die Muskelentspannung steht Ihnen wahrscheinlich mehr Blutzucker zur Verfügung, da Sie die Energie nicht mit der Bildung von Milchsäure vergeuden.

6. Die Quantenphysik
von Sport und Streß

Wie wirken sich Sport und Streß auf uns aus? Nachdem bislang von der klassischen Physik die Rede war, wagen wir uns nun in unbekanntes Gelände: Wir kommen zum Körperquant.

Wenden wir uns zunächst dem Problem von Gesundheit und Fitneß zu. Da beides, wie wir gesehen haben, nicht identisch ist, soll hier ein Modell des Stresses und der Streßbefreiung vorgestellt werden. Ich schlage vor, Streß als eine Art von Informationsrückkoppelung vom Nervensystem zu den Muskeln zu betrachten. Mit Hilfe des aus der Quantenphysik bekannten Beobachtereffekts hoffe ich, zeigen zu können, wie unser Bewußtsein sich in diese Rückkoppelungsschleife einschaltet. Die hier vorgetragenen Gedanken können vielleicht dazu beitragen, daß man lernt, sich vom Streß zu befreien.

Zweifel am Nutzen des Fitneßtrainings

Fitneßtraining ist geradezu zu einer heiligen Kuh der westlichen Welt geworden. Anfang der sechziger Jahre, als ich mit meiner Doktorarbeit fertig war, mußte ich feststellen, daß ich zehn Kilo Übergewicht hatte und in einer erbärmlichen Form war. Da beschloß ich, ein Lauftraining aufzunehmen. Ich begann mit Intervalltraining: erst ein Stück langsam laufen, dann ein Stück gehen, dann wieder laufen; nach und nach schränkte ich den Anteil der gegangenen Strecken ein und steigerte die gesamte Laufstrecke. Nach einem Jahr lief ich 3- oder 4mal wöchentlich ohne Unterbrechung eine Strecke von 3 bis 5 km. Als ich mit dieser Übung begann, waren auf den Straßen praktisch keine Läufer zu sehen;

die Fitneß-Center hießen damals Sportschulen und wurden nur von
Gewichthebern, Boxern und Profisportlern besucht.

Bis zur Mitte der achtziger Jahre hat sich das Bild völlig verändert.
Läufer bevölkern die Parks und Waldwege, die Zeitungsstände quellen
über von Fitneß-Magazinen, und die Leute strömen scharenweise in die
Fitneß-Center. Auch ich habe mein Übungspensum erweitert und gehe
zweimal wöchentlich in das nächstgelegene Center.

Nach 30 Jahren regelmäßiger sportlicher Betätigung – als junger
Mann habe ich Football und Basketball gespielt – weiß ich, daß Gesundheit und Fitneß durch regelmäßigen Sport entschieden gefördert
werden. Ich habe außerdem beobachtet, daß ich weniger fit war, wenn
Krankheit oder Arbeit mich von sportlicher Betätigung abhielten. Mit
fortschreitendem Alter (ich bin jetzt 50) brauche ich länger als zum
Beispiel noch vor 10 Jahren, um nach Unterbrechungen der regelmäßigen Betätigung wieder die frühere Fitneß zurückzugewinnen.

Es gibt zwei Arten von Übungen zur Steigerung der Fitneß: aerobe
(«in Gegenwart von Sauerstoff») und anaerobe («in Abwesenheit von
Sauerstoff») Übungen. Anaerobe Übungen sollen normalerweise die
Muskelmasse vergrößern, aerobe die Kondition verbessern. Bei anaeroben Übungen wie etwa dem Gewichtheben geht den Muskelzellen
rasch die Glucose aus. Sie werden durch die mit der Übung verbundene
Mehrarbeit erschöpft, und die die Muskelzellen versorgenden Blutgefäße können gewöhnlich nicht genügend Sauerstoff bereitstellen. Bei
der aeroben Übung wird die Glucose in den Muskeln nicht vollständig
verbraucht, und daher ist das Sauerstoffangebot des Blutes, auch wenn
es durch die Muskelbewegung in Anspruch genommen wird, ausrei-
chend.

Wie es scheint, verbessern aerobe Übungen die Blutversorgung der
Muskeln, denn tatsächlich entstehen in der Umgebung der Muskeln
mehr arterielle Blutgefäße. Durch anaerobe Übungen werden die Muskeln größer und stärker. Das vermehrte Wachstum von Blutgefäßen,
das durch aerobe Übungen ausgelöst wird, setzt in der Umgebung jener
Muskeln ein, die nicht fit sind. Doch neuerdings wird bestritten, daß
sportliche Betätigung die Fitneß beziehungsweise die Gesundheit tatsächlich verbessert.

Fitneß oder Gesundheit – eine Alternative?

Selbstverständlich wissen wir aus Erfahrung, daß die Masse und die Stärke eines Muskels zunimmt, wenn man ihn belastet. Wir wissen außerdem, daß bei regelmäßiger sportlicher Betätigung die Lungenkapazität zunimmt und das Herz- und Kreislaufsystem gestärkt wird. Doch obwohl es über Fitneß und Sport eine Unmenge von Untersuchungen gibt, wissen wir nicht genau, auf welche Weise sportliche Betätigung die Fitneß steigert und der Gesundheit dient oder woran es liegt, daß, wenn man einmal eine gewisse Fitneß erreicht hat, Fitneß und Gesundheit darunter leiden, wenn man die sportliche Betätigung unterläßt.

Über den Zusammenhang von Fitneß und Gesundheit ist es zu einer Kontroverse gekommen. Auf der einen Seite vertreten viele Fitneß-experten und Trainer die Ansicht, Gesundheit und Fitneß würden durch intensive anaerobe Übungen maximal gefördert. Bei darauf abgestellten Übungsprogrammen werden die Muskeln unter Verwendung von Geräten mit kurzen, seltenen Unterbrechungen bis an die Grenze ihrer Leistungsfähigkeit belastet. Auf jede Übungsphase folgt eine sehr viel längere Ruhephase. Das Ergebnis ist eine gesteigerte Fitneß, eine größere Leistungsfähigkeit des Muskels. Sie beruht auf einer gesteigerten Blutversorgung. Wenn ich an die Anfänge meiner sportlichen Betätigung zurückdenke, kann ich bestätigen, daß anaerobe Sprints die gewünschten Ergebnisse hervorrufen.

Von der anderen Seite wird dagegen erklärt, solche intensiven Übungen könnten zwar die Fitneß steigern, schadeten aber der Gesundheit. Die kurzfristige Belastung eines Muskels bis an seine Grenzen zwingt ihn, anaerob (also – siehe voriges Kapitel – ohne Sauerstoff) zu arbeiten. Dabei wird die Glucose (Zucker) in Milchsäure umgewandelt. Die Milchsäure weitet wiederum die Blutgefäße, so daß mehr Blut herbeiströmt und dem anaeroben Muskel mehr Sauerstoff zur Verfügung steht. Dieser Prozeß, der mit einem gesteigerten Puls und erhöhtem Blutdruck einhergeht, wird als «Rückzahlung der Sauerstoffschuld» bezeichnet.

Da die Blutmenge im Kreislaufsystem begrenzt ist, kann die gesteigerte Blutzufuhr zu den belasteten Muskeln bedeuten, daß Organen wie den Nieren, der Leber und dem Gehirn Blut *entzogen* wird. Selbst noch nach beendeter intensiver Übung bleiben diese Gewebe in einem Schockzustand des Sauerstoffmangels, bis die Blutgefäße, die die belasteten Muskeln versorgen, sich wieder zusammenziehen.

Um diese schädliche Wirkung zu vermeiden, wird von der zweiten Fitneß-Denkrichtung eine schwächere Muskelbelastung befürwortet, bei der keine Milchsäure entsteht. Auf diese Weise kommt die gesteigerte Aktivität allen Organen zugute. Man beginnt mit maßvollen Übungen und steigert diese allmählich, ohne aber «in Hochspannung» zu geraten; die Masse oder die Leistungsfähigkeit eines bestimmten Muskels wird auf diese Weise nicht gesteigert, aber die Gesundheit insgesamt. Man will anstrengende Übungen vermeiden, damit in keinem Muskel Milchsäure gebildet wird.

Wie soll sich der fitneß-bewußte Mensch zu diesen widersprüchlichen Informationen verhalten? Ich würde zu aeroben Übungen raten, in deren Verlauf die Blutzirkulation allmählich verbessert wird. Zunächst sollte man sich etwa eine Viertelstunde lang aufwärmen, indem man die entsprechenden Übungen langsam ausführt. Beim Lauftraining zum Beispiel sollte man zunächst langsam gehen und dann die Geschwindigkeit in der ersten Viertelstunde nach und nach steigern. Wer darüber hinaus auf Muskelmasse und Stärke Wert legt, kann von mir aus mit Gewichten und mit den neumodischen, hochtechnisierten Apparaten arbeiten, aber er sollte vorher in einem gewissen Umfang aerobe Übungen machen. Dadurch wird der gesamte Körper besser mit Blut versorgt, bevor das Muskeltraining den Sauerstoffvorrat in erhöhtem Maße in Anspruch nimmt.

Rückkoppelungsmodell der Muskelbelastung

Will man den scheinbar ganz einfachen Vorgang der Belastung und Entlastung von Muskeln verstehen, so muß man berücksichtigen, daß die Muskelzellen sich aus Einheiten zusammensetzen, deren Länge und innere Spannung sich verändern. Sowohl die Belastung als auch die Entlastung kann von einer Streckung oder von einer Kontraktion des Muskels begleitet sein. Die zelluläre Einheit kann also unter Spannung und unter Spannungsabbau gestreckt, sie kann aber auch unter Spannung und unter Spannungsabbau kontrahiert sein.

Der Abbau der Spannung kann also entweder von einer Streckung oder von einer Kontraktion der Muskeleinheit begleitet sein. Bei normaler oder, wie man sagt, unwillkürlicher Muskelsteuerung wird die Einheit der Muskelzelle, wenn äußere Kräfte einwirken, unter Spannung gesetzt. Läßt die Spannung nach, so dehnt sich die Untereinheit der Muskelzelle, nimmt die Spannung zu, so kontrahiert sie sich. Dieser Vorgang spielt sich auf der molekularen Ebene ab, höchstwahrscheinlich vermittelt durch Kalzium-Ionen, die in die Sarkomer-Umgebung herein-strömen.

Andererseits können wir bekanntlich unsere Muskeln bewußt kontra-hieren oder strecken, wir können also die oben beschriebenen Zusam-menhänge umkehren. Selbst unter der zunehmenden Einwirkung einer äußeren Kraft können wir die Muskelzelle willentlich strecken oder kontrahieren, und ebenso können wir, wenn die äußere Kraft nachläßt, den Muskel strecken oder kontrahieren.

Beim Gewichtheben kann man diese Veränderungen häufig beobach-ten. Wird das Gewicht hochgedrückt, so strecken sich zunächst die Trizepsmuskeln. Bei einer bestimmten Lage des Gewichts nimmt die Kraft, die auf den Trizeps einwirkt, ab, und der Muskel kontrahiert sich. Der Bizeps reagiert genau umgekehrt: Er kontrahiert sich zunächst, und wenn das Gewicht einen bestimmten Punkt erreicht hat, streckt er sich, so daß die Kraft, die auf ihn einwirkt, kleiner wird.

Aber wie kommt es, daß eine äußere Kraft solche Veränderungen der Muskellänge hervorruft? Daß Muskeln antagonistisch arbeiten, wissen wir; wenn der Trizeps sich streckt, kontrahiert sich der Bizeps, und umgekehrt. Offensichtlich muß es eine Rückkoppelung von Informatio-nen geben, und an dieser Stelle tritt das Bewußtsein auf den Plan.

Das Bewußtsein trifft die Entscheidung

Obwohl es vielleicht der grundlegende Begriff der modernen Psycholo-gie ist, läßt sich «Bewußtsein» nur schwer definieren. Einer Definition zufolge beruht es auf der speziellen Wahrnehmung von *propriozeptiven* Körpersignalen, Phantasien und Trauminhalten. Je größer das Bewußt-sein, desto größer die Fähigkeit, dieser Signale gewahr zu sein.

Der Begriff der Proprioception wurde Anfang des 20. Jahrhunderts von dem britischen Physiologen Charles Scott Sherrington eingeführt. Seine Forschung galt den Neuronen; das sind Nervenzellen, die inner-halb des Körpers sowohl Sinnesreize als auch motorische Impulse weiter-leiten können. Er untersuchte speziell die Funktionen der motorischen Neuronen, welche die Kontraktion und Streckung von Muskelzellen steuern. Sherrington ging es besonders um die Regulation der Aktivität motorischer Neuronen durch Rückmeldung von Sinneswahrnehmungen.

Von Propriozeption spricht man dann, wenn bei Bewegungen, die vom Zentralnervensystem gesteuert werden, die an den Muskelzellen befindlichen Rezeptoren ihre Reize vom Organismus selbst empfangen, also durch bewußte Kontrolle. Der Anfang des von Sherrington gewählten Ausdrucks geht auf das lateinische *proprius* zurück, das «eigen» bedeutet. Nach seiner Ansicht bestand die Hauptfunktion der Propriozeptoren darin, Rückmeldungen über die Eigenbewegung des Organismus zu liefern.

In den Muskeln gibt es zweierlei Propriozeptoren. Der eine Typus spürt Spannungen oder Kräfte auf, die auf den Muskel oder im Muskel wirken, der andere meldet den Dehnungs- beziehungsweise Kontraktionszustand oder die räumliche Ausdehnung des Muskels. Von den Längenrezeptoren der Muskeln verlaufen Fasern zum Rückenmark und bilden dort Synapsen mit motorischen Neuronen, die an den entsprechenden Muskeln enden: eine Rückkoppelungsschleife. Wenn die Länge des Muskels zunimmt, kommt es zu einer Rückmeldung, die eine Muskelkontraktion auslöst. Die Spannungsrezeptoren sind eher auf Kraft als auf Dehnung eingestellt. Sie wirken hemmend: Bei steigender Muskelspannung werden die entsprechenden motorischen Neuronen von den Rezeptoren angeregt, die Spannung zu verringern – die Rückkoppelung zielt darauf, die Spannung zu beseitigen.

Mit den Längen- und Spannungsrezeptoren liegt somit eine Rückkoppelungsschleife vor, die dahin tendiert, Spannung zu vermindern oder zu steigern und gegen eine Längenänderung des Muskels Widerstand zu leisten.

Probieren Sie selbst, wie das funktioniert: Strecken Sie jetzt einen Arm vor und halten Sie ihn waagerecht! Weil die Schwerkraft an Ihrem Arm zerrt, wird Ihr Arm ermüden. In den Muskeln, die gegen die Schwerkraft anarbeiten, läßt unwillkürlich (unbewußt) die Spannung nach (der Arm sinkt ein wenig). Die Folge ist eine Dehnung des Muskels. Aufgrund der Meldung der Längenrezeptoren erhält der Muskel jetzt den Befehl, sich zu kontrahieren, und gleichzeitig kommt wegen des Spannungsabfalls von den Spannungs-Rezeptoren die Meldung zurück, die Aktivität herabzusetzen. Beide Rezeptoren zusammen sorgen jetzt für eine erhöhte Spannung im Muskel und für eine Verkürzung seiner Länge; ihre synergistische Rückmeldung veranlaßt den Muskel, sich unter der Einwirkung einer gestiegenen Spannung zu kontrahieren.

Die Rückkoppelung ist jedoch weiterhin wirksam. Mit der Kontraktion des Muskels geht eine unwillkürliche (unbewußte) Zunahme der

Spannung im Muskel einher. Nachdem die Kontraktion die Längenrezeptoren deaktiviert hat, sorgt die gestiegene Spannung dafür, daß der Kraftrezeptor verstärkt gehemmt wird, so daß an den Muskel der Befehl zurückfließt, die Spannung zu verringern und sich zu dehnen. Erneut finden wir Synergie. Der Muskel verringert seine Spannung und dehnt sich, er erschlafft. Ohne daß Sie es bewußt kontrollieren, werden Ihre Muskeln und Nerven ständig Meldungen hin- und herschicken, die bewirken, daß die Muskeln sich abwechselnd kontrahieren und dehnen, wobei die Muskelspannung abwechselnd zunimmt und abnimmt.

Für den Ablauf der Propriozeption ist die Rückkoppelung von größter Bedeutung. Auf sie kommt es auch an, wenn wir begreifen wollen, wie das Bewußtsein in das System aus motorischen Neuronen und Muskeln hineinspielt. Daß sowohl die Kraft (Belastung) als auch der Dehnungszustand von der Propriozeption erfaßt werden, bedeutet, daß die Rückmeldung im System parallel arbeitet.

Die beobachteten Veränderungen im Muskel-Neuron-System erfolgen unbewußt oder unwillkürlich. Man braucht, anders gesagt, nichts dazu zu tun. Das «Gefühl», daß der Muskel sich automatisch kontrahiert, wenn die Spannung zunimmt, und sich dehnt, wenn die Spannung nachläßt, stellt sich von selbst ein. Das System wird durch die Rückkoppelung gesteuert.

Das ist nicht der Fall, wenn eine äußere Kraft auf den Muskel einwirkt und Sie bewußt die Länge des Muskels verändern. Wenn eine äußere Kraft angewandt wird und «Sie» bewußt in die Rückkoppelungsschleife eingreifen (Sie leisten Arbeit), entstehen zwei Möglichkeiten. Der Kraftrezeptor «gibt Vollgas» und versucht ständig, die Kraftrezeptor-Hemmung zu steigern, was zur Folge hätte, daß die Muskelspannung nachläßt. Ungeachtet der Hemmungsbefehle erhält jedoch die äußere Kraft die Muskelspannung aufrecht. Es kann zweierlei passieren: Entweder kontrahiert sich der Muskel bewußt, wenn die Kraft angewandt wird, und er kontrahiert sich bewußt, wenn die Kraft aufrechterhalten wird, oder er kontrahiert sich bewußt, wenn die Kraft angewandt wird, und er streckt sich bewußt, wenn die Kraft aufrechterhalten wird. In beiden Fällen kommt es zu einem Gleichgewicht, bei dem der Muskel unter Belastung oder Spannung bleibt. Das führt zu einer Rückmeldung, die den Muskel unter der Einwirkung der äußeren Kraft auf eine Gleichgewichtslänge bringt. Der Muskel erfährt unter Anstrengung eine Längenänderung. Der Muskel ist ständig unter Streß.

Das Bewußtsein kommt ins Spiel

Wie das Bewußtsein in die bewußte Steuerung des Muskels eingreift, ist nicht leicht zu erkennen. Zwischen der «bewußtlosen» unwillkürlichen Bewegung und der «bewußten» willkürlichen Bewegung besteht nur ein geringfügiger Unterschied. Wie er zustande kommt, wird man verstehen, wenn man die Wechselwirkung zwischen Neuron und Muskel nicht aus der Sicht der klassischen Physik, sondern aus der Sicht der Quantenphysik betrachtet.

In der klassischen Physik ist die Wechselwirkung eine Frage des Alles oder Nichts: Entweder feuert das Neuron, und es wird eine Nachricht gesendet, oder es wird am Feuern gehindert, und es wird keine Nachricht gesendet. In der Quantenphysik kommt die paradoxe Möglichkeit hinzu, daß das Neuron feuert und zugleich nicht feuert. Hier die Gegenüberstellung:

klassische Reaktion	*Quantenreaktion*
1. Es feuert	1. Es feuert
2. Es hemmt	2. Es hemmt
	3. Es feuert und hemmt

Die dritte Quantenreaktion bringt die Quantennatur der Wechselwirkung ins Spiel und verschafft dem Bewußtsein die Möglichkeit, an den Muskel heranzukommen.

Dem Bewußtsein kommt hier die Aufgabe zu, eine *Entscheidung* zu treffen. Bei der unwillkürlichen Bewegung bedurfte es keiner Entscheidung: Die Abläufe sind synergistisch. Die Rückkoppelung faßt in jedem Fall zwei Signale zusammen, die darauf hinwirken, entweder die Spannung zu erhöhen und die Länge zu vermindern (ein eindeutiger Befehl, den Muskel zu kontrahieren) oder die Spannung zu vermindern und die Länge zu vergrößern (ein eindeutiger Befehl, den Muskel zu strecken).

Im Falle der willkürlichen Bewegung, durch die der Muskel gestreckt wurde, bestand die Rückmeldung in einer Kombination aus dem Signal zur Spannungsminderung und dem Signal zur Längenminderung. Diese Meldung enthält einen doppelten Widerspruch. Solche Meldungen kommen vor, wenn jemand zum Beispiel ein Gewicht hebt oder überhaupt seine Muskeln in einer bestimmten Weise bewegen will.

Die willentliche Streckung eines Muskels, in dem die Spannung zugenommen hat, läuft der «unbewußten» Tendenz zur Kontraktion zuwider. Das widersprüchliche Signal, nämlich der Befehl, die Spannung zu vermindern und die Länge zu verkürzen, wird so interpretiert, daß der Muskel kontrahiert wird, während die Spannung nicht abnimmt. Der Muskel erhält somit die Befehle, sowohl die Spannung zu vermindern und zu erhöhen als auch die Länge zu vergrößern und zu vermindern.

Schrödingers Katze und mehr über den Beobachtereffekt

Wann immer ein System zwei gegensätzliche Nachrichten enthält, muß eine Entscheidung getroffen werden. Ich meine, daß das in der Quantentheorie bekannte Paradoxon von Schrödingers Katze durch die Entscheidung aufgelöst wird.

Das Katzenparadoxon formulierte Schrödinger folgendermaßen: Eine lebende Katze befindet sich in einer Kiste, in die niemand hineinsehen kann, und niemand kann, ohne die Kiste zu öffnen, auf das, was in der Kiste geschieht, Einfluß nehmen. Außer der Katze befindet sich in der Kiste ein radioaktives Element, das innerhalb einer Stunde entweder zerfallen oder nicht zerfallen wird. Zerfällt es, stirbt die Katze, zerfällt es nicht, lebt die Katze. Beim Zerfall wird nämlich eine Zyanidtablette in einen Salzsäurebehälter fallen und ein tödliches Gas freisetzen, beim Nichtzerfall bleibt sie hängen. Die Frage ist nun, ob die Katze in der Kiste nach einer Stunde lebendig oder tot sein wird.

Da der radioaktive Zerfall ein quantenphysikalischer Vorgang ist, kann man nicht mehr sagen, als daß das radioaktive Element eine Quanten-Wellenfunktion (ein Quiff) hat, die sowohl die Möglichkeit des «Zerfalls» als auch die Möglichkeit des «Nichtzerfalls» enthält. Die Tablette hat wiederum ein an das Element gekoppeltes Quiff, das die Möglichkeiten «in die Säure gefallen» und «nicht in die Säure gefallen» enthält. Damit gekoppelt ist das Quiff der Katze mit den Möglichkeiten «lebendig» und «tot». *Solange niemand die Kiste öffnet, gibt es beide Möglichkeiten!* Die Katze ist sowohl lebendig als auch tot. Wird die Kiste aber geöffnet, so ist die Katze entweder lebendig oder tot.

Viele finden diese Katzengeschichte albern. Weiß die *Katze* denn nicht, ob sie lebendig oder tot ist? In einer der möglichen Welten, die der Beobachter beim Öffnen der Kiste entdecken wird, weiß die Katze durchaus, daß sie lebendig ist, aber in der anderen Welt, in der sie tot ist, weiß sie wahrscheinlich gar nichts (es sei denn, es gibt einen Katzenhimmel oder dergleichen).

Wenn der Beobachter die Kiste öffnet und eine tote Katze vorfindet, bilden der Beobachter und die tote Katze eine mögliche Welt. Findet der Beobachter dagegen ein schnurrendes Kätzchen vor, so sind er und diese Katze in einer anderen, zur Welt der toten Katze parallelen Welt. Das ist in der Tat merkwürdig, aber eine andere Möglichkeit ist kaum denkbar. Seit Schrödinger sich das Paradoxon 1935 ausdachte, diskutieren die Physiker über das Schicksal der Katze.

Wenn ein willkürlicher Muskel unter Spannung gesetzt wird, geschieht etwas Ähnliches: Es entstehen Signale sowohl zur Erhöhung als auch zur Verminderung der Spannung mit dem möglichen Ergebnis, daß das Neuron sowohl feuert als auch hemmt. Das Neuron befindet sich in dem aus dem Katzenparadoxon bekannten Doppelzustand, das es möglicherweise gefeuert hat und gleichzeitig nicht gefeuert hat. Wenn davon niemand Notiz nimmt, wird die zunehmende äußere Kraft «ihren Willen durchsetzen», und der Muskel wird sich, ohne daß der Betreffende etwas davon bemerkt, entweder kontrahieren oder strekken, je nachdem, wo er sich befindet. Die Folge könnte etwa ein «unbewußter» Unfall sein.

Stellen Sie sich zum Beispiel vor, Sie fahren zum erstenmal Fahrrad. Sie treten immer fester in die Pedale, aber es ist fraglich, ob es Ihnen gelingen wird, oben zu bleiben und das Fahrrad in Gang zu halten. Wenn es anfängt zu wackeln, erhalten Ihre Muskeln von Ihren Nerven neue Meldungen. Sie erhalten sowohl den Befehl, sich zu kontrahieren und steif zu werden, bevor Sie hinfallen, als auch den Befehl, sich ungeachtet der Konsequenzen zu lockern, das Fahrrad loszulassen und sich einfach fallen zu lassen. Wenn Sie den Ablauf des Geschehens bewußt wahrnehmen, werden sich die Muskeln wahrscheinlich kontrahieren, und Sie werden hinfliegen. Wenn jedoch Ihr Wille ins Spiel kommt, wird der Muskel «beschließen», sich trotz des Befehls zur Kontraktion zu lockern. Bei weiterem Üben «lernen» Sie, die entsprechenden Muskeln nicht mehr zu kontrahieren, wenn Sie zu stürzen drohen, und den Sturz durch geeignete Bewegungen des Lenkers zu vermeiden.

Dadurch, daß wir den widersprüchlichen Befehl bewußt zur Kenntnis nehmen, lösen wir das Paradoxon auf, und ob sich der Muskel kontrahiert oder nicht, wir sind uns dessen, was tatsächlich geschieht, *bewußt*. Wenn wir es falsch machen, nehmen wir bewußt wahr, *daß* wir es falsch machen. Auf diese Weise beginnen wir, die Wahrscheinlichkeitsverteilung willentlich zu verändern. Wir korrigieren uns immer wieder, bis das gewünschte Resultat erreicht ist.

Wenn uns erst bewußt geworden ist, in welchem Spannungszustand sich unsere Muskeln befinden, können wir sie willentlich kontrahieren oder strecken. Was wir dann tun, hängt wohl von weiteren Rückmeldungen ab. Auf diese Weise lernen wir, äußere Kräfte zu überwinden, und dabei erschaffen wir unsere muskulären Charaktermerkmale, unser Lächeln und unser Stirnrunzeln, unsere Hochs und unsere Tiefs.

Bei der bewußten Steuerung der Muskeln kommt also, weil eine Entscheidung getroffen werden muß, zwangsläufig die Quantenphysik ins Spiel. Wenn die Entscheidungen zum gewünschten Ergebnis führen, wird der Vorgang zur Gewohnheit, und er wird nicht länger vom bewußten Denken «beachtet». In unserem ersten Beispiel, wo eine äußere Kraft angewandt wurde und der Muskel sich unter Belastung streckte, mußte das bewußte Denken zwischen zwei widersprüchlichen Meldungen eine Entscheidung treffen, und das Ergebnis war die Muskelkontraktion.

Im zweiten Beispiel wurde ebenfalls eine äußere Kraft angewandt, aber die Quantenentscheidung fiel erst nachträglich, doch rief sie ebenfalls eine Muskelkontraktion hervor. Die Rückkoppelungsschleifen sehen verschieden aus, weil die bewußten Entscheidungen sich unterscheiden – in den Muskelzellen manifestieren sich unterschiedliche Wünsche. Im ersten Fall bestand der Wunsch darin, den Muskel zu strecken, im zweiten, ihn zu kontrahieren.

Auf diese Weise wird verständlich, wie der menschliche Wille in den menschlichen Körper eingreift. Wir haben einen ersten tieferen Blick auf das getan, was ich als Körperquant bezeichne.

Zweiter Teil
Ernährung

Es war ein denkwürdiger Abend, und er liegt noch gar nicht so lange zurück. Ich hatte mit einigen guten Freunden eines der China-Restaurants von San Francisco aufgesucht, in denen ich gern esse. Wir hatten uns lange nicht gesehen, und jeder wollte dem anderen das Neueste aus seinem ereignisreichen Leben erzählen.

Während des Essens wurde mir auf einmal klar, daß unser lebhaftes Gespräch mich vom Genuß der köstlichen Speise ablenkte. In diesem Augenblick beschloß ich, das Gespräch auszublenden und meine Aufmerksamkeit dem Geschmack meines Essens zu widmen. Ich versuchte, mich auf jeden Bissen einzustellen und genau herauszufinden, was da gerade über meine Geschmacksknospen wanderte. Daß ich plötzlich so mit mir selbst beschäftigt war, ließ meine Freunde ein wenig stutzig werden. Ich aß in aller Ruhe weiter, ohne ein Wort zu verlieren. Schließlich wollte einer wissen, was in mir vorging. Ich schilderte ihnen mein Geschmacksabenteuer, beschrieb bis hinunter zur molekularen Ebene, wie ich die verschiedenen Gewürze herausschmeckte, die Textur der saftigen Bratenstücke, den beißenden Geschmack des Pfeffers, ja sogar, wie sich das Essen «anfühlte», als es in meinen Magen gelangte. Ich versuchte sogar zu beschreiben, was meine Verdauungssäfte empfanden, während sie die Nahrung umspülten.

Meine Freunde waren verblüfft. Derart bewußt hatten sie sich offenbar noch nie mit der Nahrung befaßt. Das Gespräch verstummte bald, alle widmeten sich dem Essen, und zwar, nach dem Gesichtsausdruck zu schließen, mit einer nie gekannten Befriedigung.

Essen – das erkannte ich in diesem Augenblick – ist wirklich eine große Lust, und sie kann noch gesteigert werden, wenn man sich ganz auf die Nahrung konzentriert. Das Schmecken ist ein molekularer Vorgang, bei dem die Quantenphysik der molekularen Wechselwirkungen eine Rolle spielt. Wenn wir über das, was sich auf der molekularen Ebene in unserem Körper abspielt, besser Bescheid wissen, können wir auch aus den einfachsten Freuden des Lebens einen sehr viel größeren Genuß ziehen.

Ob wir nun essen, um zu leben, oder leben, um zu essen – das Essen kann sowohl ein Abenteuer als auch eine Notwendigkeit sein. Es ist, wenn Sie einmal darüber nachdenken und dabei von den angenehmen (und für einige, die Diät halten müssen, schmerzlichen) Konsequenzen absehen, ein Mysterium. Mit einem Wort: Das Essen verwandelt unbelebte Substanzen in lebende Substanzen und Energie.

In diesem Teil werden wir das Essen unter zwei Aspekten betrachten: dem Bedarf des Körpers nach Energiezufuhr von außen und der Umwandlung der Nahrungsstoffe in lebende Zellmaterie.

7. Du bist, was du ißt

Ich esse, wie viele andere auch, für mein Leben gern. Tatsächlich gehört das Essen zu den großen Vergnügungen meines Lebens. Eine langwierige Diät könnte ich einfach nicht aushalten. Wein in Maßen, feine französische und chinesische Kochkunst, aber auch ein Rippenstück, nach alter Art gegrillt – das alles erfreut meinen Gaumen. Eine Mahlzeit ist ein Erlebnis der Gemeinschaft nicht nur mit meinen Tafelgenossen, sondern auch mit der Nahrung selbst.

An der Art, wie ich im folgenden die Physik der Nahrung beschreibe, insbesondere nachdem sie meine Lippen und Zähne passiert hat, wird man nicht erkennen können, daß viele der chemischen und physikalischen Prozesse, die während der Verdauung, bei der die Nahrung in Energie und Abfallprodukte verwandelt wird, stattfinden, Genuß bereiten können. Daß die Nahrung, auch wenn sie schon die Geschmacksknospen passiert hat, «genossen» werden könnte, mag manchem als eine seltsame Idee erscheinen. Ich bin jedoch überzeugt, daß die Amerikaner mit der Gesundheit und dem Energiehaushalt des Körpers deshalb Probleme haben, weil sie, wie ich sage, «unbewußt essen». Wenn man besser darüber Bescheid weiß, wie Nahrung in Energie verwandelt wird, kann vielleicht sogar der abstrakteste Aspekt der Verdauung und Energieumwandlung als ein bewußtes Erlebnis genossen werden. Es könnte sich herausstellen, daß Verdauungsstörungen ein seelisches Phänomen sind.

Ein Überblick über die Verdauung

Auf ihrem Weg durch den Körper erfährt die Nahrung eine Reihe von chemischen oder quantenphysikalischen Umwandlungen. Nachdem sie heruntergeschluckt wurde, spricht man nicht mehr von Nahrung, sondern vom *Bolus*. Unter der Einwirkung der Schwerkraft und der peristaltischen Wellenbewegungen der engen Speiseröhre wird der Bolus zum Magen befördert. Bei einem durchschnittlichen Erwachsenen kann der Magen etwa einen Liter Nahrung aufnehmen. Wenn man zuviel ißt und sich vollgestopft fühlt, liegt das einfach daran, daß der Magen über sein normales Fassungsvermögen hinaus gedehnt wurde. Die Überdehnung des Magens drückt auf andere Organe wie das Zwerchfell und die Herzwand. Dadurch können die Atmung und die Herztätigkeit beeinträchtigt werden, und deshalb ist das Völlegefühl ein natürliches Warnsignal, daß das Leben in Gefahr ist.

Wenn er den Magen verläßt, gelangt der Bolus in den Zwölffingerdarm, den ersten Teil des Dünndarms. Der ist etwa 25 cm lang. Hier vollziehen sich weitere Verdauungsprozesse. Wenn der Bolus den Zwölffingerdarm passiert hat, spricht man vom *Chymus* oder Speisebrei.

Gleichgültig, was Sie gegessen haben, von diesem Punkt an sieht der Speisebrei ziemlich gleich aus. Im Dünndarm vollzieht sich im wesentlichen die Assimilation der Verdauungsprodukte. Er wird in drei Abschnitte unterteilt: den Zwölffingerdarm, den Leerdarm (etwa 2,4 m lang) und den Krummdarm (etwa 3,6 m lang). Vom Dünndarm gelangt der Speisebrei in den Dickdarm. Bei einem durchschnittlichen wohlgenährten Erwachsenen sind es etwa 350 g täglich. Im Dickdarm wird Wasser absorbiert, und die übrigbleibende Masse bezeichet man als Kot; sein Gewicht ist um etwa zwei Drittel auf rund 115 g reduziert. Die Kotmenge kann erheblich schwanken; sie ist sehr viel größer, wenn die Nahrung viele Ballaststoffe enthält.

Warum esse ich? Der Energiegehalt der Nahrung

Was geschieht, wenn ich esse? Die Physik lehrt, daß jegliche Aktivität, also alles, was durch Arbeit eine Bewegungsänderung erfährt, Energie erfordert. Bevor ich auf die Energie eingehe, lassen Sie mich erklären, was «Arbeit» ist. Arbeit findet immer dann statt, wenn über eine Entfernung eine Kraft angewandt wird. Die Größe der geleisteten Arbeit errechnet man dadurch, daß man die Kraft mit der Entfernung, über die die Kraft wirkt, multipliziert. Diese Arbeit muß in irgend etwas umgesetzt werden, und dieses Etwas nennt man Energie.

Energie tritt in vielerlei Gestalt auf. Jedes Objekt im Universum hat Energie. Man kann diese Energie in zwei Arten unterteilen: kinetische und potentielle Energie. Die meisten Objekte besitzen mehr potentielle als kinetische Energie. Die potentielle Energie tritt ihrerseits in vielerlei Gestalt auf. Die größte potentielle Energie, die ein physikalisches Objekt enthält, ist seine eigene Masse. Erinnern Sie sich an Einsteins Relativitätstheorie und die Gleichung $E = mc^2$, wobei E die Energie, m die Masse und c die Lichtgeschwindigkeit ist. Befindet sich ein Objekt in bezug auf Sie im Ruhestand, dann bezeichnet man das gesamte E als Energie der Ruhemasse. Bewegt sich das Objekt in bezug auf Sie, so ist sein E teils kinetische Energie, teils Ruhemasseenergie.

Diese Vereinfachung gilt nur für Objekte, die sich nicht allzu schnell bewegen. In diesem Falle sagt man, E setze sich aus zwei Teilen zusammen, einer Ruhemasseenergie und einer kinetischen Energie. Handelt es sich um ein zusammengesetztes Objekt, das beispielsweise aus Molekülen besteht, so unterteilt man die Energie dreifach: in Ruhemasseenergie, kinetische Energie und Quantenpotentialenergie.

Im menschlichen Körper verändert sich die Ruheenergie in der Regel nicht, so daß man sich, was die normale Verdauung und alle übrigen Prozesse, bei denen eine Energieumwandlung stattfindet, betrifft, nur mit der kinetischen Energie und der Quantenenergie zu beschäftigen braucht.

Die Thermodynamik des Essens

Wenn wir verstehen wollen, wie aus Nahrungsenergie Körper- und Zellenergie wird, müssen wir uns mit einigen Aspekten der beiden Hauptsätze der Thermodynamik befassen:

1. Hauptsatz: Energie wird weder erzeugt noch zerstört.
2. Hauptsatz: Energie bewegt sich tendenziell von der Ordnung zur Unordnung.

DER ERSTE HAUPTSATZ: MAN BEKOMMT NICHTS UM-
SONST Der erste Hauptsatz der Thermodynamik ist überall im Universum offensichtlich. In ihm schlägt sich die Buchführung der Natur
nieder. Er besagt einfach, daß bei allen physikalischen Prozessen im
Universum eine Umwandlung stattfindet, wenn die Energie ihre Form
ändert. Wenn zum Beispiel ein Streichholz abbrennt, wird die in dem
Kohlenwasserstoff des Holzstäbchens enthaltene Energie freigesetzt.
Der Kohlenwasserstoff verbindet sich mit Sauerstoff, es entsteht Kohlendioxyd und Wasser.

Die im menschlichen Körper übliche Art der Verbrennung ist die
Oxydation von Glucose, die ein Kohlehydrat oder ein Zucker ist: Aus
einem Molekül Glucose entstehen, wenn es sich mit sechs Molekülen
Sauerstoff verbindet, je sechs Moleküle Kohlendioxyd und Wasser. In
Wirklichkeit geht es im Körper natürlich um viele Moleküle. Bei chemischen Reaktionen von solchem Umfang benutzt man besser den Men-
genbegriff Mol.

Ein Mol ist das Gewicht von $6 \cdot 10^{23}$ Molekülen der betreffenden
Substanz, in Gramm angegeben. Diese Zahl wird nach dem italieni-
schen Physiker Amadeo Avogadro, der sie im 19. Jahrhundert entdeckte, als Avogadrosche Zahl bezeichnet. Die Avogadrosche Zahl, mit
dem Gewicht eines Wasserstoffatoms multipliziert, ergibt 1 Gramm.
Wasserstoffgas besteht aus zwei aneinander gebundenen Wasserstoffatomen. $6 \cdot 10^{23}$ Moleküle Wasserstoffgas würden demnach 2 Gramm
wiegen. Entsprechend wiegt ein Mol Sauerstoffmoleküle 32 und ein
Mol Glucose 180 g.

Wird 1 Mol Glucose (180 g) mit 6 Mol Sauerstoff verbrannt, entstehen je 6 Mol Kohlendioxyd und Wasser. Außerdem werden 686 Kalorien Energie freigesetzt. Man spricht von «freier» Energie, weil sie für
nützliche Arbeit bereitsteht.

In der Pflanze verläuft die Reaktion umgekehrt: 6 Moleküle Kohlendioxyd und 6 Moleküle Wasser ergeben 1 Molekül Glucose und 6 Moleküle Sauerstoff. Pflanzen synthetisieren also Glucosemoleküle aus
Kohlendioxyd und Wasser. Damit die Reaktion ablaufen kann, muß
freie Energie hinzutreten. Diese Energie liefert das Sonnenlicht in
Form von Quanteneinheiten, den sogenannten Photonen. Die Energie
bleibt demnach erhalten. Pflanzen machen Glucose aus Sonnenlicht,
Kohlendioxyd und Wasser.

Im menschlichen Körper gibt es Energiekreisläufe. Um die Arbeit
unserer Zellen in Gang zu halten, fließt ihnen Energie aus den energie-

reichen Molekülen unserer Nahrung zu. Die Kraft, die diese Energiekreisläufe antreibt, erfaßt der zweite Hauptsatz der Thermodynamik.

DER ZWEITE HAUPTSATZ: DAS UNIVERSUM VERBRAUCHT
SICH   Man nehme eine leere Schublade. Die Socken seines Kindes
staple man sorgfältig auf der einen Seite auf, während die andere Seite
frei bleibt. Man schließe die Schublade. Tags darauf – inzwischen hat
das Kind dort verzweifelt nach etwas gestöbert – öffne man die Schublade wieder. Was findet man? Socken, die auf beiden Seiten der Schublade in wildem Durcheinander liegen.

Nach dem Eingreifen des Kindes sind die Socken gewöhnlich durch-
einandergebracht und über die ganze Schublade verteilt. Wenn das
Kind dann am nächsten Tag Socken braucht, muß es mehr Energie
aufwenden, um die Schublade wieder in Ordnung zu bringen, damit es
seine Socken finden kann.

Bei der Bereitstellung der Energie, die nötig ist, um etwas von einem
Ort zum anderen zu befördern, wird Ordnung verbraucht, und für diesen Verbrauch von Ordnung, dieses Abgleiten ins Chaos gibt es ein
Maß, die *Entropie*. Man sagt, die unordentliche Schublade habe eine
höhere Entropie als die geordnete Schublade.

Der zweite Hauptsatz besagt, daß alle Prozesse in Richtung wachsender Entropie verlaufen. Gewiß, wenn die Sonne auf eine Pflanze
scheint, nimmt die Entropie dieser Pflanze ab. Durch die Erzeugung
von Glucose wird die Pflanze geordneter und stärker strukturiert. Die
Entropie der Sonne hat jedoch zugenommen. Ihre Entropiezunahme
überwiegt die Entropieabnahme der Pflanze. Alle Energieprozesse laufen ab wie eine Uhrfeder und erzeugen mehr Entropie.

Wenn Sie essen, wird die Nahrung zu Glucose, Aminosäuren und
Fetten. Die Glucose wird verbrannt und in Wasser und Kohlendioxyd
umgewandelt, und dabei nimmt die Entropie zu.

Freie Energie und teure Energie

Die Energie kommt, wie ich oben sagte, in zwei Formen vor, als potentielle und als kinetische Energie. Die beiden Formen stehen jedoch
nicht immer für Arbeit zur Verfügung. Weil sie nicht ohne weiteres
verfügbar ist, kann die Energie gelegentlich teuer werden. Die im
Ozean enthaltene Wärmeenergie kann zum Beispiel nicht für die Hei-

zung unserer Häuser benutzt werden, weil unsere Häuser gewöhnlich auf einer höheren Temperatur gehalten werden als der Ozean. Am Wasser des Ozeans muß Arbeit geleistet werden, um seine Energie herauszuholen und in unsere Häuser zu befördern. (Aus dem gleichen Grund brauchen unsere Kühlschränke elektrische Energie, um die Speisen zu kühlen.)

Andererseits wird die nämliche Energie des Ozeans ohne zusätzliche Anstrengung einen Eisberg zum Schmelzen bringen, der gelegentlich vom Nordpol nach Süden treibt. Die gleiche Energie, die für die Heizung unserer Häuser nicht verfügbar ist, ist verfügbar, um einen Eisberg zu schmelzen. Energie kann also entweder frei oder teuer sein, je nachdem, was getan werden muß, um sie von einem Ort zum anderen zu befördern. Es gibt folglich nicht nur zwei Arten von Energie in der Welt, sondern eigentlich vier, darunter auch die Energie, die Arbeit leisten kann, und die Energie, die wie ein fauler Arbeiter nicht für Arbeit zur Verfügung steht.

Während in der Zelle des menschlichen Körpers physikalische Prozesse ablaufen, bleiben Druck und Temperatur gewöhnlich konstant. Beim Ablauf eines Prozesses, der mit einer Energieumwandlung oder Energieänderung verbunden ist, kommt es zu einer entsprechenden Änderung der freien Energie und zu einer weiteren Energieänderung, die von der Temperatur der Zelle und der Entropieänderung abhängig ist. Im letzteren Falle spricht man von der teuren oder entropischen Energie.

Die Gesamtänderung setzt sich zusammen aus der Änderung der freien Energie und der Änderung der teuren Energie. Entropische Energie ist deshalb teuer, weil sie für Prozesse aufgewendet wird, die nicht mehr umkehrbar sind. Wenn eine Portion Eiscreme auf dem Pflaster zerschmilzt, geht der größte Teil der Energie in Wärme und Verdampfung über, und das ist entropische Energie, so daß für Arbeit kaum noch Energie zur Verfügung steht.

Die Physik der Enzyme

Ein Streichholz brennt bekanntlich, wenn man es an einer Reibfläche entzündet. Die Luft enthält sicherlich genügend Sauerstoff und das Streichholz genügend Brennstoff, um den Brennvorgang zu ermöglichen. Aber warum entflammt das Streichholz nicht von sich aus? Offensichtlich wird beim Abbrennen des Streichholzes Energie freigesetzt. Die Reaktion ergibt Wärme und Wasserdampf, und somit wird nach dem zweiten Hauptsatz der Thermodynamik sicherlich Entropie erzeugt. Die Reaktion müßte also eigentlich ablaufen, ohne daß man das Streichholz vorher entzünden müßte.

Daß es nicht so ist, liegt nicht an den Gesetzen der Thermodynamik, sondern an der chemischen Energie, die für den Brennvorgang zur Verfügung steht. Der Grund, warum das Streichholz nicht entflammt, wenn man es bloß in die Luft hält, ist eine Energiebarriere, welche die Spontanverbrennung verhindert. Diese Barriere oder ein sonstiges Reaktionshindernis kann nur überwunden werden, indem man entweder die Barriere senkt oder genügend Energie findet, um über sie hinwegzukommen. Beim Streichholz wird die Barriere nicht gesenkt, sondern es wird eine ausreichende Menge Wärmeenergie zugeführt, um die Barriere zu überwinden. Im menschlichen Körper steht aber für diese Aufgabe nicht genügend Wärmeenergie zur Verfügung. Dafür hat die Natur Moleküle geschaffen, die diese Aufgabe bewältigen. Es sind die Enzyme.

Enzyme sind für fast alle biochemischen Reaktionen erforderlich. Sie senken die Energiebarriere zwischen den Ausgangsstoffen und den Endprodukten einer Reaktion. Das Enzym E, das mit der Ausgangssubstanz S, dem *Substrat*, reagiert, erzeugt das Produkt P in zwei Schritten:

$$E + S \rightarrow ES$$
$$ES \rightarrow E + P$$

Mit anderen Worten: Die eigentliche Reaktion S → P wird durch das Enzym E gefördert.

Ein Enzym besteht aus einer Kette von Aminosäuren, einem *Polypeptid*, das zu einer komplexen globulären Struktur gefaltet ist. Bei der Reaktion zwischen Enzym und Substrat wird das Enzym quantenmechanisch so verformt, daß es wie der Schlüssel zum Schloß zum Substratmolekül paßt; weil dabei das Substratmolekül ebenfalls verformt wird, sinkt die Energiebarriere. Diese Barriere nennt man *Aktivierungsenergie*.

Die Aktivierungsenergie ist beim Anzünden eines Streichholzes zu beobachten. Wie man weiß, brennt ein Streichholz in Sauerstoff und ergibt dabei Wärme, Kohlendioxyd und Wasser. Ohne die Aktivierungsenergie würde das Streichholz in Anwesenheit von Sauerstoff spontan verbrennen. Man muß aber das Streichholz reiben und dadurch die Wärmeenergie zuführen, die notwendig ist, um die Aktivierungsbarriere zu überwinden.

WARUM SIE IHRE VITAMINE BRAUCHEN Ein für den Körper wichtiges Enzym, das auch Phosphor enthält, ist das Vitamin B_5, das auch als Pantothensäure oder als Coenzym A (CoA) bezeichnet wird. CoA löst enzymatisch lange Ketten von Fettsäure (Fetten) auf, wodurch die Produkte für den berühmten Krebs-Zyklus der Energieerzeugung verfügbar werden. Die eigentliche Wirkung des Enzyms besteht darin, daß es lange Ketten von Fettmolekülen in kürzere Verbindungen von zwei Kohlenstoffatomen zerlegt, die im Krebs-Zyklus verwendet werden.

Ein langes Fett-Kettenmolekül, die Palmitinsäure, verbindet sich mit CoA. Stück für Stück nimmt dann das CoA das Fett auseinander und bildet Einheiten von Acetyl-CoA. Ein Molekül Palmitinsäure ergibt acht Moleküle Acetyl-CoA. Bei jeder Zerlegung der Kette wird wertvolle Energie für die Bedürfnisse des Körpers freigesetzt.

Befindet sich ein Enzym in der Nähe des Substrats S, so verbindet es sich zeitweilig mit ihm und senkt dabei die Energiebarriere. Gewöhnlich reicht diese Erniedrigung aus, um den Reaktionsablauf zu ermöglichen. Es ist dann noch eine weitere Barriere da, doch reicht die im Körper normalerweise vorhandene Wärme normalerweise aus, um die Bindung zwischen Enzym und Substrat aufzulösen. Dabei wird das Substrat dann in das Produkt P umgewandelt, und es wird viel Energie frei.

Denken Sie, um dies zu veranschaulichen, an das Holzstäbchen in dem Streichholz, und denken Sie sich den Luftsauerstoff als das Substrat. Stellen Sie sich das Kohlendioxyd, den Wasserdampf und andere Verbrennungsprodukte als das Produkt P vor. Bei dieser Reaktion wäre die Reibfläche, die gewöhnlich Phosphor enthält, das Enzym.

Stimmt eigentlich der Satz «Du bist, was Du ißt»? Nicht ganz. Nicht alles, was Sie verzehren, wird in Sie, in Ihre materielle Substanz umgewandelt. Ein Teil der Nahrung wird in Energie umgewandelt, die Ihr materieller Körper braucht, um sich zu bewegen.

Für den Abbau von Nahrung sind gewöhnliche Enzyme erforderlich. Diese Enzyme werden, falls sie nicht verbraucht werden, wieder aufgearbeitet und stehen damit immer wieder neu zur Verfügung. Die Vitamine sind wichtige Enzyme, und bei den meisten unserer Nahrungsmittel ist der Körper für die Verarbeitung und Verdauung auf sie angewiesen. Der Abbau der Nährstoffe endet immer mit dem Produkt Glucose oder Blutzucker.

Um eine weitere Erkenntnis über die Energieumwandlung im Körper zu gewinnen, greifen wir noch einmal auf Einsteins berühmte Formel $E = mc^2$ zurück. E steht für jegliche Energie, m für jegliche Masse. Da Energie und Masse nach dieser Gleichung äquivalent sind, muß die Energie, bevor sie etwa durch die Oxydation von Glucose freigesetzt wird, als Masse in der Glucose und im Sauerstoff enthalten sein. Diese Masse besteht in den energiereichen Bindungen der Moleküle. Nach der Oxydation tritt diese Masse als Energie in Erscheinung. Wenn wir also die folgende Reaktion haben:

Zucker + Sauerstoff → Kohlendioxyd + Wasser + Energie,

so enthalten das Kohlendioxyd und das Wasser weniger Masse als der Zucker und der Sauerstoff.

Die entsprechende Masse besteht in den quantenphysikalischen Bindungen, welche die Zuckermoleküle und die Sauerstoffmoleküle zusammenhalten. Bei der Reaktion wird Energie freigesetzt und Entropie erzeugt, und das Ergebnis ist die physikalische Bewegung des Lebens selbst im menschlichen Körper. Dies ist ein weiteres Beispiel für das Wirken des Körperquants.

8. Körperrhythmen
und die Physik der Gewichtskontrolle

Wir alle werden nach einer gewissen Zeit hungrig. Das Hungergefühl wird von einer unsichtbaren Uhr, einem rhythmischen Zyklus gesteuert. Um zu verstehen, wie das vor sich geht, wollen wir uns mit den inneren Uhren befassen, die in uns allen ticken.

Wir sind im Rhythmus

Unser menschlicher Zeitsinn wird vom Rhythmus bestimmt. Rhythmus wird als Resonanz mit einer Schwingung oder Schwingungsfrequenz wahrgenommen. In uns selbst schwingt etwas mit einer bestimmten Schwingungszahl. Irgendwann wird uns von außen ein anderer Rhythmus vorgegeben, der mit dem stetigen Rhythmus unseres Lebensprozesses in Wechselwirkung tritt. Wenn zwei Schwingungen von unterschiedlicher Frequenz zusammentreffen, ergeben sich kurzfristige Verstärkungen, sogenannte Schwebungen. Das Hungergefühl, das Schlafbedürfnis, der Herzschlag und andere rhythmische Vorgänge beruhen auf solchen Schwebungen. Wir befinden uns, anders gesagt, in Resonanz mit verschiedenen Schwingungsvorgängen, die teils langsam, teils schneller verlaufen.

Deshalb haben wir alle einen Zeitsinn oder, wie es in dem Schlager von Ira Gershwin heißt, «wir sind im Rhythmus» (*We got rhythm*). Zu den rhythmischen Vorgängen gehören 1. der Schlaf- und Wach-Zyklus, 2. der Körpertemperatur-Zyklus, 3. der Sauerstoffverbrauchs-Zyklus, 4. der Herzschlag-Zyklus, 5. der Nierenausscheidungs-Zyklus und 6. die Zyklen des Schmeckens, Riechens und Hörens.

Der Schlaf-Wach-Zyklus ist leicht zu beobachten. Jeder von uns pflegt etwa zur gleichen Zeit morgens aufzuwachen und abends einzuschlafen. Das Schlafbedürfnis bewegt sich bei den meisten Menschen zwischen 6 und 8 Stunden.

Der Hypothalamus im Gehirn reguliert eine rhythmische Schwankung der Körpertemperatur um etwa 0,8 bis 1,1 Grad, wobei die niedrigste Temperatur während des Schlafs (also wahrscheinlich in der Nacht) und die höchste am Nachmittag auftritt. Wenn man bis spät in die Nacht vor dem Fernseher sitzt, spürt man, wie einem kalt wird, so daß man eine Decke braucht. Das ist ein Zeichen dafür, daß der Temperatur-Zyklus sich auf die Schlafenszeit eingestellt hat.

Jede einzelne Zelle Ihres Körpers braucht Sauerstoff. Bei körperlichen Übungen und Anstrengungen steigt dieser Bedarf natürlich, und Sie müssen schneller atmen. Doch selbst wenn Sie den ganzen Tag stillsitzen, zeigt Ihr Körper eine rhythmische Schwankung des Sauerstoffverbrauchs.

Der bekannteste Körperrhythmus ist der Herzschlag oder Puls. Galilei, damals 17 Jahre alt, entdeckte 1581 im Dom von Pisa, daß ein großer Hängeleuchter stets die gleiche Zahl von Schwingungen pro Herzschlag ausführte, gleichgültig, wie groß der Ausschlag war. Um den Rhythmus der Schwingungen festzustellen, legte er seinen eigenen Herzschlag zugrunde. Daß das Herz eines Menschen im Ruhezustand ungefähr einmal pro Sekunde schlägt, ist kein Zufall. Tatsächlich liegt die Zahl der Herzschläge pro Minute bei einem durchschnittlichen Menschen im Ruhezustand zwischen 55 und 80. Medikamente wie etwa Aspirin können den Pulsschlag heraufsetzen. Wahrscheinlich geht aber die Sekunde als Zeiteinheit auf den menschlichen Herzschlag zurück. Inzwischen benutzen wir die Uhr, um den Herzschlag zu messen.

Die Nieren filtern Abbauprodukte aus dem Blut, das sie durchströmt, heraus und scheiden sie mit dem Harn aus. Es ist nicht ungewöhnlich, daß man nachts heraus muß, um Harn zu lassen, aber seltenehr als einmal. In der Regel arbeiten die Nieren tagsüber stärker und schränken ihre Aktivität nachts ein.

Der Geruchs- und Geschmackssinn und das Gehör sind morgens in der Regel abgestumpft, am Spätnachmittag und am Abend dagegen wach. Das ist der Grund, warum wir zum Frühstück lediglich etwas Einfaches essen, zum Mittag und zum Abend dagegen vielfältiger gewürzte Speisen vorziehen.

Diese und andere Körperrhythmen vermitteln uns unseren menschlichen Zeitsinn. Ohne Strukturen und Rhythmen hätten wir ihn nicht.

Wodurch werden unsere Körperrhythmen festgelegt? In einem Forschungsexperiment haben 130 Menschen ohne Tageslicht und ohne Uhren oder sonstige Zeitmesser eine Zeitlang in einer Höhle zugebracht. Schließlich haben alle einen 25-Stunden-Tag als natürlichen Rhythmus angenommen (Burns, S. 105). Es ist unklar, warum ihr Tag eine Stunde länger war als eine Erdumdrehung. Es könnte daran liegen, daß wir nicht von diesem Planeten stammen, sondern von einem anderen, dessen Tageszyklus 25 Stunden beträgt.

Stoffwechsel und Lebensbedarf

Auch in den Stoffwechsel, das Tempo, mit dem wir Nahrung in Energie verwandeln, greift der Rhythmus des Lebens ein. Die in der Nahrung gespeicherte potentielle Energie wird von uns allen mit einem bestimmten Tempo verbrannt: soundso viele Kalorien pro Stunde oder pro Tag. So wird die gespeicherte Energie in kinetische Energie umgewandelt, in die Energie der Körperbewegung und in Wärme. Diese Energie wird in Kalorien gemessen. Wenn ich von Kalorien spreche, ist eigentlich die Kilogrammkalorie gemeint, jene Wärmemenge, die erforderlich ist, um ein Kilogramm Wasser um ein Grad Celsius zu erwärmen. Die Kalorie ist eine Energieeinheit und entspricht 4184 Joule. Hundert Joule sind die Energiemenge, die eine 100-Watt-Birne in genau einer Sekunde verbrennt. 92 Kalorien – das ist genau die Menge, die ein Mensch von 90 kg im Ruhezustand in einer Stunde verbrennt – entsprechen der Stundenleistung einer 107-Watt-Birne.

Die unterste Grenze des Energieverbrauchs bezeichnet man als *Grundumsatz*. Diese Energiemenge wird benötigt, um grundlegende körperliche Funktionen wie Atmung, Herztätigkeit und Blutkreislauf aufrechtzuerhalten, um sehen zu können und relativ geringfügige Bewegungen auszuführen.

Wenn diese Energie verbrannt wird, um die nötigen Funktionen in Gang zu setzen oder zu halten, entsteht ein Nebenprodukt: Wärme. Aus dem zweiten Hauptsatz der Thermodynamik folgt, daß bei jeder Energieumwandlung, die für Arbeit genutzt wird, auch Wärme entsteht. Es ist die Hautfläche (beim Menschen etwa 1,8 m^2), über die die Wärme abgestrahlt wird. Je größer die Hautfläche, um so mehr Wärme, bezogen auf das Körpergewicht, wird abgestrahlt. Die Größe eines Tieres wirkt sich somit auf seinen Energieverbrauch aus. Es ist nachgewiesen worden (Cameron, S. 92), daß mit steigendem Körpergewicht auch der Grundumsatz eines Tieres steigt (siehe Tab. 1).

Je größer das Tier, desto größer ist also sein Grundumsatz. Der Grundumsatz eines Menschen beträgt etwa 2000 Kalorien pro Tag. Eine Kuh, die ungefähr das Fünffache eines Menschen wiegt, hat einen Grundumsatz von 6700 Kalorien pro Tag, während eine kleine Ratte, die 220 g wiegt, einen täglichen Grundumsatz von nur 30 Kalorien hat. Struppi, der 18 kg auf die Waage bringt, verbrennt täglich 720 Kalorien.

Größe ist also vorteilhaft für ein Tier. Bei einer im Verhältnis zum Gewicht verringerten Oberfläche wird weniger Wärme abgestrahlt. Je größer das Tier ist, desto weniger Kalorien braucht es für die Wärmeerzeugung.

Tabelle 1: Grundumsatz und Gewicht

Organismus	Gewicht (kg)	Grundumsatz	Grundumsatz/kg
kleine Ratte	0,2	30	150
Struppi	18	720	40
Mensch	90	2000	22
Kuh	450	6700	15

Körperwärme und Thermodynamik

Alle dynamischen Prozesse sind in der einen oder anderen Form mit einer Veränderung der Körperenergie verbunden. Bei genauem Hinsehen zeigt sich jedoch, daß die Gesamtenergie für alle Prozesse im Zeitverlauf erhalten bleibt. Im Laufe der Zeit wird Energie von der einen in die andere Form transformiert. Maßgebend für die Energieänderung ist der erste Hauptsatz der Thermodynamik:

Energieabnahme = Wärmeverlust + geleistete Arbeit

Diese Gleichung gilt für jedes räumlich abgegrenzte System des Körpers. Jede Region des Körpers, die eine klare Grenze hat, ist ein System. Eine Zelle, ein Organ und natürlich auch der Körper im ganzen ist ein System.

Im allgemeinen werden durch die Arbeit, die ein kleineres System leistet, Energieänderungen für das größere System, in dem es existiert, durchgeführt. Energieänderungen dieses Systems erscheinen entweder als Wärme oder als externe Arbeit, die von dem größeren System, in dem es existiert, ausgeführt wird. Eine Zelle leistet zum Beispiel die Arbeit, Glucose in Kohlendioxyd und Wasser zu verwandeln. Um diese Arbeit zu leisten, nimmt sie Wärme aus dem umgebenden Zellgewebe auf und erzeugt die kinetische Energie der Moleküle innerhalb der Zelle.

Betrachten wir zum Beispiel eine Herzzelle. Es zeigt sich, daß sie, verglichen mit der Energieabnahme, recht wenig Arbeit leistet. Für den Bluttransport wendet das ganze Herz 0,0143 Kalorien pro Minute oder 238 Mikrokalorien (1 Mikrokalorie = 1 Millionstel einer Kalorie) pro Sekunde auf. Die dafür erforderliche Energietransformation beläuft sich auf 0,08 Kalorien pro Minute oder 1333 Mikrokalorien pro Sekunde, fast das Sechsfache der für die Arbeit aufgewendeten Energieänderung. Wo bleibt die übrige Energie? Sie verwandelt sich in Wärme. Allgemein gilt, daß der größte Teil der Energieänderungen in einem biologischen System wie etwa einem Organ des Körpers in Form von Wärme abgestrahlt wird.

Die Summe der Energieänderungen aller Organe ergibt den Grundumsatz. Der Grundumsatz ist jene Energiemenge, die bei einem ruhenden Körper in Wärme und in die Arbeit der inneren Organe umgesetzt wird. Er verteilt sich auf verschiedene Funktionen wie etwa die Herztätigkeit und die Skelettmuskulatur (25 Prozent), die Nierenfunktion (10 Prozent), das Denken und sonstige Aktivitäten des Gehirns (19 Prozent) und die Aufrechterhaltung der Tätigkeit von Milz und Leber (27 Prozent). Die übrigen Organe nehmen 19 Prozent der für Arbeit verfügbaren Energie in Anspruch.

Man kann den Grundumsatz auch anhand des Sauerstoffverbrauchs bestimmen. Experimente haben gezeigt, daß mit wachsendem Sauerstoffverbrauch auch der Grundumsatz steigt. Der Sauerstoffverbrauch wird in Volumen pro Minute pro Kilogramm Körpergewicht gemessen.

Ein schlafender Mensch braucht in jeder Minute etwa 3,15 ml Sauerstoff je Kilogramm Körpergewicht. Auch jedes unserer Organe verbraucht Sauerstoff. Tabelle 2 zeigt, wieviel Sauerstoff, wieviel Energie und welchen Anteil vom Grundumsatz die einzelnen Organe eines Menschen von 65 kg im Ruhezustand verbrauchen.

Nun leisten wir natürlich mehr, als nur unsere Organe in Gang zu halten. Aus Tabelle 3 ist zu ersehen, daß die Stoffwechselaktivität zunimmt, je nachdem, was wir tun. Nur das Schlafen macht eine Ausnahme, denn dabei wird weniger als der Grundumsatz verbrannt. Aufgrund dieser Tabelle läßt sich für jeden entsprechend seinem Körpergewicht die Stoffwechselaktivität bestimmen.

Sie brauchen, wenn Sie Tabelle 3 für sich nutzen wollen, nur den Betrag, der für die jeweilige Aktivität angegeben ist, mit Ihrem Körpergewicht zu multiplizieren. Angenommen, Sie wiegen 90 kg. Dann be-

Tabelle 2

Organ des Menschen	Sauerstoff- verbrauch (ml/min)	Energie- verbrauch (cal/min)	Anteil am Grundumsatz (%)
Gehirn	47	0,023	19
Herz	17	0,08	7
Muskeln	45	0,22	18
Leber	60	0,30	20
Milz	7	0,03	7
Niere	26	0,13	10
übrige	48	0,23	19
Total	250	1,013	100

[Bearbeitet nach R. Passmore und J. S. Robson (Hrsg.): *A Companion to Medical Studies*, Bd. 1, Blackwell, Osney, Mead, 1968, S. 49.]

Tabelle 3

Aktivität	Sauerstoff-verbrauch (ml/min/kg)	Energie-verbrauch (mcal/min/kg)	Energie-verbrauch (cal/Tag/kg)
Grundumsatz	3,86	18,8	27,07
Schlafen	3,15	15,83	22,8
Sitzen, ruhig	4,48	22,49	32,39
Stehen, locker	4,74	23,8	34,28
Sitzen, gespannt	7,91	39,68	57,14
Gehen, langsam (5 km km/h)	10	50	72,07
Golfspiel	11,64	58,42	84,13
Radfahren (16 km/h)	15	75	107,93
Tennis	16,6	83,1	119,7
Schwimmen (1,6 km/h)			
Kraulen	15,37	77,1	111,1
Brust	17,88	89,72	129,2
Rücken	19,3	97	139,68
Treppensteigen (116 Stufen/min)	25,8	129,19	186
Radfahren (21 km/h)	26,45	131,84	189,83
Laufen (9 km/h)	28	140,43	202,23
Laufen (11 km/h)	33,73	169,75	244,45

Aktivität	Sauerstoff-verbrauch (ml/min/kg)	Energie-verbrauch (mcal/min/kg)	Energie-verbrauch (cal/Tag/kg)
Laufen (18 km/h)	50,49	253,53	365,1
Schwimmen (3,5 km/h)			
Kraulen	62,39	313	450,08
Brust	71,65	359,35	517,46
Rücken	77,6	390,2	561,9

[Basierend auf P. Webb, in: J. F. Parker und V. R. West (Hrsg.): *Bioastronautics Data Book*, Washington, D. C., National Aeronautics and Space Administration, 1973, S. 859–61. Ferner auf Lawrence E. Morehouse, Ph. D., und Leonard Gross: *Total Fitness in 30 Minutes a Week*, New York (Simon & Schuster) 1975, S. 182.]

trägt Ihr Sauerstoffverbrauch im Schlaf 3,15 · 90 = 284 ml/Minuten. Wenn Sie 68 kg wiegen, sind es nur 214 ml/Minuten.

Wenn Sie 90 kg wiegen und acht Stunden schlafen, müssen Sie 137 l Sauerstoff einatmen. Während eines Acht-Stunden-Schlafs verbrennen Sie 689 Kalorien (15,8 mcal pro Minute je Kilogramm Gewicht · 90 kg · 60 Minuten · 8 Stunden).

Wenn Sie nun aufstehen und acht Stunden lang fernsehen, atmen Sie wegen des gestiegenen Sauerstoffverbrauchs 1723 l Luft ein. Sie verbrennen in dieser Zeit 979 Kalorien (22,5 Kalorien pro Minute pro Kilogramm Gewicht · 90 kg · 60 Minuten · 8 Stunden). In 16 Stunden haben Sie bislang 1668 Kalorien verbraucht.

Ihr Tag hat jetzt noch acht Stunden. Nehmen wir an, Sie verbringen eine Stunde mit Gehen (272 Kalorien = 50 mcal pro Minute pro Kilogramm Gewicht · 90 kg · 60 Minuten), drei Stunden mit Stehen (389 Kalorien = 23,8 mcal pro Minute je Kilogramm Gewicht · 90 kg · 180 Minuten) und vier Stunden am Schreibtisch mit leichter Arbeit im normalen Umfang (864 Kalorien = 39,7 mcal pro Minute je Kilogramm Gewicht · 90 kg · 240 Minuten). Insgesamt haben Sie 3193 Kalorien verausgabt. Wögen Sie nur 68 kg, so hätten Sie für die gleichen Tätigkeiten nur 2395 Kalorien verbraucht.

Tabelle 4: Kalorienverbrauch pro Minute

Aktivität	Körpergewicht												
	45	50	55	60	64	68	73	77	82	86	90	95	100
Grundumsatz	0,853	0,938	1,02	1,11	1,19	1,28	1,36	1,45	1,53	1,62	1,70	1,79	1,88
Schlafen	0,718	0,790	0,862	0,933	1,00	1,08	1,15	1,22	1,29	1,36	1,44	1,51	1,58
Sitzen, ruhig	1,02	1,12	1,22	1,33	1,42	1,53	1,63	1,73	1,84	1,94	2,04	2,14	2,24
Stehen, locker	1,08	1,19	1,30	1,40	1,51	1,62	1,73	1,84	1,94	2,05	2,16	2,27	2,38
Sitzen, gespannt	1,80	1,98	2,16	2,34	2,52	2,70	2,89	3,06	3,24	3,42	3,60	3,78	3,96
Gehen, langsam (5 km/h)	2,27	2,50	2,72	2,95	3,17	3,40	3,63	3,86	4,09	4,31	4,54	4,77	5,00
Golfspiel	2,65	2,92	3,18	3,45	3,71	3,98	4,24	4,51	4,77	5,04	5,30	5,57	5,83
Radfahren (16 km/h)	3,40	3,74	4,08	4,42	4,76	5,10	5,44	5,78	6,12	6,46	6,80	7,14	7,48
Tennis	3,77	4,15	4,52	4,90	5,28	5,66	6,03	6,41	6,79	7,16	7,54	7,92	8,29

Schwimmen (1,6 km/h)													
Kraulen	3,50	3,85	4,20	4,55	4,90	5,25	5,60	5,95	6,30	6,65	7,00	7,35	7,70
Brust	4,07	4,48	4,88	5,29	5,70	6,11	6,51	6,92	7,33	7,73	8,14	8,55	8,95
Rücken	4,40	4,84	5,28	5,72	6,16	6,60	7,04	7,48	7,92	8,36	8,80	9,24	9,68
Treppensteigen (116 Stufen/min)	5,86	6,45	7,03	7,62	8,20	8,79	9,38	9,96	10,55	11,13	11,72	12,31	12,89
Radfahren (21 km/h)	5,98	6,58	7,18	7,77	8,37	8,97	9,57	10,17	10,76	11,36	11,96	12,56	13,16
Laufen (9 km/h)	6,37	7,01	7,64	8,28	8,92	9,56	10,19	10,83	11,47	12,10	12,74	13,38	14,01
Laufen (11 km/h)	7,70	8,47	9,24	10,01	10,78	11,55	12,32	13,09	13,86	14,63	15,40	16,17	16,94
Laufen (18 km/h)	11,50	12,65	13,80	14,95	16,10	17,25	18,40	19,55	20,70	21,85	23,00	24,15	25,30
Schwimmen (3,5 km/h)													
Kraulen	14,20	15,62	17,04	18,46	19,88	21,30	22,72	24,14	25,56	26,98	28,40	29,82	31,24
Brust	16,30	17,93	19,56	21,19	22,82	24,45	26,08	27,71	29,34	30,97	32,60	34,23	35,86
Rücken	17,70	19,47	21,24	23,01	24,78	26,55	28,32	30,09	31,86	33,63	35,40	37,17	38,94

Damit Sie Tabelle 3 besser nutzen können, habe ich zusätzlich in einer Spalte die Energie angegeben, die täglich je Kilogramm Körpergewicht verbrannt wird. Aus den 18,8 mcal Grundumsatz je Minute und Kilogramm werden so 27,07 Kalorien pro Tag und Kilogramm. Um Ihren Grundumsatz zu bestimmen, brauchen Sie nur 27,07 mit Ihrem Gewicht in Kilogramm zu multiplizieren.

Tabelle 4 zeigt für die gleichen Aktivitäten die Kalorienmenge, die pro Minute je nach Körpergewicht verbrannt wird. Die Angaben für das Körpergewicht beginnen bei 45 kg und enden bei 100 kg [der Übersetzer hat die ursprünglichen Angaben – in Pfund des angelsächsischen Maßsystems – in Kilogramm umgerechnet: so erklären sich die «krummen» Zahlen]. Nehmen wir zum Beispiel an, Sie wiegen 68 kg. Wenn Sie sich entschließen, im gemütlichen Tempo von 5 km/h zum Supermarkt an der Ecke zu gehen, verbrennen Sie 3,4 Kalorien pro Minute. Wenn Sie 10 Minuten gehen, haben Sie 34 Kalorien verbrannt. Nehmen wir nun an, Sie stehen im Supermarkt am Zeitungsstand und blättern in Zeitschriften. Wenn die Zeitschrift, die Sie herausgegriffen haben, nicht allzu aufregend ist, verbrennen Sie in jeder Minute, die Sie dort stehen, 1,62 Kalorien. Wenn die Lektüre Sie wirklich erregt, verbrennen Sie wahrscheinlich ein bißchen mehr.

Es dürfte nicht schwer sein, unter Berücksichtigung all Ihrer Aktivitäten Ihren täglichen Kalorienverbrauch zu errechnen. Sie brauchen nur die Zahl, die hinter der jeweiligen Aktivität angeführt ist, mit der Zahl der Minuten, die Sie damit zubringen, zu multiplizieren und alles zusammenzurechnen. Vielleicht wird Sie das Ergebnis überraschen. Wenn es Ihre Kalorienaufnahme übersteigt, verlieren Sie an Gewicht. Der Körper muß dann auf seinen Fettvorrat zurückgreifen, um Sie mit der nötigen Energie zu versorgen.

Vielleicht darf ich die Bestimmung der täglichen Kalorienbilanz an meinem eigenen Beispiel verdeutlichen. Angenommen, ich will beschließen, 24 Stunden in einem apathischen Zustand oder in tiefer Meditation zu verbringen. Ich wiege 75 kg. Ich multipliziere also den Energieverbrauch für den Grundumsatz, 27,0 cal/Tag/kg, mit 75; das ergibt 2027 cal pro Tag. Angenommen, ich nehme mit dem Essen 2400 cal auf vernachlässige die Arbeit, die mit dem Verdauen der Nahrung verbunden ist, die entsprechende Steigerung der Körpertemperatur und sonstige Tätigkeiten, die ich an diesem Tag ausführe. Ich hätte es dann jeden Tag mit einem Überschuß von rund 400 cal zu tun. Dieser Überschuß verwandelt sich in zusätzliches Körpergewicht; wie groß es sein kann, geht aus der nächsten Tabelle hervor.

Tabelle 5 zeigt den Kalorienreichtum verschiedener Nahrungsstoffe. Ein Kilogramm Kohlehydrate enthält 4109 cal, ein Kilogramm Fett 9318 cal und ein Kilogramm Eiweiß 5311 cal. Wenn ich jeden Tag 400 zusätzliche Kalorien aufnehme, steigt mein Körpergewicht. In welchem Maße es steigt, hängt davon ab, was mit diesen Kalorien passiert. Wenn sie sich alle in Fett verwandeln, nehme ich in zehn Tagen um beinahe ein Pfund zu. In einem Monat würde mein Gewicht auf 76 kg, in einem Jahr auf annähernd 90 kg steigen (kommt Ihnen das bekannt vor?!).

Tabelle 5

Nahrungsstoff	Kalorien pro kg
Kohlehydrate	4109
Proteine	5311
Fette	9318

Wie Sie sehen, ist es leicht, zuzunehmen, wenn man mehr ißt, als man verbrennt. Allerdings ist diese Berechnung etwas ungenau. Da mein Gewicht Tag für Tag zunimmt, steigt auch mein Grundumsatz Tag für Tag. Je mehr ich wiege, um so schneller verbrenne ich Energie. Mit jedem zusätzlichen Kilo steigt also zum Ausgleich auch das Verbrennungstempo.

Deshalb nehmen extrem Übergewichtige zu Beginn einer Diät schnell ab. Ein Mensch, der 160 kg wiegt, hat zum Beispiel einen Grundumsatz von 4300 cal täglich. Mit einer Gesundheitsdiät von 2400 cal pro Tag könnte er im Prinzip über 200 g Fett täglich loswerden (vorausgesetzt, er baut nur Fett und nicht auch Protein ab). In einem Monat würde er auf diese Weise 6,8 kg, in einem Jahr 82 kg Fett loswerden. Tatsächlich könnte sein Gewicht noch weit stärker sinken, da er außer dem Fett auch Wasser verliert. Er könnte sogar noch mehr abnehmen, wenn er neben dem Fett auch Protein abbaut, da das Protein, auf das Gewicht bezogen, weniger Kalorien enthält (es sind also mehr Kilos an Protein abzubauen, um die gleiche Kalorienmenge loszuwerden).

Allerdings trifft auch diese Berechnung noch nicht den genauen Sachverhalt. Um den Zusammenhang zwischen Grundumsatz, Fettabbau und Gewichtszunahme genauer zu bestimmen, muß sowohl der veränderte Grundumsatz als auch der Rückgang beziehungsweise die Zunahme der täglichen Kalorienbilanz berücksichtigt werden. Wenn ich berücksichtige, daß sich mit dem veränderten Gewicht auch der Grundumsatz ändert, komme ich zu dem Ergebnis, daß das Gewicht des 75-kg-Mannes in 30 Tagen auf nur 75,8 kg und in einem Jahr auf nur 84 kg steigt. Bliebe er bei seiner Ernährungsweise, so würde er nach vielen Jahren ein passives Zielgewicht oder auch Gleichgewichts-Gewicht von 88,5 kg erreichen.

Der Mensch von 160 kg würde bei einer täglichen Aufnahme von 2400 cal abnehmen. Nach einem Monat wäre sein Gewicht auf 153 kg, nach einem Jahr auf 113 kg zurückgegangen. Da er die gleiche Kalorienmenge aufnähme wie ich, würde auch sein passives Zielgewicht bei 88,5 kg liegen, ein Gewicht, das er nach etlichen Jahren erreichen würde.

Bei diesen Angaben habe ich jedoch ein ziemlich apathisches Wesen vorausgesetzt, das seine Kalorien ausschließlich für die Lebensvorgänge verbraucht, die den Grundumsatz ausmachen. Nun gibt es aber viele Tätigkeiten, die mehr Kalorien verbrennen als der Grundumsatz. Während für den Grundumsatz täglich etwa 27 Kalorien pro Kilogramm Gewicht verbraucht werden, verbrennt man schon 57 cal, wenn man nur aufmerksam dasitzt oder am Schreibtisch arbeitet. Bei einer bestimmten Kalorienaufnahme kann man zu- oder abnehmen, je nachdem, wie man sich betätigt. Bei gesteigerter Aktivität kommt man zu einem anderen Zielgewicht, dem aktiven Zielgewicht. Gesteigerte Aktivität führt immer zu einem Absinken des aktiven Zielgewichts.

Wenn es um Gewichtskontrolle und Diät geht, spielt auch das Alter eine wichtige Rolle. Mit zunehmendem Alter sinkt der Grundumsatz. Bei einem zweijährigen Kind beträgt der tägliche Grundumsatz je Kilogramm Gewicht 50 cal, bei einem Siebzigjährigen nur 22 cal.

Wie sich das Körpergewicht in Abhängigkeit von der Ernährung und den Aktivitäten verändert, hängt natürlich auch noch von vielen weiteren Faktoren ab. Bei aeroben Übungen wird zum Beispiel der Brennstoffbedarf des Körpers während der ersten halben Stunde zu 67 Prozent aus dem Fettstoffwechsel und zu 33 Prozent aus der aeroben Glykolyse (der Umwandlung von Blutzucker in Energie) gedeckt. Nach einer halben Stunde ändert sich das Verhältnis, und der Energiebedarf wird zu je 50 Prozent durch Fettverbrennung und durch Zuckerverbrennung gedeckt. Bei längerer sportlicher Betätigung geht der Anteil der Glykolyse zurück, und wir beginnen wieder, mehr Fett zu verbrennen.

Daran liegt es, daß man an Langläufern kein Fett findet. Da sie jeweils länger als eine halbe Stunde laufen, bauen sie ständig ihr Körperfett ab und verwandeln es in die benötigte Energie. Im übrigen müssen Langläufer kurz vor einem Rennen große Mengen von Kohlehydraten aufnehmen, vermutlich, weil sie im Vergleich zu Nicht-Langläufern kaum Fettreserven haben.

Für Durchschnittsmenschen, die nicht länger als jeweils eine halbe Stunde aerobe Übungen machen möchten, besteht Hoffnung! Da der Energiebedarf des Körpers in der ersten halben Stunde zu 67 Prozent durch den Fettstoffwechsel gedeckt wird, bauen Übungen von genau dieser Dauer das Körperfett ab, ohne den Blutzuckerspiegel nennenswert abzusenken. Sie können sich also bis zu einer halben Stunde sportlich betätigen, ohne allzu hungrig zu werden.

Manche Mediziner sind der Ansicht, daß der Fettanteil des Körpers nichts mit der Menge der aufgenommenen Nahrung zu tun hat. Nach der sogenannten Sollwert-Theorie strebt unser Körper ein bestimmtes Verhältnis von Fett und Muskelfleisch an, und dieses Verhältnis wird vermutlich von unseren Genen bestimmt. Unser Körpergewicht wird, anders gesagt, so lange zunehmen, bis dieses Verhältnis zwischen Fett und Muskelfleisch erreicht ist. Bei einigen beträgt es 75 Prozent Muskeln und 25 Prozent Fett, bei anderen weicht es davon ab.

Faktoren wie die erbliche Veranlagung sind selbstverständlich zu berücksichtigen. Ich bin in der Frage der Gewichtskontrolle allein von den Gesetzen der Energieerhaltung ausgegangen. Sie können also Ihr Gewicht nicht auf Dauer verändern, wenn sich an Ihrem Aktivitätsniveau nichts ändert. Nach der Sollwert-Theorie wird es nicht ausreichen, nur die Kalorienaufnahme einzuschränken, denn wahrscheinlich wird Ihre Aktivität dann entsprechend abnehmen und damit Ihr Stoffwechsel zurückgehen. Sie können den Stoffwechsel anregen, indem Sie aktiver werden. Wenn Sie gleichzeitig bei der bisherigen Kalorienmenge bleiben, helfen Ihnen die Gesetze der Physik, und Sie werden abnehmen. Die gesteigerte Aktivität wird ganz sicher dazu beitragen, daß Sie sich besser fühlen. Wenn Sie nicht wollen, daß das Verhältnis zwischen Fett und Muskelfleisch sich in Richtung auf einen höheren Fettanteil verschiebt, können Sie vielleicht durch erhöhte Aktivität Ihren Sollwert senken.

Aber auch wenn das nicht gelingt, wird erhöhte Aktivität Ihren Stoffwechsel steigern. Wenn Sie also etwas für Ihre Figur tun wollen, würde ich zu mindestens einer halben Stunde intensiver körperlicher Betätigung pro Tag raten. Um den Sollwert und die Tendenz zur Herabsetzung Ihres Stoffwechsels zu überwinden, genügt es schon, wenn Sie beim Spazierengehen ein flottes Tempo vorlegen.

Seien Sie unbesorgt, die Gesetze der Physik sind auf Ihrer Seite.

Dritter Teil
Aufbau

Was wir essen, wird nicht restlos in Energie, Kohlendioxyd, Wasser und Abfallprodukte umgewandelt. Ein Teil davon bleibt im Körper, genau wie es unsere Mutter gesagt hat, wenn wir an einem kalten Morgen zur Schule loszogen: «Beim Mittagessen mußt du tüchtig zulangen, damit du etwas auf die Rippen bekommst.» Ein Teil der Nahrung bleibt wirklich auf den Rippen, bildet Muskelgewebe, Knochen und Fett als Wärmeschutz und Energievorrat für den Fall, daß eine Mahlzeit ausfällt.

Hier zeigt der Körper eine bemerkenswerte Intelligenz. Wieviel von unserer Nahrung soll in Energie verwandelt werden, und wieviel soll in den Aufbau unseres Körpers gesteckt werden? Um diese Fragen zu verstehen, muß man die Quantenprozesse beim Aufbau unseres wundervollen Körpers begreifen. Während der Körper die Bausteine des Lebens in eine neue Struktur bringt, wird Entropie vermindert. Um diese Wundertat zu vollbringen, muß er Arbeit leisten. Etwas Ähnliches geschieht bei der Entropieverminderung im Kühlschrank. Normalerweise wandert Wärmeenergie von einem wärmeren zu einem kälteren Körper. Wenn zum Beispiel ein Eiswürfel schmilzt, nehmen die organisierten Eiskristalle Wärme auf, weil die Luft den Würfel erwärmt. Während das Eis zu Wasser wird, nimmt die Entropie ständig zu. Im Kühlschrank geschieht das Gegenteil: Warmes Wasser wird in Eiskristalle verwandelt. Dazu muß der Motor im Kühlschrank jedoch Arbeit leisten; er saugt die Entropie aus dem Wasser heraus und gibt sie an die Außenluft ab. Die Entropie des Wassers sinkt, aber auf Kosten des übrigen Universums.

Nichts anderes geschieht beim Aufbau unseres Körpers. Entropie wird herausgesaugt, und es entstehen organisierte, intelligente Strukturen aus lebenden Kohlenstoffverbindungen. Als Brennstoff für den Kampf gegen die Entropie dient wiederum die Nahrungsenergie.

Die elementaren Einheiten des Körpers bestehen aus Protein, und Proteine werden in unseren Zellen aufgebaut. Man kann sich eine Zelle sehr gut als eine Fabrik denken, in der Protein hergestellt wird. Proteinmoleküle bestehen aus langen Ketten; man kann sie sich als klebrige Fäden vorstellen, die sich verknäulen können, so wie die Fäden und Bänder, die wir von Geschenkpaketen aufbewahren. Es ist sehr zweckmäßig, daß die Proteinfäden klebrig sind, denn dadurch können sie sich zu komplexen Gebilden aus fester Materie verbinden, ähnlich wie die Fäden, aus denen die Vögel ihre Nester bauen.

Die Proteine setzen sich aus kleineren Untereinheiten zusammen, den Aminosäuren. Aminosäuren können sich zu langen Ketten zusammenschließen – sie sind die Moleküle des Lebens. Diese Moleküle sind linkshändig, sauer und an Stickstoffatome gebunden. Einige Aminosäuren sind, wie zaghafte Schwimmbadschönheiten, wasserscheu, manche lieben das Wasser, und manchen ist es gleichgültig, ob Wasser da ist oder nicht. Jeder dieser Säurebausteine des Lebens hat seine eigene Struktur, und es sind genau zwanzig dieser Bausteine, aus denen jegliches Protein des menschlichen Körpers aufgebaut ist.

Für den Aufbau eines Proteins sind Informationen erforderlich; diese Informationen befinden sich in einer «Quantenbibliothek» innerhalb der Zelle. Um eines der «Bücher» dieser Bibliothek zu lesen, ist eine quantenmechanische Lesemaschine erforderlich. DNS und RNS enthalten sowohl die Codes des Lebens als auch die Hilfsmittel, um deren Mitteilung zu lesen.

John Donne hat einmal gesagt: «Ich bin eine kleine Welt, kunstvoll aus Elementen aufgebaut...» Tatsächlich sind wir aus Elementen aufgebaut, aus Atomen, deren einzigartige Beschaffenheit es ihnen erlaubt, geometrische und elektrische Kunststücke zu vollbringen. Es gibt kein größeres Kunststück als den Tanz der Elektronen innerhalb dieser Atome; nur diesem Tanz ist es zu verdanken, daß auf chemischem Wege noch größere Dinge entstehen können. Alle Moleküle gehorchen den Gesetzen der Elektronenschalen und -bindungen, in denen sich der Haß niederschlägt, den das Elektron gegen sich selbst und seinesgleichen empfindet.

All dem liegen das Bewußtsein und das Körperquant zugrunde, das durch den Beobachtereffekt hereinkommt. Denn jede Zelle «weiß» von den übrigen Zellen, und jedes Atom in jeder Zelle «weiß» von den übrigen Atomen. Ich denke, es ist dieses Wissen, diese Fähigkeit, durch Entscheidung die Chancen zu verändern, was das Leben überhaupt ermöglicht. In diesem Sinne kann der Körper sich selbst aufbauen, kann er die «Codes» für seinen Aufbau so verändern, daß sie den zahlreichen aktiven und bewußten Entscheidungen, die wir tagtäglich treffen, entsprechen.

Im dritten Teil möchte ich darlegen, wie das Bewußtsein über das Körperquant in den Aufbau des menschlichen Körpers eingreift.

9. Die Quantenphysik
des Körperaufbaus

Du bist, was du ißt und was du denkst

Wir wissen, daß wir Nahrung brauchen, um zu leben. Die Nahrung liefert die Energie, die wir einfach benötigen, um zu leben, um den Körper zu bewegen und die Erfordernisse des kinetischen Lebens zu erfüllen. Bewegung findet nicht nur auf dem Niveau der Arme, Beine und Muskeln statt, sondern auch auf dem Niveau der menschlichen Zelle. Schon um Moleküle zu bewegen, ist Energie erforderlich.

Energie ist aber auch für etwas anderes erforderlich. Während die Nahrung durch den Aufbau von ATP in Energie umgewandelt wird und dabei komplexe Kohlehydrate, Proteine und Fette in einfachere, von dem Coenzym A zu verwendende Verbindungen aus zwei Kohlenstoffatomen zerlegt werden, nimmt die Entropie im Körper zu. Organisierte Strukturen werden aufgebrochen, um Energie freizusetzen.

Für den Aufbau des Körpers, also die Herstellung solcher Produkte wie der Proteine, der Nukleinsäuren (DNS und RNS), der Polysaccharide (die für die Herstellung von Glykogen benötigt werden) und der Lipide (des Speicherfetts im Fettgewebe Ihrer Taillengegend) muß die Entropie überwunden werden. Dafür ist Energie erforderlich, genauso wie für den Betrieb eines Kühlschranks, der Wärme von einem kalten Körper in die wärmere Umgebungsluft abstrahlt, Energie erforderlich ist.

Es gibt eine Stufenleiter, die bei den Grundbausteinen beginnt und bei den Zellen endet. Von Stufe zu Stufe nimmt die Komplexität zu, was ohne die Annahme, daß auf jeder Stufe irgendeine Form von Bewußtsein eingreift, unbegreiflich ist. Der Grund liegt auf der Hand: Um

Entropie rückgängig machen zu können, müssen Systeme auf Information zurückgreifen, und diese Information muß von Anfang an zur Verfügung stehen.

Am unteren Ende der Stufenleiter verbinden sich Kohlendioxyd, Wasser und Ammoniak zu Aminosäuren, Nukleotiden, Monosacchariden und Fettsäuren. Daß ein solcher Schritt *möglich* ist, reicht als Erklärung für seinen tatsächlichen Vollzug nicht aus; es muß ein Ziel dahinterstecken, und dieses Ziel kann mit Hilfe eines Prinzips, das man in der Quantenphysik als *Quantenkorrelation* bezeichnet, erklärt werden. Eine Quantenkorrelation entsteht immer dann, wenn zwei getrennte Einheiten wie etwa Atome, Moleküle oder subatomare Teilchen miteinander wechselwirken. Vor ihrer Wechselwirkung sind die beiden Einheiten, wie man sagt, unkorreliert. Was mit der einen geschieht, ist vollkommen unabhängig davon, was mit der anderen geschieht. Durch die Wechselwirkung geraten sie jedoch in einen korrelierten Zustand. Dieser Zustand enthält mehr Informationen über die beiden wechselwirkenden Einheiten. Tatsächlich ist diese Information quantitativ reicher als die Gesamtinformation, die vor der Wechselwirkung in beiden Einheiten enthalten war. Wenn zum Beispiel zwei Wasserstoffatome unter Energieabgabe in Wechselwirkung treten und ein Wasserstoffmolekül bilden, kann dieses Molekül etwas tun, was die beiden getrennten Atome nicht können. Zusammen können die beiden um ihren gemeinsamen Schwerpunkt schwingen und sich dabei aufeinander zu und voneinander fortbewegen; zusammen besitzen sie Schwingungsenergie. Getrennt besitzen sie nur kinetische Energie und bewegen sich unabhängig voneinander. Der neue Schwingungszustand besitzt weniger Entropie und somit mehr Information, als wenn die beiden getrennt sind. Aus einfacheren Molekülen bilden sich, wie die Quantenphysik zeigt, kompliziertere Moleküle, und zwar durch Quantenkorrelationen, welche die Entropie reduzieren und in Gestalt von komplizierten Austauschvorgängen zwischen den Teilchen, in Gestalt von Schwingungen und von Elektronen-Photonen-Wechselwirkungen Information speichern.

Diese korrelierten kleineren Moleküle treten dann zu korrelierten Makromolekülen zusammen, etwa der DNS, der RNS, den Proteinen, den Polysacchariden und den Lipiden. Aus diesen bauen sich dann supramolekulare, hochgradig quantenkorrelierte Systeme auf wie Membranen, Enzymsysteme und Ribosomen. Auf dieser Stufe kann man bereits von Leben sprechen. Auf der Stufe des supramolekularen

Lebens tauchen Strukturen im klassischen Sinne auf, die zu stofflichen Wechselwirkungen in der Lage sind. Zu diesen sogenannten Organen gehören die Zellkerne, die Mitochondrien und das endoplasmatische Retikulum.

Wenn auf der nächsten Stufe aus all dem die Zelle hervorgeht, besitzt sie bereits eine recht komplexe Form von Bewußtsein. Sie weiß eine Menge über sich selbst, und doch weiß sie, genau wie Sie und ich, nicht, woraus sie gemacht ist. Aus den Zellen bauen sich dann die Organe auf und aus den Organen menschliche Wesen.

Daß eine Zelle sich selbst kennt, können wir aus ihrer Fähigkeit entnehmen, spezifisch auf ihre Umgebung zu reagieren. Jede der 60 Billionen Zellen, aus denen unser Körper besteht, enthält den gleichen genetischen Code. Dennoch erfüllt jede Zellart eine spezifische Aufgabe. Die Zelle des Herzmuskels funktioniert anders als die Zelle des Magenmuskels. Schon sechs Wochen nach der Empfängnis beginnen im Fötus die Herzzellen zu schlagen; sobald zwei Herzzellen vorhanden sind, wird das Schlagen synchronisiert. Durch Biofeedback wissen wir, daß Selbsterkenntnis das Selbst verändert. Auf jeder Stufe der Existenz scheint es ein Selbsterkennungsmuster zu geben, das auf die lebende Einheit zurückwirkt. Zellen werden durch Anwesenheit anderer Zellen verändert. Die Veränderung des Zellverhaltens läßt sich nicht allein auf die Anwesenheit von DNS zurückführen.

Denken Sie sich die DNS als ein Klavier: Alle Tasten sind vorhanden, aber welche Schwingungsmuster sollen gespielt werden? Wie sollen die Quantenwellenfunktionen, die den Code des Lebens bilden, abgewandelt werden? Die Antwort liegt offenbar in Bewußtseinsakten, die der Zelle ihren Aufbau, ihren Stoffwechsel und ihre Selbstreproduktion vorschreiben. Das alles geschieht nicht in einem Vakuum. Umgeben von anderen, gleichartigen Zellen ist die Zelle sich ihrer selbst bewußt.

Die quantendynamische Buchhaltung des Körperaufbaus

In jeder Sekunde des Lebens wird Energie umgesetzt. Ein für den Energietransport im Körper wichtiges Molekül ist das Adenosintriphosphat, kurz ATP. Es enthält drei Phosphatmoleküle und wirkt wie ein Mini-Güterzug, dessen Fracht in potentieller Energie besteht. Jedesmal, wenn ein Phosphat-«Güterwagen» abgekoppelt wird, wird Energie frei. Man kann das ATP durchaus als die Energieversorgung der Zelle betrachten.

ATP liefert nicht nur die Energie, die wir brauchen, um unseren Körper zu bewegen, um elektrische Energie durch die Nervenbahnen zu befördern und das Gehirn in Gang zu halten – von anderen energieverbrauchenden Prozessen ganz zu schweigen –, es spielt auch beim Körperaufbau eine Rolle. Es ist immer einfacher, den Körper abzubauen und dabei Energie zu verbrennen, als ihn aufzubauen. Beim Abbau wird gebundene Energie aus korrelierten Zuständen freigesetzt, und es entsteht ein kinetisches Chaos. Für den Aufbau wird Energie benötigt, auch wenn bei der Bildung gewisser Strukturen Energie abgegeben wird. Das liegt am zweiten Hauptsatz der Thermodynamik. Um etwas zu organisieren, ist Arbeit nötig. Den Transport und die Umwandlung von Energie in biologischen Systemen bezeichnet man als *Bioenergetik*. Wird diese Energie für den Aufbau biologischer Systeme genutzt, spricht man von *Biosynthese*.

Lehninger gewährt uns in seinem Buch *Bioenergetik* einen Einblick in den zeitlichen Ablauf der Biosynthese. Er betrachtet die Dynamik der Zelle *Escherichia coli*. Es handelt sich bei *Escherichia coli* um ein Bakterium, das im Darmtrakt häufig vorkommt. Viele der Prozesse, die in unseren Zellen ablaufen, ähneln denen in *Escherichia coli*. Im folgenden möchte ich zeigen, wie *Escherichia coli* sich mit ATP als Energiequelle aufbaut. Die folgenden Zahlen stellen einfach die Energiebuchhaltung der Zelle dar; wenn Sie wollen, überspringen Sie die Einzelheiten und wenden sich gleich den zusammenfassenden Tabellen zu. Worauf ich hinaus will, ist die Tatsache, daß *Escherichia coli* über die Proteinsynthese den größten Teil seiner Energie in den eigenen Aufbau steckt. Das gesamte Geschehen wird von größeren molekularen Einheiten genau festgehalten. Daneben müssen jedesmal, wenn eine *Escherichia coli*-Zelle sich teilt – eine Mitose durchmacht –, DNS- und RNS-Mole geschaffen werden.

Da die kleine Zelle das alles schafft, kann sie nicht bloß eine Maschine sein, die Befehle ausführt; sie muß alles, was sie tut, genau regeln und exakt Buch darüber führen. Das setzt ein zelluläres Bewußtsein voraus, eine Art von Zell-Seele. Diese Seele könnte nach meiner Ansicht durchaus das Ergebnis des quantenmechanischen Beobachtereffekts sein, der sowohl die Korrelation als auch ihre Zerstörung hervorruft – ein beobachtendes «Bewußtsein» schon auf dieser einfachen Stufe der Organisation des Lebendigen.

Ein bißchen Quanten-Zellstatistik

Die einfache *Escherichia coli*-Zelle ist etwa 1 Mikron dick und 3 Mikron lang (1 Mikron ist ein tausendstel Millimeter). Im lebenden Zustand und nicht entwässert wiegt sie 10^{-12} Gramm; ihr Trockengewicht beträgt etwa ein Viertel davon. Ihre wesentlichen biologischen Komponenten sind DNS, RNS, Protein, Lipide und Polysaccharide (miteinander verbundene Zuckermoleküle). Alle zwanzig Minuten (oder 1200 Sekunden) spaltet sich *Escherichia coli* in der Mitose in zwei Kopien seiner selbst auf, und das heißt, daß alle Komponenten der ursprünglichen Zelle in dieser Zeit verdoppelt werden müssen.

Die getrocknete *Escherichia coli*-Zelle hat ein Gewicht M von etwa $1,5 \cdot 10^{11}$. Dieses Gewicht bedeutet, daß die Zelle eine entsprechende Zahl von Protonen enthält; würde man also alle Moleküle in *Escherichia coli* in Wasserstoffatome auflösen (ein Wasserstoffatom besteht aus einem Proton und einem Elektron, das vergleichsweise wenig wiegt), dann hätte man $1,5 \cdot 10^{11}$ Protonen.

Das Molekulargewicht eines einzigen DNS-Moleküls entspricht jedoch etwa zwei Milliarden, das eines RNS-Moleküls etwa einer Million Protonen. Ein Proteinmolekül hat ein Molekulargewicht von etwa 60 000, ein Lipidmolekül von 1000 und ein Polysaccharid von 200 000.

Die angegebenen Molekulargewichte für *Escherichia coli* sind nur Näherungswerte. Es kommen verschiedene RNS-Moleküle und auch viele Arten von Proteinen vor. Die angegebenen Zahlen sind Durchschnittswerte, die mit Einschränkungen auch auf menschliche Zellen übertragbar sind.

Escherichia coli besteht, wenn man vom Trockengewicht ausgeht, zu etwa 5 Prozent aus DNS, 10 Prozent aus RNS, 70 Prozent aus Protein, 10 Prozent aus Lipiden und 5 Prozent aus Polysacchariden. Aufgrund des bekannten Molekulargewichts (m) der einzelnen Komponenten und des ermittelten Gewichtsanteils (ga) läßt sich die Anzahl der entsprechenden Moleküle pro Zelle (n) leicht errechnen. (Die Formel lautet n = ga · M/m, wobei n die Anzahl der Moleküle von einer bestimmten Komponente, ga der Gewichtsanteil dieser Komponente, M das Molekulargewicht von *Escherichia coli* und m das Molekulargewicht der Komponente ist.)

Tabelle 6 (S. 111) zeigt die Ergebnisse.

Ungetrocknet enthält die Zelle außerdem rund 25 Milliarden Wassermoleküle mit einem Molekulargewicht von 18.

Wenn die Zelle sich vermehren soll, müssen die Zahlen in Spalte n verdoppelt werden (dazu braucht *Escherichia coli*, wie gesagt, 20 Minuten). Lehninger hat die Zahl der ATP-Moleküle berechnet, die für die Synthese eines einzigen Moleküls der jeweiligen Komponente erforderlich sind. Um beispielsweise ein Phospholipid aufzubauen, das ein Molekulargewicht von etwa 1000 hat, ist die Energie von 7 ATP-Molekülen erforderlich, während für ein Polysaccharid-Molekül 2000 ATP-Moleküle benötigt werden. Ein einziges DNS-Molekül erfordert 120 Millionen ATP-Moleküle; RNS benötigt 6000, Protein 1500 (siehe unten die Spalte – n ATP – für benötigtes ATP).
Da die Replikationszeit der Zelle (20 Minuten) und die Anzahl der benötigten Moleküle der einzelnen Komponenten bekannt ist, können wir die Anzahl der pro Sekunde mit Hilfe von ATP-Energie synthetisierten Moleküle berechnen, ausgedrückt durch die Rate r. Ein Beispiel: Um in zwanzig Minuten 37 500 Polysaccharid-Moleküle herzustellen, müssen in jeder Sekunde etwa 31 Moleküle aufgebaut werden. (Die Raten der Molekülbildung zeigt Tabelle 7 in der Spalte r.) Aus der Bildungsrate (r) und der Anzahl der benötigten ATP-Moleküle läßt sich leicht die Anzahl der pro Sekunde für die Synthese benötigten ATP-Moleküle berechnen. Daraus läßt sich ablesen, wie schnell ATP verbraucht wird und wie schnell es daher wieder aufgebaut werden muß.
Insgesamt werden für den Aufbau der Zelle *pro Sekunde etwas weni-*

Tabelle 6

Komponente	Prozent des Trockengewichts (ga)	Molekular-gewicht (m)	Anzahl der Mole-küle pro Zelle (n)
DNS	5	2 000 000 000	4
RNS	10	1 000 000	15 000
Protein	70	60 000	1 750 000
Lipide	10	1 000	15 000 000
Polysaccharide	5	200 000	37 500

ger als 3 Millionen (genau: 2 Millionen achthundertzwölftausend) *ATP-Moleküle benötigt!* Nach Berechnungen sind aber nur etwa 5 Millionen ATP-Moleküle vorhanden. Wenn die Zelle nicht weiteres ATP aus ADP erzeugen könnte, wäre sie nach drei Sekunden tot. Wenn die Zelle schwer arbeiten muß, muß auch die ATP-Erzeugung entsprechend steigen. Lassen wir eine Reserve von rund einer Million ATP-Molekülen außer acht, so müssen in jeder Sekunde rund zwei Millionen ATP-Moleküle aufgebaut werden, um die Lebensprozesse der Zelle in Gang zu halten.

Aus den vorstehenden Angaben läßt sich außerdem leicht der Anteil der Biosynthese-Gesamtenergie erreichen, der auf die Synthese der einzelnen Molekülarten entfällt. Man braucht nur die Anzahl der pro Sekunde benötigten ATP-Moleküle durch die Summe aller pro Sekunde benötigten ATP-Moleküle zu teilen. So ergibt sich zum Beispiel für das Protein ein Anteil von 78 Prozent (Tabelle 7, Spalte pb).

Die Proteinsynthese verschlingt also den Löwenanteil der Gesamtenergie, während ein ansehnlicher Anteil in die Synthese der DNS wan-

Tabelle 7

Molekül	Anzahl der benötigten ATP-Moleküle (n ATP)	Anzahl der pro Sekunde syntheti-sierten Moleküle (r)	Anzahl der pro Sekunde benötigten ATP-Moleküle (n ben.)	Prozent der benötigten Biosynthese-gesamt-energie (pb)
DNS	120 000 000	0,00333	400 000	14
RNS	6 000	12,5	75 000	3
Protein	1 500	1 458	2 187 000	78
Lipide	7	12 500	87 500	3
Polysaccharide	2 000	31,25	62 500	2

(n ben.) = r · (n ATP)

dert. Diese beiden Prozesse zusammen verbrauchen rund 92 Prozent der gesamten Energie, die der Zelle in jeder Sekunde ihres Lebens zur Verfügung steht. Der größte Teil der Energie, die in dem Kurzzeitspeicher der ATP-Moleküle enthalten ist, geht also in den Körperaufbau.

Irgendwie greifen alle von mir beschriebenen Vorgänge ineinander. Ein organisierendes Prinzip sorgt dafür, daß aus einfacheren Einheiten kompliziertere Einheiten entstehen. Dabei arbeitet die Biosynthese gegen das Gesetz der Entropie an, und die Entropie umzukehren ist kein geringes Kunststück. Dazu ist eine gewisse Intelligenz vonnöten, und so manifestiert sich Intelligenz schon auf dem niedrigen Niveau der Zelle.

10. Woraus bestehen Hinz und Kunz?

Es ist erstaunlich, wenn man bedenkt, wieviel von der Energie unseres Körpers für seinen Aufbau verwendet wird. Der größte Teil der Energie, die wir nutzen, kommt auf der Quantenebene zum Einsatz, auf jener Ebene, wo die Gesetze der Quantenphysik das Geschehen bestimmen. Der Wirkungsbereich dieser Gesetze ist dort, wo Atome und Moleküle in Wechselwirkung treten. Um den Aufbauprozeß des Körpers besser verstehen zu können, wollen wir zunächst die atomaren Bausteine und ihren Zusammenschluß zu den Kohlenstoffeinheiten, aus denen der lebende Körper besteht, betrachten.

Die Bausteine des Lebens

Die Anweisungen, nach denen die Lebensvorgänge ablaufen, beruhen auf Informationen, die in Gestalt der Desoxyribonukleinsäure (DNS) im Zellkern enthalten sind. Doch wie kommt es, daß ein DNS-Molekül Informationen enthält? Wie werden diese Informationen im «Geschäft des Daseins» eigentlich genutzt? Untersuchen wir diese Frage, und vergessen wir dabei nicht, welche Bedeutung der Quantenphysik und dem «Bewußtsein» der Quantenwellenfunktionen zukommt.

Wir bestehen aus Atomen. Die Atome bestehen wiederum aus schweren Teilchen, den Kernen, die sich aus positiv geladenen Protonen zusammensetzen, und aus Neutronen, die keine elektrische Ladung, aber die gleiche Masse wie die Protonen haben.

Jeder Atomkern ist von einer Anzahl von Elektronen umgeben. Die Masse eines Elektrons ist fast zweitausendmal kleiner als die eines Protons, und es besitzt eine gleich große, aber entgegengesetzte elektrische Ladung, so daß es vom Kern angezogen wird. Außerdem besitzt jedes Elektron einen Eigendrehimpuls oder Spin und ein magnetisches Feld, das man als «magnetisches Moment» bezeichnet. Beim Elektronenspin kann man an einen Propeller denken, der sich um seine Achse dreht. Einen Spin im Uhrzeigersinn nennt man «Spin nach oben», einen Spin gegen den Uhrzeigersinn «Spin nach unten».

In der Quantenphysik kann man nicht davon sprechen, daß ein Elektron sich zu einer bestimmten Zeit an einem bestimmten Ort befindet. Elektronen treten vielmehr als Quantenwellenmuster auf, die ich als Quiffs bezeichne. Auch wenn man es sich nur schwer vorstellen kann, können Sie sich diese Quiffs als wolkige Kugelschichten denken, die den Atomkern wie die Schalen einer Zwiebel umgeben. Man spricht denn auch von Schalen.

Der Haß der Elektronen: Schalen und Bindungen

Die äußerste Schale eines Atoms enthält die Elektronen, die quantenphysikalische Bindungen mit anderen Atomen eingehen können. Wie stark die Bindung ist, hängt von der Anzahl der an ihr beteiligten Elektronen ab. Die in jeder menschlichen Zelle vorkommenden Grundelemente sind die Atome Kohlenstoff (C), Stickstoff (N), Sauerstoff (O) und Wasserstoff (H). Sie bilden auch die zwanzig Aminosäuren, aus denen alle Proteine sich zusammensetzen.

Die Zahl der Elektronen, die sich auf der äußersten Schale befinden, schwankt von Atom zu Atom. Das Vorhandensein dieser Elektronen ermöglicht es den Atomen, sich miteinander zu Molekülen zu verbinden. Diese Verbindungen sind unter energetischem Gesichtspunkt vorteilhaft; wenn zwei oder mehr Atome sich zusammenschließen, wird Energie freigesetzt. Durch den Zusammenschluß werden die Atome in stabile molekulare Verbände «eingeschlossen». Um das Molekül aufzulösen und die Atome zu befreien, muß man genügend Energie zuführen, um den Verband aufzubrechen. Der «Klebstoff», der die Moleküle zusammenhält, sind die quantenmechanischen Elektronenbindungen.

Wenn ein Element ein Elektron verliert, wird es positiv geladen, wenn es ein zusätzliches Elektron erhält, wird es negativ geladen. In beiden Fällen sagt man, das Element sei ionisiert, und spricht von einem *Ion*. Die Ionisierung beeinflußt die Art der Bindung zwischen Atomen.

Natrium (Na) und Chlor (Cl) befinden sich zum Beispiel in einem ionisierten Zustand, wenn sie sich zu dem einfachen Molekül NaCl, dem gewöhnlichen Tafelsalz, verbinden. Natrium gibt dabei ein Elektron an Chlor ab. Na^+ und Cl^- besitzen entgegengesetzte Ladungen, was für ihre gegenseitige elektrische Anziehung und für die molekulare Bindung verantwortlich ist. Die Bindung zwischen ihnen ist daher recht stark, wie der sehr hohe Schmelzpunkt von Salz beweist: Erst bei 800 °C wird diese Bindung gelockert.

Die Bindungsfähigkeit eines Elektrons hängt von seiner Energie, seinem Drehimpuls (seiner Bewegung um den Kern) und seinem Spin ab. Diese Attribute bestimmen gemeinsam einen Quantenzustand, der aus vier Quantenzahlen besteht: der Energiequantenzahl (N), der Drehimpulsquantenzahl (L), der Projektion des Drehimpulses längs einer Richtung im Raum (M) und der Spinquantenzahl (S). Diese vier Zahlen bestimmen die Form jeder Atomschale, und letztlich hängt es von ihnen ab, welche molekularen Bindungen ein Atom eingeht.

Die Wirkungsweise von N, L, M und S kann man sich vielleicht so vorstellen, daß jedes Elektron eine winzige Menge von «Quantenhaß» besitzt, die es von anderen Elektronen fernhält. Diese Haßmenge setzt sich ihrerseits aus den vier Quantenzahlen zusammen. Für jedes Atom ist den Elektronen ein bestimmter Wert von N, L, M und S zugeordnet. Das Wasserstoffatom hat zum Beispiel ein Elektron mit den Werten 1, 0, 0, + ½; ein Heliumatom hat 2 Elektronen mit den Werten 1, 0, 0, + ½ und 1, 0, 0, − ½. Beim Lithium finden wir drei Elektronen; da auf der ersten Schale jedoch nur zwei Elektronen existieren können, muß das dritte Elektron auf eine höhere Schale gehen. In diesem Fall hält das Prinzip des «Quantenhasses» das dritte Elektron davon ab, mit den beiden anderen zu «spielen». Die Werte seiner Quantenzahlen sind folglich 2, 0, 0, + ½.

Es ist unklar, warum dem Universum ein Haßprinzip innewohnt. Offenbar hängt es mit der letzten Quantenzahl, dem Elektronenspin, zusammen, der in den genannten Fällen den Betrag ± ½ hat. Wenn zwei identische Teilchen einen halbzahligen Spin haben (er kommt dadurch zustande, daß eine ungerade Zahl durch 2 geteilt wird, beispielsweise ½, ¾ oder ⅝), ist ihnen ein Zustand verwehrt, in dem alle ihre Quantenzahlen einen identischen Wert haben. Man könnte von einer Quanten-Identitätskrise sprechen – deshalb benutze ich das Wort «Haß».

Ein Elektron kann also nicht in einen Zustand hinein, der schon von einem anderen Elektron besetzt ist. Das folgt aus dem Paulischen Ausschließungsprinzip, das auch die Erklärung dafür liefert, warum überhaupt Schalen gebildet werden. Wenn eine Schale gefüllt oder besetzt ist, kann das Atom kein weiteres Elektron aufnehmen, ohne für dieses Elektron eine Schale von höherer Energie zu bilden. Hat ein Atom eine vollständig besetzte Schale, so leistet es Widerstand gegen die Entfernung eines Elektrons und läßt es nur dann gehen, wenn ihm eine relativ große Energiemenge zugeführt wird.

Beim Natrium ist die äußere Schale vollständig besetzt oder abgeschlossen, wenn es ein Elektron abgibt, beim Chlor, wenn es ein Elektron aufnimmt. In dieser Tendenz zur Vervollständigung der äußeren Schale kann man die Triebkraft der Molekülbildung sehen.

Im Grunde werden Bindungen eingegangen, um eine Schale dadurch zu stabilisieren, daß sie einen vollständigen Satz von paarigen Elektronen erhält, von denen jedes sich in einem anderen Quantenzustand befindet. Zwei Wasserstoffatome verbinden sich miteinander zu einem Molekül Wasserstoffgas. Die H-Atome ziehen die Ehe dem Single-Dasein vor, weil ihre Elektronen ihren Haß überwinden, wenn sie in der Weise zusammengebracht werden, daß sie mehr oder weniger den gleichen Raum einnehmen. Da sie nicht den gleichen Quantenzustand annehmen können, muß sich ihr Spin so ändern, daß sie entgegengesetzt ausgerichtet sind. Dieser Kompromiß zwischen dem Haß der Elektronen und der energetisch günstigen Konfiguration begründet den quantenmechanischen Pakt zwischen den Elektronen, der die Chemie des Lebens überhaupt ermöglicht.

Kohlenstoff (C) besitzt auf seiner äußeren Schale vier Elektronen und kann daher vielfältige Bindungen eingehen. Dadurch werden stabile Strukturen von dreidimensionalen molekularen Gebilden möglich, die ganz spezifische räumliche Ausrichtungen besitzen. Eine Bindung wird durch zwei Elektronen, jeweils eines von jedem Atom, hergestellt. Da einem Kohlenstoffatom vier Elektronen zur Verfügung stehen, kann es vier Einzelbindungen eingehen, es kann aber auch zwei Einzelbindungen und eine Doppelbindung oder zwei Doppelbindungen eingehen. Seine Eignung als Baustein des Lebens verdankt der Kohlenstoff seiner Fähigkeit, mit 4, 3 oder 2 benachbarten Atomen Bindungen einzugehen.

Kohlenstoffatome gehen zwar stabile Bindungen mit anderen Partnern ein, aber sie können sich auch von ihnen trennen, um neue Partnerschaften mit anderen Molekülen einzugehen. Wie geht das vor sich?

In einem früheren Kapitel habe ich die Wirkungsweise der Enzyme beschrieben. Diese vertrackten Moleküle können allein dadurch, daß sie in ihre Nähe kommen, kohlenstoff-verkettete Moleküle dazu bringen, ihre Bindungen aufzulösen. Nachdem die Bindungen gelöst sind, geht das Teilmolekül eine kurzfristige Bindung mit dem Enzym-Molekül ein, um sich dann schleunigst von ihm zu lösen, weil die Enzymbindung dem kurzfristigen Kohlenstoffpartner nicht ganz recht ist. Durch die Anwesenheit von Enzymen werden die entsprechenden Reaktionen stark beschleunigt, während sie ohne Enzyme nur langsam ablaufen. Jedesmal, wenn eine Bindung gelöst und neu hergestellt wird, bilden Elektronen neue Quantenpaare mit Elektronen auf neuen Partnermolekülen. Schon auf dieser Stufe wird Intelligenz, nämlich der Quanten-Beobachtereffekt, sichtbar. Es scheint, als würden Kohlenstoffeinheiten durch lebende, bewußte Kohlenstoffeinheiten zu lebenden, bewußten Kohlenstoffeinheiten umgebaut.

Alle lebenden Moleküle bestehen aus Kohlenstoffeinheiten. Könnte man die Lebensprozesse auf der Quantenebene beobachten, wo derartige Bindungen ständig hergestellt und wieder gelöst werden, so käme einem das wohl vor, als betrachtete man das Gewimmel eines Ameisenhaufens – es wäre ein verwirrender Anblick. Erst aus einem gewissen Abstand würde erkennbar, welche Intelligenz in diesem wirren Quantentreiben steckt. Das Bewußtsein ist es, das auf diesem winzigen, unseren normalen Raum- und Zeitvorstellungen so entrückten Schauplatz den Laden schmeißt, und zwar ganz hervorragend. Der menschliche Körper entpuppt sich, so betrachtet, im Grunde als das Körperquant.

11. Die Struktur
der Moleküle des Lebens

Aus den Grundelementen Kohlenstoff, Stickstoff und Wasserstoff werden die zwanzig fundamentalen Aminosäuren aufgebaut, aus denen sich wiederum die Proteinstrukturen des menschlichen Körpers zusammensetzen. Diese Elemente bilden außerdem das Rückgrat des Generalplans, der DNS. In der DNS ist nicht nur der Ablauf der Lebensvorgänge verschlüsselt, sondern sie könnte auch für Fehlcodierungen, Krebs und Tod verantwortlich sein. Doch bevor wir zu dieser Geschichte kommen, müssen wir erst einen Blick auf die allgemeine Struktur der Aminosäuren werfen.

Die Aminosäuren, Bausteine für Peptidketten

Die Aminosäure-Moleküle sind wahrhaft die Moleküle des Lebens. Sie sind ungeheuer flexibel und lassen sich zu einer Vielzahl von Sequenzen ordnen. Es läßt sich leicht berechnen, wie viele Protein-Ketten aus den zwanzig Aminosäuren gebildet werden können. Ein normales Protein setzt sich aus fünfzig bis hundert oder mehr Aminosäuren zusammen, die wie Perlen auf einer Kette aufgereiht sind. Bei einer normalen Kette aus fünfundsiebzig Aminosäuren gibt es die ungeheure Zahl von über $3 \cdot 10^{97}$ möglichen verschiedenen Anordnungen.

LINKSHÄNDIGE MOLEKÜLE Zu den interessantesten Eigenschaften der Aminosäuren gehört es, daß sie linkshändig sind! Man kann die Aminosäuren als «-händig» bezeichnen, weil jedes dieser Moleküle mit Ausnahme des Glycins (GLY) in zwei Grundformen vorkommt: einer Form, die man beim Menschen findet, und einer spiegelbildlichen Form. Die spiegelbildlichen Formen, die sogenannten *Stereoisomere*, kommen bei uns nicht vor, aber man kann sie konstruieren. Warum die linkshändige Form gegenüber dem rechtshändigen Stereoisomer bevorzugt wurde, weiß niemand.

Der Plasmaphysiker Adolf Hochstim hat in einem Zeitschriftenaufsatz über den Ursprung der Händigkeit (auch als *Chiralität* bezeichnet) die Vermutung geäußert, sie gehe auf eine «unterschiedliche Anfangskonzentration der beiden getrennten Populationen von urtümlichen organischen Molekülen zurück, möglicherweise sogar auf zwei Typen von urtümlichen Organismen, und dieser Unterschied wurde durch nichtlineare kinetische Prozesse verstärkt, was zum Tod der einen Population führte».

In den Anfängen, als die Erde sich durch die Verdichtung von stellarer Materie bildete, war der Planet ziemlich heiß und radioaktiv. Nach einer langen Abkühlungsphase bildeten sich in der Uratmosphäre organische Moleküle. Dazu trugen verschiedene Naturvorgänge bei, zum Beispiel Blitze in der Atmosphäre, die ultraviolette Strahlung, die Druckwellen, die von herabstürzenden Meteoriten ausgelöst wurden, Blitze, die in Wasserflächen einschlugen, und Druckwellen, die von Donnerschlägen ausgingen. Allerdings gibt es in diesen Erscheinungen nichts, das erklären könnte, warum (linkshändige) L-Moleküle zahlreicher sein sollten als (rechtshändige) D-Moleküle. (Die Buchstaben L und D sind Abkürzungen der lateinischen Ausdrücke für Links und Rechts: *levo* und *dextro*.)

In der «Ursuppe» dürften also entsprechend der normalen Fluktuation L- und D-Aminosäuren in annähernd gleicher Anzahl vorhanden gewesen sein. Selbst *wenn* es in dieser Frühphase eine asymmetrische Verteilung gegeben haben sollte, müßte sie innerhalb der relativ kurzen Zeit von 100 000 Jahren durch allmähliche Umwandlung von L in D beziehungsweise D in L verschwunden sein.

Es ist daher zu vermuten, daß es sowohl Organismen mit L- als auch solche mit D-Aminosäuren gegeben hat. Beide Arten von Organismen konnten sich vermehren. Bezeichnen wir einen L-Organismus mit L und einen D-Organismus mit D. Nun gibt es Klonierungsvorgänge, durch die in einem bestimmten Zeitraum aus einem L zwei L und aus einem D zwei D werden. Angenommen, L und D haben die gleiche Sterbeziffer, die sich aber von ihrer Vermehrungsrate unterscheidet. Ist die Sterbeziffer größer als die Vermehrungsrate, dann sterben die Organismen am Ende natürlich aus; ist die Vermehrungsrate aber größer als die Sterbeziffer, dann überleben sie und vermehren sich exponentiell. Ist die Anfangskonzentration von L und D aufgrund einer Fluktuation verschieden, so wird dieser Unterschied im Laufe der Zeit ebenfalls zunehmen, und eine Art wird die andere überwiegen.

Man kann sich jedoch auch einen anderen Ablauf denken. Wenn das bloße Zusammentreffen von L und D zum Tod beider Organismen führt (zum Beispiel dadurch, daß der eine Organismus, wenn er den anderen frißt, die schlimmste Art von Verdauungsstörung, den Tod, erleidet, oder dadurch, daß die beiden sich bekämpfen und gegenseitig töten), werden die Überlebensvorgänge komplizierter. Wir haben jetzt drei Prozesse:

L vermehrt sich oder stirbt;
D vermehrt sich oder stirbt; und
L und D töten einander.

Durch das antagonistische Verhalten kommt eine interessante Komplexität ins Spiel. Das Ergebnis ist auf jeden Fall, daß die eine Art überlebt und in der Tat exponentiell zunimmt, auf Kosten der anderen, die ausstirbt, auch wenn bei einem Zusammenstoß beide sterben. Dies tritt immer ein, wenn zu Anfang die eine Art zahlreicher ist als die andere. Sind jedoch zu Anfang beide Arten gleich zahlreich, dann kommt es zu einem ökologischen Gleichgewicht zwischen L und D, wie zwischen Räuber und Beute.

Ein derart komplexer, nichtlinearer Antagonismus könnte dafür verantwortlich sein, daß die linkshändigen Aminosäure-Organismen sich auf unserem Planeten durchgesetzt haben. Vielleicht wird die Forschung entdecken, daß es auf anderen Planeten Lebensformen mit D-Aminosäure gibt. Sehr wahrscheinlich dürfte sich auf einem bestimmten Planeten nur eine D- oder eine L-Lebensform entwickelt haben, nicht beide. Was würde passieren, wenn Erdlinge auf einem fernen Planeten auf D-Lebewesen stoßen? Würde es zwischen den beiden Arten zu einem natürlichen Antagonismus kommen? Das wäre dann der erste Fall einer quantenmechanisch-molekularen Kriegsführung.

Warum Aminosäuren Säuren und warum sie «amin» sind

Für die Wechselwirkung mit anderen Molekülen ist es wesentlich, daß die Aminosäure sich dreidimensional von ihrem Spiegelbild unterscheidet. Wenn Sie aus Steckspielzeug das Modell einer Aminosäure bauen, können Sie sie nicht in ihr Spiegelbild überführen, ohne das Modell auseinanderzunehmen. Das Wesentliche an den Aminosäuren (und der Grund, warum sie als Aminosäuren bezeichnet werden) liegt in ihren Enden. An einem Ende befindet sich ein Molekül namens Amin, das zwei Wasserstoffatome enthält, die von einem Stickstoffatom in der Weise abstehen, daß das Amin ein gleichseitiges Dreieck bildet. Es ist jedoch nicht so, daß diese einfache Struktur dort einfach in den Raum ragt: Die Bindung der H-Atome an den Stickstoff (N) ist quantenphysikalischer Natur, und deshalb haben sie eine gleichgroße Wahrscheinlichkeit, links und rechts von N herauszuragen. Auf diese quantenmechanische Eigenschaft werden wir noch zurückkommen. Die Bezeichnung *Amino* rührt daher, daß alle Aminosäuren auf der linken Seite ein Amin haben.

Die Bezeichnung «Säure» rührt vom rechten Ende der Aminosäure her. Es besteht aus einem Kohlenstoffatom, das oben und rechts eine Doppelbindung an Sauerstoff sowie unten und rechts eine einfache Bindung an ein Hydroxyl-Molekül (OH) aufweist. Das Hydroxyl besteht seinerseits aus einem einzelnen Wasserstoffatom mit einer einfachen Bindung an Sauerstoff. Diese Einheit, COOH, Carboxyl genannt, ist das häufigste Merkmal aller organischen Säuren. Carboxyl ist im allgemeinen eine Säure, weil es in Wasser dissoziieren (zerfallen) kann, wobei ein Proton und ein negativ geladenes Kohlendioxyd-Ion entstehen. Säuren sind Verbindungen, die in Lösung Protonen abgeben.

Das Amin gilt dagegen als eine Base (das Gegenteil einer Säure), weil es dazu neigt, in Lösung Protonen aufzunehmen. Während also das Amin-Ende einer Aminosäure dazu neigt, positiv geladene Wasserstoffatome (Protonen) anzuziehen, hat das rechte Ende eine Tendenz, sie abzugeben.

Es gibt drei große Klassen von Aminosäuren: solche, die Wasser fürchten, solche, die Wasser anziehen, und geladene. Man spricht auch von nichtpolaren, polaren und geladenen Aminosäuren. Die neun wasserfürchtenden oder hydrophoben Aminosäuren sind die Moleküle GLY, ALA, VAL, LEU, ILE, PRO, PHE, TRY und MET. Sie gehen keine Bindung mit Wassermolekülen ein. Wenn Sie jemals versucht haben, Kohlenstoff in Wasser aufzulösen, wissen Sie, was es mit der Hydrophobie auf sich hat. Das Sprichwort, daß Öl und Wasser sich nicht mischen, beruht auf der Wasserphobie des Kohlenstoffs. Wasser ist polar (es hat ein elektrisches Feld) und kann sich deshalb einfach nicht passend mit Kohlenstoff zusammenschließen. Die Tatsache, daß einige Aminosäuren wasserabweisend sind, ist sehr wichtig für das Funktionieren der Proteinschicht, die Zellen voneinander trennt.

Ein polares oder wasseranziehendes Molekül ist zwar elektrisch neutral, erzeugt aber ein elektrisches Feld um sich herum. Das Kennzeichen eines geladenen Moleküls ist es, daß es eine oder mehrere elektrische Ladungen enthält. Das Entscheidende bei den polaren Aminosäuren ist das Vorhandensein des Hydroxyls (OH) oder eines einzelnen Sauerstoffatoms, das polare Moleküle anzieht. Die sechs polaren Aminosäuren – SER, THR, CYS, TYR, ASN und GLN – sind allesamt elektrisch polarisiert und können sich daher mit Wassermolekülen verbinden.

Die übrigen fünf Aminosäuren sind neutrale Moleküle, die in einer ph-neutralen Lösung einen geladenen Zustand annehmen. (Der ph-Wert bezieht sich auf die Konzentration der freien Protonen in einer Lösung. Säuren besitzen viele Protonen und haben deshalb einen niedrigen ph-Wert; Wasser ist ph-neutral; Basen haben einen hohen ph-Wert, weil keine Protonen in Lösung vorkommen.) Die geladenen Aminosäuren – ASP, GLU, LYS, ARG und HIS – können sich allesamt elektrisch mit anderen molekularen Strukturen verbinden.

Die Struktur der Proteine

Alle Proteine setzen sich aus Aminosäuren zusammen. In der menschlichen Zelle übernehmen die Ribosomen die Aufgabe, die verschiedenen Aminosäuren zu den vom Körper benötigten Proteinen zu verketten. Die beiden Enden der Aminosäuren stimmen in allen Fällen überein. (Man beachte jedoch, daß Prolin aus dem Schema herausfällt, denn es enthält am linken Ende außerdem noch ein Stickstoffatom und zwei Wasserstoffatome.) Diese Enden verbinden sich, wenn eine Aminosäure an die andere gefügt wird. Die Verbindung wird durch den Austausch von zwei Elektronen zwischen einem benachbarten Kohlenstoff- und Stickstoffatom hergestellt.

Aus den Kohlenstoffatomen, die in diesen Gruppen von Aminosäu-

ren aneinandergereiht sind, werden durch das Wirken quantenphysikalischer Kräfte komplexe Proteinmoleküle aufgebaut. Wir sehen also,
wie die Quantenphysik als Baumeister wirkt. In unserer Vorgeschichte
wurden diese Aminosäuremoleküle linkshändig erschaffen, mit der Fähigkeit, Wasser anzuziehen, Wasser abzustoßen oder sich ihm gegenüber neutral zu verhalten. Alle im Körper vorkommenden Proteine sind
aus nur zwanzig Aminosäuren aufgebaut.

Das Erstaunliche bei alledem ist, daß für die Arbeit in unseren Zellen
über 200 000 Proteine gebildet wurden. Jedes dieser Proteine besteht
seinerseits in einer komplizierten Anordnung der zwanzig Aminosäuren, und so kann man sich leicht vorstellen, daß die Anzahl der möglichen Anordnungen enorm ist. Fred Hoyle weist in seinem Buch *Das
intelligente Universum* darauf hin, daß die Wahrscheinlichkeit für die
zufällige Entstehung auch nur *eines* dieser Proteine sehr gering ist.

Stellen Sie sich vor, jede einzelne Aminosäure wäre eine Perle und
jedes Protein eine Kette aus solchen Perlen. Ein durchschnittliches Protein ähnelt dann einer Kette von etwa hundert Perlen, die – im Höchst-
falle – zwanzig verschiedene Farben haben. Wie viele Kombinationen
sind möglich? Die Antwort lautet: 20, zur hundertsten Potenz erhoben!
Das ist zwanzig, hundertmal mit sich selbst multipliziert. Das ist eine
ungeheuer große Zahl, und folglich ist der Aufbau eines bestimmten
Proteins *dermaßen* unwahrscheinlich, daß wir die Möglichkeit, Proteine
könnten zufällig oder durch nicht intelligente Kräfte gebildet worden
sein, praktisch ausschließen müssen. Es bleibt nur die eine Möglichkeit,
daß bei der Entstehung der Proteine Intelligenz am Werk war und noch
heute am Werk ist. In den dunklen Anfängen unserer Vorgeschichte hat
das Körperquant über den Beobachtereffekt eine Entscheidung getroffen. Aber wer war der *Beobachter*?

12. Genetischer Code
und Quantenphysik

Der Aufbau von Proteinen setzt also Intelligenz voraus; diese Intelligenz ist in den komplexen Molekülen der DNS enthalten. Der sprunghafte Fortschritt der Molekularbiologie beruht weitgehend auf der durch die Röntgen-Kristallographie möglich gewordenen Erkenntnis, daß die DNS die Struktur einer Wendeltreppe hat. Gegenwärtig versuchen die Molekularbiologen herauszufinden, wie die DNS mit anderen Bestandteilen der lebenden Zelle wechselwirkt und wie sie diesen Bestandteilen ihre Information mitteilt. Im vorliegenden Kapitel wollen wir etwas näher auf die Struktur der DNS eingehen; im 29. Kapitel werden wir dann auf diese Erkenntnisse zurückgreifen.

Ich füge dieses Kapitel hier ein, weil ich kurz zeigen möchte, wie die DNS als ein verschlüsseltes Buch fungiert, wobei der Schlüssel oder Code die Anweisungen für den Aufbau eines menschlichen Wesens enthält.

Der Aufbau der DNS

Die DNS ist eine Nukleinsäure; diesen Namen verdankt sie der Tatsache, daß sie im Kern (Nukleus) der lebenden Zelle vorkommt; ihr Rückgrat besteht aus einem Zuckermolekül und einer Phosphorsäure. Dank der Forschungen von Francis Crick, James Watson, Maurice Wilkens und vieler anderer wurde die vollständige Struktur der DNS bestimmt. Sie besteht aus zwei Strängen, die sich spiralig umeinanderwinden, so als wären sie auf einen Stock gewickelt. Von den Strängen zweigen kleine Molekülgruppen ab, die Basen. Diese Basen sind austauschbar und können daher Information enthalten beziehungsweise transportieren. Die Basen bilden Stufen zwischen den beiden Strängen, und jede Stufe besteht aus einem komplementären Basenpaar.

In der Nukleinsäure kommen zwei Zuckerarten vor, Ribose und Desoxyribose; beide haben die Form eines Fünfecks.

Der andere Baustein des DNS-Rückgrats ist Phosphorsäure, abgekürzt als P. Sie besteht aus einem Phosphoratom, umgeben von vier Sauerstoffatomen, von denen drei an Wasserstoffatome gebunden sind. (Sie erinnern sich: Kennzeichen einer Säure ist ihre Fähigkeit, Protonen, anders gesagt, Wasserstoffatome ohne Elektronen, abzugeben.) Phosphorsäure oder P kann drei Protonen an eine Lösung abgeben und ist daher ziemlich sauer.

Das Rückgrat des Lebens

Das Rückgrat der DNS entsteht dadurch, daß Zucker und Phosphorsäure abwechselnd zu einer Kette (Zucker-P-Zucker-P usw.) aneinandergereiht werden. Die fünfeckigen Ringe der Desoxyribose werden durch die Phosphorsäuren zu einem Phosphat zusammengeschlossen. Das Rückgrat des Lebens besteht also aus nichts anderem als aneinandergehängten Zuckerphosphaten. Einige Atome sind abhanden gekommen: Die Phosphorsäure hat alle vier H-Atome und eines ihrer O-Atome verloren; auch der Zucker hat ein Hydroxyl (OH) eingebüßt. Die Verluste ergeben, zusammengenommen, zwei Wassermoleküle und ein Proton, mit der Folge, daß das Rückgrat der DNS negativ geladen ist.

Wo steckt nun die Botschaft?

Weitere Bausteine der DNS sind schließlich fünf verschiedene Basen, von denen zwei zu den Purinbasen und die übrigen drei zu den Pyrimidinbasen gehören. Das flache Gebilde der Basen besteht bei den Purinen aus einem sechseckigen Ring, an den ein fünfeckiger Ring angehängt ist, bei den Pyrimidinen lediglich aus einem sechseckigen Ring. Die Basen können sich an das Rückgrat einer Nukleinsäure anheften. An die DNS heften sich die Basen Adenin (A), Guanin (G), Cytosin (C) und Thymin (T). An das Schwestermolekül des DNS, die RNS (die

126

den Code der DNS übersetzt), heftet sich statt des Thymin die diesem chemisch verwandte Base Uracil (U) und ebenfalls A, G und C.

Damit sind die Mittel gegeben, Botschaften zu schreiben und umzuschreiben. Diese Basen sind das Alphabet des DNS-Codes. Jede Base kann sich nur mit einer komplementären Base verbinden. C verbindet sich mit G, nicht aber mit A oder T; A verbindet sich mit T, nicht aber mit C oder G. Das DNS-Molekül besteht also aus zwei Ketten, die sich wie eine Wendeltreppe umeinanderwinden, bei der die komplementären Basen die Stufen bilden. Die Gesetze, nach denen sich die Basen miteinander verbinden, sind letztlich die Gesetze der Quantenphysik. Aufgrund dieser Gesetze vermag das Leben den intelligenten Prozeß des Körperaufbaus auszuführen.

Die Basen sind an einer bestimmten Stelle des Zucker-Rings festgemacht. Das Interessante an diesem Gebilde ist die Reihenfolge der Basen auf dem DNS-Rückgrat zusammen mit der Tatsache, daß sich nur bestimmte Basen miteinander verbinden. Den aus einem Zucker-Phosphat und einer Base gebildeten Baustein bezeichnet man als *Mononukleotid*.

Zwischen den Basen bestehen subtile quantenmechanische Verbindungen, die nach meiner Überzeugung der Schlüssel zu Langlebigkeit und Gesundheit oder zu quantenmechanischen Erkrankungen wie dem Krebs sind. Es handelt sich um Wasserstoffbrücken, bei denen ein Proton zwischen zwei negativ geladenen Atomen eingeschlossen ist.

Zwischen A und T beziehungsweise zwischen A und U bestehen zwei Wasserstoffbrücken. Zwischen A und C kommt dagegen keine Wasserstoffbrücke zustande, weil für die Entstehung aller drei Brücken der Winkel zu ungünstig ist. G verbindet sich aber mit C über drei Wasserstoffbrücken. G stellt für zwei der Brücken zwei Wasserstoffatome bereit, während die dritte durch ein Atom von C gebildet wird. G verbindet sich nicht mit U oder T, weil U und T für den Brückenschlag jeweils nur ein Wasserstoffatom bereitstellen oder aufnehmen können. Deshalb passen U und T ideal zu A, das für die Bildung von zwei Wasserstoffbrücken ebenfalls ein Wasserstoffatom bereitstellen und aufnehmen kann.

Daß die Basen bei der Partnersuche derart wählerisch sind, hat wiederum einen quantenphysikalischen Grund. A kann zwei Brücken bilden, G dagegen drei; U und T können zwei Brücken bilden, während G und C drei Brücken bilden müssen. Das führte zu den folgenden Basenpaaren: A = T oder A = U und G ≡ C. Die zwei Striche zwischen A und T beziehungsweise A und U stehen für die doppelte Elektronenbindung zwischen ihnen. Die drei Striche zwischen G und C zeigen an, daß zwischen ihnen eine dreifache Elektronenbindung entsteht.

Bei einem typischen DNS-Molekül können bis zu 200 000 Basenpaare miteinander verbunden sein; man nimmt heute an, daß die codierte Botschaft für das Leben in diesen möglichen Anordnungen steckt. Die spezifischen Bindungen zwischen A und T sowie zwischen D und C sind darüber hinaus maßgebend für die Selbstreplikation der DNS.

Sie und ich bestehen aus Proteinen, die sich aus Ketten von Aminosäuren zusammensetzen. Der Aufbau eines Proteins folgt den Schablonen, die von der Bibliothek der DNS bereitgestellt werden. Die Bücher der Bibliothek sind in einem Alphabet verfaßt, das vier Buchstaben enthält. Aus ihnen sind die Menschen aufgebaut, die sich in den vielfältigen, unterschiedlichen Alphabeten der menschlichen Sprachen äußern. Alle Alphabete der Menschheit beruhen letztlich auf dem Alphabet der DNS-Basen.

Wie ist das möglich? Stellen Sie sich vor, die DNS-Moleküle seien Bücher einer Bibliothek, die mit langen, komplizierten Wörtern gefüllt sind, welche aus einem einfachen Vier-Buchstaben-Alphabet gebildet werden. Der Verfasser dieser Bücher lebte vor langer Zeit und ist trotzdem auch heute noch sehr lebendig! Stellen Sie sich die RNS-Moleküle als kleine Studenten vor, die diese Bücher lesen und von den Wörtern Kopien machen können. Der einzige Unterschied besteht darin, daß das Alphabet der RNS-«Studenten» aus den Buchstaben A, C, G und U besteht, während die Bücher der DNS mit den Buchstaben A, C, G und T geschrieben sind. Diese RNS-Studenten werden jedoch erst geschaffen, wenn sie die Kern-Bibliothek betreten und die DNS-Bücher lesen. Es sind kleine Golems. So gesehen, haben wir es im Zellkern mit einer Gruppe von Studenten zu tun, die, um das mindeste zu sagen, sehr lernfähig sind. Wie ich im nächsten Kapitel zeigen möchte, begeben sie sich als gute Studenten in andere Teile der Zelle, wo sie dann als intelligente Manager und Boten des Lebens fungieren.

13. Die lebende Zelle:
Information und Proteine in Bewegung

Um den Aufbau unseres Körpers besser verstehen zu können, müssen wir einen Einblick in die Selbstverwaltung der lebenden Zelle gewinnen. Entscheidend ist nicht die Nahrung als solche, sondern die Information und ihre Verarbeitung.

Das Innere der Zelle

Die Zelle, die kleinste Einheit des Lebens, führt eine Reihe von komplexen Operationen aus. Diese Operationen verstehen wir inzwischen gut, und wir wissen sogar, wie eine Zelle ihre eigenen Instruktionen befolgt und wo diese Instruktionen erzeugt und gespeichert werden. Es ist jedoch weiterhin ein Rätsel, woher die Zelle «weiß», wie sie diese Operationen auszuführen hat.

In Geheimorganisationen wird die Information so kanalisiert, daß jeder nur «das Nötigste weiß». Besteht für die Zelle eine Notwendigkeit, über ihre eigenen Prozesse informiert zu sein? Ab wann ist die Zelle Bestandteil einer bewußten, wissenden Einheit? Auf der Ebene der Organe? Auf der Ebene des Gehirns, des Nervensystems? Oder besitzen die Zellen vielleicht eine eigene Form von zellulärem Bewußtsein? Bisher weiß man nichts darüber.

Wir wissen jedoch, daß die Zelle keiner Intelligenz von außen bedarf, die ihr sagt, wann und wie sie ihre Arbeit zu tun hat. Das Geheimnis der zellulären Intelligenz liegt in dem winzigen Kern innerhalb der Zelle selbst. Der Kern ist in der Tat so wichtig, daß die Zellbiologen alle Zellen nach dem Merkmal, ob sie einen Kern besitzen oder nicht, in

Prokaryoten und *Eukaryoten* unterteilt haben; die Ausdrücke gehen auf das griechische *karyon* zurück, das Kern bedeutet.

Zu den prokaryotischen Zellen gehören jene, die keinen oder allenfalls die Vorform eines Kerns haben, während die eukaryotischen Zellen einen vollentwickelten Kern besitzen. (Die Vorsilbe *pro-* bedeutet in diesem Falle «vor» wie in Prototyp.) Beispiele für prokaryotische Zellen sind die Bakterien und die Blaualgen, die trotz des fehlenden Kerns recht gut funktionieren. Sie treten in Wechselwirkung miteinander, tauschen Stoffe untereinander aus und arbeiten sogar als Bestandteile eines größeren Systems für ein gemeinsames Ziel zusammen.

Die in der menschlichen Zelle vorkommenden Mitochondrien könnten sogar prokaryotische Zellen sein. Es ist also denkbar, daß diese Organellen, die in jeder menschlichen Zelle für die Oxydation der Nährstoffe und die ATP-Erzeugung verantwortlich sind, als Zellen innerhalb von Zellen leben.

Die prokaryotischen Zellen sind anpassungsfähige Geschöpfe; auch wenn keine Kern-Bibliothek ihnen sagt, was sie zu tun haben und wie sie es zu tun haben, sind sie durchaus imstande, sich zu vermehren, sich fortzupflanzen und zu fressen. Die Intelligenz, an der diese einfachen Zellen sich bei diesen Vorgängen ausrichten, ist möglicherweise die Umwelt. Wie sie funktionieren, hängt von der Welt ab, in der sie leben.

Die eukaryotischen Zellen oder, wie man auch sagt, Eukaryoten, enthalten in ihrem Kern dagegen DNS; sie führen also ihre Informations-Bibliothek bei sich. Das ermöglicht es ihnen zweifellos, komplexere Aufgaben auszuführen als die Prokaryoten. Es ist, als würde man einen von Büchern umgebenen Gelehrten mit einem primitiven Höhlenbewohner vergleichen.

Die menschlichen Zellen sind ausnahmslos eukaryotische Zellen. Jede Zelle ist imstande, sich zu erhalten, sich zu reparieren und sich zu vermehren – die drei Funktionen, die als die primären Funktionen der lebenden Materie gelten. Jede Zelle ist sowohl ein quantenmechanisches als auch ein klassisches System, und deshalb brauchen wir sowohl die klassische als auch die Quantenphysik, um das Funktionieren einer menschlichen Zelle zu verstehen.

Die die Zelle umgebende Wand ist etwa acht Nanometer dick. Sie besteht aus einer Doppelschicht von Fettmolekülen, sogenannten Lipiden. In diese Wand aus Fett sind Proteinmoleküle eingelagert, die nur Bruchteile eines Nanometers voneinander entfernt sind. Diese Pro-

teine fungieren als Tore der Zelle, die Sauerstoff und Kohlendioxyd, aber auch Nährstoffe und Aufbauprodukte durchlassen.
Man kann sich die Zelle als eine Fabrik vorstellen. Der Zellkern funktioniert wie ein Computer, der die Produktionskapazität der Zelle organisiert. Wie eine Fabrik läßt die Zelle in stetigem Fluß Rohstoffe zur Bearbeitung herein und scheidet ihre Abbauprodukte durch die Zellwand aus. Diese Vorgänge zu steuern ist die Aufgabe des Kerns; was da der Steuerung unterliegt, sind Ribosomen, Lysosomen, Mitochondrien, Centriolen, Golgi-Apparate, endoplasmatisches Reticulum, Cytoplasma und Nukleolen.

Wie eine richtige Fabrik, so enthält auch die Zelle verschiedene Abteilungen. Jede Abteilung erfüllt eine bestimmte Funktion und erzeugt ein bestimmtes Produkt. Darüber hinaus müssen diese Abteilungen miteinander kommunizieren. Die Produktionsanweisungen kommen vom Zellkern. Der Kern erhält außerdem Informationen von den ihn umgebenden Abteilungen. Er fungiert als Kommunikationszentrum. Wenn Informationen eingehen, werden Botschaften generiert und an die übrige Zelle weitergegeben. Diese Botschaften bestehen aus Elementen der in der Kern-Bibliothek enthaltenen Intelligenz.

Die einzelnen Abteilungen der Zelle produzieren Substanzen, die für die Erhaltung und den Energiehaushalt der Zelle benötigt werden und aus Aminosäure-Bausteinen bestehen. Die Leistung der Fabrik besteht darin, diese Bausteine tatsächlich zu Aminosäuren zusammenzufügen. Wie schon erwähnt, kommen in der Zelle zwei Arten von Nukleinsäuren vor, die Desoxyribonukleinsäure oder DNS und die Ribonukleinsäure oder RNS. Von der RNS gibt es zwei Arten: Boten- oder Matrizen-RNS (mRNS) und Transfer-RNS (tRNS). Während die mRNS Nachrichten befördert, transportiert die tRNS Aminosäuren.

Das endoplasmatische Reticulum: Kanäle der Kommunikation

Das endoplasmatische Reticulum ist ein System aus abgeplatteten Säkken, die den Zellkörper durchdringen und Kanäle der Kommunikation vom Kern zur übrigen Zelle bilden. An der Außenwand der Säcke sitzen die sogenannten *Ribosomen.*

RIBOSOMEN: ARBEIT NACH ANWEISUNGEN DER mRNS
Die Ribosomen sind die eigentlichen Protein-Produktionsabteilungen

der Zelle. Sie erhalten ihre Produktionsanweisungen von der mRNS. Die mRNS sieht aus wie ein langer Lochstreifen, der das Ribosom durchläuft. Der Streifen enthält eine verschlüsselte Botschaft. Das Ribosom liest die Botschaft Abschnitt für Abschnitt von dem Lochstreifen ab.

Das Lesen besteht darin, die über den Lochstreifen verteilten Molekülketten durch eine komplementäre Kette von tRNS zu ergänzen. Man kann die tRNS mit einem Lastwagen vergleichen, der eine Last befördert, einem farb-codierten Lastwagen. Das Ribosom öffnet seine Tore einem Molekül tRNS. Paßt der Farbcode zu dem Nachrichtenabschnitt, der mit dem mRNS-Lochstreifen gerade durch das Ribosom läuft, so bleibt die tRNS im Ribosom, andernfalls verläßt sie es.

Wenn Sie sich davon ein Bild machen wollen, stellen Sie sich das Ribosom als eine U-Bahnstation in New York vor, in der zwei Züge auf parallelen Gleisen halten, um Fahrgäste ein- und aussteigen zu lassen. Der eine Zug ist der tRNS-«Eilzug», der andere der mRNS-«Nahverkehrszug». Das Problem ist nun folgendes: Der tRNS-Zugschaffner, der die Türen des Zuges betätigt, macht die Türen jedoch nicht in jedem Fall auf, um Aminosäure-Fahrgäste aussteigen zu lassen. Er richtet sich vielmehr nach dem mRNS-Zug. Wenn der Wagen des mRNS-Zuges ihm gegenüber die richtige Farbe hat, wenn also das Wort, das auf der Wagenseite steht (wenn es von einer Intelligenz niedergeschrieben wurde, kann es sich wohl weder um Reklame noch um Graffiti handeln), das richtige Wort ist, läßt die tRNS ihren Aminosäure-«Fahrgast» aussteigen. Wenn nicht, fährt der tRNS-Zug ab, und ein anderer Zug kommt herein. Der Schaffner ist jetzt ein anderer; sein Zug befördert einen anderen mit Aminosäure «beladenen» Fahrgast. Dieser Schaffner hält nach einem anderen Stichwort Auschau. Erkennt er das richtige Wort, öffnet er die Tür und ein geeigneter Aminosäure-Fahrgast steigt aus, klettert die Stufen hinauf und besteigt einen Zug, der mit anderen Aminosäure-Fahrgästen an Bord gerade auf ihn wartet. Der tRNS-Zug fährt hinaus, und ein anderer fährt ein, während der mRNS-Zug um eine Wagenlänge vorrückt, so daß für den Zug auf dem gegenüberliegenden Gleis ein neues Wort sichtbar wird.

Genaugenommen ist der Prozeß ein wenig komplizierter.

Wenn die Codes übereinstimmen, führt die tRNS eine sie selbst und ein weiteres tRNS-Molekül betreffende Transportoperation durch; beide müssen die Codes mit einem benachbarten Teilstück der mRNS vergleichen. Das zweite tRNS-Molekül verläßt das Ribosom und läßt seine bereits existierende Kette von Aminosäuren los. Daraufhin wechselt das erste tRNS-Molekül seine Stellung, bringt seine aus einer Aminosäure bestehende Ladung ans hintere Ende der bereits existierenden Kette von Aminosäuren und macht sie dort fest. Der Lochstreifen, der das Ribosom durchläuft, nimmt dabei die tRNS mit, so daß das nächste tRNS-Molekül in das Ribosom hineinkann. Daraufhin wiederholt sich der Vorgang, und das geht so lange weiter, bis in dem Ribosom eine Proteinkette aufgebaut ist.

DIE LYSOSOMEN: CHEMISCHE SPEICHERSCHLIESSFÄCHER
Die Lysosomen sind nichts anderes als Säcke, in denen Enzyme gespeichert sind, die an der Verdauung von Nährstoffen beteiligt sind: Die Zelle muß ja tatsächlich essen. Diese Enzyme zerlegen große oder lange Proteinketten in kleinere Einheiten, aus denen die Zelle dann andere Protein-Ketten fertigt. Sie sind so etwas wie eine Recycling-Fabrik.

DIE MITOCHONDRIEN: ENERGIETRANSFORMATIONEN
Die Mitochondrien sind der eigentliche Sitz der Energieerzeugung. Diese wurstförmigen Gebilde, die eine Länge von etwa 1200 Nanometer haben, weisen innen eine kompliziert gefaltete Membran auf. Hier wird die Nahrung oxidiert und das energiereiche Adenosintriphosphat (ATP) erzeugt.

Die Energie des ATP kommt dann zur Anwendung, wenn das ATP seine elektrische Energielast bei den entsprechenden Teilen der Zelle, die sie benötigen, abliefert. Diese Energie steckt als potentielle Energie in den quantenmechanischen Elektronenbindungen zwischen Phosphor und Sauerstoff innerhalb des ATP-Moleküls.

ATP gehört zur Molekül-Familie der *Nukleotide*. In der lebenden Zelle ist ATP stark ionisiert; es enthält vier Elektronenladungen (sein pH-Wert ist 7,0).

DIE CENTRIOLEN: HERSTELLUNG VON SPINDELN FÜR DIE SPALTUNG
Die Centriolen sind an der Zellteilung oder Mitose beteiligt. Wenn die Zelle im Begriff ist, sich zu teilen, weichen sie auseinander. Dabei hinterlassen sie im gesamten Cytoplasma (dem Zellkörper) zarte Spuren von sich selbst, die sogenannten Spindeln. Was dabei genau vor sich geht, hat man bis heute noch nicht richtig verstanden.

DER GOLGI-APPARAT: DEPOT FÜR NEUE UND ALTE PRO-
DUKTE   Der Golgi-Apparat dient als Depot für das Sammeln und
Abtransportieren von Zellprodukten. Er besteht aus einem Stapel von
dünnen, flachen, tellerartigen Körpern; er nimmt die von den Riboso-
men erzeugten Polypeptidketten der Proteine auf und verbindet sie mit
Kohlehydrat-Einheiten zu den sogenannten Glycoproteinen.

DAS CYTOPLASMA: DAS MEDIUM DER ZELLE   Das Cytoplasma macht die Hauptmasse der Zelle aus: Es ist das wäßrige Medium, in dem alle übrigen Gebilde schwimmen. Der Kern ist vom Cytoplasma durch eine sehr dünne, halbpermeable (halbdurchlässige) Membran getrennt, die bestimmte Moleküle in beiden Richtungen durchläßt.
Im Cytoplasma schwimmen außerdem Fettkügelchen. (Im Körper gibt
es sogenannte spezielle Fettzellen, beispielsweise im Fettgewebe, das
die Leberzellen umgibt, oder unmittelbar unter der Haut.)

DIE NUKLEOLEN: BAUSTEINE FÜR NUKLEINSÄURE   Die
Nukleolen oder Kernkörperchen innerhalb des Zellkerns enthalten eine
gewisse Konzentration von RNS, die für die Kommunikation mit den
Ribosomen erforderlich ist.

Die Steuerung der Zelle beruht auf der richtigen Verwendung der
Rohstoffe, also der Aminosäuren und anderer Moleküle, und auf einem
komplizierten Kommunikationssystem. Der gesamte Nachrichtenver-
kehr ist in Molekülen enthalten. Da die Moleküle ihrerseits aus Atomen
zusammengesetzt sind und durch quantenmechanische Kräfte zusam-
mengehalten werden, liegt der Schlüssel zur Intelligenz der Zelle möglicherweise in den Molekülen selbst.

Es dürfte schwerfallen, sich vorzustellen oder gar zu begreifen, daß
Moleküle Intelligenz enthalten oder zeigen können. Könnte die Intelligenz, die wir in solchen mikroskopisch kleinen Einheiten suchen,
vielleicht eine bloße Projektion unserer eigenen Intelligenz sein? Ich
bin anderer Ansicht, denn all die bemerkenswert intelligenten Prozesse, die in unseren Zellen stattfinden, gehen auf eine ferne Vergangenheit zurück, in der es noch keine intelligenten Menschen auf diesem Planeten gab. Wir haben bereits gesehen, daß unsere molekularen Vorläufer, die Ur-Proteine, nicht rein zufällig entstanden sein
können.

Eine die DNS-RNS replizierende «Bibliothek mit Studenten» ist
vermutlich mit dem Leben selbst in Erscheinung getreten. Aber wo

steckt dann die Intelligenz? Es ist zwar denkbar, daß diese Intelligenz von einem «Vater (oder einer Mutter?) im Himmel» stammt. Nach meiner Ansicht funktioniert das Universum jedoch auf eine subtilere Weise.

Der liebe Gott alter Zeiten muß die Quantenphysik gekannt haben, damit er das lebende Paradoxon, das wir Menschen nennen, und alle übrigen Lebewesen konstruieren konnte. Das Wunder des zellulären Lebens und der Evolution wird möglich durch das Fällen von Entscheidungen, und wie diese Entscheidungen sich auswirken, erkennen wir durch die Quantenphysik. Es ist wiederum das Körperquant – die Auswirkung des Beobachtereffekts –, das hin und wieder das Unwahrscheinliche wirklich werden läßt und so den Unterschied zwischen dem Lebendigen und dem Mechanischen begründet. Dieses Wirken kann gelingen und scheitern, aber wenn es gelingt, führt es zu neuem Leben, vielleicht sogar zu Wundern in der Landschaft der Existenz.

14. Reproduktion:
Die Quantenphysik des Sex

Es gibt wahrscheinlich kein Geschöpf, das so vom Sex besessen ist wie der Mensch. Die Blümchen tun es, die Tiere tun es, aber der *Homo sapiens* hat den Sex aus den Biologiebüchern geholt und in die Seele gepflanzt. Woran liegt es, daß wir so sexbesessen sind? Wahrscheinlich liegt es daran, daß wir uns unseres Körpers stärker bewußt sind als andere Tiere. Wenn wir unsere Bewußtheit noch steigern könnten, würden wir vielleicht die in uns stattfindenden Zellteilungen und das Sterben der Zellen bemerken.

Werden wir nicht immer bewußter? Ich meine, daß Aufbau und Tod eng miteinander zusammenhängen. Wenn das Bewußtsein sich weiterentwickelt, wird man diese Prozesse – wie Zellteilung, die sexuelle Zellerzeugung und den Zelltod – vermutlich wahrnehmen. Die Wahrnehmung dieser Prozesse wird vielleicht so etwas wie ein kosmisches Bewußtsein begründen.

Der sexuelle Paarungstrieb geht wahrscheinlich auf ein tief verwurzeltes und fundamentales «Gefühl» zurück. Es handelt sich dabei nicht um eines unserer gewohnten Gefühle, sondern es ist grundlegender und ähnelt mehr einer gewissen Tendenz auf der molekularen Ebene unseres Wesens, die in Körpern auf der groben Ebene des Ausdrucks Veränderungen hervorruft. Die «molekularen Gefühle» werden durch das Körperquant hervorgerufen. Wieder ist es der Beobachtereffekt, der zwischen Wahrscheinlichkeiten wählt und eine Entscheidung trifft. Diesmal kann man sich den Effekt als ein Ausgreifen denken, ein Verlangen nach etwas, das außerhalb der unmittelbaren Wahrnehmung liegt. Dieses ausgreifende Gefühl äußert sich auf unserer bewußten Ebene als sexuelles Verlangen; im Grunde ist es ein Verlangen, jenseits

136

der Grenzen unserer eigenen Haut etwas zu erschaffen. Die Gesetze der Quantenphysik wirken sich dabei in einem vergrößerten Maßstab aus: Es treten neue Strukturen auf – unsere Kinder. Aus der sexuellen Bindung läßt das Universum unaufhörlich Leben hervorgehen; dies ist eine andere Form, in der der Aufbau von Leben sich vollzieht.

Zellteilung

In jeder Minute sterben im menschlichen Körper etwa 300 Millionen Zellen. Wären die Zellen nicht imstande, sich durch Mitose zu reproduzeiren, so wäre jede Zelle im Körper in etwa 139 Tagen tot. (Der Körper enthält 60 Billionen Zellen. Teilt man dies durch 300 Millionen Zelltode pro Minute, so erhält man 200 000 Minuten. Dies durch 60 Minuten je Stunde und noch einmal durch 24 Stunden pro Tag geteilt, ergibt 139 Tage.)

In den beiden ersten Phasen der Mitose zerfällt die Kernmembran, und die Chromosomen verteilen sich über die ganze Zelle. Die Chromosomen sind gekrümmte Stäbe aus DNS-Molekülen, die sich im Zellkern befinden. Der Kern jeder menschlichen Zelle enthält genau 46 Chromosomen, mit Ausnahme der Samen- und Eizellen, die jeweils 23 Chromosomen enthalten. Kurz nachdem Gregor Mendel die Gesetze der Vererbung entdeckt hatte, wurden die Chromosomen entdeckt; sie sind die zellulären Träger der Vererbung.

Im Jahre 1865 konnte Mendel die zelluläre Vererbung in ihren Grundzügen beschreiben: Ein Individuum erwirbt seine Merkmale von seinen Eltern in Gestalt von Einheiten, die man heute als Gene bezeichnet. Bald darauf entdeckte man, daß Samen- und Eizellen im Verhältnis zum Kern wenig Cytoplasma oder Zellflüssigkeit enthalten. Als man dann die Zellkerne mit Hilfe spezieller Färbemittel untersuchte, fand man heraus, daß sie Einheiten enthalten, die das Färbemittel aufnahmen. Man nannte diese Einheiten Chromosomen, ausgehend von der griechischen Wurzel *chromo* für Farbe. Man stellte fest, daß die Zellen von Mitgliedern einer bestimmten Art stets die gleiche Zahl von Chromosomen enthalten. Bei genauerer Untersuchung mit Hilfe des Elektronen-Mikrographs beobachtete man, daß jedes Chromosom eine charakteristische Form hat.

Das erste Merkmal, das einem Chromosom zugeordnet werden konnte, war das Geschlecht. Alle Zellen einer bestimmten Tier- oder

Pflanzenart zeigen, obwohl sie ansonsten beinahe identisch sind, männliche oder weibliche Merkmale. Die einzelnen Zellen männlicher Individuen unterscheiden sich also von den Zellen weiblicher Individuen. Der Unterschied besteht in einem einzigen, winzigen Chromosom, das im Zellkern enthalten ist. Bei näherer Untersuchung hat sich gezeigt, daß es zwei Geschlechtschromosomen gibt; sie haben die Form der Buchstaben X und Y, wobei Y etwas kürzer ist. Enthält der Zellkern zwei X-Chromosomen, ist es eine weibliche Zelle, enthält er ein X und ein Y-Chromosom, ist es eine männliche Zelle. Zellen mit zwei Y-Chromosomen kommen nicht vor.

Das einzelne Chromosom umfaßt rund 500 verschiedene DNS-Moleküle oder 500 verschiedene Gene. Jedes DNS-Riesenmolekül ist also ein Gen, eine jener Einheiten, die zusammengenommen die Anweisungen für alle von uns beobachteten körperlichen Merkmale enthalten. Wenn wir 500 Gene pro Chromosom mit den 46 Chromosomen multiplizieren, ergeben sich 23 000 verschiedene mögliche Merkmale, die beispielsweise die Gestalt des Körpers, seine angeborenen Instinkte, die Farbe der Haut und der Augen, die Reaktionszeiten, die Größe und vielleicht sogar die Ursache festlegen, an der der Körper schließlich sterben wird.

Da wir länger leben als 139 Tage, müssen unsere Zellen sich teilen, und jede Zelle muß nach der Teilung die gleiche Bibliothek aus genetischem Material enthalten wie die ursprüngliche Zelle. Da also jede Zelle eine gleiche Zahl von Chromosomen enthalten muß wie die ursprüngliche Zelle, ist jede Tochterzelle ein Duplikat des Originals. Wenn eine Zelle im Begriff ist, sich zu teilen, treten die beiden Stränge des DNS-Moleküls auseinander: Die Doppelhelix «geht auf wie ein Reißverschluß». Dieser Schritt umfaßt die erste der vier Phasen, in die man die Zellteilung unterteilt: Prophase, Metaphase, Anaphase und Telophase.

Zu Beginn der Prophase beobachten wir eine Verdichtung der Chromosomen. Die Nukleolen beginnen sich aufzulösen, und die Centriolen treten auseinander und bilden Pole, von denen Filamente ausstrahlen, die an einer Spindel befestigt sind. Im weiteren Verlauf der Prophase werden die Chromosomen noch stärker kondensiert, verdoppelt und den Polen zugeordnet. Jetzt gibt es 46 Chromosomenpaare oder insgesamt 92 Chromosomen.

In der Metaphase löst die Kernmembran sich auf, und die Chromosomen «schwärmen aus» in das Cytoplasma. Das Auseinanderstreben der

Centriolen zu entgegengesetzten Polen der Zelle (Norden und Süden) setzt sich fort. Von den Polen ausstrahlend bilden sie Filamente; die Chromosomen werden zwischen den Polen zur sogenannten Äquatorialplatte aufgereiht. Diese Platte liegt in der Äquatorebene der Zelle. Nördlich und südlich der Ebene liegt je ein Duplikat jedes Chromosoms vor. Eines davon wandert nach Norden, sein Zwillingsgeschwister nach Süden. Die größeren Chromosomen findet man am Rande, die kleineren im Zentrum der Platte.

In der Anaphase weichen die Chromosomenpaare zu den Polen hin auseinander. Die Zelle beginnt sich zu strecken.

Bei Beginn der Telophase sind die Chromosomen auf ihrem Weg zu den Polen schon weit vorangekommen, und die Zelle streckt sich noch mehr. Gegen Ende der Telophase beginnt sich in der Äquatorialebene der Zelle eine Furchung abzuzeichnen. Um die Chromosomen herum bildet sich erneut eine Kernhülle, und die Zelle teilt sich.

Betrachten wir eine hypothetische Zelle, die vier Chromosomen enthält: F, H, M und W. Mit F und H sind die vom Vater stammenden Gene bezeichnet, mit M und W die Gene, die die Mutter beigesteuert hat. Die Chromosomen neigen zur Paarbildung, wobei ein Paarmitglied jeweils von einem Elternteil stammt. Es könnten sich also zwei Paare bilden: F-M und H-W. Während der Mitose wird jedes Chromosom verdoppelt, und es entstehen FF-MM und HH-WW. Die Kopien weichen dann auseinander, wobei eine Kopie zu dem einen und die andere zu dem anderen Pol wandert. Dabei bilden sich erneut die von den Eltern stammenden Paare. Wenn die Zelle sich teilt, enthält jede Tochterzelle eine exakte Kopie der in der ursprünglichen Zelle vorgefundenen Chromosomen F-M und H-W.

Geschlechtszellen

Die Mitose führt zu zwei exakten Nachbildungen der sich teilenden Zelle, die jeweils 46 Chromosomen enthalten. Es gibt jedoch noch einen anderen Vorgang, die *Meiose*, die nicht zu zwei identischen Geschwisterpaaren mit jeweils 46 Chromosomen führt, sondern zu vier identischen *Gameten*, die jeweils 23 Chromosomen enthalten. Diese Gameten sind die Geschlechtszellen, die sich zu einer einzelnen Zelle mit 46 Chromosomen zusammenschließen können, von denen 23 von jedem elterlichen Gameten stammen.

139

Man kann sagen, daß die 46 Chromosomen einer funktionierenden Zelle sich aus 23 Paaren zusammensetzen. Die beiden Glieder eines Paares sind zwar nicht identisch, doch stimmen sie in der allgemeinen Größe und Gestalt überein, nur die Gensequenzen sind verschieden. Dies gilt für alle Chromosomenpaare in jeder Zelle, mit Ausnahme der männlichen Geschlechtschromosomen. Statt eines gleichartigen Paares von Geschlechtschromosomen enthalten männliche Kerne ein gemischtes Paar, bestehend aus einem X und einem Y. Weibliche Kerne bestehen dagegen aus 23 Zwillingspaaren von übereinstimmender «Gestalt». Der männliche Gamet, die Samenzelle, enthält unter den 23 Chromosomen entweder ein X- oder ein Y-Chromosom. Der weibliche Gamet, die Eizelle, enthält stets ein X-Chromosom. Da jede Zelle eines jeden männlichen Individuums XY-Paare aufweist, enthalten die männlichen Gameten mit einer Wahrscheinlichkeit von 50% entweder ein X- oder ein Y-Chromosom. Väter bringen demnach sowohl männliche als auch weibliche Gameten hervor, Mütter dagegen nur weibliche Gameten. Mütter machen nur «Töchter», während Väter in gleicher Anzahl «Söhne» und «Töchter» zeugen. Für die aus der Vereinigung von Samen- und Eizelle hervorgehende Zygote besteht eine Wahrscheinlichkeit von je 50 Prozent dafür, daß sie männlich beziehungsweise weiblich ist.

Nehmen wir nun an, daß eine Zelle den Prozeß der Meiose durchmacht. Die erste Phase, die der Verdoppelung, unterscheidet sich nicht von der Mitose: Aus F-M und H-W wird FF-MM und HH-WW. Bei der Meiose kommt jedoch noch eine weitere Möglichkeit hinzu, nämlich ein Umbau der Chromosomen. Aus FF-MM und HH-WW kann zum Beispiel FF-MM und WW-HH werden. Hier haben WW und HH ihre Plätze vertauscht. Das Vater-Chromosom F verbindet sich mit dem Mutter-Chromosom W. Es kann sich außerdem ein weiterer Zufallsprozeß vollziehen, die sogenannte Überkreuzung. Dabei wandern Teile der gepaarten Chromosomen auf das jeweils andere Chromosom hinüber, so daß jedes Chromosomenpaar eine Mischung aus beiden Eltern enthält: Aus FF-MM wird FM-FM, und aus WW-HH wird WH-WH. Durch Umbau und Überkreuzung entsteht eine Neukombination der elterlichen Chromosomensätze.

Die Aufspaltung, Trennung und erste Zellteilung führt nun zu vier verschiedenen Zellmöglichkeiten, von denen entweder die beiden ersten oder die beiden letzten verwirklicht werden. Bei der nächsten Teilung, die die Gameten hervorbringt, finden wir acht mögliche Genkombinationen, von denen entweder die ersten vier oder die letzten vier verwirklicht werden. Wenn wir eine große Zahl von Geschlechtszellen haben, werden also alle acht Gameten-Möglichkeiten auftreten.

Da die menschliche Zelle, die eine Meiose durchläuft, 23 Chromosomenpaare enthält, gibt es 2^{23} Möglichkeiten des Umbaus, also über 8 Millionen verschiedene Gameten! Wenn man alle Möglichkeiten der Überkreuzung hinzunimmt, wächst die Zahl der Möglichkeiten nahezu ins Unendliche. Die Funktion der Meiose scheint demnach darin zu bestehen, ein Zufallselement in den Schöpfungsprozeß einzuführen.

Sex ist ein Quantenspiel

Die Funktion der Mitose ist die Entstehung von zwei Klon-Zellen, die jeweils eine *identische* Kopie der Elternzelle sind. Die Meiose ist das Gegenteil der Mitose. Sie soll möglichst viele *Unterschiede* hervorbringen. Das geschieht auf dem Wege der Neukombination und der Überkreuzung (*crossover*). Ohne diese beiden Prozesse würden aus der Meiose statt der acht möglichen voneinander verschiedenen Gameten nur vier Gameten hervorgehen, die aus zwei identischen Paaren oder Klonen bestünden. Angenommen, dies wären die Gameten eines männlichen Individuums. Das hieße, daß sein Sperma je zur Hälfte Zellen mit den Merkmalen seines Vaters und mit denen seiner Mutter enthielte. Brächte man dieses Sperma mit Eizellen zusammen, die auf die gleiche Weise erzeugt wurden, so bestünde die gesamte Nachkommenschaft aus identischen Kopien von nur drei Zelltypen.

Wie kommt es überhaupt zur Geschlechtlichkeit? Nach meiner Ansicht ist sie eine direkte Konsequenz der Quantenphysik. Die auf der Ebene der Geschlechtszellen ablaufenden Zufallsprozesse beruhen auf dem im gesamten Universum herrschenden Naturprinzip der Unbestimmtheit. Diese Auffassung vertritt der Biologe E. H. Mercer in seinem Buch *The Foundations of Biological Theory*. Darin erklärt er, wie die mit der Quantenphysik verbundene Zufälligkeit verstärkt wird und sich auf der makroskopischen Ebene der zellulären und menschlichen Existenz niederschlägt.

Betrachten wir ein einfaches Rad, das sich mit der Winkelgeschwindigkeit ω dreht. Dieses Rad durchläuft alle 6,28/ω Sekunden eine vollständige Umdrehung. 6,28 ist der Winkel der vollständigen Umdrehung, ausgedrückt in Radianten (rd), den Einheiten des ebenen Winkels; es entspricht 360 Grad im Gradmaß. Die Winkelgeschwindigkeit ω entspricht der Anzahl der pro Sekunde durchlaufenen Radianten.

Nun lehrt die Quantenphysik, daß sich die Geschwindigkeit des rotierenden Rades nur mit einer gewissen Unschärfe oder Unbestimmtheit, μ bestimmen läßt. Diese Unschärfe kann in der Praxis durchaus klein sein. Die wahre Winkelgeschwindigkeit ist gleichwohl ω + μ, die gemessene Winkelgeschwindigkeit plus Unschärfe.

Den einen oder anderen mag es vielleicht verwirren, daß der bestimmten Größe ω eine unbestimmte Größe μ hinzugefügt wird. Weil in der Natur das Prinzip der Unbestimmtheit, die Heisenbergsche Unschärferelation, herrscht, wissen wir aber in Wirklichkeit gar nicht, daß die Winkelgeschwindigkeit genau ω ist. Sie kann bei ω − μ bei ω + μ oder bei irgendeinem Betrag dazwischen liegen. Nichts anders besagt die Unschärferelation.

Angenommen, wir möchten die Stellung des Rades – den Winkel, in dem wir es nach vielen, vielen Umdrehungen finden – bestimmen. Da das Rad einen Kreis durchläuft, befindet es sich alle 6,28 rd (oder 360°) wieder in der gleichen Stellung. Dreht sich das Rad t Sekunden lang, so ist die Stellung das Produkt aus Winkelgeschwindigkeit mal Zeit, (ω + μ) · t. Der Term ωt ist das erwartete Ergebnis; der Fehlerterm μt kann aber recht groß sein, wenn t ziemlich groß ist. Wenn sich das Rad viele Male dreht, summiert sich der Fehler zu einem beträchtlichen Winkel.

Die Vermutung ist nun, daß Fehler auf der Quantenebene bei der Meiose in diesem Sinne verstärkt werden und damit für die Unterschiede zwischen den Gameten verantwortlich sind, Unterschiede, die notwendig sind, damit die Arten sich zu neuen Lebensformen entwickeln können. Solche Quantenfehler können zu höherentwickelten Merkmalen führen, leider aber auch zu Atavismen, zu «mißratenen Nachkommen».

Um zu verstehen, wie es dazu kommen kann, wollen wir die Quantenphysik aus einer etwas anderen Perspektive betrachten. Aus dieser Sicht existieren Atome, Moleküle und subatomare Teilchen nur als Wahrscheinlichkeitsmuster, als Muster in unserem Bewußtsein oder auch als Muster des einen Geistes, der unser aller Bewußtsein umfaßt. *Aus dieser Sicht gibt es weder im gegenwärtigen Augenblick noch in der Vergangenheit oder in der Zukunft eine objektive Realität.*

Damit ist das ganze Problem der Evolution aufgeworfen. Man kann die Evolution als ein logisches Fortschreiten auf ein bestimmtes, künfti-

ges Ziel hin oder als Folge von vergangenen Ereignissen auffassen; ich
fürchte aber, daß beide Auffassungen falsch sind.

Stellen Sie sich vor, es gäbe, ausgehend von der Gegenwart, eine
Reihe von künftigen Möglichkeiten, auf welche die Evolution zusteuert.
In manchen dieser möglichen Zustände wachsen den Menschen Haare
auf der Nase, in anderen nicht. Stellen Sie sich zugleich vor, es gäbe eine
ganze Reihe von möglichen Vergangenheiten, die alle zu unserer jetzi-
gen Gegenwart führen. (Die Wissenschaft kann ein konsistentes Bild
der Vergangenheit liefern.) In manchen dieser Vergangenheiten hatten
die Menschen behaarte Nasen, in anderen nicht. In Wirklichkeit haben
die Menschen keine behaarten Nasen gehabt. Doch in dem Maße, wie
unsere Erkenntnisse fortschreiten, wandelt sich das Bild der Vergangenheit, manchmal nur wenig, manchmal radikal. Im Zuge eines solchen Erkenntnisfortschritts entdecken wir dann, daß nur *einige* Menschen behaarte Nasen hatten.

In diesem Sinne muß man sich auch die Zukunft als eine Reihe von
mehreren alternativen Zukünften vorstellen. Nur bei einer Mehrzahl
von Zukünften kann man von einem Sinn sprechen. Aus quantentheoretischer Sicht sind zwei Ereignisse erforderlich, um eine sinnvolle Aus-
sage machen zu können. Ein einzelnes Ereignis muß in der Zukunft
wiederholt werden, damit man etwas Sinnvolles darüber sagen kann.
Deshalb verlangen die Naturwissenschaftler, daß Experimente wiederholt werden. Vergangenen Ereignissen kann man dann einen Sinn zuschreiben, wenn wir sie auf irgendeine Weise in der Gegenwart reproduzieren können.

Irgendwo in der Zukunft gibt es einen Menschenstamm mit behaarten Nasen und Stämme mit unbehaarten Nasen. Durch die sogenannten
Atavismen oder Vererbungsfehler, die von Zeit zu Zeit auftreten, stellt
die Natur eine Brücke zwischen der Gegenwart und einer möglichen
Zukunft her. Käme bei den Menschen der Wunsch nach Kindern mit
behaarten Nasen auf, so würden sie sich auf die nasenhaarige Zukunft
«einstimmen» und dadurch die mögliche Resonanz mit dieser Zukunft
beeinflussen. Die meisten von uns wünschen sich Kinder mit unbehaarten Nasen. Deshalb tendiert die Evolution in diese Richtung. Nicht ein
mechanischer Einfluß in der Gegenwart ist dafür verantwortlich, sondern der kollektive Wunschtraum des Menschengeschlechts.

Genetische Erkrankungen wie AIDS werden von Zeit zu Zeit auftauchen, weil es eine mögliche Zukunft des menschlichen Lebens gibt, in
der das durch AIDS hervorgerufene Programm feste Wurzeln geschla-

gen hat. Weil sich auf der Ebene der Quantenprozesse das Glücksrad dreht, ist jede Zukunft möglich. Wir müssen also sorgfältig darauf achten, was wir uns – auch unbewußt – wünschen.

Eine Einsicht

Ein ganz wichtiger Aspekt des Weltbildes der Neuen Physik betrifft unsere tiefste menschliche Fragen: «Wozu sind wir da?» und «Was sollen wir tun?» Ich bin nach langem Forschen und Meditieren zu der Einsicht gelangt, daß das menschliche Leben nur einen Zweck hat: sich selbst und alle Materie zu vollem Bewußtsein zu erwecken. Deshalb ist die Evolution in die Richtung von ständig wachsender Intelligenz und Bewußtheit gegangen. Durch die Mitose allein wäre das nicht zu erreichen gewesen – sie erzeugt nur Klone. Um Vielfalt zu erzeugen und neuen evolutionären Kombinationen eine Chance zu geben, bedurfte es offenbar der Meiose und damit der Sexualität.

Doch wie Charles Darwin im Jahre 1862 schrieb: «Das ganze Thema liegt noch im dunkeln.» Das gilt zum Teil auch heute noch. Die meisten Biologen verstehen unter der Sexualität jenen «Prozeß, in dem aus zwei genetisch verschiedenen Elternzellen eine Zelle erzeugt wird, die eine Neukombination von Genen enthält». Dabei ergibt sich für den Molekulargenetiker Norton Zinder das folgende Problem: «Wie war es möglich, daß ein Organismus, der [durch sexuelle Fortpflanzung] nur die Hälfte seiner Gene an seine Nachkommen weitergibt, erfolgreich mit einem [asexuellen] Organismus, der sie alle weitergibt, konkurrieren konnte?»

Nach Zinders Überzeugung wäre ein asexueller Organismus, der sämtliche erworbenen und ererbten Merkmale an seine Nachkommen weitergibt, vermutlich konkurrenzfähiger. Er brauchte nicht das Risiko einzugehen, sich möglicherweise mit einem Partner zu paaren, der schlechtere Erbmerkmale besitzt. Doch offenkundig läßt sich die Natur lieber auf dieses Risiko ein, um auf lange Sicht die Chance zu haben, durch sexuelle Paarung eine Nachkommenschaft zu erzeugen, die noch lebenstauglicher ist, statt feststehende Eigenschaften eines einzigen Elternorganismus weiterzugeben.

Meine Einsicht geht über die Ansichten der klassischen Biologen hinaus. Ich glaube, daß Moleküle in den Geschlechtszellen der Eltern aufgrund quantenphysikalischer Wechselwirkungen wechselseitig die

Anwesenheit der anderen «erspüren». Höchstwahrscheinlich geschieht das während des Befruchtungsvorgangs, kurz bevor die Samenzelle in die Eizelle eindringt. Dadurch entstehen Korrelationen zwischen Molekülen der elterlichen Geschlechtszellen. Deutet diese Korrelation auf die Entstehung eines Nachkommen mit größerer Überlebensfähigkeit hin, so steigt die Wahrscheinlichkeit, daß der Nachkomme erzeugt wird. Falls die Korrelation einen Nachkommen von geringerer Überlebensfähigkeit ergibt, nimmt die Wahrscheinlichkeit ab.

Vierter Teil
Wahrnehmen

Als der Zweite Weltkrieg ausbrach, machten sich Naturwissenschaftler an die Lösung eines schwierigen Problems: das Sichten von feindlichen Kräften zu Lande, zu Wasser oder in der Luft. In alten Zeiten hatten Wachtposten, die an strategischen Stellen postiert waren, Warnsignale an das Hauptquartier zurückgeschickt. Die moderne Kriegsführung ließ jedoch ein so primitives Verfahren nicht mehr zu. Die Forscher entwikkelten das Radar, und das Problem schien gelöst: Ein gerichteter Strahl elektromagnetischer Energie entdeckte jedes Fahrzeug, ob in der Luft, zu Lande oder auf See. Natürlich gab es da noch immer das Problem der Unterscheidung, denn das Signal auf dem Radarschirm konnte ebensogut Freund wie Feind bedeuten.

Heute verfügen wir über raffiniertere Instrumente zur Aufspürung. «Himmelsspione», die in rund 500 km Höhe die Erde umkreisen, sind mit optischen Geräten von höchstem Auflösungsvermögen ausgestattet, die noch Objekte von wenigen Metern Größe ausmachen können. Auch der menschliche Körper wird mit neuen, hochempfindlichen Geräten erforscht. Die Mediziner können heute mit vielfältigen Meßverfahren in den fernsten Winkel unseres Körpers blicken. Freund und Feind treten deutlich hervor.

Bei dem wohl fortgeschrittensten Verfahren wird Antimaterie benutzt, um dem Stoffwechsel in unserem Gehirn auf die Spur zu kommen. Ein radioaktiv markierter Nährstoff wie Glucose oder Fettsäure wird in die Blutbahn eingeführt. Der radioaktive Nährstoff enthält in der Regel Kohlenstoff 11, eine Form von Kohlenstoff, die durch Beschuß im Cyclotron radioaktiv wurde. Kohlenstoff 11 sendet eine merkwürdige Form von Strahlung aus, nämlich Positronen, Teilchen, die das

Antimaterie-Gegenstück zu den Elektronen sind. Elektronen kommen in jedem Atom des Körpers vor. Wird also ein Positron ausgesendet, so trifft es sofort in unmittelbarer Nähe auf ein Elektron. Dabei treten das Elektron und das Positron in Wechselwirkung und – hoppla! – verschwinden ganz einfach! Dabei erzeugen sie hochenergetische Gammastrahlen. Instrumente, die das Organ, das den Nährstoff aufnimmt, umgeben, fangen diese Strahlen auf und machen sie sichtbar.

Auf diese Weise erhält man Bilder von Teilen des Gehirns. Man nennt dieses Verfahren Positronen-Emissions-Tomographie. Daneben gibt es die computerisierte Röntgen-Tomographie. Man setzt diese Verfahren allerdings nicht wahllos ein, denn schließlich kommt dabei ein hohes Maß an ionisierender Strahlung ins Spiel. Röntgen- wie Gammastrahlen können das umgebende Gewebe schädigen. Dennoch sind sie medizinisch von Nutzen, weil die Ärzte mit ihrer Hilfe in die Lebensvorgänge des Körpers hineinschauen können. Jede Anomalie wird sichtbar. Tatsächlich verdanken wir diesen Verfahren viele Einsichten auch in die normalen Vorgänge. So haben sich beim Anhören von Musik Unterschiede in der Glucose-Aufnahme in der rechten Hirnhälfte zwischen Musikern und Nicht-Musikern ergeben, was darauf schließen läßt, daß Musiker Musik anders hören als Nicht-Musiker.

Gefahrlose Durchleuchtungsverfahren, die kein Gewebe zerstören, sind die Kernresonanz-Tomographie und der Ultraschall, aber darauf werde ich in späteren Kapiteln genauer eingehen.

Um derart raffinierte Instrumente zum Abtasten des Körpers überhaupt benutzen zu können, müssen die Menschen selbst ebenfalls empfindliche Instrumente sein. Alle Wahrnehmungen basieren auf der Elektrizität unseres Körpers und auf unserer Fähigkeit, eintreffende Signale – gleichgültig, ob es sich um Schall-, Licht-, Berührungs-, Geschmacks- oder Geruchseindrücke handelt – in elektrische Impulse umzusetzen. Man kann sagen, das Nervensystem sei das Wachtpostensystem des Körpers. Es ist allerdings noch immer ungeklärt, wieso ein bestimmtes Signal als ein Klang und nicht als ein Bild oder ein Geschmackseindruck interpretiert wird. In diesem Teil des Buches möchte ich zeigen, daß die Quantenphysik uns helfen kann, dieses Geheimnis besser zu verstehen.

15. Was den elektrischen Körper zum Sirren bringt

Nach der alten aristotelischen Philosophie besteht die Welt aus vier Elementen: Erde, Luft, Feuer und Wasser. Wenn wir unter der Erde die gewöhnliche Materie oder die festen Stoffe verstehen, dann bedarf eigentlich nur das Feuer einer weitergehenden Erklärung durch die moderne Physik. Wir wissen heute, daß das Feuer eine Sache der Elektronen ist. Das gewöhnliche Feuer, das wir sehen, wenn wir den Gasherd anmachen, und der Blitz, der durch die höhere Atmosphäre zuckt, sind deshalb sichtbar, weil Elektronen in Quantensprüngen von einem Atom oder Molekül zum anderen wandern. Dabei senden sie das Licht aus, das wir sehen. Sowohl das romantische Gefühl, das uns überkommt, wenn wir beim Kaminfeuer sitzen, als auch das Feuer selbst werden durch die Quantensprünge von Elektronen hervorgerufen. Äußere Quantensprünge erzeugen das Licht, innere Quantensprünge erregen das Nervensystem.

Wieso der Körper Feuer und Wasser ist

In unserem Körper brennt ein ähnliches Feuer. Brennen bedeutete ja in der alten Physik, daß Elemente chemisch mit Sauerstoff reagieren, eine Reaktion, die man Oxidation nennt. Die Neue Physik versteht unter Oxidation etwas allgemeineres. Nach der alten Physik gibt ein Element, wenn es oxidiert wird, ein Elektron an Sauerstoff und *nur* an Sauerstoff ab; in der Neuen Physik bedeutet Oxidation, daß ein Elektron an jeden beliebigen Elektronenakzeptor abgegeben wird. Die betreffende Substanz wird dabei *ionisiert*.

Dieser «Elektronensprung» ist es, den wir als Feuer beobachten. Feuer und Oxidationsvorgänge überhaupt können immer durch die einfache Formel beschrieben werden:

Substanz → ionisierte Substanz + 1 Elektron

Indem die ionisierte Substanz ein Elektron abgibt, wird sie oxidiert oder verbrannt. Wenn Wasserstoff verbrannt wird, werden daraus zwei ionisierte Wasserstoffatome, die man auch als Protonen oder Wasserstoff-Ionen bezeichnet, und zwei negativ geladene Teilchen, die Elektronen:

molekularer Wasserstoff → 2 Protonen + 2 Elektronen.

Ist Sauerstoff vorhanden, so wird er von den zwei Protonen angezogen und kann die Elektronen aufnehmen. Das geschieht in zwei beinahe gleichzeitigen Schritten. Zunächst absorbiert ein Sauerstoffatom die beiden (durch das Verbrennen des Wasserstoffs freigesetzten) Elektronen und wird zu einem doppelt negativ geladenen Sauerstoffion:

atomarer Sauerstoff + 2 Elektronen → 1 doppelt negatives Sauerstoffion

Dann zieht das Sauerstoffion die Protonen an, und es entsteht Wasser, das gute alte H_2O:

Sauerstoffion + 2 Protonen → Wassermolekül.

Die beiden positiv geladenen Protonen werden von dem doppelt negativ geladenen Sauerstoff angezogen. Diese Fähigkeit, Elektronen an sein Herz zu ziehen, ist der Grund, warum Sauerstoff ein so gutes Oxidationsmittel ist. Das ist auch der Grund, warum wir Sauerstoff atmen: Er besitzt eine große Affinität für Elektronen, so daß das Sauerstoffatom ein idealer Landeplatz für ein Elektron ist. Anders gesagt, die Elektronen im Körper werden von Sauerstoffatomen angezogen. Die Elektronen sind der eigentliche Grund, warum wir atmen: Sie tragen die Energie, die der Körper zum Leben braucht.

Sogar das im Körper enthaltene Wasser steht ständig in Flammen. Wasser setzt sich nämlich aus elektrischen Molekülen zusammen, die so beschaffen sind, daß sie ständig ein winziges elektrisches Feld um sich erzeugen, ein sogenanntes *elektrisches Dipolmoment*. In Gegenwart anderer Wassermoleküle werden sie durch das elektrische Feld, das das Dipolmoment erzeugt, auseinandergezogen, weil sie alle ein winziges elektrisches Feld haben. Ein elektrischer Dipol besteht aus zwei unmittelbar benachbarten, entgegengesetzt geladenen Teilen. Das von einem benachbarten Wasser-Dipol erzeugte elektrische Feld zieht also an dem positiv geladenen Teil, während es den negativ geladenen Teil abstößt. Deshalb verwandeln sich Wassermoleküle in Protonen und negativ geladene Sauerstoff-Wasserstoff-Moleküle, sogenannte Hydroxyle. Man kann sogar sagen, daß das Wasser den Wasserstoff *verbrennt*:

Wassermolekül → negatives Hydroxyl-Ion + 1 Proton

Bei normaler Temperatur und normalem Druck ist das Wasser-Dipolmoment jedoch nicht stark genug, um aus benachbarten Wassermolekülen ganze zwei Protonen herauszuziehen. Aber vielleicht zieht es eines heraus. Bei Raumtemperatur findet man in gewöhnlichem Wasser nur ganz geringe Mengen von Protonen und Hydroxylen. Die Anzahl der freien Protonen im Wasser hängt von der Temperatur des Wassers ab: Höhere Temperaturen ergeben mehr Protonen. Bei einer gegebenen Temperatur gibt es jedoch eine Gleichgewichtskonzentration von Protonen. Im Gleichgewichtszustand ziehen Protonen und Hydroxyl einander an und bilden gewöhnliches Wasser, ebenso rasch, wie sie sich wieder voneinander lösen und Ionen bilden. In einer Schüssel Wasser geschieht also mehr, als wir uns gewöhnlich vorstellen!

Die Protonen-Konzentration unterliegt zeitlichen Schwankungen, ist aber auf einen Gleichgewichtswert ausgerichtet. An der Protonen-Konzentration, die man im Wasser feststellt, mißt man dessen Säuregrad. Er wird ausgedrückt durch den pH-Wert, der die Anzahl der freien Wasserstoffionen in einer Lösung angibt. Die Anzahl der Ionen oder Protonen in Gramm wird auf einen Liter der Lösung bezogen. Wasser enthält bei normaler Temperatur nur wenige freie Protonen, es hat den pH-Wert 7. Das bedeutet, daß in einem Liter Wasser 10^{-7} g Protonen enthalten sind. Ein pH-Wert über 7 bedeutet weniger Protonen (wegen des negativen Exponenten), ein pH-Wert unter 7 dagegen eine höhere Konzentration von Protonen. Der pH-Wert 7 bedeutet auch eine gleich hohe Konzentration von negativ geladenen Hydroxyl-Ionen. Wasser gilt als das Eichmaß des Säuregrades; es ist weder sauer noch alkalisch, sondern neutral.

Lösungen mit einem pH-Wert unter 7 nennt man *Säuren*. Lösungen mit einem pH-Wert über 7 nennt man *Basen*. Eine basische Lösung neutralisiert eine saure Lösung, weil sie die freien Protonen absorbieren und binden kann. Was es mit Säuren und Basen auf sich hat, erleben wir nicht selten bei Verdauungsstörungen, wenn unser Magen mit Essen überladen wird und HCl, Salzsäure, produziert. Wenn wir dann doppelkohlensaures Natrium zu uns nehmen, machen wir aus dem sauren Magen einen basischen. Dabei läuft die folgende chemische Reaktion ab:

$HCl + NaHCO_3 \rightarrow H_2CO_3$ (der Sprudel im Selterswasser)
$+ NaCl$ (Salz) $\rightarrow H_2O$ (Wasser) $+ CO_2$ (Rülpser)

Wenn man Kohlendioxyd unter hohem Druck in Wasser löst, zieht das Kohlendioxyd ein Hydroxyl und ein Proton an, und es entsteht Kohlensäure. Es ist die Kohlensäure, von der Sie aufstoßen müssen, wenn sie sich wieder in Kohlendioxydgas und Wasser zurückverwandelt. Wenn man eine gute Limo oder einen guten Champagner haben will, muß man die Kohlensäurelösung kühl und unter Druck halten; die Blasen, die Sie beim Entkorken der Flasche aufsteigen sehen, sind das umgekehrte Feuer von Protonen, die gierig auf Elektronen aus sind und sie den benachbarten Carboxyl-Einheiten entreißen, die ihrerseits damit beschäftigt sind, wieder zu Kohlendioxyd und Wasser zu werden.

Elektrische Felder und wie sie wirken

Ohne das Feuer und Wasser in unseren Zellen könnten wir weder denken noch eine Bewegung machen. Denken und Bewegung setzen elektrische Felder in unseren Nervenzellen voraus, genaugenommen winzige elektrische Feuerstürme.

Der entscheidende Faktor im elektrischen Körper ist das Wasser, besonders weil es zusammen mit anderen Substanzen, die in ihm gelöst sind, das elektrische Feuer erzeugt. Wasser hat eine Tendenz, gewisse Substanzen zu ionisieren, insbesondere Säuren einschließlich der wichtigen Aminosäuren. Eine andere, leicht in Wasser lösliche Substanz ist Salz, ebenfalls ein entscheidendes Element der nervösen Reaktionen und Aktionen des Lebens. Was das Wasser zu einer so fabelhaften Substanz macht, ist seine Fähigkeit, positive und negative elektrische

Ladungen voneinander zu trennen. Wenn Ladungen getrennt werden, treten zwischen ihnen elektrische Felder auf; solche Felder sind Kraftfelder im Raum. Sie werden sichtbar als Kraftlinien, die von der positiven zur negativen Ladung verlaufen.

Ein Kraftfeld ist ein Zustand des Raums, der auf Materie, die sich in diesem Raum befindet, einwirkt. Das gilt auch für den Raum des Körpers, der zu über 65 Prozent von Wasser ausgefüllt ist (das Gehirn besteht zu 85 Prozent aus Wasser). Wo Wasser ist, dort ist also Feuer, und das heißt, elektrische Felder und elektrische Ladungen. Seine Fähigkeit, mit sich selbst zu kommunizieren, verdankt der Körper der Wanderung elektrischer Ladungen unter der Einwirkung elektrischer Felder. Die Funktionen der Nervenzellen beruhen auf einem rituellen Feuertanz.

Das Innere des elektrischen Nervs

Die Bewegungen des Körpers, die willkürlichen wie die unwillkürlichen, setzen die Elektrizität des Nervensystems voraus. Mehr noch: *Jede* lebende Zelle nutzt in der einen oder anderen Form die Elektrizität. So werden zum Beispiel Muskelzellen durch elektrische Felder gestreckt oder kontrahiert. Die Körperelektrizität wurde erstmals von Luigi Galvani beobachtet, als er den Beinmuskel eines toten Frosches, an dessen Enden er Elektroden angelegt hatte, zur Kontraktion brachte. Aus diesem einfachen Experiment, das im Jahre 1786 stattfand, erwuchs eine ganze Wissenschaft, die Neurophysiologie.

Das Experiment stand auch am Anfang einer ganzen Gattung von Horrorfilmen und Horrorgeschichten. Wir sehen den verrückten Dr. Frankenstein über seinen «Leichnam» gebeugt, den er sich aus Leichenteilen von umliegenden Friedhöfen zusammengebaut hat. Igor schaut begierig sabbernd zu, wie der Doktor an dem Monster auf dem Operationstisch die Elektroden befestigt; Funken sprühen aus den Drähten, als Igor den Schalter herumlegt, und – das Monster atmet: Elektrizität hat das leblose Wesen zum Leben gebracht!

Die Experimente von Galvani und anderen haben nicht nur Schauerromane inspiriert, sie haben auch den engen Zusammenhang zwischen Leben und Elektrizität ans Licht gebracht. Wir wissen heute, daß die Funktionen der Nerven, der Muskeln und der Organe von Elektrizität gesteuert werden, daß im Grunde alle Körperfunktionen in irgendeiner

Weise elektrisch sind. Das Gehirn und das Nervensystem erzeugen sowohl elektrische Felder (man spricht von elektrischen Potentialen) als auch elektrische Ströme (Wanderungen von Elektronen und positiv geladenen Ionen). Mit Hilfe von empfindlichen elektronischen Geräten kann man diese Ströme auch außerhalb des Körpers feststellen und messen. Wenn ein Instrument einen elektrischen Strom feststellt, dann erfaßt es gewöhnlich das magnetische Feld, das dieser Strom erzeugt; wenn es ein elektrisches Potential feststellt, dann mißt es das Vorhandensein eines elektrischen Feldes.

Die elektrischen Potentiale der Nervenleitungen sind direkt gemessen worden. Bei der Messung der elektrischen Potentiale in den Muskeln spricht man vom *Elektromyogramm* oder EMG; Messungen am Herzen nennt man *Elektrokardiogramm* (EKG), Messungen am Gehirn *Elektroenzephalogramm* oder EEG. Man kann auch die elektrischen Felder in der Netzhaut des Auges messen, man spricht dann vom *Elektroretinogramm* oder ERG.

Anhand der Messung des elektrischen Potentials können Wissenschaftler feststellen, wie eine Nervenzelle die Elektrizität in Gestalt von Signalen von einer Körperstelle zur anderen leitet. Ein positives Potential der Nervenzelle stößt eine beliebig kleine positive elektrische Ladung, die zugeführt wird, ab; ein negatives Potential zieht dieselbe Ladung an. Bei einem Potential, das mit einer bestimmten Frequenz oszilliert, liegt gewöhnlich eine elektrische Welle oder Wechselstrom vor.

Um zu sehen, wie das innerhalb des Neurons funktioniert, müssen wir uns mit der elektrischen und physikalischen Struktur des Neurons befassen. Das Gehirn enthält Neuronen in ungeheurer Fülle; derzeit wird ihre Anzahl im menschlichen Gehirn auf über hundert Milliarden geschätzt – etwa ebenso viele Sterne enthält unsere Galaxie. Kein Neuron gleicht genau dem anderen, obwohl sie alle ähnlich aufgebaut sind. Das Neuron gliedert sich in drei deutlich erkennbare Teile: den Zellkörper, die Dendriten und das Axon.

DER ZELLKÖRPER Der Zellkörper enthält den Kern und andere biochemische Strukturen wie Mitochondrien, die die Nervenzelle am Leben erhalten. Der Zellkörper ist in der Regel kugelig, doch in manchen Fällen hat er auch die Form einer Pyramide.

DIE DENDRITEN Die Dendriten sind zarte, vom Zellkörper ausgehende röhrenartige Gebilde, die sich zu buschigen Bäumen verzweigen.

Wegen ihrer Länge und ihres geringen Volumens ist das Verhältnis zwischen Oberfläche und Volumen groß, wodurch andere Neuronen und Muskeln vielfältige Gelegenheiten erhalten, eintreffende elektrische Signale (das heißt Schwankungen des elektrischen Potentials) aufzufangen. Die Dendriten ähneln im Grunde Empfangsantennen.

DAS AXON   Das Axon stellt als ein länglicher Fortsatz des Zellkörpers die Bahn für die nervöse Erregungsleitung dar. Es ist die Rohrleitung, durch die eine elektrische Nachricht von einer Nervenzelle zur anderen geschickt wird. Die vom Zellkörper ausgehende Nachricht wandert am Axon entlang zu anderen Teilen des Gehirns oder zu anderen Nervenzellen, die die Nachricht durch ihre Dendriten auffangen. Die meisten Axone sind länger und dünner als Dendriten und zeigen ein anderes Verzweigungsmuster. Die Dendritenbündel liegen nahe beim Zellkörper, während sich das Axon erst am Ende der Axonfaser, fern vom Zellkörper, verzweigt. Auf diese Weise kann das Axon mit anderen Nervenzellen kommunizieren.

Die Kommunikation der Nervenzelle

Die Nervenzelle sendet Nachrichten über ihr Axon und empfängt Nachrichten über ihre Dendriten. Um miteinander kommunizieren zu können, müssen sich zwei Nervenzellen fast berühren, aber nicht ganz. Zwischen ihren Kontaktstellen liegen winzige Lücken, Synapsen genannt. Die Synapsen sind ungeheuer schmal: Der Abstand beträgt in der Regel nur etwa 9 nm, das entspricht ungefähr 100 Atomdurchmessern (der Durchmesser eines Atoms beträgt also nur etwa $\frac{1}{100}$ dieses Abstandes). Die in die Synapse ausgeschütteten Moleküle, die Neurotransmitter, sind sehr viel größer als Atome. Es brauchen davon also nur einige ausgeschüttet zu werden, und schon wird es in der Synapse eng.

Das Axon ist von einer dünnen Zellmembran umhüllt, den Schwannschen Zellen, die die sogenannte Myelin- oder Markscheide bilden, welche das Nervenaxon isoliert. Längs des Axons ist diese Scheide alle paar Millimeter durch winzige Lücken unterbrochen, die sogenannten Ranvierschen Schnürringe, bei denen die Isolation scheinbar versagt. Der am Axon entlangwandernde Nervenimpuls muß die Lücken überspringen, also die Ranvierschen Schnürringe überwinden; das ist mit einiger Mühe verbunden. Die am Axon entlangsausenden Nervenimpulse werden schwächer, aber wenn sie auf einen Schnürring stoßen, bekommen sie wieder ihre alte Stärke. Die Schnürringe wirken also wie kleine Verstärker.

Wenn die Myelinscheide aus irgendeinem Grunde versagt, liegt die Nervenzelle nackt da. Zu einem solchen Versagen kommt es, wenn die Scheide entzündet und geschwollen ist. Sind davon verschiedene Bahnen innerhalb des Nervensystems betroffen, dann liegt eine schwere Krankheit vor, die multiple Sklerose (MS). Einiges deutet darauf hin, daß MS durch eine Virusinfektion hervorgerufen wird; die Ursache kann aber auch eine Anomalie in der Fettsubstanz sein, aus der das Myelin besteht. Bei einem Versagen der Scheide kommt es zu massiven Kommunikationsstörungen: Die Nachrichten kommen dort, wo sie hingeschickt werden, nicht an. Typische Symptome sind Kribbeln und Taubheit oder Schwäche, von der oft nur eine Stelle, eine Gliedmaße oder eine Seite des Körpers betroffen ist. Weitere Symptome sind allgemeine körperliche Labilität, zeitweilige Trübung des Sehvermögens, eine Unfähigkeit, deutlich zu artikulieren, und eine Unfähigkeit, den Harn zu halten. Erstaunlich ist, daß in den meisten Fällen alle Symptome nach einer ersten Episode verschwinden und anschließend keine weiteren Probleme auftauchen. Doch leider treten in manchen Fällen die Symptome erneut auf. Wie es scheint, ist MS unheilbar.

Wie eine elektrische Membran funktioniert

Die neurale Axonmembran ist wie die Außenmembran aller Zellen überaus dünn, denn sie ist nur 5 nm dick (ein Nanometer ist ein Milliardstel eines Meters; ein Atom ist etwa 0,1 nm dick). Die typische Membran besteht aus zwei Schichten von Fett oder Lipidmolekülen, die so angeordnet sind, wie es Abb. 1 zeigt.

Das Grundgerüst aller Membranen besteht aus einer doppelten

Abbildung 1 Die Membranwand des Neurons

Schicht von Lipidmolekülen. Diese Moleküle haben alle eine gemeinsame Eigenschaft: Das eine Ende des Moleküls zieht Wassermoleküle an und ist wasserlöslich, das andere ist, weil es einen Kohlenwasserstoff enthält, ölig und wasserunlöslich. Die Köpfe der Lipide ziehen Wasser an und werden als hydrophil bezeichnet; die Schwänze, aus langen Ketten von öligen Kohlenwasserstoffen bestehend, werden als hydrophob bezeichnet. Bringt man diese Moleküle in ein wäßriges Medium, dann ordnen sie sich spontan zu einer Doppelschicht, bei der die Köpfe nach außen in das Wasser hineinragen, während die langen, wasserabweisenden Schwänze sich parallel zueinander ordnen und in die Mitte der Doppelschicht weisen.

Die Membran-Doppelschicht trennt die Körpersäfte in intrazelluläre Säfte und solche außerhalb der Zelle. In die doppelschichtige Membran eingelagert sind komplexe Proteine (Abb. 2).

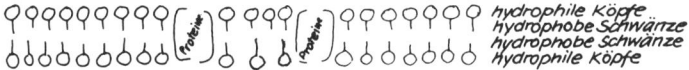

Abbildung 2   Die Membranwand des Neurons
mit eingebetteten Proteinen

Die eingebetteten Proteine, die in fünf Klassen eingeteilt werden, sind für die Fähigkeit des Neurons verantwortlich, elektrische Ladungen mit seiner Umgebung auszutauschen – eine notwendige Voraussetzung, wenn das Neuron als elektrischer Telegraphendraht funktionieren soll. Die Klassen sind: Ionenpumpen, Kanäle, Rezeptoren, Enzyme und Strukturproteine. Die Pumpen nutzen die Stoffwechselenergie, um Ionen und andere Moleküle gegen ein Konzentrationsgefälle zu transportieren und dadurch ein Gleichgewicht der Ionen und Moleküle aufrechtzuerhalten. Die Kanäle gleichen Toren für Ionen; wenn sie nicht wären, dann ließe die Doppelschicht keine Ionen durch (erst das läßt die Lipide zu einer Membran werden). Jeder Kanal ist «ionenspezifisch» und läßt nur bestimmte Ionen durch. Die Rezeptoren sind Bindestellen für spezifische Moleküle, die für die Erregungsleitung des Neurons benötigt werden. Die in die Membran eingelagerten Enzyme beschleunigen bestimmte chemische Reaktionen, die an der Membran stattfinden. Die Strukturproteine schließlich stellen Verknüpfungen zwischen Nerven und Organen her und wirken an dem Aufbau der subneuralen Struktur mit. Diese eingebetteten Proteine sind sehr vielseitig und können mehr als nur eine Funktion erfüllen. Manche von ihnen gehören zu allen oder zu einigen der oben erwähnten Klassen.

Wie eine Nervenzelle Informationen weiterleitet

Abbildung 3 zeigt schematisch die Ionenkonzentrationen innerhalb und außerhalb der Axonwand.

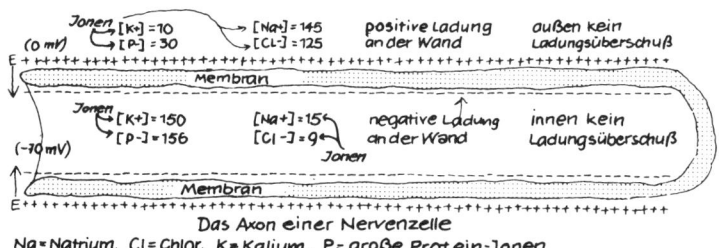

Das Axon einer Nervenzelle
Na = Natrium, Cl = Chlor, K = Kalium, P = große Protein-Jonen

Abbildung 3 Konzentrationen positiver und negativer Ionen innerhalb und außerhalb des Nervenaxons vor der Depolarisation

Die Abbildung zeigt die Ionenkonzentrationen vor der Depolarisierung, bei der durch die Membran hindurch Ionen ausgetauscht werden, mit der Folge, daß ein elektrischer Impuls am Axon entlang ausgelöst wird. Die positiv geladenen Ionen Natrium (Na) und Kalium (K) weisen auf beiden Seiten der Membran sehr unterschiedliche Konzentrationen auf. Die negativen Ionen Chlor (Cl) und die negativ geladenen großen Proteinmoleküle (P) zeigen ebenfalls auf beiden Seiten der Grenze eine unterschiedliche Konzentration. Obwohl die Anzahl der positiven und negativen Ionen innerhalb der Zelle größer ist als außerhalb, beträgt die Nettoladung innerhalb und außerhalb Null. Dennoch besteht ein elektrisches Feld über die Grenze hinweg!

MEMBRANPHYSIK: ELEKTRISCHE FELDER MIT NULL-LADUNG Der Physikstudent lernt, daß elektrische Felder dort entstehen, wo es ein Ladungsungleichgewicht gibt, wo also in einem Raumgebiet die Zahl der positiven Ladungen die der negativen überwiegt. Hier gibt es kein derartiges Ungleichgewicht, aber dennoch ein elektrisches Feld. Wie kommt das? Es liegt daran, daß die Membran selektiv bestimmte Ionen durchläßt, während sie anderen den Durchtritt verwehrt. Dadurch können die Ionen auf beiden Seiten einfach keine gleichgewichtige Konzentration erreichen, wie es der Fall wäre, wenn die Membran vollkommen durchlässig wäre. Das elektrische Feld entsteht durch das Ungleichgewicht.

Nehmen wir an, die Natriumionen werden außerhalb der Zelle festgehalten, während die Kaliumionen die Membran ungehindert passieren können. Nehmen wir weiter an, daß die negativen Chlorionen die Grenze ungehindert passieren können, die größeren negativ geladenen Proteine dagegen nicht. An diesem Modell können wir sehen, warum das Innere des Neurons wie eine Batteriezelle unter einer niedrigeren Spannung steht als die Außenseite.

Die außerhalb der Zelle zahlreicher vorhandenen Natriumionen stürzen sich zur Membran, weil sie den Mangel an Natriumionen auf der Innenseite ausgleichen möchten; die innerhalb der Zelle zahlreicher vorhandenen negativen großen Proteinmoleküle stürzen sich ebenfalls zur Membran und möchten heraus. Das Ergebnis ist ein die Membran durchsetzendes elektrisches Feld, bei dem auf der Innenseite eine Spannung von etwa − 70 mV (ein Millivolt ist ein Tausendstel Volt) besteht. Die frei beweglichen Kalium- und Chlorionen stellen Konzentrationen her, die im Gleichgewicht mit dem elektrischen Feld sind, das durch die ungleichen Konzentrationen der festgehaltenen Ionen erzeugt wird.

Nun ist aber das Kalium im Ruhezustand des Nervs nicht vollständig eingesperrt. Weil die Proteintore in der Membran zufallsbedingt bald offen, bald geschlossen sind, können Kalium- und Natriumionen durchsickern. Um die Integrität des Neurons aufrechtzuerhalten, treten die Ionenpumpen unter Verbrauch von Stoffwechselenergie in Aktion. Eine Natriumpumpe kann sich die Energie des Adenosintriphosphats (ATP) zunutze machen, um drei Natriumionen auf der Innenseite gegen zwei Kaliumionen auf der Außenseite auszutauschen.

DIE NERVÖSE ERREGUNG   So entsteht ein Zustand potentieller nervöser Erregung, vergleichbar mit einer Batterie, die bereit ist, Funken schlagen zu lassen. Wenn jetzt dem Zellkörper des Nervs ein Reiz zugeführt wird, verändern die in der unmittelbaren Nähe des Körpers in das Axon eingebetteten Proteinmoleküle ihre Stellung, so daß Natriumionen hindurchtreten und zu der anziehenden negativen Spannung innerhalb des Axons eilen können. Dadurch wird das Innere der Zelle kurzfristig positiv geladen (Sie erinnern sich: Im Ruhezustand vor der Depolarisierung war die Ladung innen gleich Null), wie es Abb. 4 zeigt.

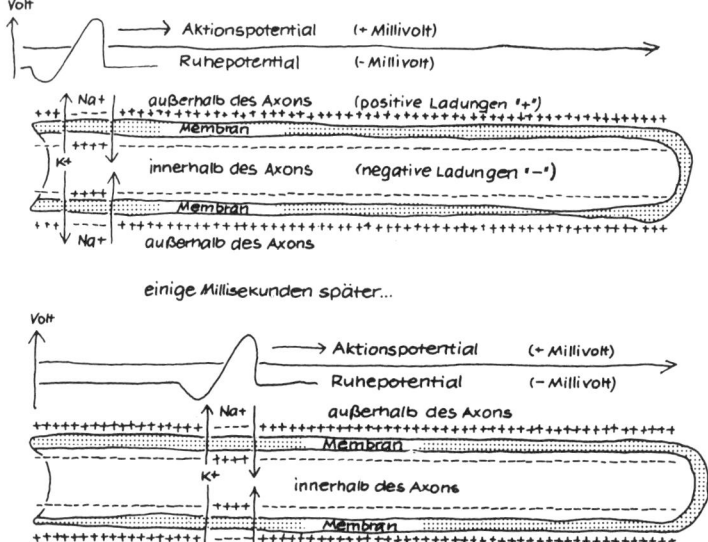

Abbildung 4 Fortpflanzung eines Aktionspotentials an einem Axon

Jetzt tritt in dem zur Entladung bereiten Axon eine Kettenreaktion ein. Die Kaliumionen strömen heraus und stellen damit innerhalb des Axons das negative Potential wieder her. Der Überschuß an positiver Ladung bewirkt unterdessen das Hereinströmen weiterer Natriumionen, und das daraus resultierende «Aktionspotential» pflanzt sich am Axon entlang fort.

All diese Vorgänge, die sich im winzigen Maßstab einzelner Moleküle abspielen, an denen sich minimale Quantensprünge der Energie vollziehen, ergeben zusammengenommen das Sirren des elektrischen Körpers. Daß Sie sich Ihres einzigartigen Selbst bewußt sind, verdanken Sie Ihrem elektrischen System, das aus brennenden Molekülen besteht. Es

160

gibt niemanden, der genau in der gleichen Weise wie Sie die Elektrizität durch seinen Körper leitet, doch bei allen beruht die Erfahrung und das Gefühl, ein lebendes menschliches Wesen zu sein, auf den Quanteneigenschaften der Feuerungsvorgänge der Nerven.

16. Der magnetische Körper

Mit einem elektrischen Feld, das sich im Zeitverlauf verändert, ist ein magnetisches Feld verbunden. Diese Tatsache ist seit 1864 bekannt. Da der elektrische Körper im Zeitverlauf veränderliche elektrische Felder erzeugt, beispielsweise, wenn ein Nerv einen Impuls an seinem Axon entlang leitet, erzeugt er auch magnetische Felder. Man könnte sagen, daß wir alle eine «magnetische Persönlichkeit» haben!

Doch bis vor kurzem hatte niemand ein durch die natürliche Elektrizität des Körpers erzeugtes Magnetfeld gesehen. Erst durch ein bemerkenswertes neues Verfahren konnten diese kleinen Magnetfelder festgestellt werden. Es beruht auf einer Entdeckung, die Dr. Brian Josephson, Nobelpreisträger und Physiker der Universität Cambridge in England, im Jahre 1964 machte. Dank des Josephson-Übergangs, wie man ihn schließlich nannte, einer Kontaktstelle zweier Flächen, zwischen denen ein mikroskopischer Spalt besteht, ist eine Messung von Magnetfeldern möglich, die um viele tausendmal empfindlicher ist als vorher.

Die Mediziner Samuel Williamson, Lloyd Kaufman und Douglas Brenner von der Universität New York konnten 1975 mit Hilfe eines Josephson-Übergangs das Magnetfeld messen, das beim Denken im menschlichen Kopf entsteht (Becker, S. 240)! Das *Magnetoenzephalogramm* (MEG) zeigte, wie sie feststellten, Veränderungen in der Hirnaktivität besser und genauer an als das Elektroenzephalogramm, weil das Magnetfeld die Hirnhaut, die Schädeldecke und die Kopfhaut durchsetzen kann, ohne zerstreut zu werden. Mit dem MEG können die elektrischen Ströme im Gehirn genauer lokalisiert werden als mit dem EEG.

Dieses neue Verfahren beruht auf der Kernresonanz. Man kann mit seiner Hilfe Bilder des Körpers auf der zellulären und vielleicht sogar der molekularen Ebene erhalten. Das Allerbeste dabei ist, daß das Verfahren dem Körper nicht im geringsten schadet. Das MEG wird seit 1975 mit wachsendem Erfolg eingesetzt, besonders dank der raschen Fortschritte in der Computertechnik, denn um die Daten aus dem MEG eines Patienten zu analysieren, braucht man Computer.

Dank seiner Fähigkeit, den Körper ungehindert zu durchsetzen, ist das Magnetfeld ein so hilfreiches Instrument bei der Aufspürung der Vorgänge im Körperinneren. In diesem Kapitel möchte ich zeigen, daß der Magnetismus in Verbindung mit der Quantenphysik uns bei der Aufspürung der Vorgänge im Inneren des menschlichen Körpers zu einem großen Durchbruch verhelfen könnte.

Wie der Magnetismus funktioniert

Wir alle kennen den gebräuchlichen Stabmagneten und haben uns über seine scheinbar magische Fähigkeit gewundert, Eisenspäne, Nägel und andere Magneten in seiner Nähe anzuziehen und zu beeinflussen. Was dem Magneten die Fähigkeit verleiht, metallische Objekte aus Eisen, Nickel oder Kobalt zu bewegen und andere Metalle wie Kupfer, Gold und Silber zu beeinflussen, ist sein Magnetfeld. Magnetfelder entstehen, wenn elektrisch geladene Materie bewegt wird.

Unser Planet erzeugt ein Magnetfeld, das stark genug ist, um hochenergetische Teilchen, die von der Sonne und anderen kosmischen Quellen zu uns gelangen, zu beeinflussen. Es veranlaßt diese winzigen Teilchen – darunter auch Elektronen (negativ geladene Atombestandteile), Protonen (positiv geladene Kerne von Wasserstoffatomen) und andere exotische Teilchen –, sich auf Bahnen zu bewegen, die gegenüber den Linien des Magnetfeldes gekrümmt sind.

Es ist weithin bekannt, daß man mit Magnetfeldern Strahlen von elektrisch geladenen Teilchen auf ihrem Weg durch den Raum ablenken und fokussieren kann. Das Forschungsbebiet der Plasmaphysik ist erst vor einigen Jahren entstanden; man hofft, Magnetfelder erzeugen zu können, die stark genug sind, um positiv geladene Kerne von Wasserstoffatomen auf begrenztem Raum, in einer sogenannten *magnetischen Flasche*, «zusammenzupressen», wodurch die Kerne dann miteinander verschmelzen und Strahlungsenergie freisetzen würden, die sich in Elektrizität umwandeln ließe.

Die Stärke eines Magnetfeldes mißt man an seiner Ablenkungs- und Fokussierungsfähigkeit. Je stärker das Feld, desto größer ist seine Fähigkeit, ein bewegtes, elektrisch geladenes Teilchen dazu zu bringen, auf seiner Bahn von der geraden Linie abzuweichen. Die Maßeinheit des Magnetfelds ist das *Tesla*; die Erde erzeugt zum Beispiel ein Feld von etwa 50 Millionstel Tesla. Diese ganz geringe Feldstärke beobachten Sie jedesmal, wenn Sie eine Kompaßnadel sich bewegen sehen.

Der magnetische Körper

Magnetfelder werden in Ihrem Körper durch die Bewegungen elektrischer Ladungen hervorgerufen. Die dabei entstehenden winzigen magnetischen Signale werden von den Medizinern aufgezeichnet. Wenn sie das Magnetfeld des Herzens messen, spricht man von einem *Magnetocardiogramm* (MCG), wenn das Feld des Gehirns gemessen wird, von einem *Magnetoenzephalogramm* (MEG).

Das MCG und MEG liefern Erkenntnisse, die man nicht gewinnen würde, wenn man allein das elektrische Feld des Körpers untersuchte. Die elektrischen Felder, die der Körper erzeugt, beruhen auf *Veränderungen* der elektrischen Ladungsverteilung des Körpers. Instrumente, die auf solche elektrischen Felder ansprechen, können einen *stetigen* Fluß elektrischer Ladung nicht feststellen. Das Magnetfeld, das mit solch einem stetigen Fluß elektrischer Ladung verbunden ist, kann jedoch mit dem MCG gemessen werden. Es liefert vielfach wertvolle Informationen, wenn Muskel- oder Nervengewebe verletzt ist (Cameron, S. 212). Durch eine Verletzung wird in dem betreffenden Gebiet ein stetiger elektrischer Strom hervorgerufen, der *Wundstrom*. Diesen Strom kann man aufgrund seiner magnetischen Wirkung feststellen, und so ist es möglich, eine Verletzung sehr genau zu lokalisieren. Da es vor dem Eintreten eines Infarkts Wundströme im Herzen gibt, könnte die Früherkennung ein Lebensretter sein.

Magnetismus und Blutstrom

Das menschliche Blut kann man durchaus mit einem Fluß vergleichen, der verschiedene Substanzen mit sich führt, die elektromagnetisch geortet werden können. Das Blut enthält bewegte elektrische Ladungen,

164

und wenn man ein Magnetfeld an den Fluß dieser Ladungen anlegt, wird er verändert. Diese Veränderung erzeugt ein meßbares elektrisches Feld senkrecht zum Fluß. Wenn man ein Blutgefäß mit chirurgischen Mitteln sorgfältig isoliert und ein Magnetfeld anlegt, kann man durch Messung dieses elektrischen Feldes die Fließgeschwindigkeit des Blutes bestimmen. Je größer die Fließgeschwindigkeit, desto stärker ist das erzeugte elektrische Feld. Aufgrund dieser Erkenntnis kann man sagen, ob ein Organ genügend Blut erhält, um am Leben zu bleiben.

Die magnetische Resonanz, ein Fenster in den molekularen Körper

Die wichtigste Anwendung des Magnetismus in bezug auf den Körper beruht auf der magnetischen Resonanz. Die meisten glauben zwar, ihr Körper sei undurchsichtig, aber es gibt zwei Fenster im elektromagnetischen Spektrum, durch die wir «hineinsehen» können. Diese Fenster bestehen aus bestimmten Frequenzbereichen im elektromagnetischen Spektrum, Bereichen, die wir mit unseren Augen normalerweise nicht sehen können.

Unsere Augen sind an die Hauptfrequenzen des Sonnenlichts angepaßt. Die Strahlung, die diese Frequenzen aufweist, bezeichnen wir als normales Licht; ihre Wellenlänge bewegt sich zwischen 400 und 700 nm (ein Nanometer ist ein Milliardstel Meter). Das elektromagnetische Spektrum ist jedoch insgesamt sehr breit; es reicht von den Gammastrahlen, deren Wellenlänge nur 10^{-16} m beträgt (das ist so unendlich klein, daß der Durchmesser eines Atoms etwa eine Million Mal größer ist), bis zu den Radiowellen, die eine Wellenlänge von tausend Kilometern haben können.

Innerhalb dieses breiten Spektrums gibt es zwei Fenster. Das erste, das den meisten von uns vertraut ist, ist das Röntgenfenster mit Wellenlängen zwischen 10^{-10} und 10^{-12} m. Dank der Quantenphysik wissen wir, daß jeder Wellenlänge ein Strahlungsquant mit einer bestimmten Energie entspricht. Je kürzer die Wellenlänge, desto größer ist die Energie des entsprechenden Quants. Alle elektromagnetische Strahlung besteht aus Quanten, den Photonen. So besteht die Gammastrahlung aus extrem energiereichen Photonen: Ihre Energie beträgt etwa eine Milliarde Elektronvolt (eV). (Ein Elektronvolt ist die Energie, die benötigt wird, um ein Elektron durch ein Spannungsgefälle von einem Volt zu bewegen.) Wie groß diese Zahl ist, begreifen Sie, wenn Sie bedenken, daß nur etwa 14 eV nötig sind, um ein Elektron aus einem Wasserstoffatom herauszuziehen.

Die Energie von Röntgenstrahlen liegt zwischen 1000 und 1 000 000 eV. Wird der Körper einer hohen Dosis von Röntgenstrahlen ausgesetzt, so wird die Zellstruktur beschädigt und der genetische Code verändert, weil Röntgenstrahlen praktisch ohne Absorption die Haut durchdringen. Strahlung von noch höherer Energie wird den Schaden nur noch vergrößern. Wenn die Energie des Photons dagegen kleiner ist als etwa 1000 eV, kann die Haut durch Absorption die inneren Organe des Körpers schützen. Wird die Energie auf Werte zwischen 100 eV und 1 eV herabgesetzt, was dem Bereich des ultravioletten und des sichtbaren Lichts entspricht, so wirkt die Haut wie ein Schirm. Das ultraviolette Licht kann auf die Melaninmoleküle in der Haut einwirken und Sonnenbrand hervorrufen. Das gewöhnliche Licht, das wir mit unseren Augen sehen, wird einfach von der Haut reflektiert.

Je geringer die Photonenenergie und je länger die Wellenlänge wird, um so undurchdringlicher wird der Körper. Die infraroten Strahlen mit einer Wellenlänge von etwa 800 nm und die Mikrowellen, deren Wellenlänge bis zu 1 m reicht, können den Körper nicht durchdringen.

Wenn wir jedoch zu den größeren Wellenlängen kommen, was Photonen von geringerer Energie entspricht, tut sich im elektromagnetischen Spektrum ein zweites Fenster auf. Hier haben die Photonen eine extrem niedrige Energie zwischen 10^{-7} und 10^{-11} eV, während die Wellenlängen sich zwischen 10 m und 100 km bewegen. Das ist der Bereich der Radiostrahlung, von den Ultrakurzwellen über die Kurzwellen und die Mittelwellen bis zu den Langwellen. Dieses Fenster ist das Fenster der Kernresonanz, das sicherste Fenster, das wir benutzen können, um mit elektromagnetischen Wellen in den Körper hineinzusehen. Der Körper ist praktisch durchsichtig für diese Wellen, deren Energie so klein ist, daß sie das Gewebe nicht im geringsten schädigen.

Die Dimensionen des Körpers sind, verglichen mit diesen Wellenlängen, so klein, daß Streuung oder Absorption unter normalen Bedingungen praktisch keine Rolle spielt. Wird der Körper jedoch in ein Magnetfeld gebracht, dann ändert sich die Situation vollständig, und diese Wellen werden selektiv absorbiert.

Kernresonanz: Einblick in den Körper durch Resonanz mit Protonen

Wie kann man mit Hilfe dieser elektromagnetischen Wellen von niedriger Energie in verborgene Organe des Körpers hineinspähen? Um das zu verstehen, müssen wir begreifen, wie der Körper veranlaßt werden kann, solche Wellen zu erzeugen. Das Kunststück besteht darin, die winzigsten Teile unseres Körpers anzuregen, nämlich die Kerne des Wasserstoffs in jedem Tropfen Wasser in jeder Zelle unseres Körpers. Diese Kerne sind Protonen, winzige Teilchen, die nicht nur den Mittelpunkt von Wasserstoffatomen bilden, sondern in jedem Atomkern vorkommen.

Jeder Achtkläßler weiß, daß Magnete in ihrer Umgebung Kraftfelder erzeugen. Man spricht von einem magnetischen Dipol-Feld – «Dipol» deshalb, weil die Felder von zwei entgegengesetzten Polen erzeugt werden, beispielsweise vom Nord- und Südpol eines Stabmagneten. Das Magnetfeld der Erde weist ebenfalls diese Polarität auf – sie ist eine Eigenschaft aller magnetischen Materialien.

Magnetfelder werden, wie schon gesagt, auch durch elektrische Ströme erzeugt. Jedes elektrisch geladene Materieteilchen, das sich bewegt, erzeugt einen elektrischen Strom und ein Magnetfeld. Eine Ladung, die sich auf einer Kreisbahn bewegt oder um eine Achse dreht, erzeugt ein magnetisches Dipol-Feld.

Jedes Atom setzt sich aus Elektronen und Protonen zusammen. Jedes dieser Teilchen ist elektrisch geladen, und man kann es sich vorstellen als einen rotierenden Ball, der sich um sich selbst dreht, so wie sich die Erde um ihre Achse dreht. Die rotierende elektrische Ladung macht von der Regel der bewegten elektrischen Ladung keine Ausnahme: Sie erzeugt ihr eigenes magnetisches Dipol-Feld.

Von besonderem Interesse für uns sind hier wiederum die winzigen Magnetfelder, welche die Protonen, die Kerne der Wasserstoffatome, erzeugen. Für diese magnetischen Dipol-Felder, die von den Protonen (und darüber hinaus von allen elektrisch geladenen Teilchen mit Drehimpuls) erzeugt werden, gibt es eine spezielle Bezeichnung: *magnetische Momente*. Nein, verwechseln Sie die magnetischen Momente nicht mit den romantischen Augenblicken, wenn unser Herz heftig pocht; das «Moment» bezieht sich hier auf die Drehbewegung eines Körpers, der um seine Achse rotiert. Ein Schwungrad hat zum Beispiel ein Trägheitsmoment. Mit «Trägheit» ist die Fähigkeit des Schwungrades gemeint, sich mit der gleichen Drehgeschwindigkeit weiterzudrehen, wenn es einmal in Schwung gekommen ist. Das Proton hat ebenfalls ein Trägheitsmoment, und weil es elektrisch geladen ist, hat es außerdem ein meßbares magnetisches Moment.

Die Schulkinder begreifen schnell, daß ein winziges magnetisches Moment, in ein Magnetfeld gebracht, sich nach der Richtung dieses Feldes auszurichten bestrebt ist. Ein vertrautes Beispiel ist der Kompaß: Das winzige magnetische Moment der magnetisierten Kompaßnadel weist in die Richtung des Magnetfelds der Erde.

Diese Ausrichtung vollzieht sich jedoch nicht augenblicklich. Da das magnetische Moment durch die rotierende Ladung hervorgerufen wird, verhält es sich ganz ähnlich wie ein Gyroskop oder ein sich drehender Kreisel; siehe Abbildung 5. Wenn man den Kreisel losläßt, bewegt er sich in einer bestimmten Weise, da er sich am Schwerefeld der Erde auszurichten versucht. Ohne die Umdrehung würde der Kreisel einfach umkippen; mit der Umdrehung bewegt er sich so, daß die Drehachse schwankt oder präzessiert.

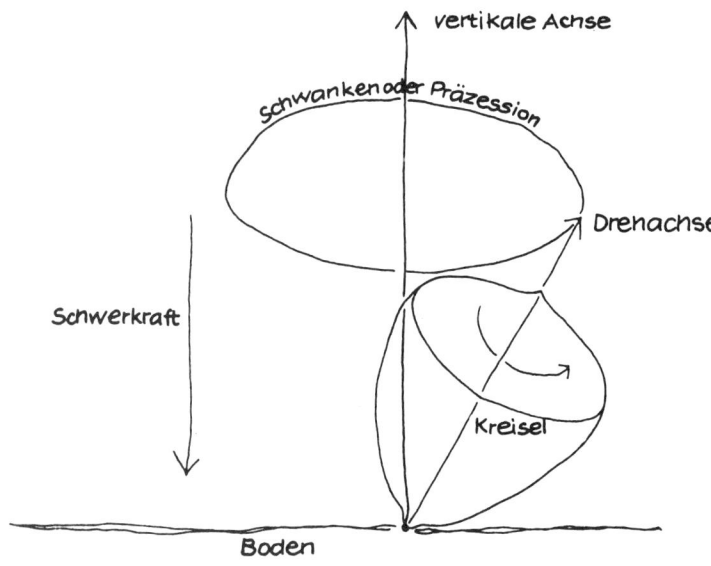

Abbildung 5 Ein schwankender Kreisel als Modell
eines präzessierenden Protons

Was es mit der Präzession des Kreisels auf sich hat, können Sie leicht nachvollziehen. Nehmen Sie einen Bleistift, und stellen Sie sich vor, er sei die Achse eines Kreisels. Fassen Sie die Spitze zwischen Daumen und Zeigefinger der einen Hand, während Sie mit der anderen Hand das untere Ende festhalten. Jetzt ziehen Sie die Spitze zu sich heran, so daß der Bleistift eine Neigung hat. Wenn Sie nun das untere Ende festhalten, können Sie die Spitze auf einer Kreisbahn herumführen. Das ist die Bewegung, die ein sich drehender Kreisel beschreibt.

Ein in ein Magnetfeld gebrachtes magnetisches Moment zeigt eine ähnliche Präzession. Alles, was sich auf einer Kreisbahn bewegt, hat eine Frequenz, und die Bewegung des magnetischen Moments macht davon keine Ausnahme. Die Rotationsfrequenz hängt von der Stärke des Magnetfeldes ab. Je stärker das Feld, desto höher ist die Frequenz.

DAS QUANTENPHYSIKALISCHE BILD DER KERNRESO-
NANZ Die Quantenphysik lehrt, daß Protonen sich in einem Magnet-
feld ähnlich verhalten, wie es oben beschrieben wurde. Ich sage ähnlich, weil das Bild der Präzession in der Quantenphysik verfeinert werden muß. Es geht jetzt nicht mehr um präzessierende Momente, sondern darum, daß das Proton sich im Magnetfeld umkehrt oder nicht. Nach der Quantenmechanik kann das magnetische Moment des Protons nur zwei mögliche Einstellungen zum Magnetfeld annehmen, nämlich parallel zum Feld (aufwärts) oder antiparallel (abwärts). Es zeigt sich, daß Abwärts-Protonen eine höhere Energie haben als Aufwärts-Protonen. Die Energiedifferenz entspricht dem Produkt aus einer Proportionali-
tätskonstante, der Planck-Konstante, und einer Frequenz, und diese Frequenz ist gerade die richtige für Radiowellen.

Man kann Protonen in einem Magnetfeld daher anregen, indem man Radiowellen von genau dieser Frequenz auf sie richtet. Die Frequen-
zen, von denen Protonen angeregt werden, sind jene, die durch das untere Fenster des elektromagnetischen Spektrums gehen. Wäre nicht das Magnetfeld, würden die Protonen diese Radiowellen einfach ignorieren. Im Magnetfeld jedoch können die Protonen tatsächlich Radio-
wellen wie eifrige kleine Radioempfänger aufnehmen. Diese Protonen-
Empfänger können außerdem entsprechende Radiosignale an Empfän-
ger außerhalb des Körpers senden. Das ist ein erfreulicher Umstand, denn dadurch wird es möglich, Bilder von Körperstrukturen zu erhalten: Man braucht nur diese sendenden Protonen innerhalb des Körpers anzuvisieren.

Um dieses Konzept noch deutlicher zu machen: Stellen Sie sich vor, Sie begeben sich in ein Magnetfeld. Die Protonen in Ihren Zellen werden sofort beginnen, um die Richtung des Feldes zu präzessieren. Die meisten der Protonen werden aufwärts zeigen, ein kleinerer Teil abwärts.

Wenn jetzt die Radiowelle angeschaltet wird, nehmen die Protonen Energie auf. Einige der Aufwärts-Protonen werden sich dadurch in Abwärts-Protonen umkehren. Da aber die Präzessionsfrequenz der kreisenden Protonen von der Stärke des Magnetfeldes abhängt, werden sich nur die Protonen umkehren, die die gleiche Frequenz haben wie die Radiowelle. Sie werden den Vorgang besser verstehen, wenn Sie berücksichtigen, daß das Magnetfeld sowohl wegen der unterschiedlichen Gewebe als auch wegen der Form des Magneten nicht überall im Körper die gleiche Stärke hat. Jene präzessierenden Protonen, die gerade der richtigen Feldstärke ausgesetzt sind, absorbieren die Radiowelle und kehren sich um; andere Protonen, die in einem anderen Teil des Körpers nicht der gleichen Feldstärke ausgesetzt sind, werden sich nicht umkehren, weil die Radiofrequenz nicht mit ihrer Präzessionsfrequenz übereinstimmt.

Man kann es auch so sagen: Einige der Protonen werden auf die in den Körper gelangenden Radiowellen eingestimmt, so wie ein Radioempfänger auf einen bestimmten Sender abgestimmt wird. Ein Radio in einem anderen Zimmer braucht nicht unbedingt auf denselben Sender eingestellt zu sein. Je nachdem, wo sich die Protonen in Ihrem Körper – in welcher Zelle, in welchem Wassermolekül – befinden, werden einige von ihnen sich auf das eintreffende Radiowellensignal einstellen und andere nicht. Indem man die Frequenz der Radiowelle verändert, kann man bestimmte Protonen in Ihrem Körper zur Reaktion anregen.

MAGNETISCHE SCHEIBEN DES KÖRPERS Man kann also verschiedene Teile des Körpers dazu bringen, selektiv Radiowellenenergie aufzunehmen, indem man den Körper in ein räumlich variierendes Magnetfeld bringt. Man kann dazu zum Beispiel ein Magnetfeld verwenden, das schon von sich aus aufgrund eines Feldgradienten variabel ist.

Angenommen, Sie möchten einen Blick in das schlagende Herz werfen. Das durch den Feldgradienten variierende Magnetfeld ergibt, wie Abbildung 6 zeigt, magnetische «Scheiben» vom Herzen, ganz wie Brotscheiben, wobei jede Scheibe einem anderen Magnetfeld entspricht. Von den Radiowellen werden jetzt nur Protonen in der entsprechenden Schicht angeregt.

WAS UNS DIE SCHEIBEN VERRATEN   Jetzt sind die Protonen angeregt worden, aber wozu? Was verraten uns angeregte Protonen über den Körper? Nun, die Protonen werden, sobald die Radiowellen abgeschaltet sind, versuchen, ins Gleichgewicht zurückzukehren. Die Abwärts-Protonen mit ihrer größeren Energie werden versuchen, durch einen Quantensprung zu Aufwärts-Protonen mit einer geringeren Energie zu werden. Dabei senden sie Radiowellen auf genau der gleichen Frequenz aus, von der sie zuvor angeregt wurden. Die Beschaffenheit dieser Radiosendungen verrät uns etwas über die Struktur der Scheibe, die sie aussendet.

Die Stärke des gesendeten Signals hängt von der Anzahl der Protonen in der entsprechenden Scheibe ab. Viele Protonen erzeugen starke, weniger Protonen schwache Signale. Die Signalstärke verrät uns also etwas über den Wassergehalt des Zellgewebes. Wenn man nun ein Organ abtastet, trifft man von Punkt zu Punkt auf einen unterschiedlichen Wassergehalt, und da sich damit auch die Signalstärke ändert, erhalten wir auf diese Weise ein Bild von dem Organ.

Krebszellen erzeugen abweichende Signale. Durch die Kernresonanz können wir daher nicht nur mehr über den Gewebeaufbau erfahren, sondern sie könnte auch die Methode sein, um Krebs schon im Entstehungsstadium aufzuspüren.

Die Kernresonanz nutzt man vor allem deshalb, weil man mit ihrer Hilfe ohne Eingriff die Physiologie und Funktionsweise lebender Zellen im Körper studieren kann. Ein mit dieser Methode erlangtes Bild Ihres Magens könnte zum Beispiel zeigen, daß Sie Schwierigkeiten mit der Verdauung bestimmter Nahrungsstoffe oder Mineralien, wie etwa

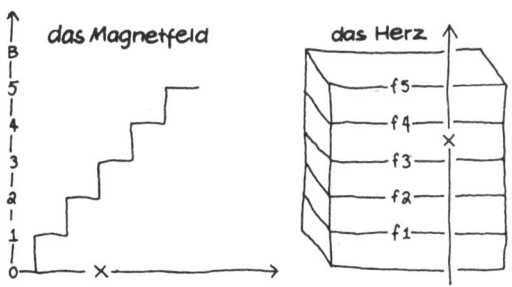

Abbildung 6 Magnetische Scheiben des Herzens

Phosphor, haben. Am bedeutsamsten ist wohl der Einsatz dieser Methode bei der Untersuchung von Hirntumoren, besonders dort, wo es um lokale chemische Effekte geht.

Die Kernresonanz ist ein relativ neues Verfahren, um in den Körper hineinzuschauen. Die erzeugte Abbildung beruht, wie auch bei anderen Verfahren, etwa der Computer-Tomographie, der Positronen-Emissions-Tomographie, der Röntgenabsorption und dem Ultraschall, in hohem Maße auf Computereinsatz. Dank verbesserter Computerleistung wird die Kernresonanz schließlich die herkömmliche Röntgendurchleuchtung ersetzen. Auf das Ultraschallverfahren werde ich im nächsten Kapitel eingehen.

Die Hauptschwierigkeit bei der Kernresonanz besteht darin, daß man relativ lange braucht, um ein Bild zu erhalten. Während man bei der Röntgendurchleuchtung schon in zwei Sekunden ein Bild hat, braucht man mit der Kernresonanz einige Minuten. Andererseits können Röntgenstrahlen, die sehr viel stärker sind als die Signale der Kernresonanz, uns noch nicht einmal den Unterschied zwischen einem lebenden Körper und einer Leiche verraten: Röntgenstrahlen sehen immer gleich aus. Ganz anders die Bilder der Kernresonanz, die mit sehr viel weniger Energiequanten auskommen. Außerdem scheint Kernresonanz die unschädlichste Methode zu sein, um genaue Erkenntnisse über das Funktionieren der Zelle zu gewinnen.

17. Wer Ohren hat zu hören ...

Schall wird nicht nur gehört, sondern auch gefühlt. Er trägt Informationen nicht nur zum Ohr, sondern, wie man dank der Ultraschalldiagnose feststellen konnte, auch zum Auge. Klänge sind Wellen, und sie weisen Schwingungsmuster auf, mit deren Hilfe Wissenschaftler und Ärzte bislang unzugängliche Gebiete des menschlichen Körpers erfassen können.

Klänge, die wir hören und die wir nicht hören

Klänge liefern wahrscheinlich die wichtigsten kinästhetischen Eindrücke der menschlichen Wahrnehmung. Man muß sich nur einmal vorstellen, wie das wäre: Ein Strandaufenthalt ohne das Rauschen der Wellen, ein Essen ohne das Knuspern der Speise und ohne die Wohltat der Unterhaltung, eine Theatervorstellung ohne hörbaren Dialog und ohne donnernden Applaus. Es gibt wohl keinen Klang, der die Seele mehr erhebt als die Musik – außer vielleicht die liebenswerten Nichtigkeiten, die Ihnen Ihr Liebling ins Ohr flüstert. Klänge können uns begeistern, aber leider auch erschlagen. Die akustische Umweltverschmutzung nimmt in der letzten Zeit überhand: Das Dröhnen von aufgedrehten Radios, das Geheul von Polizei- und Feuerwehrsirenen, das Kreischen von U-Bahn-Rädern strapazieren die Geduld – und schädigen das Trommelfell – von geplagten Stadtbewohnern. Und doch gehört, trotz gesetzlicher Vorschriften zur Beschränkung des Lärmpegels, die akustische Umweltverschmutzung als ein notwendiges Übel zum modernen Leben dazu.

Schallphysik und Psychophysik

Damit kommen wir zur Physik des Schalls. Der Schall ist eine Welle, und so gibt es zwei Möglichkeiten, ihn zu messen: die Intensität und die Frequenz (oder Wellenlänge); die Menschen empfinden beides. Befassen wir uns zunächst mit der Intensität.

SCHALLBALLONS: EIN BILD DER INTENSITÄT Die Intensität wird in Watt pro Quadratmeter oder Watt pro Flächeneinheit gemessen, weil die von einer kleinen Quelle ausgehende Schallwelle sich in die Umgebung ausbreitet, ganz ähnlich wie ein Ballon, der sich mit Schallgeschwindigkeit aufbläht. Mit wachsendem Radius des Schallballons nimmt seine Oberfläche mit dem Quadrat des Radius zu. Ein Schallballon mit einem Radius von einem Meter und einer Oberfläche von etwa 12,5 m^2 hat, wenn sein Radius auf 2 m wächst, eine Oberfläche von 50 m^2. Die Energie, die ein Schallballon enthält, bleibt jedoch gleich, sie verteilt sich, wenn der Ballon größer wird, auf eine immer größere Fläche. Es ist so, als wollte man einen Löffel Marmelade auf viele Brotschnitten verteilen – bald reicht es nicht mehr für alle aus. Je weiter die Schallquelle von Ihnen entfernt ist, desto schwächer werden daher die Klänge, die Sie hören.

Die Empfindlichkeit der Menschen für die Schallintensität ist verblüffend. Die Schallintensität ist dem Quadrat der Amplitude der Schallwelle proportional. Die Amplitude ist ein Maß der Auslenkung des Trommelfells, wenn es mit der eintreffenden Schallwelle mitschwingt. Kennt man die Intensität des Schalls, der das Ohr erreicht, so kann man die Amplitude der Trommelfellschwingung bestimmen. Die geringste Schallintensität, die das gesunde Ohr wahrnehmen kann, beträgt 10^{-16} Watt pro cm^2; das setzt sich am Trommelfell um in eine Amplitude von etwa 10^{-9} cm – weniger als der Durchmesser eines Wasserstoffatoms!

Es ist kaum vorstellbar, daß unsere Ohren Klänge mit so geringen Amplituden wahrnehmen können. Das Trommelfell reagiert jedoch auf Schallwellen nicht in der Weise, wie man sich das vielleicht vorstellt. Angenommen, die Amplitude einer Schallwelle wird verdoppelt: Hört man sie dann auch doppelt so laut? Nein, das ist nicht der Fall. Zunächst hängt Ihre Wahrnehmungsfähigkeit von der Intensität ab, die das Quadrat der Amplitude ist. Jetzt denken Sie vielleicht, Sie hören den Schall viermal so laut, aber so einfach ist es wieder nicht. Die Wahrnehmung der Lautstärke ist auch nicht der Intensität proportional. Das geeignetste

174

Maß für den Zusammenhang zwischen Intensität und wahrgenommener Lautstärke erhält man, wenn die Intensität in Einheiten ausgedrückt wird, die nach Alexander Graham Bell als Dezibel (dB) bezeichnet werden.

Stellen Sie sich vor, Sie sitzen an einem freundlichen Herbsttag in einem stillen Zimmer. Die Blätter an den Bäumen im Hof rascheln im Wind – Sie können sie hören. Wenn der Wind sich legt, nehmen Sie die Geräusche Ihres stillen Zimmers wahr. Da beginnt plötzlich ein Bautrupp, mit einem ohrenbetäubenden Preßlufthammer die Straße vor Ihrem Arbeitszimmer aufzureißen.

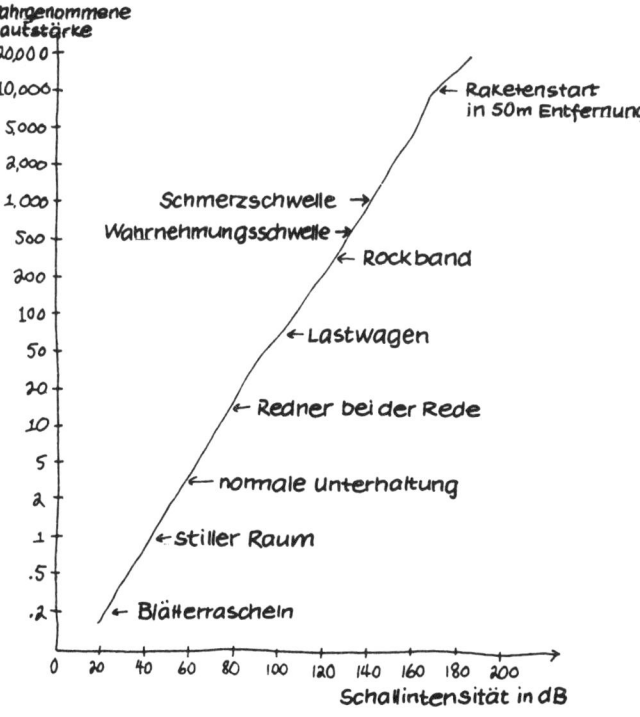

Abbildung 7 Schwellen von Schallereignissen,
wie wir sie hören und wahrnehmen

Jedes dieser Geräusche wird ganz unterschiedlich wahrgenommen. Das stille Zimmer wird mit einer bestimmten Stärke wahrgenommen, die wir mit 1 bezeichnen wollen; sie entspricht einer Schallintensität von 40 dB. Die wahrgenommene Lautstärke der raschelnden Blätter beträgt 0,25 und entspricht einem Dezibel-Wert von 20, die des Preßlufthammers etwa 200 und 115 dB.

Die graphische Darstellung in Abbildung 7 zeigt den Zusammenhang zwischen der von Menschen wahrgenommenen Lautstärke und der Schallintensität. Bei der Ausarbeitung dieser Darstellung habe ich mich auf die Verfahren gestützt, die S. S. Stevens entwickelt hat, der den Zusammenhang zwischen der von Menschen wahrgenommenen Lautstärke und der Schallintensität untersucht hat. Man begreift diesen Zusammenhang am besten, wenn die Intensität in Dezibel ausgedrückt wird. Ein Dezibel entspricht dem Schall, der erzeugt wird, wenn das Trommelfell sich so wenig wie möglich bewegt: wenn es mit einer Amplitude schwingt, die kleiner ist als der Durchmesser eines Wasserstoffatoms. Eine Veränderung der Intensität um den Faktor 10 erzeugt eine Veränderung von 10 dB, eine Intensitätsänderung um den Faktor 100 eine Veränderung von 20 dB.

Eine lineare Steigerung der Schallintensität wird daher nicht als solche wahrgenommen. Eine Schallintensität von 20 dB (raschelnde Blätter), die die Grenze der von Menschen wahrnehmbaren Intensität um das Hundertfache übersteigt, wird mit einer Lautstärke von nur 0,25 wahrgenommen. Eine Schallintensität von 80 dB (ein Redner, der eine Rede hält), die zehn Milliarden Mal die minimale Intensität übersteigt, wird mit 15,8 wahrgenommen. Und eine Schallintensität von 130 dB (eine laute Rockband), die das Zehnbillionenfache der minimalen Intensität beträgt, wird mit 501 wahrgenommen, an der Grenze der Schmerzschwelle.

SCHALLWELLEN WERDEN DURCH EIN MEDIUM VERMITTELT Ohne das Medium, in dem sie sich ausbreiten, würden Schallwellen nicht existieren. Die Klänge, die wir hören, beruhen auf Schwingungen der Luft, des Mediums für die Schallwelle. Schallwellen breiten sich auch im Wasser, im Gehirn, im Muskel, im Fett und im Knochen aus. Die Energie einer Schallwelle ist von den Eigenschaften des Mediums und von der Amplitude der Welle abhängig. Wegen der unterschiedlichen Dichte der Medien breiten sich Schallwellen in ihnen mit unterschiedlicher Geschwindigkeit aus. Tab. 8 gibt Dichte- und Geschwindigkeitswerte von verschiedenen Medien an, die im menschlichen Körper vorkommen.

In der Luft breitet Schall sich mit einer Geschwindigkeit von etwa 331 Metern pro Sekunde aus.

Tabelle 8

Medium	(kg/m³)	(m/sec)
Luft	1,29	331
Wasser	1 000	1 480
Gehirn	1 020	1 530
Muskel	1 040	1 580
Fett	920	1 450
Knochen	1 900	4 040

FREQUENZ IST SCHWINGUNG IST DER KLANG DER MUSIK
Der andere meßbare Faktor in der Physik des Schalls ist die Frequenz von Schallwellen. Eine Schallwelle ist eine mechanische Störung des Mediums; das heißt, sie löst im Medium aufgrund ihres veränderlichen Drucks eine Folge von Ausdehnungs- und Kontraktionsvorgängen aus. Die Luft in der Nähe einer Schallquelle wird also abwechselnd verdichtet und verdünnt. Man bezeichnet diese Veränderungen als longitudinal, weil sie längs der Schallwelle und in der Richtung ihrer Ausbreitung erfolgen.

Die Häufigkeit dieser Verdichtungen und Verdünnungen bezeichnet man als Frequenz der Schallwelle. Wenn Sie Ihr Ohr auf eine Schallwelle ausrichten, wird Ihr Trommelfell mit der Frequenz der Welle zu schwingen beginnen. Die Druckveränderungen veranlassen das Trommelfell, in Resonanz mit ihnen vor- und zurückzuschwingen. Die Frequenzempfindlichkeit des Trommelfells ist allerdings begrenzt: Der Mensch kann Frequenzen zwischen 20 Hertz (Hz) und 20 000 Hz hören (ein Hertz entspricht einer Schwingung pro Sekunde). Mit zunehmendem Alter nimmt die Empfindlichkeit für die höheren Frequenzen ab. Abb. 8 zeigt die Veränderung der Hörempfindlichkeit mit dem Alter.

Die mit dem Alter abnehmende Frequenzempfindlichkeit hat in

manchen Fällen eine recht einfache Ursache, die sich leicht beheben läßt: Es hat sich Ohrenschmalz angesammelt. Je älter wir werden, desto schneller sammelt sich offenbar Ohrenschmalz an. Eine andere mögliche Ursache ist die Otosklerose, die durch ein abnormes Wachstum von schwammigem Knochengewebe am Eingang zum Innenohr hervorgerufen wird. Durch diese Krankheit wird die Basis des Steigbügels unbeweglich, eines winzigen Knochens, den die Schallwellen auf dem Weg ins Innenohr durchlaufen müssen.

Die naturbedingte Abnutzung des Hörmechanismus führt zu einer allmählichen Beeinträchtigung des Hörvermögens, aber nicht unbedingt zu Taubheit, und es gibt dagegen offenbar kein Heilmittel.

Das Ohr und seine Funktionsweise

Das Ohr kann man in drei, nach Lage und anatomischer Funktion verschiedene Gebiete unterteilen. Das *Außenohr* hat die Aufgabe, Schallwellen aufzufangen und zum Trommelfell zu leiten. Weiter innen liegt das *Mittelohr*. Dieses Gebiet beginnt mit dem Trommelfell, und es fungiert als ein mechanischer Umformer. Hier finden sich die drei kleinsten Knochen, die im menschlichen Körper vorkommen, die *Gehörknöchelchen*. Über sie leitet das Mittelohr die Schallinformation an das *Innenohr* weiter, das aus der mit Flüssigkeit gefüllten, spiralförmigen *Schnecke* besteht, die das *Cortische Organ* enthält, den primären

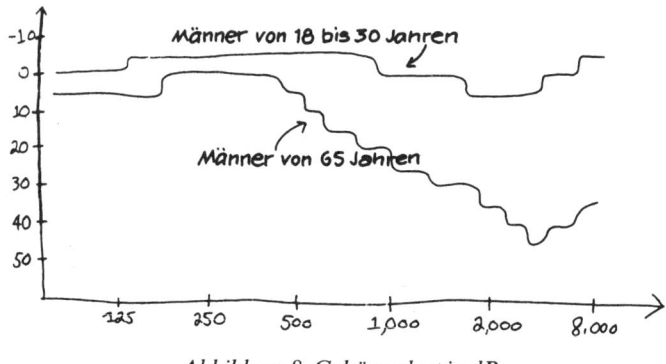

Abbildung 8 Gehörverlust in dB

Schallrezeptor. In ihm liegen winzige Härchen, welche die Schallwellen in elektrische Impulse umwandeln, die dann ans Gehirn weitergeleitet werden.

Nach neueren Forschungen der Physiker William Bialek und Allan Schweitzer ist das Ohr imstande, Schall in einem Bereich wahrzunehmen, der nur durch die Unschärferelation der Quantenphysik begrenzt ist (Bialek, S. 1). Das würde bedeuten, daß das Innenohr als ein quantenmechanisches Instrument funktioniert. Wenn das stimmt, eröffnet sich dem Hörmechanismus eine völlig neue Möglichkeit. Ich glaube nämlich, daß dieser Mechanismus stark durch das determiniert ist, was man in der Quantenphysik den Beobachtereffekt nennt. Kurz, man muß *aufmerksam hinhören*, um das Gehörte zu verstehen. Dazu müssen bestimmte Zellen im Ohr in kohärenter Weise agieren, ganz ähnlich wie die Atome in einem Laser.

Solche quantenphysikalischen Überlegungen führen zu der Erkenntnis, daß es entscheidend auf die Rückkoppelung ankommt. Die Haare im Cortischen Organ müssen sich in einer nicht-gleichgewichtigen Konfiguration befinden, so daß ihre Fähigkeit, kohärent zu agieren, nicht durch normale Temperatureffekte zerstört wird. Ihre gemeinsamen Schwingungen senden eine kohärente Nachricht an das Gehirn, das daraufhin eine Rückmeldung an die Haare in der Schnecke sendet. Erst durch diese Rückkoppelung kommt die Schallwahrnehmung zustande. Ohne Rückkoppelung würde, auch wenn Schallwellen zu diesen Haaren dringen würden, kein Schall wahrgenommen.

DAS AUSSENOHR UND SEINE LEISTUNGEN   Das Außenohr besteht in dem äußeren Gehörgang, der am Trommelfell endet, nicht in dem sichtbaren Teil des Ohrs, an dem Sie Ihre Brille aufhängen. Dies ist die Ohrmuschel, die entfernt werden kann, ohne daß das Gehör nennenswert darunter leidet. Allerdings fängt die Ohrmuschel Schallwellen auf und leitet sie in das Mittelohr.

Das Gestaltungsprinzip der Ohrmuschel wird von den Menschen oft benutzt, um Höreindrücke zu verstärken; Sie legen die Hand um das Ohr und können dadurch eine Intensitätssteigerung von 6 bis 8 dB erreichen.

Für die Schallempfindlichkeit des Ohrs ist jedoch vor allem die Gestalt des Gehörgangs verantwortlich. Der Gang ist etwa 2,5 cm lang und hat den Durchmesser eines Bleistifts (das wird so mancher aus eigener Erfahrung wissen). Der Gehörgang funktioniert ganz ähnlich wie eine winzige, an einem Ende geschlossene Orgelpfeife. Orgelpfeifen schwingen bekanntlich in Resonanz, wenn bestimmte Töne gespielt werden; nach dem gleichen Prinzip erzeugt man einen Ton, wenn man über die Öffnung einer leeren Limonadenflasche hinwegbläst. Der Gehörgang gehorcht ebenfalls diesem Prinzip, und er hat genau die richtige Größe, damit die Klänge, auf die es in der Musik und im Gespräch ankommt, Resonanzschwingungen darin erzeugen können.

Welcher Ton oder welcher Schall in einer Orgelpfeife, oder allgemeiner, in einem Rohr resonant schwingt, das hängt von der Länge des Rohres ab. Resonanz kann entstehen, wenn die Länge des Rohrs wenigstens ein Viertel der Wellenlänge der Schallwelle beträgt. Um zu verstehen, was die Wellenlänge hier bedeutet, stellen Sie sich bitte vor, Sie sitzen in einem Raum, und von einer Schallquelle geht eine Schallwelle aus, die sich in Wellen der Verdichtung und Verdünnung der Luftmoleküle zu allen Ohren ausbreitet, die bereit sind, sie zu hören. Der Abstand zwischen zwei aufeinanderfolgenden Verdichtungen oder Verdünnungen ist die Wellenlänge L. Diese Welle breitet sich mit Schallgeschwindigkeit durch den Raum aus, und daher wird in jeder Sekunde eine bestimmte Zahl von Wellenlängen das Ohr erreichen. Je höher die Geschwindigkeit, desto größer ist die Anzahl der ankommenden Wellenlängen. Teilt man die Schallgeschwindigkeit durch die Anzahl der Wellenlänge, die den Gehörgang erreichen, so erhält man die Anzahl der Schwingungen pro Sekunde, die in den Gehörgang eindringen. Dies ist die Schallfrequenz.

Ihr Gehörgang ist 2,5 cm lang. Das bedeutet, daß er mitschwingen wird, wenn eine ankommende Schallwelle eine Wellenlänge von 10 cm hat. Die Schallgeschwindigkeit beträgt etwa 33 100 cm pro Sekunde. Eine kurze Rechnung ergibt, daß der Gehörgang so beschaffen ist, daß er bei einer Frequenz von 3310 Schwingungen pro Sekunde (3310 Hz) resonant mitschwingt.

Nun hören wir natürlich auch andere Frequenzen, und deshalb ist die Frage, wieso der Gehörgang auf 3310 Hz ausgelegt ist? Versuchen Sie einmal, etwas stärker über die leere Limonadenflasche zu blasen; Sie werden sehen, daß die Flasche dann mit einer höheren Frequenz schwingt. Auch Ihr Gehörgang schwingt bei höheren Frequenzen mit, bei 6620 Hz, bei 9930 Hz und noch höheren. Tiefere Frequenzen erzeugen im Gehörgang keine Resonanz, aber auch solche Wellen werden das Trommelfell erreichen. Der Resonanzeffekt wirkt also, anders gesagt, im Frequenzbereich um 3310 Hz einfach als Schallverstärker, während er tiefere Frequenzen als die Resonanzfrequenz nicht nennenswert dämpft.

Das Trommelfell ist etwa 0,1 mm dick und hat eine Fläche von etwa 65 mm². Es überträgt seine Schwingungen auf die Gehörknöchelchen des Mittelohrs. Es reagiert selbst auf die einfachsten Klangmuster mit einer sehr komplexen, aber ganz geringfügigen Bewegung. Bei ziemlich niedrigen Frequenzen, unterhalb von 2400 Hz, schwingt die Membran als Ganze. Bei Frequenzen über 3100 Hz ändert sich das Schwingungsmuster, und verschiedene Teile des Trommelfells schwingen unabhängig voneinander.

Doch das Hören eines Klanges hängt nicht nur von der Frequenz ab, sondern auch von der Lautstärke oder Amplitude der Schallwelle. Die kleinste noch hörbare Amplitude bezeichnet man als Hörschwelle. Denken Sie bei der Amplitude an die physische Bewegung des schwingenden Trommelfells; diese Schwingung geht nur über eine sehr geringe Distanz. Die Schwingungen an der Hörschwelle haben bei einer Frequenz von 3100 Hz eine Amplitude von nur $3,5 \cdot 10^{-10}$ cm – das ist kleiner als der Durchmesser eines Wasserstoffatoms. Bei wachsender Schallintensität nimmt die Amplitude der Trommelfellschwingung entsprechend zu.

Man kann die durch ein Geräusch erzeugte Schwingungsamplitude des Trommelfells zu der minimalen Amplitude an der Hörschwelle in Beziehung setzen; wir wollen diese Beziehung mit β bezeichnen. Für verschiedene Geräusche kommt man dabei zu ganz erstaunlichen Zahlen: Ein Flüstern von 20 dB ergibt ein β von 10; ein normales Gespräch von 60 dB ergibt ein β von 1000; ein vorbeidonnernder Lastwagen (110 dB) ergibt ein β von 315 000. Ein Geräusch von 130 dB, das an der Schmerzschwelle des Gehörsinns liegt, ergibt ein β von über 3 000 000. Doch selbst an der Schmerzschwelle ist die Schwingungsamplitude des Trommelfells nicht größer als 1106 Millionstel Meter. An der Untergrenze der wahrnehmbaren Frequenzen (20 Hz), bei 80 dB, beträgt die Amplitude des Trommelfells 5,4 Millionstel Meter. Zum Vergleich: Die Wellenlänge des sichtbaren violetten Lichts beträgt 0,4 Millionstel Meter.

Das Hören beruht also auf Schwingungen des Trommelfells von einer sehr kleinen Amplitude. Wir müssen daher mit Bialek und Schweitzer annehmen, daß wir ohne quantenmechanische Kohärenz, ohne die gleichzeitige gemeinsame Schwingung zahlreicher Zellen in einem der Frequenz der Schallwellen entsprechenden zeitlichen Maßstab überhaupt nicht hören würden. Das Hören muß auf quantenmechanischen Vorgängen beruhen.

DAS MITTELOHR: WIE DIE NATUR EIN MISSVERHÄLTNIS ÜBERWINDET Hinter dem Trommelfell liegt das Mittelohr, eine mit Luft gefüllte Kammer, die drei zusammenhängende Knochen, die Gehörknöchelchen, enthält. Diese Knochen wirken als mechanische «Vermittler», sie geben den Schall vom Trommelfell an das Innenohr weiter. Diese Knochen des Mittelohrs sind nötig, weil zwischen dem Schall, der in das Außenohr eindringt, und der Kammer des Innenohrs ein Mißverhältnis besteht; das Mittelohr überbrückt dieses Mißverhältnis.

Das Innenohr besteht aus einer mit Wasser gefüllten Kammer, der Schnecke. Folglich muß das Mittelohr den Schall, der im Außenohr im Medium der Luft existiert, auf irgendeine Weise in Schall umwandeln, der im Innenohr im Medium des Wassers existieren kann. Eine Vorrichtung, die den Schall in diesem Sinne umwandelt, nennt man einen Umformer.

Bevor wir uns damit befassen, welche Bewegungen diese Umwandlerknochen ausführen, sollten wir vielleicht darauf eingehen, was beim Übergang von Luft in Wasser mit den Schallwellen passiert. Die Grenze zwischen Luft und Wasser ist eine Fläche; man spricht von einer Grenzfläche.

Beim Auftreffen einer Schallwelle auf eine Grenzfläche geschieht zweierlei: Die Welle wird teils reflektiert, teils wird sie über die Grenze hinweg weitergeleitet. Wieviel von der Schallenergie reflektiert beziehungsweise weitergeleitet wird, hängt von der jeweiligen Schallgeschwindigkeit in dem reflektierenden beziehungsweise weiterleitenden Medium und der Dichte des jeweiligen Mediums ab. Wasser ist sehr viel dichter als Luft, und die Schallgeschwindigkeit in Wasser ist sehr viel höher als in Luft. Dadurch besteht in der Schall-Leitfähigkeit ein großes Mißverhältnis zwischen Luft und Wasser. Davon können Sie sich durch einen kleinen Versuch im Schwimmbassin leicht überzeugen. Wenn Sie untergetaucht sind, ist es beinahe unmöglich, daß Sie jemanden hören, der Sie von oberhalb der Wasserfläche anruft. Und wenn Sie unter Wasser versuchen, ein Geräusch zu machen, ist davon in der Luft kaum etwas zu hören. Ein Maß für die Fähigkeit, Energie von einem Medium in ein anderes zu leiten, ist die sogenannte Impedanz (Abb. 9).

Dieses gewaltige Mißverhältnis zwischen der Impedanz von Luft und

Wasser macht die Arbeit des Mittelohrs so notwendig; seine Aufgabe ist es, dieses Mißverhältnis dadurch zu überwinden, daß es einen Mechanismus bereitstellt, der das an das Innenohr weitergeleitete Signal verstärkt. Einen solchen Mechanismus bilden auf raffinierte Weise die Gehörknöchelchen. Es sind drei Knochen: der Hammer (lat. *Malleus*, M), der Amboß (*Incus*, I – worauf sonst will ein Hammer schlagen?) und der Steigbügel (*Stapes*, S). Das M-I-S-System insgesamt sorgt aufgrund der physikalischen Gesetze der Mechanik für die notwendige Verstärkung.

Es funktioniert folgendermaßen: M ist mit dem Trommelfell verbunden, und wenn das Trommelfell schwingt, bewegt M sich folglich hin und her. Der Wirkungsquerschnitt von M ist genauso groß wie die Fläche des Trommelfells, etwa 65 mm². M ist nun mit I verbunden, das wiederum mit S verbunden ist. Der Steigbügel S ist mit einem ovalen Fenster verbunden, dem Eingang zum Innenohr. Damit wir sie hören, muß die Schallinformation durch das Fenster hindurch. Das Fenster ist ein Bestandteil der Schnecke. An dieser Stelle hat die Natur für eine Schallverstärkung gesorgt, und zwar dadurch, daß sie das ovale Fenster kleiner gemacht hat als das Trommelfell. Die Querschnittsfläche des ovalen Fensters beträgt nur 3,2 mm².

Die Verstärkung beruht auf der mechanischen Vorteilsregel, die Sie zum Beispiel anwenden, wenn Sie einen Nagel in die Wand hämmern oder wenn Sie eislaufen oder skilaufen; der «Vorteil» hängt davon ab, wie eine Kraft über eine Fläche verteilt wird. Ein und dieselbe Kraft erzeugt auf einer großen Fläche einen kleineren Druck als auf einer kleinen Fläche. Eine Kraft von 10 kg, auf eine Fläche von 1 m² angewandt, erzeugt einen Druck von 10 kg pro m². Wird die gleiche Kraft auf eine Fläche von 1 mm² angewandt, so steigt der Druck auf 10 Millionen kg pro m².

Deshalb schneidet ein Schlittschuhläufer eine Bahn in das Eis, wäh-

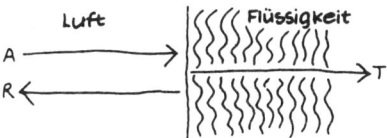

Abbildung 9 Schallwellen beim Übertritt von Luft in Flüssigkeit

rend jemand mit normalen Schuhen keine Spur hinterläßt. Aus dem gleichen Grund entsteht, wenn man mit dem Hammer gegen die Wand schlägt, nur eine Delle, während ein Schlag auf den Nagel diesen in die Wand treibt. Die gleiche Kraft wirkt auf eine kleinere Fläche, die Fläche des Nagelkopfes, und erzielt dadurch einen größeren Druck. Der Skiläufer nutzt die mechanische Vorteilsregel im umgekehrten Sinne – er nutzt einen negativen mechanischen Vorteil. Er verteilt sein Gewicht auf eine größere Fläche, die Fläche der Skier, übt dadurch einen geringeren Druck aus und kann so leichter über den Schnee hinweggleiten. Auch Schneeschuhe machen sich den negativen mechanischen Vorteil zunutze; Sie können damit, anders als mit gewöhnlichen Schuhen, über den Schnee gehen, ohne einzusinken.

Das M-I-S-System funktioniert genauso: Ein mit geringer Intensität auf das Trommelfell treffender Schall entspricht einem geringen Druck auf die Membran. Dieser Druck, mit der Fläche des Trommelfells multipliziert, ergibt die Kraft, die auf das M-I-S-System ausgeübt wird. Dieses leitet die Kraft weiter zum ovalen Fenster, und dort ergibt die Kraft, durch die kleinere Fläche des ovalen Fensters geteilt, einen größeren Druck. Die Druckverstärkung am ovalen Fenster entspricht einer Intensitätssteigerung um den Faktor 400.

Ein weiterer Vorteil erwächst aus der Art der Verbindung der M-I-S-Knochen. Sie bilden zusammen ein Hebelsystem, das eine zusätzliche Intensitätssteigerung von etwa 29 dB ermöglicht. Auf diese Weise vollbringt das Mittelohr sein kleines Wunder: Es gleicht den 30-dB-Verlust, der durch das Mißverhältnis der Impedanzen von Luft und Wasser entstand, nahezu aus.

DAS INNENOHR: UMWANDLUNG VON SCHALL IN ELEKTRIZITÄT Das Innenohr, das aus einem kleinen, spiralförmigen Organ, der Schnecke, besteht, ist tief im Schädelknochen verborgen. Die Schnecke ist wahrscheinlich das am besten geschützte Organ des Menschen. Es ist gefüllt mit einer klaren Flüssigkeit, der *Perilymphe*, die chemisch der zerebrospinalen Flüssigkeit verwandt ist, von der das Gehirn und das Rückenmark umspült werden; physikalisch ist sie nicht sehr verschieden von Wasser. Je weiter wir vordringen, desto mehr nähern wir uns einem Übergang von der luftigen Außenwelt zu der flüssigkeitsgefüllten elektrischen Innenwelt des Gehirns und des Nervensystems. Das Innenohr ist die erste Etappe dieser Reise.

Das ovale Fenster bildet den Eingang zur Schnecke, die eigentlich

Bestandteil eines größeren Gebildes ist, des knöchernen Labyrinths, das sich aus den Bogengängen und der Schnecke zusammensetzt. Die Bogengänge bilden drei Schleifen, die Perilymphe enthalten; sie dienen nicht dem Hören, sondern dem Gleichgewichtssinn. Jede der Schleifen liegt in einer Ebene, und die drei Ebenen stehen senkrecht zueinander wie die Wände und die Decke in der Zimmerecke. Dieser «Drei-Manegen-Zirkus» kann Körperbewegungen in jeder beliebigen Richtung im Sinne der drei Raumdimensionen analysieren. Dadurch ist es uns möglich, bei Bewegungen das Gleichgewicht zu halten.

Eine Achterbahnfahrt wird Ihnen die Wirkungen dieses Zirkus rasch zu Bewußtsein bringen. Während der Fahrt oder anschließend wird Ihnen schwindelig, weil die Flüssigkeit in den Gängen Ihrem Gehirn nicht richtig mitteilen kann, in welche Richtung Ihr Körper sich gerade bewegt. Auch Luftkrankheit und Seekrankheit beruhen auf dieser Kommunikationsstörung. Das Problem besteht darin, daß die in allen drei Ringen zirkulierenden Flüssigkeiten widersprüchliche Meldungen an das Gehirn geben. Durch Medikamente können diese Meldungen unterbunden werden, so daß man trotz einer schwindelerregenden Situation nicht grün anläuft. Eine Bewegung des Kopfes in der horizontalen Ebene läßt die Flüssigkeit in dem horizontalen Ring kreisen; die Flüssigkeit in den anderen Gängen kreist dabei nicht, weil diese senkrecht zur Bewegungsrichtung stehen. Ähnlich verhält es sich bei Bewegungen in den anderen Richtungen.

Doch zurück zum Gehör. Die Schnecke schickt Schallinformationen zum Gehirn, indem sie Schallwellen in elektrische Signale umwandelt, die von den Nerven weitergeleitet werden. Die Schnecke ist ein spiraliges Gebilde, das Zellen enthält, die als akustische Rezeptoren wirken. Die durch die eintreffende Schallwelle hervorgerufene Bewegung des ovalen Fensters bewirkt Druckänderungen in der Schneckenflüssigkeit. Diese Druckänderungen werden von den akustischen Rezeptoren umgewandelt.

Eigentlich besteht die Schnecke aus drei getrennten Kammern, die zu einer Spirale zusammengerollt sind. Man muß sich klarmachen, daß das gesamte knöcherne Labyrinth einschließlich der Schnecke in Wirklichkeit ein Hohlraum innerhalb eines Knochens ist. Die akustischen Eigenschaften der Schnecke haben nichts mit ihrer Spiralform zu tun, durch die die Natur lediglich Platz gespart hat (gestreckt wäre die Schnecke rund 3 cm lang).

Die wichtigste Struktur innerhalb der Schnecke ist die *Basilarmem-*

bran. Eine zum ovalen Fenster gelangende Schallwelle löst eine wellenartige Bewegung in der Basilarmembran aus, die entsprechend der Frequenz des eintreffenden Signals schwingt. In der Membran liegen sogenannte Haarzellen, von denen winzige Cilien ausgehen; in der Schnecke gibt es insgesamt über 23 000 solcher Zellen. Durch die Schwingungen der Basilarmembran werden die Cilien seitwärts gebogen, ganz ähnlich wie die Halme eines Weizenfeldes, über das der Wind streicht. Je nachdem, welcher Teil der Basilarmembran erregt wird, entstehen verschiedene elektrische Impulse. Eine Welle von hoher Frequenz, die am Ende der Schnecke ankommt, löst im Nervensystem nicht etwa einen elektrischen Impuls von entsprechend hoher Frequenz aus. Daß es sich um ein Signal von hoher Frequenz handelt, drückt die angeregte Region vielmehr durch eine *Serie* von Impulsen aus. Bei Frequenzen unter 1000 Hz hat der Nervenimpuls jedoch die gleiche Frequenz wie die Schallwelle.

Körperbilder durch Schall

Schallwellen können, wie alle Wellen, von unterschiedlicher Wellenlänge und Frequenz sein. Während das menschliche Ohr, wie schon gesagt, nur auf Frequenzen zwischen 20 und 20 000 Hz reagiert, können Fledermäuse Schallwellen zwischen 30 000 und 100 000 Hz (30 bis 100 kHz) erzeugen und hören. Gemäß der Beziehung zwischen Frequenz und Wellenlänge nimmt die Wellenlänge bei steigender Frequenz ab:

$$\text{Wellenlänge} = \frac{\text{Schallgeschwindigkeit}}{\text{Frequenz}}$$

Bei einem Schall, dessen Frequenz im Bereich von Millionen Hertz oder Megahertz liegt, spricht man von Ultraschall, er ist für das menschliche Ohr unhörbar. Eine Schallwelle wird beim Übergang von einem Medium in ein anderes, wie schon gesagt, teils reflektiert und teils weitergeleitet, und das gilt auch für den Ultraschall. Nun hat der Ultraschall aber wegen seiner hohen Frequenz eine kurze Wellenlänge, und dank dieser Eigenschaft, zu der noch seine Reflexionsfähigkeit hinzukommt, können wir mit Ultraschall in den Körper hineinschauen.

Tabelle 9 zeigt die Wellenlängen von Ultraschall in verschiedenen Medien des Körpers, wenn mit einer Schallwelle von einem Megahertz Ultraschallaufnahmen gemacht werden.

Die «Durchleuchtung» des Körpers mittels Ultraschall beruht auf derselben Idee, die sich auch Fledermäuse und mit Sonargerät ausgestattete Seeschiffe zunutze machen. Ein Umformer, der zugleich als Empfänger dient, erzeugt außerhalb des Körpers ein Signal. Der Umformer wird in direkten Kontakt mit der Körperoberfläche gebracht, und auf die Haut wird Wasser oder Gel aufgetragen, damit keine Luftschicht zwischen Umformer und Haut die Ultraschallwellen reflektiert. Die erzeugten Schallwellen werden durch den Körper geleitet und stoßen schließlich auf die Oberfläche eines Objekts, etwa eines Fötus oder eines Organs. Dort wird das Signal wegen der unterschiedlichen Impedanz an der Grenze des Objekts reflektiert. Das reflektierte Signal braucht für den Rücklauf zum Umformer eine gewisse Zeit, aus deren Dauer man die Entfernung zwischen dem Objekt und dem Umformer schließen kann. Wenn man den Umformer über die Körperoberfläche führt, erhält man eine Reihe von Signalen, die, zu einem Bild zusammengesetzt, das Objekt in seinen Umrissen erkennen lassen.

Tabelle 9

Medium	Frequenz (MHz)	Wellenlänge (mm)
Luft	1	0,331
Wasser	1	1,480
Gehirn	1	1,530
Muskel	1	1,580
Fett	1	1,450
Knochen	1	4,040

Ein Beispiel für eine häufige Anwendung: Der Arzt möchte in den Uterus einer schwangeren Frau schauen, um Größe und Gestalt des Fötus zu bestimmen. Er kann auf diese Weise feststellen, wie weit die Schwangerschaft fortgeschritten ist, Zwillinge entdecken, bei dem Verdacht auf intrauterine Unterentwicklung den Entwicklungsstand des Kindes feststellen, in der letzten Schwangerschaftsphase die Lage des Kindes in der

Gebärmutter ermitteln, beim Verdacht auf Mutterkuchenvorfall (die Placenta würde sich, wenn der Kopf des Fötus in den Gebärmutterhals eintritt, davorschieben) die Lage der Placenta feststellen oder Mißbildungen des Fötus erkennen.

Kurz, Ultraschall ist das mit den geringsten Eingriffen verbundene apparative Verfahren zur Erlangung von Bildern und zur Feststellung krankhafter Zustände innerer Organe. Die kurzen Stöße von ultrahochfrequenten Schallwellen wirken wie ein unterseeisches Sonar, das aus dem zurücklaufenden Echo Bilder erzeugt. Die Bilder werden aufgrund der unterschiedlichen Laufzeiten der Schallwellen konstruiert, die ihrerseits durch die unterschiedliche Dichte und Elastizität der Gewebe bedingt sind, von denen diese Wellen reflektiert und weitergeleitet werden. Aus diesen Unterschieden wird, ausgehend von den akustischen Eigenschaften der entsprechenden Organe, deren Größe und Gestalt erschlossen. Häufige Anwendung findet dieses Verfahren bei der Überwachung der fötalen Entwicklung, der Feststellung von Tumoren und der Diagnose von Herzrhythmusstörungen.

18. Was ich sehe, das glaube ich

Stärker als jeder andere unserer Sinne beherrscht unser Gesichtssinn unser Leben. Wir sind regelrechte Augengeschöpfe, und wir denken sogar in visuellen Begriffen. Wenn wir etwas verstanden haben, sagen wir «Das sehe ich ein», und wir beherzigen das alte Sprichwort «Was ich sehe, das glaube ich». Der Zauberkünstler weiß, daß wir unseren Augen mehr trauen als unseren anderen Sinnen, und kann uns mit optischen Täuschungen leicht hinters Licht führen. Unsere Augen können uns zwar auch Streiche spielen, aber dennoch ist das Sehen unser schärfster Sinn.

Die Physik des Lichts: Eine Grenze zwischen klassischer und Quantenphysik

Das Auge ist beim normalen Sehen ständig in Bewegung. Es sind ganz winzige und unwillkürliche Bewegungen, die auch dann weitergehen, wenn das Auge ein Objekt fixiert hat. Aufgrund dieser zuckenden Bewegung ist das Bild auf der Netzhaut des Auges ebenfalls ständig in Bewegung.

Drei Forscher von der McGill-Universität in Kanada, D. O. Hebb, Woodburn Heron und Roy Pritchard, haben mit einem ausgeklügelten Verfahren untersucht, was geschehen würde, wenn die Ergebnisse dieser Bewegung ausgeschlossen würden. Was würde, anders gesagt, geschehen, wenn das Bild auf der Netzhaut auf irgendeine Weise zur Ruhe gebracht würde? Um das herauszufinden, brachten sie einen winzigen Projektor, der ein Bild auf eine Kontaktlinse projizierte, auf der Horn-

189

haut des Auges an. Da die Linse die zuckenden Bewegungen des Auges mitmachte, blieb das Bild, das von der Netzhaut gesehen wurde, trotz der zuckenden Bewegungen des Auges örtlich fixiert.

Die Ergebnisse dieses Versuches bestätigen einige interessante Hypothesen. Eine davon besagt, daß die Bildwahrnehmung auf Erfahrung beruht. Ein Mensch, dem man von Geburt an die Augen verbunden hat, wird dementsprechend nicht begreifen, was er sieht, wenn man ihm plötzlich die Augenbinde abnimmt. Nach einer anderen Hypothese bedarf es keiner Erfahrung für die Bildwahrnehmung; das Gehirn verfügt nach dieser Hypothese von vornherein über eigene, primitive Muster der visuellen Wahrnehmung. Eines dieser Muster betrifft zum Beispiel die Unterscheidung von senkrechten und waagerechten Linien. Das Sehen wird hier als das Ergebnis einer «Summierung» der getrennten, primitiven Muster, die zu einem Bild zusammengefügt werden, verstanden.

Wie sich gezeigt hat, kann man die visuelle Wahrnehmung nur dann vollständig erklären, wenn man diese beiden, einander scheinbar widersprechenden Ansichten zusammennimmt.

Wie sind die kanadischen Forscher bei ihrem Experiment vorgegangen? Der liegenden Versuchsperson wurde ein Auge mit einem Heftpflaster zugeklebt, während auf dem anderen die präparierte Kontaktlinse angebracht wurde. Auf einem winzigen Schirm, der an der Kontaktlinse befestigt ist, erscheint nun ein Bild, das die Versuchsperson betrachtet. Der Brennpunkt ist so justiert, daß sich auf der Netzhaut der Versuchsperson ein scharfes Bild ergibt. Es gleicht dem Bild eines winzigen Diaprojektors, das unerschütterlich stehen bleibt, gleichgültig, wie sehr die Versuchsperson auch zwinkert oder das Auge bewegt.

Die kanadischen Forscher fanden bei ihren Versuchen mit dem stabilisierten Bild heraus, daß sich das Abbild einer einfachen Figur, etwa einer Linie, schnell verflüchtigte und dann wieder erschien. Auch kompliziertere Figuren verschwanden und traten wieder auf, manchmal vollständig, oft aber teilweise. Wie lange die Abbildung bestehen blieb, hing von der Kompliziertheit des Bildes ab.

Das Verschwinden der gesamten Abbildung läßt sich mit der ganzheitlichen oder Gestalt-Hypothese erklären. Wenn das Gehirn ein und dieselbe Sache immer wieder sieht und nichts Bedrohliches dabei empfindet, wird es dieser Sache «überdrüssig» und ignoriert sie einfach. Daß das Bild manchmal insgesamt verschwindet, deutet darauf hin, daß beim Sehen ein vollständiges Bild wahrgenommen wird. Andererseits ergab sich bei dem Versuch jedoch auch, daß nicht das gesamte Bild verschwand. Einzelne Teile wurden weiterhin wahrgenommen. Beim Betrachten eines Würfels konnten beispielsweise die senkrechten Linien verschwinden, während die waagerechten Linien wie das Grinsen der «Grinsekatze» in *Alice im Wunderland* zurückblieben. Das spricht für die zweite Hypothese, daß Bilder aus Elementen zusammengesetzt sind und das Ganze nur als die Summe seiner Teile gesehen werden kann.

Die Ergebnisse dieser Versuche stützen demnach die beiden theoretischen Erklärungen der visuellen Wahrnehmung, und es hat den Anschein, daß die beiden komplementär sind, ähnlich wie in der Quantenphysik die Wellen- und die Teilchentheorie komplementär sind. Die klassische Physik hatte zunächst gelehrt, daß die Materie entweder aus Wellen oder aus getrennten Teilchen besteht. Die Quantenmechanik brachte diese beiden Theorien dann miteinander in Einklang. Damit entzog sich jedoch die Quantenmechanik dem unmittelbaren Verständnis. Jetzt sind beide Erklärungen gültig: Die Materie existiert sowohl als Wellen als auch als Teilchen, und es hängt vom Beobachtungsverfahren ab, welches der Fall ist.

Wodurch wird bestimmt, ob man bei einem quantenphysikalischen Experiment eine Welle oder ein Teilchen sieht? Es hängt von einer Entscheidung ab, die der *Beobachter* trifft. Entscheidet er sich für die Welle, dann muß die Versuchsapparatur so eingerichtet werden, daß ein vollständiges Wellenmuster beobachtet werden kann. Dabei wird man dann aber kein Teilchen zu sehen bekommen. Entscheidet man sich dagegen für ein Teilchenexperiment, so zerbricht das Wellenmuster, und es ist keinerlei Welleneinfluß zu erkennen. Das ist natürlich grob vereinfacht. Es ist aber auf keinen Fall möglich, bei *einem* Experiment sowohl Welle als auch Teilchen zu beobachten.

Es könnte sehr wohl sein, daß die visuelle Wahrnehmung auf einem ähnlichen Dualismus beruht, ja, es könnte sogar, da wir es mit Licht zu tun haben, derselbe Dualismus sein. Die Wahrnehmung des Gesamtbildes könnte darauf beruhen, daß der Geist die Wellenaspekte des Lichts wahrzunehmen vermag. Man darf dabei allerdings nicht eine direkte Entsprechung zwischen einer einzelnen Lichtwelle und ihrer Wahrnehmung annehmen. Möglicherweise nimmt das Gehirn aufgrund der Interferenzmuster zahlreicher Lichtwellen ein Hologramm wahr. Werden dagegen die einzelnen Teile des Bildes wahrgenommen, so könnte ein Teilchen-Wahrnehmungsapparat im Gehirn dafür verantwortlich sein.

Auch hier darf man nicht an eine direkte Entsprechung denken. Der Geist sieht getrennte Teile, weil viele getrennte Photonen (Lichtteilchen) beteiligt sind. Vermutlich liegt die Wahrheit irgendwo zwischen diesen beiden Extremen.

Noch etwas spricht dafür, zwischen den beiden Experimenten eine Parallele zu ziehen. In der Quantenphysik entscheidet der Experimentator, ob er Welle oder Teilchen zu sehen bekommt. Beim Experiment zur visuellen Wahrnehmung entscheidet der Betrachter, ob er das ganzheitliche Muster verschwinden sieht oder ob er bloß getrennte Linien sieht.

Wir tappen heute noch immer im dunkeln, was das Sehen betrifft. Wie ein Bild wahrgenommen wird, ist weiterhin ein Rätsel. Die Nervenbahnen, die bei der Erzeugung eines Bildes erregt werden, sind inzwischen bekannt, aber die Frage bleibt: *Wo ist der Wahrnehmende?* Da die visuelle Wahrnehmung offenbar erfordert, daß eine ganzheitliche Gestalt und ihre zahlreichen Teile miteinander in Einklang gebracht werden, könnten auch hier die Gesetze der Quantenphysik maßgebend sein. Das hieße, daß der Wahrnehmende an der Entstehung des Bildes, das er sieht, beteiligt ist. In der Quantenphysik kann der Wahrnehmende wegen des Welle-Teilchen-Dualismus der Materie eine Entscheidung treffen. Er kann den Wellen- oder Gestaltaspekt der Materie betrachten, oder er kann den «Teilchen»- oder Detailaspekt der Materie betrachten. Was er wahrnimmt, hängt von seinem Vorgehen ab.

In diesem Kapitel hoffe ich, das Geheimnis des Sehens ein wenig aufzuklären, insbesondere die Fähigkeit des Farbensehens. Dabei wird sich zeigen, daß die Farbwahrnehmung letztlich auf einem recht einfachen Quantenprozeß beruht, den man heute recht gut versteht. Ich hoffe außerdem zeigen zu können, daß das Farbensehen sich im Laufe von Jahrtausenden entwickelt hat und daß seine Entwicklung auch heute noch anhält.

Diese Entwicklung ist ein weiterer Anhaltspunkt für die Wirksamkeit des Körperquants.

Das Farbensehen – ein Quantenprozeß

Das Auge reagiert auf Reize in einem sehr kleinen Schwingungsbereich der elektromagnetischen Energie, dem optischen Bereich des elektromagnetischen Spektrums. Wie die Schwingungen der Schallwellen, so sind auch die optischen Schwingungen durch zwei zusammenhängende Begriffe gekennzeichnet: Wellenlänge und Frequenz.

Das gesamte elektromagnetische Spektrum umfaßt viele Längenwellen; es reicht von etwa 0,00005 Nanometer (das ist kleiner als der Kern eines Atoms, ein Nanometer ist ein Milliardstel eines Meters) bis zu etlichen Kilometern. Man kann den optischen Bereich sowohl durch die Frequenz als auch durch die Wellenlänge charakterisieren, doch am besten beschreibt man ihn durch die Wahrnehmung der sichtbaren elektromagnetischen Energie, die die meisten von uns kennen. Was wir wahrnehmen, ist natürlich die Farbe.

Jeder Farbe entspricht eine bestimmte Wellenlänge und eine bestimmte Frequenz. Der Zusammenhang zwischen beiden ist überaus einfach: Multipliziert man die Frequenz des Lichts mit seiner Wellenlänge, so ergibt sich eine Konstante, und diese Konstante ist die Lichtgeschwindigkeit in dem Medium, in dem das Licht sich fortpflanzt. Alle Farben des Lichts pflanzen sich demnach in einem beliebigen Medium, auch in der Glaskörperflüssigkeit, die das Innere unseres Augapfels füllt, mit der gleichen Geschwindigkeit fort.

Der optische Bereich der elektromagnetischen Energie, den wir als Licht bezeichnen, erstreckt sich in etwa zwischen den Wellenlängen 390 nm (als Violett wahrgenommen) und 730 nm (Rot). Unsere Augen enthalten zwei Arten von Lichtrezeptoren. Aufgrund ihrer physischen Gestalt bezeichnet man diese speziellen Zellen als Stäbchen und Zapfen. Die Stäbchen sind empfindlich für Farben im Gelb-Grün-Bereich, entsprechend Wellenlängen um 505 nm. Von den Zapfen gibt es drei Arten: Typ A, die «blauen» Zapfen, ist am empfindlichsten für 450 nm; Typ B, die «grünen» Zapfen, ist empfindlich für 525 nm; Typ C, die «gelben» Zapfen, reagiert auf Licht von 555 nm.

Die Physiker entdeckten zu Beginn der 1920er Jahre eine ganz paradoxe Eigenschaft des Lichts. Es zeigt sowohl Merkmale von Teilchen als auch von Wellen. Die Wellenmerkmale kann man durch die Frequenz und die Wellenlänge beschreiben, die Teilchenmerkmale aber nicht. Um ein Teilchen zu beschreiben, geben die Physiker seinen *Ort* und seinen *Impuls* an, also die Stelle, an der es gemessen wird, und die Wucht, mit der es auf ein anderes Objekt aufprallt.

Die Teilchen des Lichts heißen *Photonen*; sie pflanzen sich im leeren Raum geradlinig mit Lichtgeschwindigkeit, ebenso schnell wie Lichtwellen, fort.

Der Zusammenhang zwischen Wellen- und Teilchenmerkmalen

wurde in zwei einfache Beziehungen gefaßt: $E = h\nu$ und $p = h/\lambda$; dabei ist E die Energie des Photons, p der Impuls, h ist eine Konstante, die Plancksche Konstante, ν ist die Frequenz der Lichtwelle und λ die Wellenlänge. Diese Beziehungen beschreiben links vom Gleichheitszeichen das Teilchenverhalten, rechts die Wellenmerkmale des Lichts. Diese Beziehungen, in denen die komplementäre Natur der physikalischen Welt festgehalten ist, sind das Fundament der Quantentheorie oder Quantenphysik.

Unsere Augen sind tatsächlich quantenphysikalische Instrumente, die sowohl das wellenartige als auch das teilchenartige Verhalten des Lichts wahrnehmen können. Sie sind in der Tat so beschaffen, daß beide Beschreibungen zweifelsfrei funktionieren. In der Regel stellt man sich das Licht, das sich von einem Ort zum anderen fortpflanzt, am besten als eine Welle vor, die durch Wellenlänge und Frequenz charakterisiert ist. Wenn Licht dagegen auf ein Objekt trifft oder absorbiert wird, stellt man es sich am besten als ein Teilchen vor, das einen Ort und eine bestimmte Energie hat.

Wenn Licht in das Auge gelangt, durchwandert es zunächst die Linse. Dank der Krümmung der Linse kann das Auge Licht auf die Netzhaut bündeln: Je größer die Krümmung, desto schärfer wird es gebündelt. Den Abstand zwischen dem Linsenmittelpunkt und jenem Punkt, in dem Licht von einem fernen Objekt gebündelt wird, bezeichnet man als Brennweite.

Die Physik der Linsen läßt sich am besten mit dem Wellenbild des Lichts erklären. Lichtwellen, die durch ein transparentes Medium wandern, etwa die Augenlinse oder Quarzglas, erleiden ein Wellenphänomen, die *Streuung*. Das bedeutet, daß die Wellen sich je nach ihrer Wellenlänge mit unterschiedlicher Geschwindigkeit durch das Medium bewegen. Wenn weißes Licht (das viele Farben enthält) durch eine Linse wandert, zerfällt es in seine einzelnen Farben; auf diese Weise läßt Wasserdampf einen Regenbogen entstehen. Aufgrund der Streuung läßt sich das Licht schlecht bündeln – die Linse kann nicht alle Farben gleichermaßen bündeln. Einige Farben werden vor der Netzhaut, andere hinter ihr gebündelt. Wenn man als Mittel die Bündelung von gelbem Licht nimmt, dann wird rotes Licht hinter der Netzhaut, blaues Licht vor der Netzhaut gebündelt.

Wenn die Linse die einzelnen Farben derart unterschiedlich bündelt, müßte man eigentlich einige Farben verschwommen sehen. Wenn Sie oft ins Kino gehen, haben sie dieses Verschwimmen wahrscheinlich schon erlebt, besonders bei Szenen an Bord eines U-Boots, wenn während eines Angriffs die rote Sicherheitsbeleuchtung eingeschaltet ist. Die vorwiegend rote Beleuchtung läßt alles verschwommen erscheinen. Ebenso wirken rote Kleider im Fernsehen verschwommen. Diese Unschärfe wird jedoch nur in extremen Situationen zu einem Problem, wenn das eintreffende Licht vorwiegend von einem Ende des Spektrums stammt. Bei normalen Lichtverhältnissen überwiegt weder rotes noch blaues Licht, und das Auge bündelt die Strahlen korrekt.

Nachdem das Licht die Linse und die Glaskörperflüssigkeit durchquert hat, trifft es auf die Netzhaut, und um die nun folgenden Etappen des Sehvorgangs zu beschreiben, muß man auf das Teilchen- oder Photonenbild des Lichts zurückgreifen.

Die Quantenempfindlichkeit des menschlichen Photonendetektors

Wie nehmen wir das Licht wahr? Daß Licht auf unsere Netzhaut fällt, bemerken wir offenbar schon, wenn nur *zwei Photonen* auftreffen. Schon eine so geringe Zahl von Einzelvorgängen können wir bewußt registrieren. Eingedenk der Quantennatur der Hörschwelle und angesichts der Tatsache, daß es eine Sehschwelle gibt, drängt sich der Schluß auf, daß beide – und möglicherweise alle unsere – Sinnesvermögen Quantenprozesse sind, die die Beteiligung des Bewußtseins voraussetzen. Irgendwo in dem Geflecht zwischen Gehirn und Netzhaut hält sich ein bewußter Beobachter versteckt. Vielleicht steckt dieser Beobachter in dem molekularen Aufbau des Nervensystems selbst, das die Netzhaut und den Sehnerv einschließt. Aufgabe dieses Beobachters ist es, die Wellennatur des Lichts in ein Teilchenereignis auf der Netzhaut umzuwandeln. Das ist der zuvor beschriebene Beobachtereffekt der Quantenphysik. Ohne ihn würde das Licht auch nach dem Auftreffen auf die Netzhaut seine Wellenform beibehalten!

Vielleicht ist es an dieser Stelle angebracht, kurz den Übergang von der Welle zum Teilchen zu erläutern. Wenn ein Materieteilchen von einem Ort zum anderen wandert, geschieht das nach der Quantenphysik in Gestalt einer Welle, die sich im Raum ausbreitet, ganz ähnlich wie die Welle, die von einem Stein ausgelöst wird, den man in einen Teich wirft. Die Welle wird sich auf diese Weise weiter ausbreiten, bis ein Beobachter mit ihr in Wechselwirkung tritt. In diesem Augenblick kollabiert die Welle zu einem einzigen Punkt, genau dort, wo das Instrument des Beobachters sich befindet. Nach Ansicht mancher Physiker tritt der menschliche Geist mit den Materiewellen in unserem Gehirn in eine ähnliche Wechselwirkung: Der Geist beobachtet, und die Materiewellen kollabieren. Die menschliche Netzhaut könnte den Geist repräsentieren, der Lichtwellen zu einzelnen Photonen kollabieren läßt, die dann auf der Netzhaut als Punkte erscheinen.

Tabelle 10 zeigt, wie viele Photonen nötig sind, um in einer Stäbchen-Lichtrezeptor-Zelle eine Lichtwahrnehmung auszulösen.

Tabelle 10

Wellenlänge	Anzahl der Photonen	Empfindlichkeit
400 (Violett)	57	0,0175
450 (Blau-Violett)	18	0,0565
500 (Blau)	10	0,1000
550 (Grün-Gelb)	20	0,0505
600 (Rot)	192	0,0052

Licht muß, damit wir es sehen, in Photonengestalt auftreten. Die Photonen treffen auf empfindliche Zellen, die Lichtrezeptoren. Die Anzahl der für einen Lichteindruck erforderlichen Photonen hängt, wie man aus der Tabelle ersieht, von der Wellenlänge ab. Die größte Empfindlichkeit besitzt das Stäbchen bei 500 nm, denn für eine Wahrnehmung in diesem Bereich sind nur etwa 10 Photonen erforderlich. Je geringer die Anzahl der Photonen, die eine Reaktion auszulösen vermag, desto höher ist die Empfindlichkeit (die angegebenen Zahlen sind Mittelwerte aus einer Reihe von Experimenten).

Die Tatsache, daß der Stäbchenrezeptor, um identische Reaktionen auszulösen, 192 rote Photonen (bei 600 nm), aber nur 10 blaue Photonen (bei 500 nm) benötigt, ist ein direktes Maß einer quantenphysikalischen Größe, der Wahrscheinlichkeit. Die Stäbchenzellen enthalten ein Pigment, das *Rhodopsin*, das aus zwei Molekülen besteht, dem *Opsin* und dem *Chromophor*. Von dem Chromophor hängt es ab, ob wir sehen; dieses Molekül kann, von der Photonenenergie angeregt, eine quantenphysikalische Transformation erfahren.

Das Molekül reagiert allerdings nicht, wenn die Energie des Photons zu groß oder zu klein ist. Ein ganz ähnliches Phänomen liegt bei der Resonanz einer Klaviersaite vor. Von einem Hammer angeschlagen, erzeugt jede Saite einen bestimmten Ton. Wird ein ganz ähnlicher Ton gespielt, so schwingt die Saite in Resonanz mit, wird ein ganz anderer Ton gespielt, so bleibt sie stumm.

In der Quantenphysik gibt es einen ähnlichen Effekt, nur daß die Quantenphysiker es mit Wahrscheinlichkeiten der Resonanz und nicht mit wirklichen Resonanzen zu tun haben. Photonen mit Wellenlängen von 500 nm lösen im Chromophor eine Resonanz aus, während Photonen mit größerer oder kleinerer Wellenlänge etwas außerhalb dieses Resonanzbereichs liegen. Daher ist die Wahrscheinlichkeit, daß die Transformation durch ein Photon von 400 oder 600 nm ausgelöst wird, geringer als bei einem Photon mit einer Wellenlänge von 500 nm. Folglich sind, um die Transformation auszulösen, mehr Photonen von 400 oder 600 nm erforderlich.

Man kann bei der Wechselwirkung zwischen Photon und Chromophor an einen Münzwurf denken: Liegt Kopf oben, hat eine Transformation stattgefunden, liegt Zahl oben, hat das Photon nichts ausgerichtet. Angenommen, wir werfen für die Wechselwirkung mit einem Photon von 400 nm Markstücke, für ein Photon von 500 nm Fünfziger und für ein Photon von 600 nm Zehner. Die Markstücke sind so präpariert, daß bei hundert Würfen im Mittel nur zweimal Kopf erscheint; die Fünfziger sind so präpariert, daß bei ebenfalls hundert Würfen nur zehnmal Kopf erscheint; die Zehner ergeben bei zweihundert Würfen nur einmal Kopf. Diese Häufigkeiten entsprechen den in der Tabelle angeführten Empfindlichkeiten.

Jetzt füllen wir eine unterschiedliche Anzahl von Münzen (*n* Münzen) jeweils von einer Sorte in Säckchen. Die Anzahl *n* liegt zwischen eins und zweihundert. Angenommen, wir schütten nun den Inhalt der Säckchen auf den Tisch. Säckchen mit nur einer Münze werden nur einen geringen Effekt haben; die entsprechenden Münzen zeigen wahrscheinlich Zahl. Nun lassen wir *n* wachsen. Wenn aus dem Fünfziger-Säckchen zehn Fünfziger herausspringen, wird wahrscheinlich zum erstenmal Kopf auftauchen. Natürlich kann auch schon bei dem Ausschütten des Säckchens, das sechs Fünfziger enthält, ein Kopf dabeisein, es kann aber auch erst bei dem Säckchen mit dreizehn Fünfzigern soweit sein, doch wenn wir das Säckchen mit sechzehn Fünfzigern ausleeren, ist bestimmt wenigstens ein Kopf dabei.

Bei dem Säckchen mit den Markstücken wird das erstemal Kopf auftauchen, wenn wir rund fünfzig Münzen ausgeschüttet haben, und bei den Zehnern werden wir das erste Mal Kopf sehen, wenn rund zweihundert Münzen ausgeschüttet sind.

Mir scheint, daß die Empfindlichkeit des Chromophor-Moleküls in bemerkenswerter Weise unserer eigenen Empfindlichkeit ähnelt, und das könnte mehr als eine bloße Metapher sein. Die Wahrscheinlichkeit, mit der bestimmte Empfindungsmoleküle in unserem Körper angesprochen werden, könnte eine Erklärung der menschlichen Empfindsamkeit sein. Möglicherweise ist es diese molekulare Empfindlichkeit, die wir meinen, wenn wir von menschlicher Empfindsamkeit sprechen.

In der Quantenwelt bedeutet Empfindlichkeit Wahrscheinlichkeit. Mit anderen Worten: Wie groß ist die Wahrscheinlichkeit dafür, daß das Chromophor-Molekül auf *irgendein* Photon reagiert? Bei Photonen von 400 oder 600 nm ist sie sehr gering, wenn nur eines dieser Photonen auf das Molekül trifft; ist jedoch mehr als ein Photon in der Nähe des Moleküls, so steigt die Wahrscheinlichkeit. Zwar sind von den 600-nm-Photonen mehr erforderlich, um einen Rezeptor zur Reaktion zu bringen, doch wenn es zur Reaktion gekommen ist, weiß er nicht mehr, was ihn dazu gebracht hat.

Es kann sogar sein, daß die Wellenlänge des Photons ganz unpassend ist und dennoch eine molekulare Veränderung auslöst. So ist es eben in der Welt der Quantenwahrscheinlichkeiten. Der Chromophor kann sogar, ohne daß überhaupt Licht von außen ins Auge dringt, «springen». Selbst bei völliger Dunkelheit treten im Auge stets einige Photonen auf. Man braucht nur auf das Auge zu drücken, und schon reagieren die Lichtrezeptoren, so als ob Licht ins Auge gedrungen wäre. Diese Reaktionen werden ausgelöst von Photonen, die durch den Druck der Glasköperflüssigkeit auf die Netzhaut erzeugt werden.

Daraus ersehen Sie, daß ein Molekül, wenn es auf ein Photon reagiert, einfach nicht bestimmen kann, was es zur Reaktion gebracht hat. Um das festzustellen, muß eine größere Zahl von Photonen absorbiert werden, und folglich hängt die Empfindlichkeit sowohl von der Photonen-Wellenlänge als auch von der Anzahl der Photonen ab, die auf die Netzhaut treffen. Für das Bewußtsein zählen viele Photonen, deren Wellenlänge ganz und gar nicht zur Empfindlichkeit des Moleküls paßt, genauso wie wenige Photonen mit passender Wellenlänge. Der Geist nimmt also verschiedene Vorgänge, auch wenn sie auf unterschiedliche Weise erzeugt wurden, in der gleichen Weise wahr.

So könnte man eventuell gewisse Sinnestäuschungen, zum Beispiel Halluzinationen, erklären. Eine gewisse Zahl von Auslösern, die aus der Außenwelt kommen, aber keine Photonen des optischen Bereichs sind, könnten den gleichen Effekt auslösen wie diese, ähnlich wie der visuelle Eindruck von Licht, das ins Auge dringt, hervorgerufen wird, wenn man auf das Auge drückt. Halluzinationen beruhen möglicherweise auf Nervensignalen, die vom Gehirn zur Netzhaut gelangen; wenn das stimmt, dann «sieht» der Betreffende die Halluzination wirklich, genauso wie er ein wirkliches Bild sehen würde.

Wie sehen wir Farben? Eine quantenphysikalische Antwort

Versuchen Sie sich einmal vorzustellen, wie es wäre, wenn Sie keine Farbe sehen könnten, also in einer Schwarzweiß-Welt leben müßten. Farbenblindheit ist für viele Menschen eine Realität. Aber was ist Farbenblindheit? In der Praxis bezeichnet man damit die ziemlich verbreitete Unfähigkeit, zwischen bestimmten Farben zu unterscheiden. Buchstäbliche Farbenblindheit in dem Sinne, daß man alle Farben nicht unterscheiden kann und alles in Grautönen sieht, ist äußerst selten.

Die Frage ist also, weshalb es Farbenblindheit gibt. Möglicherweise liegt es daran, daß die Farbwahrnehmung ein Ergebnis der fortschreitenden Evolution ist. Die Vorläufer der heutigen Menschen und gewisse Tiere waren außerstande, eine Farbe von der anderen zu unterscheiden. Vielleicht war das Farbensehen in den Anfängen der Menschheit nicht erforderlich, und es genügte, wenn man ein Objekt der Form nach von einem anderen unterscheiden konnte. Doch dann änderten sich die Umweltbedingungen, und es wurde überlebenswichtig, daß man zum Beispiel eine Frucht von einer anderen unterscheiden konnte – und diesen Zweck erfüllte das Farbensehen.

Bislang besitzen wir noch keine eindeutige Antwort auf das Rätsel der Evolution. Mit Sicherheit wissen wir aber, daß das Farbensehen von Quantenwahrscheinlichkeiten abhängt, von der Fähigkeit der Lichtrezeptor-Zellen, gemäß ihrer Empfindlichkeit auf verschiedene Wellenlängen zu reagieren.

Es gibt zwei Arten von Lichtrezeptoren in der Netzhaut: Stäbchen und Zapfen. Jedes Auge enthält rund 120 Millionen Stäbchen. Sie verteilen sich über die ganze Netzhaut, erreichen aber die größte Dichte bei einem Abstand von etwa 20 Grad von der Zentralachse des Auges.

Man bezeichnet die Stäbchen als *skotopisch*, und das bedeutet, daß sie für das Sehen bei Dämmerung genutzt werden; tatsächlich sind sie bei geringer Lichtintensität am empfindlichsten. Wenn wir nachts unterwegs sind und geradeaus schauen, und es kommt von der Seite etwas aus dem Dunkeln auf uns zu, sind die Stäbchen besonders nützlich. Das Licht von dem Objekt außerhalb der Sehachse fällt nämlich vor allem auf die Stäbchen, die sich in der Netzhaut ebenfalls außerhalb der Achse befinden.

Die Zapfen, die vorwiegend bei Tageslicht benutzt werden, sind für unsere Farbeindrücke verantwortlich. Die etwa 6,5 Millionen Zapfen, die jedes Auge enthält, verteilen sich überwiegend auf einen 10-Grad-Bereich um die Mittelachse des Auges, wobei der Schwerpunkt etwas zur Nasenseite hin verschoben ist. Beim Auge unserer primitiven Vorfahren waren die Zapfen vermutlich in dem Gebiet um 550 nm (Gelb-Grün) am empfindlichsten. Es ist anzunehmen, daß diese begrenzte Empfindlichkeit in einem gewissen Sinne adaptiv war. Es ist denkbar, daß die Atmosphäre der Vorzeit mit Staub erfüllt und sehr heiß war. Unter diesen Bedingungen mußten unsere frühesten Vorfahren sich ihre Nahrung suchen, und es ist gut vorstellbar, daß sie mit ihren für Gelb-Grün empfindlichen Augen pflanzliches Leben, das ja die erste Nahrung darstellte, besser vom Hintergrund unterscheiden konnten. Im Laufe der Evolution zum Menschen sind jedoch drei verschiedene Zapfen-Empfindlichkeiten aufgetreten. Zapfen vom Typ A – die «blauen» – sind am empfindlichsten für 450 nm, solche vom Typ B – die «grünen» – für 525 nm und solche vom Typ C – die «gelben» – für 555 nm. Das Vorhandensein dieser drei unterschiedlichen Empfindlichkeiten stellt die sogenannte trichromatische Theorie des Farbensehens beim Menschen, nach der alle Farben aus nur drei Grundfarben erzeugt werden können, auf eine feste physiologische Grundlage.

Heute wissen wir, daß jeder Wellenlänge des sichtbaren Lichts in dem Bereich zwischen 400 und 700 nm eine bestimmte «reine» Farbe entspricht. Zwischen einem reinen Rot von 630 nm und einem anderen Rot von 625 nm kann unser Auge jedoch keinen Unterschied ausmachen; die Farben im Bereich von 600–700 nm nehmen wir als gleichartig wahr. Bei einer Wellenlänge von etwa 590 nm erkennen wir Orange; geht die Wellenlänge weiter zurück, so erscheint bei etwa 580 nm Gelb und bei 555 nm Grün. Bis zu einer Wellenlänge von unter 500 nm bleibt der Eindruck Grün und geht dann bei etwa 490 nm in Blau über. Bei etwa 430 nm taucht Violett auf. Sehen wir verschiedene Farbtöne, so beruht das nicht auf unterschiedlichen Wellenlängen, sondern auf Mischungen verschiedener Farben.

Wenn wir den letzten Absatz noch einmal durchgehen, erkennen wir, daß wir an beiden Enden des sichtbaren Spektrums für Wellenlängenänderungen relativ unempfindlich sind, während wir für Änderungen der Wellenlänge in dem Bereich von 500–600 nm sehr empfindlich sind.

Nach der trichromatischen Theorie lassen sich alle Farben aus nur drei Grundfarben herstellen; Farbfernsehgeräte arbeiten nach diesem Prinzip. Das Auge kann zum Beispiel reines Orange bei 590 nm nicht von einer Mischung aus Rot bei 630 nm und Gelb bei 560 nm unterscheiden: Beide zusammen erscheinen uns als Orange. Warum aber erzeugen zwei Wellenlängen zusammengenommen die gleiche Wirkung wie eine? Das Paradoxe ist, daß das Farbensehen sich überhaupt *nicht auf die Wellennatur des Lichts stützt*. Sonst könnten wir nämlich Unterschiede in der Wellenlänge erkennen und als Farben wahrnehmen. Wir wären also imstande, den Unterschied zwischen einer Mischung aus zwei Farben und einer reinen Farbe zu erkennen; die Mischung aus Rot (620 nm) und Grün (555 nm) würde uns zum Beispiel anders erscheinen als Gelb (580 nm). Tatsächlich können wir aber zwischen der Mischung und der reinen Farbe keinen Unterschied sehen.

Dabei widerstrebt uns die Vorstellung, daß Farbensehen mit dem Wellenaspekt des Lichts nichts zu tun haben soll. Schließlich hat doch jede Lichtwelle eine spezifische Wellenlänge, und Farbe ist ja nichts anderes als die Empfindlichkeit des Auges für diese Wellenlänge. Rot ist alles zwischen 600 und 650 nm, Gelb liegt bei 580 nm, während Blau und Violett im kurzwelligeren Bereich zwischen 480 und 400 nm liegen.

Wenn wir in einer graphischen Darstellung für die einzelnen Farben die Energie gegen die Wellenlänge abtragen, erhalten wir in der Tat eine Reihe von sehr einfachen Kurven.

Aus Abbildung 10 ersehen Sie, daß der jeweiligen Farbe eine mit einer bestimmten Wellenlänge verknüpfte Frequenz oder Energie entspricht. Reines Rot hat danach seine gesamte Energie bei 630 nm, Violett seine gesamte Energie bei 410 nm. Mit abnehmender Wellenlänge ändert sich die von uns wahrgenommene Farbe.

Weißes Licht wird, wie Abbildung 11 zeigt, als Gleichverteilung aller Farben wahrgenommen. Allerdings zeigt die Erfahrung, daß wir Weiß sehen, wenn eine gleiche Menge von Violett (480 nm) und Gelb

(580 nm) miteinander gemischt werden. Auch bei der Mischung einer gleichen Menge von Rot (600 nm) und Blau (490 nm) sehen wir Weiß.

Wie läßt es sich erklären, daß eine Mischung aus nur zwei Farben mit weißem Licht verwechselt wird? Die Antwort liefert die Quantenphysik. So einfach die obigen Kurven auch sein mögen – nach kurzer Über-

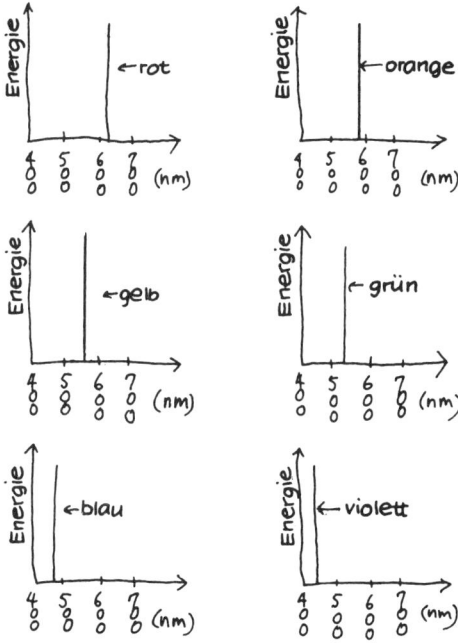

Abbildung 10 Farben und ihre Wellenlängen

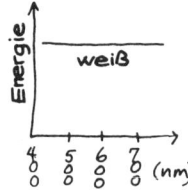

Abbildung 11 Energie des weißen Lichts

legung werden Sie doch zu dem Schluß gelangen, daß sie mit der Wahrnehmung der Farbe als Farbe nichts zu tun haben! Erinnern Sie sich, daß ein Lichtrezeptor – gleich, ob Zapfen oder Stäbchen – nicht auf die Wellenlänge des Lichts (eine Welleneigenschaft), sondern entsprechend der Wahrscheinlichkeit der Absorption eines Photons reagiert. Ist das Photon erst absorbiert, so ist jegliche Information über die Energie oder Wellenlänge dieses Photons vollständig verloren. Das liegt an dem sogenannten Komplementaritätsprinzip der Quantenphysik, demzufolge man Erkenntnisse über den Teilchenaspekt des Lichts nur auf Kosten von Erkenntnissen über seine Wellennatur erlangen kann. Photonen werden als Teilchen wahrgenommen; sie können folglich nicht als Farben oder Wellenlängen gesehen werden – das ist ein Naturgesetz.

Farbensehen müßte demnach nicht nur dann unmöglich sein, wenn die Farben sich gegenseitig aufzuheben scheinen und zu weißem Licht werden, sondern immer. Um die Geheimnisse des Farbensehens zu verstehen, müssen wir zuerst noch etwas mehr über das monochromatische Sehen, das Sehen ohne Farbwahrnehmung, in Erfahrung bringen.

DAS MONOCHROMATISCHE AUGE   Wie die Quantenempfindlichkeit eines Zapfens oder eines Stäbchens aussehen könnte, zeigt anhand der Reaktion eines monochromatischen oder farbenblinden Auges die Kurve in Abbildung 12. Sie ist ein Beispiel der bekannten glockenförmigen Gaußschen Kurve. Hier zeigt sie an, daß der Rezeptor um die Farbe Blau herum (500 nm) am empfindlichsten ist. Danach ist die Wahrscheinlichkeit einer Reaktion am größten, wenn ein *blaues* Photon eine Lichtrezeptorzelle trifft.

Sie erinnern sich, daß die Reaktion einer Lichtrezeptorzelle von der Farbe des auftreffenden Photons unabhängig ist. Ein violettes Photon von 400 nm wird seine Wirkung ebenso erzielen wie ein rotes von 630 nm, wobei allerdings die Wahrscheinlichkeit, daß ein rotes Photon eine Reaktion der Zelle auslöst, nur ein Drittel der Wahrscheinlichkeit beträgt, die bei einem violetten Photon zu erwarten ist. Mit anderen Worten: Gleichgültig, welche Farbe das Photon hat, die Wirkung auf die Rezeptorzelle ist die gleiche: Sie reagiert, und darauf kommt es an. Von der Farbe des betreffenden Photons bleibt anschließend keine Spur mehr.

Hätten also alle Zapfen die gleiche Empfindlichkeit, dann wären wir tatsächlich farbenblind, und alle Farben würden uns wie weißes Licht erscheinen. Ich bin, wie schon gesagt, der Ansicht, daß die ersten Menschen mutmaßlich farbenblind waren und als Photonenrezeptoren nur

Stäbchen und monochromatische Zapfen besaßen. Wenn das stimmt, dann waren unsere Zapfen, als wir noch Höhlenbewohner waren, nur für Wellenlängen um 500 nm empfindlich und reagierten, wie es Tabelle 10 (S. 196) und die Abbildung 12 zeigen. Nehmen wir einmal an, unsere Vorfahren blickten eines Tages zum Himmel empor und sahen – wie in dem Film *2001* – ein Raumschiff landen, dessen Signallichter auf zwei verschiedenen Wellenlängen blinkten. Etwa 1000 blaue Photonen (500 nm) und kurz darauf die gleiche Anzahl von roten Photonen (600 nm) trafen in jeder Sekunde das Auge unseres Höhlenbewohners. Konnte er den Unterschied erkennen?

Ja, aber es war wohl ein Unterschied der Intensität und nicht der Farbe. Da der Rezeptor auf 10 blaue Photonen genauso reagiert wie auf etwa 200 rote, erlebte er die 1000 roten Photonen, gemessen an den 1000 blauen, einfach als ein schwächeres Licht (1000 rote rufen die gleiche Wirkung hervor wie 50 blaue). Hätte das Raumschiff die Anzahl der roten Photonen um das Zwanzigfache erhöht, so hätte er diese genauso wahrgenommen wie die blauen Photonen. Farben hätte er in keinem Fall gesehen, sondern nur helleres oder dunkleres weißes Licht, wie in einem Schwarzweiß-Film.

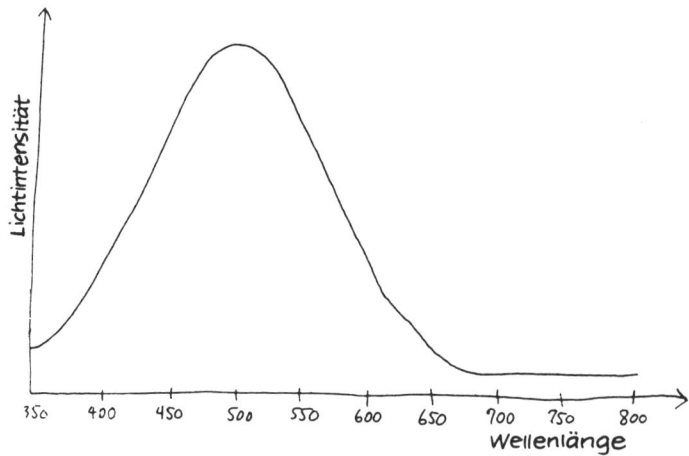

Abbildung 12 Die Reaktion eines Netzhaut-Zäpfchens (Näherung)

204

EIN DICHROMATISCHES ENTWICKELTES AUGE Nehmen wir jedoch an, wir hätten uns im Laufe einiger Jahrtausende weiterentwickelt und besäßen nun zwei Arten von Rezeptoren, solche, die für rote, und solche, die für blaue Photonen empfindlich sind. Was könnten wir dann über die Farbe sagen? Nehmen wir an, unsere beiden Rezeptoren reagierten entsprechend Tabelle 11 und der Abbildung 13.

Tabelle 11

1000 blaue und 1000 rote Photonen

Wellenlänge	Rezeptor A	Rezeptor B
500 (Blau)	10	100
600 (Rot)	192	35

Von 1000 roten Photonen, die das Auge des Höhlenbewohners erreichen, werden 192 von Rezeptor A, aber nur 35 von Rezeptor B absorbiert. Von 1000 blauen Photonen, die sein Auge erreichen, absorbiert Rezeptor A nur 10, Rezeptor B dagegen 100. Mit zwei Rezeptoren würde also ein Unterschied zwischen den beiden Wellenlängen wahrgenommen, ein Unterschied, der als Farbe wahrgenommen würde. Tatsächlich könnten mit nur zwei Arten von Rezeptoren sämtliche Farben wahrgenommen werden.

Nun bleibt jedoch immer noch eine gewisse Farbenblindheit, denn weißes Licht ist nicht von Farbmischungen zu unterscheiden. Eine Mischung aus rotem und blauem Licht löst in dem primitiven Auge mit zwei Rezeptoren bei beiden die gleiche Reaktion aus. Jeder Rezeptor absorbiert etwa die gleiche Anzahl von Photonen; das wird dann als weißes Licht empfunden. Der Höhlenbewohner wird nur dann eine Farbe sehen, wenn die Farbmischung etwas röter oder etwas blauer ist als die Mischung, die zur Wahrnehmung von weißem Licht führt. Der Film hat jetzt eine Sepiatönung, in der einige blasse Farben vorkommen.

Zusammengemischte Farben können also den Eindruck von weißem, farblosem Licht einfach dadurch hervorrufen, daß sie in unseren Rezeptoren gleiche Reaktionen auslösen. Ist es möglich, daß diese gleichmäßige Reaktion bei nur einer Wellenlänge auftritt? Für das

Auge mit zwei Rezeptoren lautet die Antwort Ja. Es gibt eine bestimmte Wellenlänge, bei der das gleiche empfunden wird wie bei der Farbmischung.

Bei einer Wellenlänge von 536 nm, die etwa der Farbe Grün entspricht, sind beide Rezeptoren gleichermaßen empfindlich, und es entsteht das gleiche Ergebnis wie bei einer Farbmischung; siehe Tabelle 12. Die grüne Wellenlänge, bei der das der Fall ist, liegt in Abbildung 13 am Schnittpunkt der beiden Kurven.

Tabelle 12

2763 grüne Photonen

Wellenlänge	Rezeptor A	Rezeptor B
536 (grün)	210	210

Das Auge mit nur zwei Rezeptoren kann also zwischen Grün und einer Mischung aus Rot und Blau keinen Unterschied erkennen und

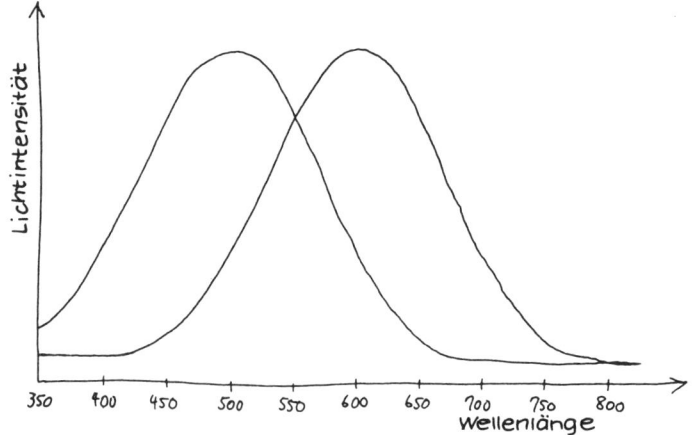

Abbildung 13 Die Reaktion zweier verschiedener Netzhaut-Zäpfchen (Näherung)

nimmt in beiden Fällen das gleiche farblose Weiß wahr. Allerdings wird der Höhlenbewohner, der mit nur zwei Arten von Zapfenrezeptoren sieht, nicht gänzlich farbenblind sein, wenngleich er grünes Licht leicht mit weißem verwechseln und auch weitere Farbprobleme haben wird.

Das Auge mit zwei Rezeptoren, das dichromatische System, ist alles andere als vollkommen. Unser bedauernswertes dichromatisches Wesen wird in dem Bereich von 350–450 nm keine Farbunterschiede ausmachen können, weil es keine Vergleiche zwischen den beiden Rezeptoren anstellen kann. Es wird lediglich bemerken, daß das Licht heller wird. Auch wird es bei Wellenlängen über 650 nm keine Farbunterschiede ausmachen können, weil Rezeptor A in diesem Bereich gewissermaßen schläft. Unser dichromatisches Wesen kann daher nur in dem Bereich von 450 bis etwa 650 nm deutlich Farben erkennen, und es gerät leicht durcheinander, wenn die Wellenlänge bei 550 nm liegt, denn dann glaubt es, weißes Licht zu sehen.

DAS TRICHROMATISCHE AUGE DES MODERNEN MEN-SCHEN Zum Glück geht die Evolution weiter, und das moderne Auge enthält jetzt drei Typen von Zapfenrezeptoren, wie es die graphi-

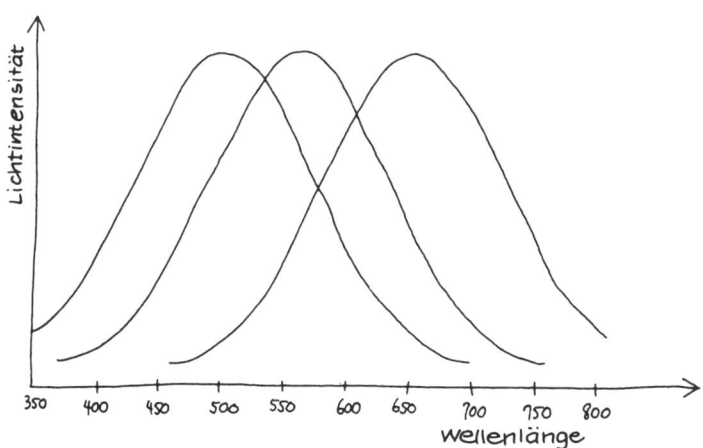

Abbildung 14 Die Reaktion dreier verschiedener Netzhaut-Zäpfchen (Näherung)

207

sche Darstellung in Abb. 14 zeigt. Die Kurven entsprechen in etwa den Verhältnissen unsere Auges, nur sind sie, um den Sachverhalt deutlicher hervortreten zu lassen, etwas auseinandergezogen worden.

Auch mit drei verschiedenen Rezeptoren kann man noch weißes Licht sehen, doch müssen dazu alle drei gleichermaßen stimuliert werden. Es ist jedoch nicht mehr möglich, daß eine einzige Wellenlänge sie alle gleichermaßen anregt. Es wird also nicht mehr eine einzige Wellenlänge mit Weiß verwechselt, denn das wird nur empfunden, wenn alle drei gleichermaßen reagieren.

Wie steht es jetzt mit der Farbenblindheit? Die heute verbreitetste Form der Farbenblindheit besteht in der Unfähigkeit, bei dämmrigem Licht zwischen Rot und Grün zu unterscheiden. Der Grund ist eine unzureichende Empfindlichkeit mindestens eines der drei Typen von Lichtrezeptoren. Bei besseren Lichtverhältnissen werden diese Farben unterscheidbar, weil eine größere Zahl von Photonen diese Rezeptoren trifft. (Denken Sie an das oben erörterte Beispiel mit den Münzen in den Säckchen.)

Diese mangelnde Fähigkeit der Farbunterscheidung liegt offenbar an einem genetischen Rückfall in unsere Höhlenvergangenheit. Wenn es stimmt, daß die Fähigkeit zur Farbunterscheidung sich im Laufe der Evolution entwickelt hat, dann folgt daraus, daß es auch heute eine gewisse Zahl von Individuen geben muß, bei denen die Rezeptoren des Typs A, B oder C nicht ausgebildet sind, genauso wie uns von Zeit zu Zeit behaarte Nasen oder Füße mit Schwimmhäuten zwischen den Zehen an unsere ferne Vergangenheit erinnern.

Wenn jedoch die evolutionären Neuentwicklungen voll ausgebildet sind, besitzen die Menschen in den extremen Wellenlängenbereichen eine recht gute Wahrnehmung, und sie können in dem Bereich von 350–450 nm, wo nur die Rezeptoren A und B reagieren, zwischen Abtönungen unterscheiden. Die beste Farbempfindlichkeit besitzen wir im Bereich von 480–680 nm, wo alle drei Rezeptoren reagieren. Soweit wir wissen, ist das trichromatische Farbensehen die raffinierteste optische Einrichtung, die es im Universum gibt.

Es gehört jedoch nicht viel Phantasie dazu, sich vorzustellen, daß wir noch besser zwischen den Farben differenzieren könnten, wenn wir einen vierten Zapfen entwickeln würden. Da die Evolution nicht stillsteht, ist es durchaus möglich, daß es dazu kommt. Im Jahr 50 000 könnten die Menschen in der Lage sein, Infrarot und Ultraviolett zu sehen und zwischen verschiedenen Farbmischungen und einzelnen Wellenlängen zu unterscheiden. Würde sich beispielsweise ein weiterer Zapfen entwickeln, dessen größte Empfindlichkeit bei 400 nm läge, so könnten die Menschen im Bereich von Blau bis Ultraviolett mit großer Empfindlichkeit viele verschiedene Farben sehen. In diesem Bereich würden ebenso viele Farben auftreten, wie wir sie gegenwärtig im gesamten Spektrum haben.

Wir sind immer noch in der Evolution begriffen, der Grad unserer Bewußtheit und unserer Fähigkeit, eines vom anderen zu unterscheiden, wächst noch immer. Man könnte die Evolution sogar als die Fähigkeit beschreiben, Unterscheidungsfähigkeit zu erwerben. Diese Fähigkeit – und das trifft mit Sicherheit auf das Farbensehen zu – ist ein Quantenmerkmal. Dies könnte, wie ich in Kapitel 14 angedeutet habe, ein weiterer Hinweis darauf sein, daß die Evolution eine Folgewirkung des Körperquants ist.

Fünfter Teil
Atmen

Vor kurzem bin ich von einem längeren Aufenthalt in Brasilien zurückgekehrt. Man hatte mich eingeladen, auf einer Konferenz über die
Wechselwirkung zwischen Geist und Materie einen Vortrag zu halten;
die Konferenz, gefördert von IBM do Brasil und UNICAMP, fand an
der Universität von Brasilien in Campinas, etwa 60 km nördlich von
São Paulo statt. Nach meinem Eindruck ist die Luft in Brasilien für die
heutigen Verhältnisse ziemlich sauber, weil das Land den Kraftfahr-
zeugantrieb von Benzin auf Alkohol umgestellt hat. Bis 1990 sollen alle
Autos in Brasilien mit Alkohol laufen, der als Verbrennungsrückstände
nur Kohlendioxyd und Wasserdampf erzeugt.

Doch nicht nur die saubere Luft Brasiliens hat mich überrascht; weite
Teile des Landes sind von Dschungel bedeckt, der, einigen Schätzungen
zufolge, mehr als 40 Prozent des Sauerstoffs der Erde produziert. Falls
Brasilien jedoch mit der Rodung seines «Waldes», wie die Brasilianer
ihren Dschungel nennen, so weitermacht wie bisher, könnte Sauerstoff
zu einem seltenen Gas werden. Vielleicht könnte Brasilien den Sauerstoff mit einer Steuer belegen oder ihn an die übrige Welt verkaufen, so
wie andere Länder Erdöl und andere Naturschätze verkaufen.

Viele Länder importieren heute Erdöl und sogar Nahrungsmittel für
den Bedarf ihrer Bevölkerung, aber Sauerstoff ist bislang noch umsonst.
Dabei können wir alle etliche Tage ohne Nahrung auskommen. Wenn
dagegen die Sauerstoffzufuhr auch nur für einige Minuten unterbrochen
wird, tritt der Tod ein.

Warum müssen wir atmen? Der Grund ist ein einziges subatomares
Teilchen, das Elektron. Dieses Teilchen kann nach den Gesetzen der
Quantenphysik Energie speichern und im Laufe der Prozeßkette, die

man als Krebs-Zyklus bezeichnet, freisetzen. Ohne Sauerstoff zerreißt diese Kette, und es ist dann nicht mehr möglich, daß Elektronen die für die Erhaltung des Lebens benötigte Energie freisetzen.

Welche Organe sind am Transport dieses kostbaren subatomaren Elektrons beteiligt? Zunächst wollen wir schauen, wie das Herz seine Funktion erfüllt und wie diese Funktionen unter Ausnutzung der Erkenntnisse der modernen Physik gemessen werden. Dann werden wir uns damit befassen, wie der Sauerstoff vom Blut transportiert wird, und die Gesetze der Flüssigkeitsdynamik werden uns erkennen lassen, warum das Blut gerade so beschaffen ist, wie es ist. Schließlich werden wir auf alle molekularen Prozesse der Atmung eingehen und am Ende erkennen, was mit dem Elektron passiert, wenn es die Energie des Lebens abgibt.

19. Das Herz
und wie man es messen kann

Nach den jüngsten Erhebungen sind kardiovaskuläre Erkrankungen die Todesursache Nr. 1. Hier lauert auch die große Gefahr – der Herzinfarkt. Ihm kann man heute gelassener begegnen, denn die Physik bietet inzwischen eine Möglichkeit, Herzfunktionsstörungen zu diagnostizieren, bevor irreparabler Schaden eingetreten ist. In nicht allzu ferner Zukunft könnte es sogar möglich sein, daß wir ein EKG machen, indem wir einfach ein paar Elektroden anlegen, die mit einem tragbaren Computer verbunden sind. Auf dieses Ziel hin, aber auch, um die allgemeinen Kenntnisse über das Herz zu erweitern, habe ich das vorliegende Kapitel verfaßt.

Das EKG: Was ist es und wie es funktioniert

Die am häufigsten vorgenommene elektrische Messung am Körper ist die des Herzens; man bezeichnet sie als Elektrokardiographie, was wörtlich «elektrische Aufzeichnung vom Herzen» bedeutet. Um diese Messung richtig zu verstehen, muß man die Physik des Herzmuskels kennen.

DIE PHYSIK DES HERZMUSKELS   Das Herz ist ein Muskel, und bevor eine Muskelzelle sich kontrahiert, wird sie von einer Welle der elektrischen Depolarisation durchlaufen. Es ist eine ganz ähnliche Welle der elektrischen Depolarisation, wie sie auch am Axon einer Nervenzelle entlangwanderte. Eine solche Welle erzeugt elektrische Felder außerhalb der Zelle; diese Felder erzeugen Spannungsunterschiede, gewöhnlich in der Größenordnung von Millivolts, die als Elektromyo-gramm – elektrische Aufzeichnungen des Myocardiums, des Herz-muskels – gemessen werden können. Diese Spannungsdifferenzen, die sich über weite Teile des Körpers erstrecken, sind relativ leicht zu messen.

Manchen Leser wird es vielleicht erstaunen, daß das in der Brust verborgene Herz außerhalb seiner selbst ein elektrisches Feld er-zeugt, und um das verständlich zu machen, müssen wir uns noch ein-mal mit der Physik der elektrischen Felder befassen.

Die Elektrophysik der Herzzellen

Herzmuskelzellen und Nervenzellen ähneln einander sehr. Bei beiden trennt eine Membran ein extrazelluläres flüssiges Medium von einem intrazellulären flüssigen Medium. Das beiderseits der Membran in diesen Medien bestehende Konzentrationsgefälle hinsichtlich der Na-trium-Kalium- und Chlor-Ionen sowie der großen, negativ geladenen Proteinmoleküle ist in etwa dasselbe (siehe Kapitel 15). Die Flüssig-keiten beiderseits der Zellmembran sind elektrisch neutral. Allerdings besteht zwischen Nerven- und Muskelzellen ein Unterschied. Die Nervenzellen berühren sich nicht, sondern stehen durch Synapsen miteinander in Verbindung, während Herzmuskelzellen einander an wirklichen Berührungspunkten elektrische Signale übermitteln.

Das Herz ist eigentlich eine aus vier Kammern bestehende Doppel-pumpe (siehe Abbildung 15). In beiden Herzhälften tritt venöses Blut in die obere Kammer ein, den Vorhof (Atrium), der durch ein Ventil von der unteren Kammer, dem Ventrikel, getrennt ist. Das Ventil läßt Blut nur herein, aber nicht heraus, bis das Pumpen einsetzt. Da-bei strömt dann in beiden Herzhälften gleichzeitig das Blut aus dem Vorhof durch das entsprechende Ventil in die untere Kammer.

Das Blut gelangt durch zwei Hauptvenen zum Herzen, bei der rechten Herzhälfte die obere und untere Hohlvene, bei der linken Hälfte die Lungenvene. Die Hohlvene befördert sauerstoffarmes Blut aus allen Teilen des Körpers, die Lungenvene sauerstoffreiches Blut von den Lungen.

Das Blut verläßt das Herz, von den Herzkammern (Ventrikeln) ge-trieben, durch zwei Hauptarterien. Sauerstoffarmes Blut fließt aus der rechten Kammer durch die Lungenarterie zur Sauerstoffanreicherung in die Lunge zurück, während sauerstoffreiches Blut aus der linken Kammer durch die Aorta in den übrigen Körper zurückfließt.

Der Herzschlag besteht aus zwei Phasen. Bei jedem Schlag durchströmt sowohl sauerstoffreiches als auch sauerstoffarmes Blut das Herz. In der Erschlaffungsphase, der Diastole, füllen sich Vorhof und Kammer mit Blut, beim Erschlaffen der Kammer schließen sich mit einem «Bop» die in der Aorta und der Lungenarterie gelegenen Ventile, und Blut strömt aus der Hohlvene und der Lungenvene in die beiden Vorhöfe. Daraufhin öffnen sich die zwischen Vorhof und Ventrikel gelegenen Mitral- und Trikuspidalklappen, so daß Blut in die Kammer hineinströmen kann. Weiteres Blut nimmt das Herz jetzt nicht mehr auf.

In der zweiten Phase, der Systole, zieht sich das Herz zusammen. Dabei wird das Blut in die Aorta und die Lungenarterie hineingedrückt;

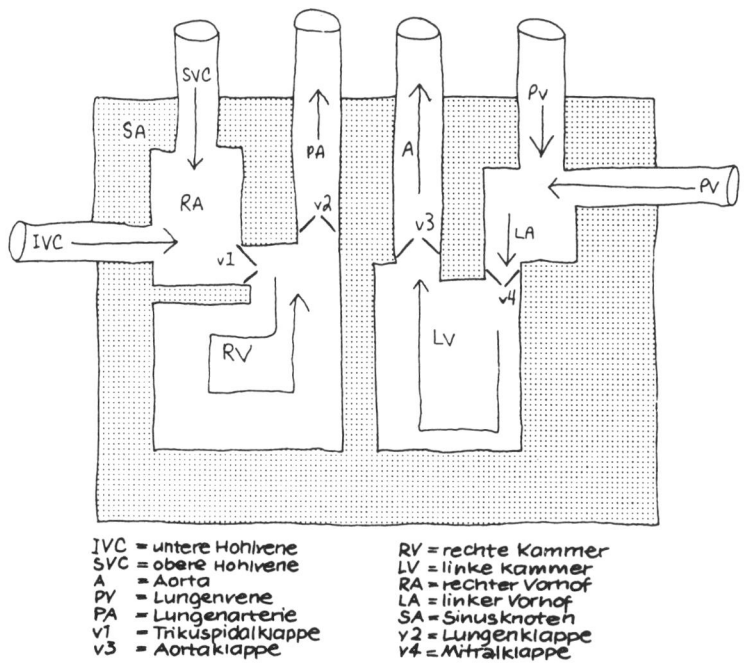

IVC = untere Hohlvene	RV = rechte Kammer
SVC = obere Hohlvene	LV = linke Kammer
A = Aorta	RA = rechter Vorhof
PV = Lungenvene	LA = linker Vorhof
PA = Lungenarterie	SA = Sinusknoten
v1 = Trikuspidalklappe	v2 = Lungenklappe
v3 = Aortaklappe	v4 = Mitralklappe

Abbildung 15 Schematische Ansicht des Herzens und des Blutflusses

die Schließung der Mitralklappe in der linken und der Trikuspidalklappe in der rechten Herzhälfte ruft ein «Lop» hervor. Das Schließen dieser Klappen verhindert, daß Blut aus der Kammer in den Vorhof zurückfließt. Das Ganze dauert etwa 0,8 Sekunden, in die sich Diastole und Systole je zur Hälfte teilen.

Bemerkenswert ist, daß das einem Tier entnommene Herz in einer geeigneten Nährlösung ganz spontan weiterschlägt. Bei jedem Schlag wandert eine Depolarisiationswelle über das Herz hinweg und veranlaßt seine Kontraktion. Gesteuert wird der Herzschlag von einem Zentrum im rechten Vorhof, dem Sinusknoten, der auch als Schrittmacher bezeichnet wird. Er sendet in regelmäßigen Abständen etwa 72mal pro Minute Erregungen aus (körperliche Betätigung und seelische Erregung steigern, Meditation und Ruhe verlangsamen den Rhythmus). Das elektrische Signal des Sinusknotens löst in beiden Vorhöfen die Depolarisation aus und bewirkt die Kontraktion der Vorhöfe, durch die sie auf das Blut, das sich in ihnen befindet, Druck ausüben. Das Blut wird dadurch in die beiden Kammern gepumpt, und die Vorhöfe werden repolarisiert. Das elektrische Signal wandert weiter zum Vorhofsknoten, der die Depolarisation der beiden Kammern auslöst. Dadurch ziehen diese sich zusammen und pressen das Blut, das sich in ihnen befindet, von der rechten Kammer in die Lungenarterie und von der linken in die Aorta, die Hauptarterie, aus der das sauerstoffreiche Blut an alle Zellen des Körpers weiterverteilt wird. Daraufhin repolarisieren sich die Kammern, und der ganze Vorgang wiederholt sich.

Die spontane Depolarisation des Vorhofsknotens vollzieht sich normalerweise mit 50 Pulsen pro Minute, doch wird diese Depolarisation selten beobachtet, da der normale Herzschlag, der vom Sinusknoten ausgelöst wird, schneller ist. Bei durchtrainierten Sportlern, besonders bei Langläufern, ist aufgrund ihrer hervorragenden körperlichen Kondition der Schlagrhythmus des Sinusknotens im Ruhezustand oft extrem verlangsamt. Dadurch kommt es bei ihnen spontan zu Depolarisation des Vorhofsknotens. Wenn zum Beispiel bei einem Sportler der Ruhepuls 40 Schläge pro Minute beträgt, dann treten bei ihm zehn zusätzliche Depolarisationen des Vorhofsknotens auf, die als Extrasystolen, welche sich dem regelmäßigen Sinusrhythmus überlagern, im EKG gemessen werden können. Man kann sie auch herausspüren, da sie mit dem regulären Pulsschlag nicht übereinstimmen: Es sind «zusätzliche», vom Grundrhythmus abweichende Pulsschläge. Der Rhythmus des Vorhofsknotens ist durch sportliche Betätigung offenkundig nicht zu beeinflussen. Er beruht allein auf den grundlegenden elektrischen und chemischen Eigenschaften der Zellen und scheint so etwas wie eine zusätzliche Sicherung zu sein, die unabhängig vom Erregungsmuster des Sinusknotens dafür sorgt, daß das Herz schlägt. Manche Sportler sind schon durch die «zusätzlichen» Schläge ihres Herzens beunruhigt worden, doch sind diese physiologisch normalen Schläge kein Anlaß zur Besorgnis.

Wir sehen also, daß die Depolarisation des Herzens rhythmisch und fortschreitend verläuft, wie eine regelrechte Welle, die über das Herz wandert.

Elektrische Herzwellen

Bei näherer Untersuchung des schlagenden Herzens würden wir feststellen, daß die Depolarisationswelle an der Herzwand entlangläuft. Anfangs ist die Zelle vollständig polarisiert. Jeder positiven Ladung außerhalb der Zelle steht eine gleich große negative Ladung innerhalb der Zelle gegenüber. Durch das Vorhandensein der Grenze und die Ladungsverteilung verschwindet das elektrische Feld auf beiden Seiten der Membran. Sobald jedoch eine Welle der Depolarisation einsetzt, entsteht in der Richtung der Wellenausbreitung ein elektrisches Feld. Das scheint zunächst nicht einleuchtend zu sein, denn infolge der Welle sind ja elektrische Ladungen verschwunden und damit scheinbar die Ursachen des Feldes beseitigt, doch die dynamische Eigenschaft der Wellenbewegung erzeugt tatsächlich ein meßbares Feld auf der Körperoberfläche.

Messung der Herzfelder

Die Veränderung des Herzfeldes kann an einem Voltmeter, einem Instrument zur Feststellung von elektrischen Spannungsunterschieden, abgelesen werden. Wenn man an strategischen Punkten Elektroden auf der Haut anbringt, kann man die zeitliche Veränderung des Feldes messen. Um zu zeigen, wie eine solche Messung möglich ist, befassen wir uns nun mit dem Feld, das vom Herzen erzeugt wird.

Die räumliche Erstreckung dieses Feldes reicht weit über das Herz hinaus. Wie beim Magnetfeld eines Stabmagneten hängt die Reichweite des elektrischen Feldes von der Feldstärke ab. Die Physiker stellen das Feld gewöhnlich durch elektrische Feldlinien dar, wie es Abbildung 16 zeigt.

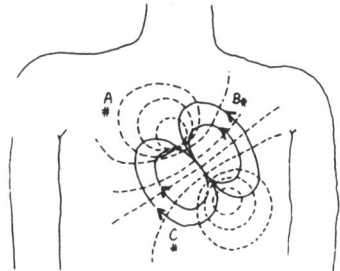

Abbildung 16 Messung des elektrischen Herzens (EKG)

Gewöhnlich bringt man die Elektroden an den Punkten A, B und C an. Sehr häufig werden sie auch am linken Arm, am rechten Arm und am linken Bein angebracht. Das vom Herzen erzeugte elektrische Feld ist in der Abbildung durch ausgezogene Linien dargestellt. In Wirklichkeit erstreckt sich das Feld natürlich in drei Dimensionen; davon kann man sich in etwa eine Vorstellung machen, wenn man sich denkt, daß die schmetterlingsförmigen Schleifen um die Linie, die diagonal durch das Herz verläuft, rotieren.

Die gestrichelten Linien in der Abbildung stellen die, wie die Physiker sagen, Äquipotential-Linien dar. Längs dieser Linien hat die Spannung den gleichen Wert. Da sich das Feld und seine Äquipotentiale im Zeitverlauf ändern, ändern sich auch die an den Elektroden gemessenen Spannungen entsprechend.

Mit der Spannung zwischen zwei beliebigen Punkten kann man die Stärke des Feldes messen. Um seine Stärke absolut zu bestimmen, muß man es in unterschiedlichen Abständen messen, und deshalb sind mehr als zwei Meßpunkte erforderlich. Im Prinzip kann man die Feldstärke ermitteln, wenn man die Spannungsunterschiede dreimal in drei senkrecht aufeinanderstehenden Richtungen (den bekannten drei Raumdimensionen) mißt. Beim üblichen EKG nimmt man gewöhnlich mit neun Elektroden zwölf verschiedene Potentialspannungsmessungen vor.

Da nun das Feld durch eine wiederholt über das Herz wandernde Welle der Depolarisation erzeugt wird, beschreibt das Feld ein sich über den Körper erstreckendes wiederkehrendes Muster. Dieses räumliche Muster weist, wie Abbildung 17 zeigt, drei deutliche Teilgebiete auf, die mit P, QRS und T bezeichnet werden.

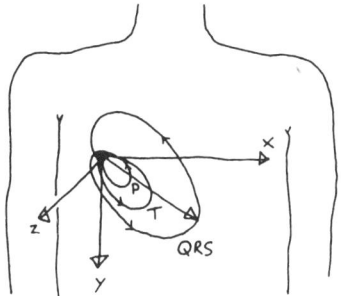

Abbildung 17 Die Richtung des elektrischen Dipols des Herzens

An diesem Muster erkennt man, ob ein Herz heftig, sanft oder schwach schlägt. Dieses von dem elektrischen Feld gezeichnete Muster enthüllt den Gesundheitszustand des Herzens. Die in der obigen Abbildung durch einen Pfeil dargestellte Feldlinie muß einen bestimmten Weg nehmen. Sie muß, wie ein Bus, der nach Fahrplan fährt, pünktlich an den Stellen P, QRS und T und dann wieder bei P ankommen. Ist das nicht der Fall, dann stimmt mit dem Herzen etwas nicht.

Die an den Punkten A, B und C am Körper befestigten Elektroden (siehe Abb. 16) verfolgen den «elektrischen Bus» auf seiner Fahrt und stellen diese in einer Kurve dar, dem EKG.

Ein Bild des Herzfeldes

Ein typisches EKG ist schematisch in Abbildung 18 dargestellt. Die P-Welle (Vorhof-Depolarisation) erscheint als ein kleiner Buckel, der den Beginn des Herzschlages anzeigt. Das sich anschließende Q-Signal zeigt, daß die Depolarisation der Herzkammer einsetzt. Im weiteren Verlauf dieser Phase nimmt die Feldstärke zu und erreicht ein Maximum bei R, wo das Feld vom rechten Arm zum linken Bein zurückverweist. Bei S zeigt das Feld in die entgegengesetzte Richtung, von C nach A. Bei der Repolarisation des Herzens erhalten wir das kleinere T-Signal.

219

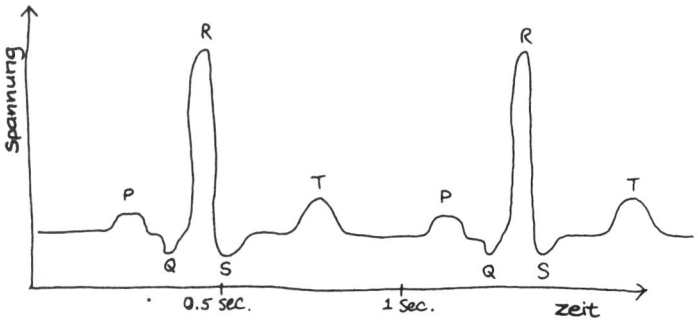

Abbildung 18 Wie ein EKG aussieht

Eine mögliche Zukunft des Herzens

In den letzten Jahren haben wir drei bemerkenswerte Herzoperationen erlebt: Die berühmte Einsetzung eines künstlichen Herzens bei Barney Clark, die Implantation eines Pavianherzens bei Baby Fae und die Kunstherzoperation an William Schroeder. Barney Clark und Baby Fae sind zwar inzwischen tot, doch verdanken wir ihren Fällen wichtige Erkenntnisse. Wir wissen jetzt mehr über die Grenzen künstlicher Herzen: was sie leisten können und was wir nicht von ihnen erwarten sollten. Nach derzeit herrschender Meinung sollten Kunstherzen nur als Notfallpumpen verwendet werden, bis ein menschliches Spenderherz zur Verfügung steht.

Mr. Schroeder hat, während ich dies schreibe, einen Rückschlag erlitten, weil ein Blutgerinnsel bei ihm einen Gehirnschlag auslöste. Das Gerinnsel konnte unmittelbar auf die Schwierigkeit zurückgeführt werden, die Kunststoffstutzen des eingesetzten mechanischen Herzens richtig mit den fünf großen Adern, die zum Herzen und vom Herzen weg führen, zu verbinden: der Lungenarterie, der Aorta, der unteren und oberen Hohlvene und der Lungenvene.

Die richtige Verbindung ist insofern ein Problem, als an Hindernissen aufgrund der Strömungsdynamik im Blutstrom Turbulenzen entstehen. Die Schwierigkeit wird noch dadurch vergrößert, daß Blut eine lebende Flüssigkeit ist und lebende Zellen sich nicht unbedingt so verhalten wie unbelebte träge Teilchen.

Die Kunstherz-Forschung steckt noch ganz in den Anfängen, aber man darf hoffen, daß sie schließlich ein miniaturisiertes Antriebssystem entwickelt, das dauerhaft in die Brust eingesetzt und von einem Batteriesatz gespeist wird, den man am Körper tragen kann.

EIN CYBORG MIT AUSTAUSCHBAREN ORGANEN Versetzen wir uns jetzt einmal in eine Zukunft, in der der Mensch zum Cyborg geworden ist, der je nach Bedarf sein Herz und sonstige Organe austauschen läßt. Wie könnte das Kunstherz der Zukunft aussehen? Wahrscheinlich besteht es aus Weichplastik und ähnelt in Größe und Volumen dem natürlichen Herzen. Es hat ebenfalls vier Kammern, und seine Wände können elektrische Ladungen tragen. Es erzeugt daher EKG-Muster, die mit denen des natürlichen Herzens beinahe identisch sind. Innen ist ein winziger elektrischer Pulsgeber angebracht, der den Sinusknoten ersetzt. Es enthält einen von außen steuerbaren Vorhofsknoten, so daß bei außergewöhnlichen Umweltverhältnissen, etwa bei künstlich verlängertem Schlaf oder längerer Unterbrechung der Luftzufuhr, der Herzrhythmus verlangsamt werden kann.

Wozu wird man ein solches Herz benutzen? Ganz sicher zur Verlängerung des Lebens, aber auch, um Dauerleistungen auf eine bis heute unbekannte Höhe zu treiben. Sie erinnern sich, daß der Hauptzweck des Herzens darin besteht, Sauerstoff in den Kreislauf zu pumpen. Nahrung können die Zellen sehr viel länger entbehren als Sauerstoff. Der Cyborg der Zukunft könnte mit seinem künstlichen Herzen und künstlicher Sauerstoffversorgung ohne Druckanzug gefährliche Orte erkunden, zum Beispiel den Weltraum oder die unterseeische Welt. Ein weiterer Vorteil wäre, daß das Kunstherz aus der Ferne überwacht werden kann: Ein «Gehirn» in einem Zentralcomputer könnte über Funk mit allen Empfängern eines Kunstherzens Verbindung halten, indem es die Signale, die der «elektrische Bus» bei seiner P-QRS-T-Fahrt durch die Brusthöhle des Cyborgs erzeugt, verstärkt.

Diese Zukunft – und das ist das Verblüffende – ist inzwischen zum Greifen nahe; die technischen Voraussetzungen für funkgesteuerte künstliche Herzen sind heute gegeben.

20. Leben in Druckanzügen

Heute spricht man von «Druck» oft in übertragenem Sinne und meint damit die vielfältigen Belastungen des Alltags, die Arbeitsbelastung, Krisen in der Familie, Gesundheitsprobleme und sonstige Schwierigkeiten. Aber was bedeutet Druck aus der Sicht der Physik?

Was ist Druck?

Druck ist sicherlich die geläufige Form, in der wir Kraft erfahren. So wird jeden Abend im Fernsehen bei der Wettervorhersage vom Luftdruck gesprochen; die Reifen unseres Autos bringen wir auf den richtigen Luftdruck; wenn wir uns erschöpft fühlen, gehen wir zum Arzt und lassen unseren Blutdruck messen. Ohne Druck könnte unser Körper nicht funktionieren! Zum Atmen brauchen wir Druck; Druck besteht innerhalb unseres Schädels, in unseren Blutgefäßen, im Herzen, in den Augen, im Verdauungssystem, im gesamten Skelettsystem und – auf der mikroskopischen Ebene – an den lebenswichtigen Membranen, die unsere Zellen voneinander trennen.

Druck wird definiert als Kraft, die auf eine Fläche wirkt. Ein normaler Herrenschuh hat einen Absatz mit einer Fläche von etwa 40 cm². Ein Mann von 80 kg läßt bei jedem Schritt sämtliche 80 kg auf den Absatz wirken. Der Druck, den er ausübt, beträgt 80 kg geteilt durch 40 cm², das sind zwei Kilogramm pro cm². Eine Frau von 60 kg Gewicht, die «sexy» hochhackige Schuhe mit einer Absatzfläche von 1,6 cm² trägt, übt bei jedem Schritt einen Druck von über 37 kg/cm² aus. Daß solche Damenschuhe auf manchen Linoleumböden tiefe Spuren hinterlassen, ist kein Wunder, und ich möchte nicht mit meinem Zeh unter einen solchen Absatz geraten!

Weil wir am Grunde eines «Luftmeeres» leben, spüren wir den Druck der Luft. Luft hat ein Gewicht: Eine Luftsäule mit einer Grundfläche von 1 cm², die 8 km in die Höhe reicht (dort wird die Luft allmählich rar), wiegt etwa 1033 g.

Druck wird gemessen in Krafteinheiten pro Fläche. Das können Newton pro Quadratmeter, Pfund pro Quadratzoll oder Dyn pro Quadratzentimeter sein. Doch in der Medizin und der Wetterkunde wird der Druck gewöhnlich mittels einer Quecksilbersäule gemessen (die chemische Abkürzung für Quecksilber ist Hg). Nun ist Quecksilber sehr viel dichter als Luft (etwa 13 300 Dyn pro Kubikzentimeter gegenüber 1,3 Dyn pro Kubikzentimeter), und deshalb braucht die Quecksilbersäule nicht 8 km hoch zu sein, um auf die Grundfläche einen Druck von 101,325 g pro Quadratzentimeter (oder eine Atmosphäre) auszuüben. Um einen Druck von einer Atmosphäre (atm) zu erzeugen, braucht eine Quecksilbersäule nur 76 cm oder 760 mm hoch zu sein.

Wenn daher der Luftdruck abfällt, sinkt die Quecksilbersäule um einige Millimeter; bei einem Anstieg steigt sie um einige Millimeter. Wenn in der Wettervorhersage von einem sinkenden oder steigenden Barometer (Druckmesser) die Rede ist, dann ist genaugenommen eine sinkende oder steigende Quecksilbersäule gemeint. Da wir am Grunde des Luftmeeres leben, bezieht sich jeder Druck, den wir messen, auf den Luftdruck von einer Atmosphäre. Der gebräuchliche Reifendruck von 1,8 atü (Atmosphären-Überdruck) entspricht einem absoluten Druck von 1,8 Atmosphären + 1 Atmosphäre, also 2,8 Atmosphären. Wir sprechen üblicherweise vom relativen oder Normaldruck, weil wir in unserem Körper Drücke von unter 1 atm finden. In diesen Fällen spricht man vielfach von Unterdruck, womit ein Druck von weniger als 1 atm gemeint ist. Beim Einatmen der Luft muß der Druck in unserer Lunge geringer sein als 1 atm, sonst würde keine Luft hereinströmen. Wenn wir durch einen Strohhalm Limonade aufsaugen, entsteht ebenfalls ein Unterdruck.

Was der Blutdruck über Sie aussagt

Mit jedem Schlag wirkt das Herz wie eine Pumpe, die den Druck in den Arterien erhöht. Der mittels einer Manschette um den Oberarm gemessene Blutdruck ereicht normalerweise einen oberen (systolischen) Wert von 120 mm Hg. Das heißt mit anderen Worten: Wenn das Herz seinen höchsten Druck erreicht, würde dieser Druck eine Quecksilbersäule um 120 mm höher hinauftreiben als der Luftdruck allein. Nachdem der Blutdruck seinen höchsten Wert erreicht hat, sinkt er auf seinen «Hintergrundwert», den diastolischen Druck, ab, der normalerweise 80 mm Hg beträgt. Bei der Blutdruckmessung wird sowohl der systolische als auch der diastolische Wert ermittelt und mit 120/80 notiert, was den im Körper auftretenden Druckunterschied anzeigt.

Viele Ärzte sehen in hohem Blutdruck eine potentielle Todesursache. Selbst ein systolischer Druck von 140 mm Hg fällt nicht aus dem Normalbereich heraus, aber ein diastolischer Druck über 90 mm Hg liegt in der Gefahrenzone. Wenn ihr Herz das Blut durch die Arterien pumpt, übt der Blutstrom einen Druck auf die Arterienwände aus. Wenn der diastolische Druck zunimmt, müssen sich die Arterienwände dehnen, wodurch eine Spannung entsteht. Auch das Herz selbst muß seine Muskelspannung steigern, um den Druck aufrechtzuerhalten, der seinerseits das Blut schneller durch das System fließen läßt.

Nach den physikalischen Gesetzen des Strömungverhaltens von Flüssigkeiten in einem Rohr, etwa des Blutstroms in einer Arterie, fließt die Flüssigkeit dort, wo das Rohr eng ist, schneller, dort, wo es weit ist, langsamer. Im weiteren Teilstück des Rohrs ist der Druck dementsprechend höher, im engeren Teil niedriger. Ein in einer Arterie auftretendes Hindernis läßt das Blut schneller fließen, damit die gleiche Blutmenge an diesem Hindernis vorbeifließen kann. Um diesen schnelleren Fluß aufrechtzuerhalten, muß das Herz daher mehr Druck erzeugen. Tatsächlich sind Verstopfungen oder Verengungen der Arterien vielfach der Grund von erhöhtem Blutdruck.

Um diesen Zusammenhang zu verstehen, müssen wir uns mit einem bekannten Gesetz der klassischen Physik befassen, dem Gesetz von Bernoulli.

DAS GESETZ VON BERNOULLI: FLIEGEN, BASEBALL UND BLUTFLUSS   Wenn er geschickt geworfen wird, beschreibt ein Baseball eine gekrümmte Bahn. Flugzeuge fliegen durch den Himmel, und es ist eine allbekannte, lästige Tatsache, daß die Duschvorhänge, während wir unter dem strömenden Wasser stehen, oft an unseren Beinen kleben. Wenn man bei hoher Geschwindigkeit plötzlich ein Autofenster herunterkurbelt, fliegen oft Karten und sonstige Gegenstände durch das

Fenster hinaus. Und überall dort, wo der Querschnitt einer Arterie verengt ist, fließt, wie schon erwähnt, das Blut schneller, während der Blutdruck in der beengten Arterie sinkt.

Die Flugbahn des Baseballs beruht ebenso wie das plötzliche Verschwinden von Straßenkarten, die durch das geöffnete Autofenster herausgesaugt werden, auf den physikalischen Gesetzen des Verhaltens von Flüssigkeiten. Die Flüssigkeit ist in diesen Fällen die Luft, die den Baseball auf seinem Flug umgibt beziehungsweise durch das Autofenster strömt, während der Wagen die Autobahn entlangsaust. In allen Flüssigkeiten – und ebenso in der Luft – gibt es Druckunterschiede, und entsprechend gibt es Strömungen, die diese Unterschiede auszugleichen versuchen. Der Nordwind, der uns im Winter frieren läßt, und der linde Südwind, der uns im Sommer erwärmt, sind Beispiele von Flüssigkeiten, die infolge von Druckunterschieden strömen.

All diese Phänomene, auch der Blutfluß, gehorchen einem Gesetz der klassischen Physik, das nach seinem Entdecker, Daniel Bernoulli (1700–1782) benannt ist. Es besagt, daß der Druck in einer Flüssigkeit bei steigender Strömungsgeschwindigkeit abnimmt. Eine Flüssigkeit, die stetig durch ein weites Rohr strömt, muß an einer Verengung schneller fließen, wenn nicht ein Rückstau entstehen und der stetige Fluß unterbrochen werden soll. Befindet sich diese Verengung am Ende des Rohrs, dann tritt die Flüssigkeit schneller aus. Das Gesetz von Bernoulli sorgt zum Beispiel dafür, daß aus der Mündung des Gartenschlauchs ein scharfer Strahl austritt.

Daß an der Verengung der Druck abnimmt, ist allerdings nicht ohne weiteres einsichtig; es hat etwas mit der Arbeit zu tun, die der Druck im Rohr an der Strömung leistet. Es ist der Druck im weiten Teilstück des Rohrs, der die Flüssigkeit in der Fließrichtung strömen läßt. Flüssigkeiten, die in Rohren strömen, haben ebenfalls eine Energie. Das Gesetz von Bernoulli beruht denn auch auf einem bekannten physikalischen Gesetz, dem Satz von der Erhaltung der Energie. Der Druck kann als eine Art von potentieller Energie aufgefaßt werden, während das Strömen der Flüssigkeit eine Art von kinetischer Energie darstellt. Die Summe von kinetischer und potentieller Energie muß in allen Teilen des Rohrs gleich bleiben. Deshalb strömt die Flüssigkeit im engen Teilstück schneller und im weiteren Teilstück langsamer. Im weiten Teilstück ist ihre potentielle Energie (der Druck) größer, während ihre kinetische Energie (die Strömungsgeschwindigkeit) kleiner ist; im engen Teilstück ist das genau umgekehrt.

Es ist nicht schlecht, wenn man bei hohem Blutdruck an die potentielle Energie denkt. Hoher Druck besitzt mehr davon als niedriger Druck, kann mehr kinetische Energie freisetzen, wie beispielsweise eine Hochdruck-Dampfmaschine. Wird der Druck aber zu hoch, dann muß irgend etwas nachgeben.

DIE HERZPUMPE Beim Verlassen des Herzens durch die Aorta und die Lungenarterie hat das Blut eine Geschwindigkeit von etwa 30 cm pro Sekunde. Diese Geschwindigkeit sinkt, während sich das Blut auf immer kleiner werdende Arterien (die Arteriolen) verteilt, nahezu auf Null ab. Der Grund ist auch hier das Gesetz von Bernoulli. Die Querschnittfläche, die dem Blut insgesamt zur Verfügung steht, wächst durch die Verzweigung von etwa 3 cm^2 auf annähernd 600 cm^2. Folglich sinkt die Fließgeschwindigkeit auf das Schneckentempo von etwa 1 mm pro Sekunde.

Daß sich der Blutfluß bei der Verzweigung vom Herzen her verlangsamt, kann als logische Konsequenz aus dem Gesetz von Bernoulli verstanden werden. Das Blut fließt aus einer Arterie mit großem Durchmesser in viele kleinere, deren Querschnittsfläche insgesamt aber sehr viel größer ist als die der Hauptarterie, und folglich muß die Strömungsgeschwindigkeit in den kleineren Arterien abnehmen. Dem liegt jedoch die Annahme zugrunde, daß das Blut stetig fließt, aber das ist nicht der Fall. Innerhalb des Systems von Arterien, Venen, Arteriolen und Kapillaren gibt es daher beträchtliche Unterschiede im Blutdruck. In einer Arterie herrscht in der Regel ein Druck von etwa 90 mm Hg; in einer kleinen Kapillare sinkt dieser Wert auf etwa 30 mm Hg, und in einer kleinen Vene beträgt der Druck etwa 15 mm Hg.

Diese Zahlen, so könnte man auf den ersten Blick meinen, widersprechen dem Gesetz von Bernoulli, demzufolge das Blut beim Übergang von einer Arterie mit großem Durchmesser zu einer kleineren schneller und beim Übergang von einer kleineren in eine größere Arterie langsamer fließen muß. Das Blut verhält sich tatsächlich auf diese Weise. Man muß dabei aber berücksichtigen, daß es aus einer Hauptarterie mit einem gegebenen Durchmesser in viele kleinere Arterien fließt. Letzten Endes fließt es also aus einer Arterie mit einem kleineren Querschnitt in einen Komplex von Arterien, deren Querschnittsfläche insgesamt größer ist.

Von der Tatsache, daß die sekundären Arterien einen kleineren Querschnitt haben als die primären, sollten Sie sich nicht täuschen lassen. Das Blut muß, während es sich vom Herzen aus immer weiter verzweigt, zwangsläufig langsamer fließen, weil die für den gesamten Kreislauf zur Verfügung stehende Blutmenge begrenzt ist: Flösse es schneller, so würde in der primären Arterie ein Vakuum entstehen.

Um das zu begreifen, genügt der gesunde Menschenverstand. Die Blutmenge ist begrenzt, und sie muß mehr oder weniger stetig das System durchströmen. Bei sich vergrößernder Querschnittsfläche verlangsamt sich die Strömung, damit das schneller nachströmende Blut den Raum ausfüllen kann. Bei abnehmender Querschnittsfläche muß das Blut schneller fließen, weil es sonst durch das aus dem größeren Durchmeser nachströmende Blut zu einem Stau käme.

Die kleinen Kapillaren sind der Ort, wo Sauerstoff und Kohlendioxyd ausgetauscht werden. Das wird durch die niedrige Fließgeschwindigkeit des Blutes ermöglicht, weil in einer langsam fließenden Flüssigkeit die Gasdiffusion größer sein kann.

In jeder Sekunde muß eine bestimmte Blutmenge Ihren Körper durchströmen, um Sauerstoff von der Lunge zu den Zellen zu bringen und Kohlendioxyd von den Zellen aufzunehmen und zur Lunge zurückzubefördern, wo er ausgeatmet wird. Die Fließgeschwindigkeit hängt von dem Druckgefälle ab, das vom Herzen erzeugt wird. Generell ist die Fließgeschwindigkeit eine lineare Funktion des Druckgefälles in der Fließrichtung.

Die Fließgeschwindigkeit hängt auch von der Dicke des Blutes ab. Honig fließt langsamer als Champagner. Den Widerstand, der das Fließen einer Flüssigkeit erschwert, bezeichnet man als Zähflüssigkeit oder Viskosität. Blut ist dreimal zähflüssiger als Wasser, und deshalb sagt man mit Recht «Blut ist dicker als Wasser». Die Zähflüssigkeit nimmt mit dem Gehalt an roten Blutkörperchen und mit sinkender Körpertemperatur zu. Kaltes Blut ist dicker oder zähflüssiger als warmes.

DAS GESETZ VON POISEUILLE UND DIE ARTERIOSKLEROSE
Der französische Arzt Jean Marie Poiseuille erforschte im 19. Jahrhundert die Blutströmung. Zunächst untersuchte er das Fließverhalten von Wasser in Rohren von unterschiedlicher Größe. Auf ihn geht auch das *Poise* zurück, die nach ihm benannte Maßeinheit der Viskosität, die einer Dyn-Sekunde pro Quadratzentimeter entspricht. Durch Versuche fand Poiseuille heraus, wie die Fließgeschwindigkeit mit der Viskosität, der Rohrlänge, dem Druck und dem Rohrdurchmesser zusammenhängt. Nach seinen Feststellungen führt:

- Verdoppelung des Drucks zur Verdoppelung der Fließgeschwindigkeit;
- Verdoppelung der Viskosität zur Halbierung der Fließgeschwindigkeit;
- Verdoppelung der Länge zur Halbierung der Fließgeschwindigkeit; und
- Verdoppelung des Radius zur sechzehnfachen Fließgeschwindigkeit.

Bei der Ermittlung dieser Tatsachen hielt er alle übrigen Variablen konstant auf ihrem ursprünglichen Wert; bei der Verdoppelung des Drucks hielt er also die Viskosität, die Länge und den Radius des Rohrs konstant, um die Wirkung des Drucks auf die Fließgeschwindigkeit herauszufinden. Gestützt auf die Ergebnisse von Poiseuille, kann man auch die Auswirkungen von Veränderungen auf den Druck beschreiben:

- Verdoppelung der Fließgeschwindigkeit führt zur Verdoppelung des Drucks;
- Verdoppelung der Viskosität führt zur Verdoppelung des Drucks;
- Verdoppelung der Länge führt zur Verdoppelung des Drucks;
- Verdoppelung des Radius läßt den Druck auf ein Sechzehntel sinken.

Überraschend ist die starke Veränderung der Fließgeschwindigkeit und des Drucks, die durch eine Veränderung des Rohr-Radius hervorgerufen wird. Wenn bei Verdoppelung des Radius der Druck um den Faktor 16 abnimmt, muß eine Halbierung des Radius den Druck um den gleichen Faktor steigern. Poiseuille entdeckte somit, daß ein sehr viel größerer Druck erforderlich sein würde, um eine bestimmte Fließgeschwindigkeit in den winzigen Arteriolen aufrechtzuerhalten. Anderenfalls würde bei dem geringen Radius der Arteriolen die Fließgeschwindigkeit so stark sinken, daß die Strömung praktisch zum Stillstand käme. Um dem entgegenzuwirken, müßte das Herz zur Steigerung des Drucks zusätzliche Arbeit leisten; das würde zur Überlastung führen.

Um die Bedeutung dieser Ergebnisse richtig einschätzen zu können, müssen wir noch einmal auf die Physik des Strömungsverhaltens von Flüssigkeiten zurückkommen, nämlich auf den Unterschied zwischen einer gleitenden (oder laminaren) und einer turbulenten Strömung.

CHAOS IM BLUTFLUSS DURCH TURBULENZEN   Sie brauchen nur einmal an einem stillen Sonntag in den Bergen in einen ruhig dahinfließenden Bach hineinzuwaten, und Sie begreifen die Physik der laminaren Strömung. In Ufernähe bewegt sich das Wasser kaum; wenn Sie tiefer hineinwaten, spüren Sie, wie die Strömung sich bei jedem Schritt verstärkt. In der Mitte des Bachs ist sie am schnellsten.

Ebenso ist im Mittelpunkt des Blutgefäßes die laminare Blutströmung am schnellsten; unmittelbar an der Gefäßwand bewegt sich das Blut nur langsam. Dieses unterschiedliche Strömungsverhalten wirkt sich auf die Verteilung der roten Blutkörperchen in dem Sinne aus, daß sie in der Mitte des Stroms zahlreicher sind als an den Seiten. Der Umstand, daß die Arteriolen seitlich von der Arterie abzweigen, verringert die Anzahl der nach dort abgeleiteten roten Blutkörperchen.

Betrachten wir nun eine Arterie, deren Querschnitt sich laufend verengt: Der Radius des vom Blut durchflossenen Rohres nimmt also ab. Nach dem Gesetz von Bernoulli wächst mit der Verengung des Rohrs die Fließgeschwindigkeit. An einem bestimmten Punkt wird die Strömung eine *kritische Geschwindigkeit* erreichen, und die gleitende Strömung wird in eine turbulente Strömung umschlagen.

Das Einsetzen der Turbulenz hängt vom Radius des Rohrs sowie von der Viskosität und der Dichte der Flüssigkeit ab. Es hängt außerdem von der Reynoldschen Zahl ab. Osborne Reynolds entdeckte 1883, daß

- Verdoppelung der Viskosität die kritische Geschwindigkeit verdoppelt;
- Verdoppelung der Dichte die kritische Geschwindigkeit halbiert;
- Verdoppelung des Radius die kritische Geschwindigkeit halbiert; und
- ein Strömungshindernis die kritische Geschwindigkeit herabsetzt.

In der Aorta, die einen Radius von etwa 1 cm hat, beträgt die kritische Geschwindigkeit 0,4 Meter pro Sekunde (m/s). Die Geschwindigkeit, mit der das Blut die Aorta durchströmt, reicht von 0 bis 0,5 m/s, und das heißt, daß während der Systole, der Hochdruckphase des Blutpumpens, die Strömung turbulent ist. Es ist die Turbulenz der Strömung, die man hört, wenn man beim Blutdruckmessen das Blut durch die Armarterien rauschen hört.

Was den Blutdruck betrifft, besteht zwischen der laminaren und der turbulenten Fließgeschwindigkeit ein entscheidender Unterschied. Eine laminare Strömung reagiert empfindlicher auf eine Druckänderung als eine turbulente Strömung. Bei gleicher Druckänderung wird sich also die Fließgeschwindigkeit einer laminaren Strömung stärker ändern als die einer turbulenten Strömung. Bei steigendem Druck steigt in einer normalen Arterie die Fließgeschwindigkeit entsprechend, bis die kritische Geschwindigkeit erreicht wird. Den Druck, bei dem diese Geschwindigkeit erreicht wird, nennt man den «kritischen Druck». Steigt der Druck weiter an, nimmt die Fließgeschwindigkeit nur noch geringfügig zu.

Wird nun eine Arterie durch irgend etwas verstopft, ist ein entsprechend größerer Druck nötig, um eine bestimmte Fließgeschwindigkeit zu erreichen. Gemäß Reynolds' Entdeckung setzt die Turbulenz wegen des Hindernisses bei einer geringeren Fließgeschwindigkeit ein. Da aber in der verstopften Arterie gleichzeitig der Druck steigt, ist andererseits der kritische Druck höher. Das heißt also: Bei einer verstopften Arterie ist die kritische Geschwindigkeit niedriger und der kritische Druck höher als bei einer normalen Arterie. Nun muß aber zur Versorgung des Körpers die verstopfte Arterie die gleiche Blutmenge durchlassen wie eine nicht verstopfte, und deshalb ist in ihr ein höherer Druck erforderlich. Um diesen höheren Druck zu erzeugen, muß das Herz mehr arbeiten. Leider betrifft der erhöhte Druck, der von der Verstopfung nur *einer* Arterie hervorgerufen wird, *alle* Arterien, und so steigt der Blutdruck insgesamt.

Die Gefahren des Bluthochdrucks aus physikalischer Sicht

Die Gesetze der klassischen Physik behalten für die Hydrodynamik unseres Blutstroms auch dann ihre Geltung, wenn wir älter werden. An bestimmten Stellen in den Arterien, besonders an den Verzweigungen, wo ja, wie wir gesehen haben, die laminare Blutströmung langsam fließt, lagern sich fettige Gewebe, sogenannte *Atherome*, ab. Wie sich Atherome bilden können, läßt sich sehr gut an einem ganz gewöhnlichen Ventilator beobachten. Auf den Flügeln des Ventilators sammelt sich selbst dann Staub an, wenn er den ganzen Tag in Betrieb ist: Gerade an der Oberfläche der Flügel ist nämlich die Luftströmung gleich Null. Deshalb findet sich auch in unseren Arterien überall dort, wo die Strömung am langsamsten ist, die dickste Fettablagerung.

Durch die Bildung von Atheromen wird der arterielle Blutstrom behindert, und dadurch entsteht die Krankheit, die für uns alle die Todesursache Nr. 1 ist: Arteriosklerose. Mit zunehmendem Alter verlieren die Wände der Arterien ihre Elastizität. Dies nennt man Arteriosklerose (Verhärtung der Arterien). Im Laufe des Lebens steigt also unser Blutdruck beständig an, und die Wände der Arterien werden unelastischer. Statt auf erhöhten Druck elastisch zu reagieren, kann es am Ende passieren, daß das Blutgefäß einfach «platzt». Geschieht das im Gehirn, so spricht man von einem Schlaganfall. Im übrigen bilden sich Atherome eher bei solchen Personen, die bereits einen Schlaganfall erlitten haben. (Schlaganfälle werden außerdem durch Blutgerinnsel verursacht, die sich von der Wand eines Blutgefäßes losreißen und ins Gehirn wandern.)

Die Behandlung besteht in der Senkung des Blutdrucks durch Medikamente oder Biofeedback; dadurch wird die Gefahr eines durch Überdruck hervorgerufenen Schadens vermindert. Hoher Blutdruck schädigt nicht nur die Arterien und Venen, er kann auch Organe schädigen. Organe wie die Nieren, das Gehirn und die Augen können nur innerhalb eines gewissen Spielraums des Blutdrucks funktionieren. Wenn durch hohen Blutdruck ein bestimmtes Organ versagt, können auch weitere Schäden in anderen Organen auftreten. Wenn zum Beispiel durch hohen Blutdruck die Niere geschädigt ist und nicht richtig funktioniert, führt das zu einer weiteren Steigerung des Blutdrucks, durch die schließlich das Gehirn oder der Sehnerv Schaden nehmen.

HERZARBEIT Die Arbeit, die das Herz leistet, gehorcht dem fundamentalen Gasgesetz der Physik, das Druck und Volumenänderung zueinander in Beziehung setzt:

Arbeit = Druck · Volumenänderung

Der mittlere Druck im Herzen liegt etwa in der Mitte zwischen dem systolischen und dem diastolischen Druck, bei rund 100 mm Hg oder $1{,}4 \cdot 10^5$ dyn/cm². (Das dyn ist eine äußerst kleine Einheit der Kraft: Das Gewicht eines Wassertropfens von 1 ml entspricht ungefähr 1000 dyn.) Das Herz pumpt in jeder Sekunde etwa 80 ml Blut; in etwas mehr als 12 Sekunden hat es einen ganzen Liter gepumpt, und in einer Minute sind rund 5 Liter Blut durch das Herz geströmt. Ein rotes Blutkörperchen hat es in dieser kurzen Zeit geschafft, eine vollständige Rundreise durch den ganzen Körper zu machen, die beim Herzen be-

ginnt und wieder beim Herzen endet. Im Laufe eines Tages pumpt das
Herz 10 254 Liter Blut.

Da die Volumenänderung 80 ml pro Sekunde beträgt, leistet das
Herz in jeder Sekunde eine Arbeit von $80 \cdot 1{,}4 \cdot 10^5$ erg, was einer
Energie von etwa 1,1 Wattsekunden entspricht. Es ist doch erstaunlich,
daß eine scheinbar so kleine Energiemenge eine so große Arbeitsmenge
bewältigt! Das Herz, das in unserer Brust schlägt, ist vergleichbar mit
einer 1-Watt-Birne, die ständig brennt. Bei einigem Nachdenken wird
Ihnen klarwerden, daß der Strom, den wir in unseren Wohnungen verbrauchen, einen ziemlich großen Energieaufwand erfordert. Selbst einmal angenommen, daß die Stromgeneratoren mit einem Wirkungsgrad
von 100 Prozent arbeiten, was bedeuten würde, daß die für den Betrieb
des Generators eingesetzte Energie restlos in Strom umgewandelt wird,
so erfordert jede Wattsekunde Strom die Arbeit einer mechanischen
Pumpe, die pro Minute 5 Liter Wasser befördert, wenn diese Pumpe
nur den winzigen Druck von $1{,}4 \cdot 10^5$ dyn/cm^2 erzeugt. Ein dyn ist, wie
Sie wissen, wirklich eine sehr kleine Kraft.

Eine 100-Watt-Birne würde 100 mechanische Pumpen von der
Größe des Herzens erfordern. Sie würden zusammengenommen in jeder Minute 500 Liter Blut befördern. Könnten die Pumpen einen größeren Druck erzeugen, dann bräuchte die Förderleistung natürlich nicht
so groß zu sein.

Nun gibt es aber keinen Stromgenerator mit einem Wirkungsgrad
von 100 Prozent. Auch eine Maschine wie das Herz, das elektrische
Energie umwandelt, hat keinen Wirkungsgrad von 100 Prozent. Je geringer der Wirkungsgrad, desto mehr elektrische Energie ist erforderlich. Da der Wirkungsgrad des Herzens bei nur 10 Prozent liegt, beträgt
sein mittlerer Energieverbrauch etwa 10 Wattsekunden.

Die Arbeit, die das Herz leistet, entspricht ungefähr dem Druck oder
der Spannung in den Herzwänden mal der Volumenänderung pro Sekunde mal der Zeitdauer, während derer das Herz schlägt. Mit steigendem Blutdruck steigt auch die Herzmuskelspannung. Auch eine Beschleunigung des Herzschlags läßt die Arbeitslast steigen. Je mehr es
arbeitet, desto mehr Sauerstoff braucht das Herz, und um so stärker
wird seine eigene Blutversorgung beansprucht.

Dies ist der schwache Punkt, wo das Herz leicht in Schwierigkeiten
gerät: Hier kommt es zur Herzerkrankung und in der Folge zum Herzinfarkt. Der Herzinfarkt tritt ein, wenn eine oder mehrere der Arterien,
die den Herzmuskel mit Sauerstoff versorgen, blockiert werden. Die

Arterien, die diesen kostbaren Lebensatem bereitstellen, sind die Herzkranzarterien. Sie verzweigen sich wiederum über die ganze Oberfläche des Herzens.

Erkrankungen der Herzkranzarterien sind in der westlichen Welt sehr häufig und für etwa 30 Prozent aller Todesfälle verantwortlich. Wenn Ihr Herz infolge von körperlicher oder seelischer Belastung schneller schlägt, braucht es mehr Sauerstoff; diesem erhöhten Bedarf können stark verengte oder verstopfte Arterien nicht gerecht werden.

Luft ist nicht umsonst – die Arbeit der Lungen

Das Einatmen der Luft erfordert Energie. Wir atmen in jeder Minute etwa 6 Liter Luft ein. Die Zahl der Atemzüge pro Minute beträgt bei Männern im Durchschnitt etwa 12, bei Frauen etwa 20 und bei Kleinkindern 60. Die Luft, die wir einatmen, enthält etwa 80 Prozent Stickstoff und 20 Prozent Sauerstoff; die Luft, die wir ausatmen, enthält die gleiche Menge Stickstoff (wir nehmen unseren Stickstoff nicht aus der Luft), 16 Prozent Sauerstoff und 4 Prozent Kohlendioxyd. Außerdem atmen wir jeden Tag ungefähr 0,5 kg Wasserdampf aus. Sie brauchen also bloß auszuatmen, um täglich ein Pfund Wasser zu verlieren.

Genauso wie das Blut, das nach dem Verlassen des Herzens in immer kleinere Blutgefäße eintritt, wo es an Geschwindigkeit und Druck verliert, so daß die Diffusion stattfinden kann, gelangt auch die Luft, nachdem sie die Luftröhre passiert hat, in zwei Stammbronchien, eine je Lungenflügel. Die Bronchien verzweigen sich zu Bronchioli, die sich weiter verzweigen zu den kleinen Lungenbläschen oder Alveolen. Mit den Bronchien beginnend, führen etwa 15 Verzweigungen und Unterverzweigungen zu den Alveolen, die einen Durchmesser von 0,2 mm haben. Diese Alveolen wirken wie winzige, miteinander verbundene Bläschen, die nur doppelt so dick sind wie ein Blatt Papier; die Wand des Bläschens ist nur ein Tausendstel Millimeter dick. Jedes dieser Bläschen wird von der Luft gedehnt und zieht sich wieder zusammen, wie ein winziger Ballon. In diesen Bläschen vollzieht sich der Austausch von Sauerstoff und Kohlendioxyd – der eigentliche Grund, warum wir atmen.

Das Atemvolumen bei Ruhe beträgt für Männer etwa 0,5 Liter Luft pro Zug, für Frauen etwa 0,3 Liter. Durch Anstrengung kann das Volumen der ein- oder ausgeatmeten Luft gesteigert werden. Die Lungen besitzen ein Einatmungsvolumen von etwa 2 Litern und eine Ausatmungsreserve von rund 1,2 Litern; diese Reserve bewahrt die Lunge vor dem Kollaps, der eine gravierende Störung darstellt und nur bei beschädigten Lungen vorkommt. Die normale Lunge ist niemals luftleer, nicht einmal nach der vollständigen, lang anhaltenden Ausatmung der Yoga-Atemkunst. Das gesamte Atemvolumen, von der maximalen Einatmung bis zur maximalen Ausatmung gerechnet, beläuft sich auf 4,4 Liter Luft.

Die normale Atmung nimmt vom Gesamtenergiebedarf des Körpers etwa 2 Prozent in Anspruch. Mit Hilfe einfacher Begriffe aus der klassischen Physik kann man ein mechanisches Modell der Lungen bilden (siehe Abbildung 19). Das gesamte Atmungssystem, bestehend aus Lungen, Brustkorb und Zwerchfell, kann man sich als aus einfachen physikalischen Elementen zusammengesetzt denken: einem Gewicht oder einer Masse m; einer Feder mit einer Federkraftkonstante k; und einem Stoßdämpfer mit einem Widerstand r.

Stellen Sie sich vor, der Widerstand r richte sich gegen die Bewegung des Lungengewebes und das Einströmen von Gas in die Lunge. Die Feder k steht für die elastische Reaktion des Lungen-Brustkorb-Zwerchfell-Systems insgesamt. Die Masse m steht für die Trägheit aller bewegten Teile des Atmungssystems. Wenn der Muskel sich kontrahiert, wird ein abwärts gerichteter Druck ausgeübt; wenn er sich streckt, zieht die Feder das ganze System hoch. Dies entspricht der Abwärts- und Aufwärtsbewegung des Zwerchfells.

Die Masse m reagiert auf Kräfte, indem sie Widerstand gegen Be-

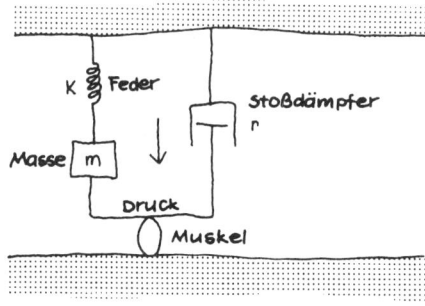

Abbildung 19 Ein Modell des Lungen-Brust-Zwerchfell-Systems

schleunigung leistet, also mit Trägheit. Die Feder reagiert auf Kräfte, indem sie den Widerstand k gegen die Dehnung leistet. Der Stoßdämpfer leistet den Widerstand r gegen Bewegung.

Wenn Sie atmen, kommen all diese Widerstände ins Spiel. Die träge Masse m und die Federkraftkonstante k tauschen bei der Dehnung und Zusammenziehung der Lungen Energie miteinander aus. Wenn die Lungen sich beim Ausatmen zusammenziehen, wird die Feder ein wenig zusammengedrückt und in diesem Druck Energie gespeichert. Die Lungen bewegen sich augenblicklich nicht, aber die Spannung in der Feder ist groß, und man «schmachtet nach einem Atemzug». Wenn die Feder ihre mittlere Länge erreicht, strömt Luft in unsere Lunge und die Feder enthält keine Energie mehr. Aber die Lungen sind jetzt in Bewegung und werden sich weiterbewegen, solange Luft einströmt. Die gesamte Energie des Systems steckt in der Bewegung der Lungen (kinetische Energie), und es gibt keine Beschleunigung. Wenn die Lungen ihre volle Ausdehnung erreichen, hört die Bewegung auf, und die Feder ist maximal gedehnt.

Während dieses ganzen Vorgangs leistet der Stoßdämpfer einen Widerstand mit einer Kraft, die von der Geschwindigkeit der Lungenbewegung abhängt. Dieser Widerstand erzeugt Wärme und dissipiert Energie. Je schneller wir atmen, desto größer ist die Bewegung der Lungen, und wegen des erhöhten Widerstands wird um so mehr Energie verbraucht.

Wenn Sie genau auf Ihre Atmung achten, werden Sie bemerken, daß es leichter ist, einzuatmen als auszuatmen. Das liegt daran, daß beim Einatmen in den Luftwegen Kräfte wirken, die auf eine weitere Öffnung zielen, während beim Ausatmen genau das Gegenteil der Fall ist. Patienten mit Atembeschwerden wie Asthma oder Emphysem leiden noch mehr, wenn sie rasch auszuatmen versuchen. Erleichterung finden sie gewöhnlich in kurzen Atemzügen, bei denen die Lungen relativ gefüllt und die Luftwege so weit wie möglich geöffnet bleiben.

Beim normalen Atmen wird während der Ausatmung keine Arbeit geleistet. In dem Modell schnellt die Feder zurück, Luft wird ausgestoßen, und der Stoßdämpfer verzehrt eine gewisse Energie. Bei anstrengenden Übungen müssen Ihre Muskeln jedoch tätig werden, um die Luft auszustoßen, und es wird Arbeit geleistet. Bei schweren Anstrengungen, so etwa beim Langlauf, kann die Atmung bis zu 25 Prozent des Gesamtenergieverbrauchs Ihres Körpers in Anspruch nehmen.

Beim raschen, flachen Atmen und beim langsamen, tiefen Atmen wird ebenfalls Energie vergeudet. Wenn wir noch einmal auf das Modell zurückgreifen, so hat die Feder eine Tendenz, nur auf Bewegungen mit einer bestimmten Frequenz zu reagieren; dies ist die Resonanzfrequenz, die man leicht an einer schwingenden Feder beobachten kann. Verglichen mit der Resonanzfrequenz, ist das rasche Atmen zu schnell und das langsame Atmen zu langsam. Bei langsamer Atmung muß gegen die elastischen Kräfte der Feder selbst Arbeit geleistet werden; bei schneller Atmung kommt der Stoßdämpfer zur Geltung, der durch Widerstandskräfte Wärme erzeugt. Alles in allem entspricht das Modell recht genau dem realen Atmungssystem.

Im Gegensatz zu einer verbreiteten Ansicht stärken aerobe Übungen wie das Laufen die Muskeln, tragen aber kaum zur Steigerung der Lungenkapazität bei. Falls die Kondition sich bessert, liegt das allein an der Stärkung der Muskulatur.

In der Tat, wir leben in Druckanzügen, wobei ein bemerkenswertes System physikalischer Gesetze die Drücke in unserem Körper reguliert. Der Druck, sei es der Luftdruck in unseren Lungen oder der Blutdruck in unseren Venen und Arterien, beruht auf einigen ganz elementaren Gesetzen der Physik. Es gibt kein Leben ohne den «Druck» des Lebens.

21. Die Quantenphysik des Blutes

Wenn Sie dieses Kapitel rasch überfliegen, werden Sie sich vielleicht fragen, warum es «die Quantenphysik des Blutes» und nicht «die Chemie des Blutes» heißt. Bei der Chemie geht es um solche Dinge wie die Struktur der Moleküle und die Verbindungen zwischen Molekülen. Weiter oben haben wir jedoch gezeigt, daß die Physik, die jeglicher Chemie zugrunde liegt, die Quantenphysik ist; entsprechend ist die Chemie des Blutes im Grunde die Quantenphysik des Blutes.

In diesem Kapitel betrachten wir das Blut in seiner vorrangigen Funktion als Transport- oder Zirkulationssystem für Sauerstoff. Weil es aber verschiedene Bluttypen gibt, habe ich kurze Erläuterungen dazu angefügt, auch zu der Frage, warum es Probleme gibt, wenn Spenderblut von einem Typ auf einen Empfänger von einem anderen Typ übertragen wird. Sie können sich das Blutsystem als einen Eisenbahnzug vorstellen. Wenn Wagen fehlen, möchten Sie gern wissen, wie Sie den Zug wieder vervollständigen können, und wenn Sie Blut verlieren, was einem Zug entspricht, der zu wenige Wagen hat, dann kann er nur vervollständigt werden, indem weitere Wagen angehängt werden. Die müssen aber von der richtigen Sorte sei, denn es gibt Wagen, die sich nicht mit anderen zusammenkoppeln lassen, und so gibt es auch gewisse Bluttypen, die nicht mit anderen vermischt werden können.

Das Kreislaufsystem

Wie einfach oder klein ein Tier auch sein mag, es muß atmen, um sich mit Sauerstoff zu versorgen und Kohlendioxyd und andere gasförmige

Abbauprodukte zu beseitigen. Die Gase müssen daher eine Schranke, nämlich die Haut des Tieres, überwinden, und diesen Vorgang nennt man Diffusion. Je größer die Hautoberfläche ist, die den Gasen zur Verfügung steht, desto größer ist das Volumen der diffundierten Gase. Ein typischer Einzeller besitzt eine Hautoberfläche von annähernd 600 m^2/kg, während sie beim Menschen nur etwa 0,02 m^2/kg beträgt. Da die Einzeller der Außenwelt eine so große Oberfläche bieten, ist es kein Wunder, wenn die gewöhnliche Gasdiffusion bei ihnen die Aufgabe des Gasaustauschs bewältigt.

Die einfachen tierischen Einzeller können Sauerstoff und Kohlendioxyd durch ihre Haut austauschen, also atmen. Sie können das, weil sie bei ihrer winzigen Größe ein günstiges Verhältnis zwischen Oberfläche und Körpergewicht haben. Sie werden sich aus einem früheren Kapitel erinnern, daß das Verhältnis von Oberfläche und Körpergewicht mit zunehmendem Körpervolumen eines Tieres abnimmt. Große Tiere geben deshalb weniger Wärme an die Außenluft ab als kleine. Deshalb sind beispielsweise Eisbären größer als die mit ihnen verwandten Braunbären. Der Eisbär lebt in einem kälteren Klima als der Braunbär und muß deshalb ein kleineres Verhältnis von Oberfläche zu Körpergewicht haben, um die Abgabe von Wärme über die Haut an die kalte Außenluft zu minimieren. Doch wenn weniger Hautoberfläche je Kilogramm Körpergewicht zur Verfügung steht, entsteht das Problem der Sauerstoffversorgung und des Kohlendioxyd-Abtransports für jede einzelne Zelle. Zur Bewältigung dieser Aufgabe brauchen große Tiere ein Kreislaufsystem – und damit brauchen sie Blut.

Weil wir nicht, wie die Einzeller, eine im Verhältnis zum Körpergewicht große Oberfläche haben, benötigen wir bei unserem komplexen Aufbau ein inneres Kreislaufsystem, das den Sauerstoff zu jeder Zelle unseres Körpers bringt. Die Evolution hat uns ein inneres System von Wasserwegen, das auf ausgeklügelte Weise den Hin- und Abtransport von Gasen zwischen der Außenwelt und jeder einzelnen Zelle unseres Körpers besorgt, beschert. Das Blut ist der Fluß, der das Transportsystem des menschlichen Körpers bildet. Es kann durch den bloßen Kontakt mit der Luft Sauerstoff aufnehmen und dank der Zauberei der Quantenphysik festhalten. Es kann außerdem Kohlendioxyd bei den Zellen aufsammeln und zur Lunge zurückbefördern.

Dieser ganze Prozeß des Gastransports im Körper wird durch das bloße Atmen ausgelöst. Die Dehnung und Zusammenziehung unserer Lungen setzt eine komplizierte Reihe von quantenphysikalischen

Wechselwirkungen in Gang. Vom Herzen wird Blut zu den Lungen gepumpt, mit dem relativ niedrigen Druck von etwa 20 mm Hg; das entspricht etwa 15 Prozent des normalen Drucks im gesamten Kreislaufsystem. Die Lungen fungieren als Gasaustauscher; dabei wird Kohlendioxyd aus der Lösung des Blutes ausgestoßen, während Sauerstoff sich in ihr löst und an bestimmte Moleküle, die im Blut enthalten sind, gebunden wird. Um diesen Austausch möglichst effektiv werden zu lassen, sind die Lungen so vielfältig untergliedert, daß sie für die Assimilation und Ausstoßung der Gase eine sehr große Gesamtoberfläche bieten. Würde man die Lungenoberfläche ausbreiten, dann würde sie einen halben Tennisplatz bedecken.

Sauerstoffbindung an Hämoglobin durch hohen Eisengehalt

Das Blut enthält ein Protein namens Hämoglobin, das den Sauerstoff transportiert. Der Hauptbestandteil der roten Blutkörperchen, das Hämoglobin, geht in den Lungen mit dem Sauerstoff eine chemische Verbindung ein und transportiert ihn zu den Körperzellen. In den Zellen verbindet sich der Sauerstoff mit Glucose, dem Hauptnahrungslieferanten, und erzeugt dadurch Energie; diesen Prozeß bezeichnet man als aerobe Glykolyse (siehe 22. Kapitel) oder einfach als Oxydation. Man bezeichnet das Hämoglobin als ein Atmungspigment, weil es sich aus den gleichen Molekülen entwickelt hat, denen wir unsere Hautfarbe verdanken. Die Mehrzahl der Kleinlebewesen atmet ja, wie Sie sich erinnern werden, durch die Haut, ein Hinweis darauf, daß wir uns aus einer kleineren Tierart entwickelt haben könnten. Das Atmungspigment in der Außenhaut unserer Vorläufer könnte nach innen gewandert sein, um gelöstes Hämoglobin zu ergeben: Hautmoleküle in Lösung. Es ist denkbar, daß sich das Blut auf diese Weise entwickelt hat. Der Sauerstoff muß im übrigen, um in den Lungen zu dem Hämoglobin zu gelangen, durch eine Wasserschicht diffundieren. Das heißt, daß wir alle durch Wasser hindurch atmen, was den Schluß zuläßt, daß die Art, aus der wir uns entwickelt haben, unter Wasser lebte.

Der Physiologe L. J. Henderson hat einmal gesagt, das Hämoglobin sei nach dem Chlorophyll, dem grünen Pigmentmolekül in den Pflanzen, die interessanteste Substanz der Welt. Das Bemerkenswerte dabei ist, daß die beiden Moleküle beinahe identisch sind. Möglicherweise haben Pflanzen und Tiere einen gemeinsamen Vorläufer und eine mit der Farbe zusammenhängende Funktion miteinander gemein. Der einzige Unterschied: Im Hämoglobinmolekül steht Eisen im Mittelpunkt, im Chlorophyll dagegen Magnesium. Dem Eisen wollen wir jetzt unsere Aufmerksamkeit schenken.

Der menschliche Körper enthält normalerweise 4 g Eisen, wovon sich 70 Prozent auf Hämoglobin verteilen. Etwa 5 Prozent des Eisens im Körper kommen auf den Muskelbestandteil Myoglobin, 5 Prozent auf spezielle Atmungsenzyme und 20 Prozent auf die Aufbau- und Speichergebiete des Knochenmarks, der Leber und der Milz. Nur ein winziger Bruchteil des Eisens – 4 mg – kommt in ungebundener Form im Blutstrom vor. Dieser Spurenanteil ist wichtig für einen Vorgang im Knochenmark, wo aus den Überresten alter Hämoglobinmoleküle ständig neue hergestellt werden. Tatsächlich wird das Eisen aus zugrunde gegangenen roten Blutkörperchen in Gestalt ungebundener Eisensalze vom Blut zum Knochenmark befördert, um dort bei der Herstellung neuer roter Blutkörperchen wiederverwertet zu werden.

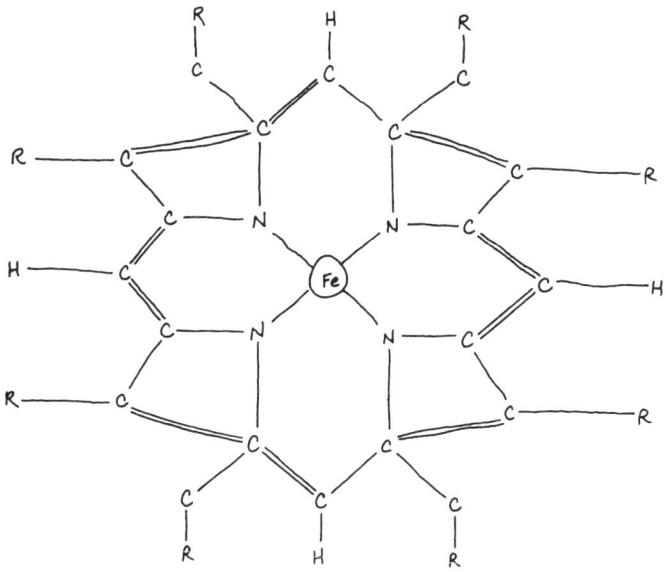

Abbildung 20 Skelettstruktur des Hämoglobins

Die wichtigste Funktion erfüllt das Eisen jedoch im Hämoglobinmolekül. Dort nimmt in einer gitterartigen Struktur, dem sogenannten Häm, ein Eisenatom eine zentrale Stellung ein. Abbildung 20 zeigt die Struktur des Häms; daneben ist das Chlorophyll-Molekül abgebildet (Abbildung 21).

Den Mittelpunkt des Gittersystems bildet ein zweiwertiges Eisenatom (Fe); Zweiwertigkeit bedeutet, daß es doppelt ionisiert, mit zwei Elektronen elektrisch geladen ist: Fe^{2+}. Umgeben ist es von vier Stickstoffatomen. Dieses ganze Gerüst liegt in einer Ebene.

An das Fe-Ion gebunden, aber hier wegen des großen Abstandes nicht dargestellt, sind außerdem vier große spiralige Proteinketten, die das Globin des Hämoglobinmoleküls bilden. Die spiraligen Ketten haben vor allem die Aufgabe, das Sauerstoffmolekül vor den Kräften der umgebenden Wassermoleküle zu schützen. Die Ketten bilden zusammen ein Ellipsoid mit den Abmessungen 64 · 55 · 50 Ångström

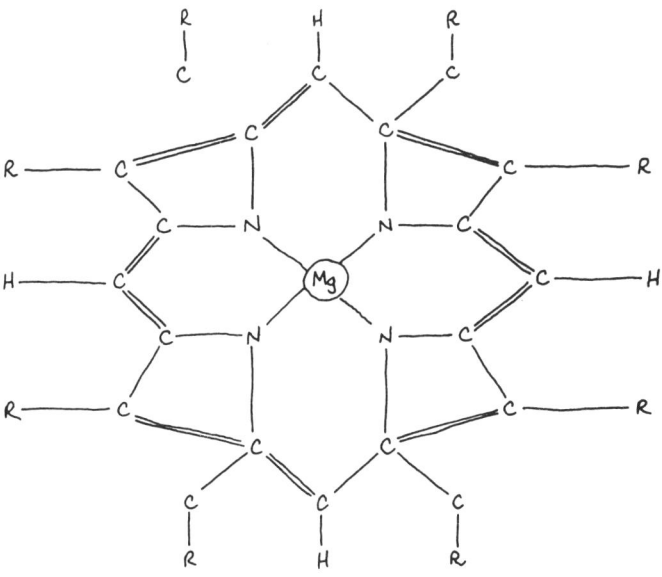

Abbildung 21 Skelettstruktur des Chlorophylls

(10 Milliarden Ångström = 1 m) und einem Molekulargewicht von etwa 67 000 (ebenso viele Male das Gewicht eines Wasserstoffatoms). Die mit dem Häm verknüpften Ketten bilden eine Wiege, in die der Sauerstoff hineingezogen wird. Das Sauerstoffmolekül ist sorgfältig in der Wiege der Hämoglobinstruktur versteckt, und die vier langen spiraligen Ketten bestehen aus Polypeptiden oder Aminosäuregruppen (siehe Abbildung 22).

Das Wasser muß von dem zweiwertigen Eisen ferngehalten werden, denn sonst würde der Sauerstoff im Wasser auf seine Elektronen einwirken und es zu einem dreifach ionisierten Eisen machen, das sich nicht mehr mit dem Sauerstoff im Blut verbinden kann. Deshalb verstecken die spiraligen Globinketten den Sauerstoff in ihrer Wiege.

Wenn Sie atmen, atmen Ihre Hämoglobinmoleküle ebenfalls. Der Sauerstoff, den Sie aufnehmen, verbindet sich mit dem Eisen, und um ihn aufnehmen zu können, ändert das gesamte Molekül seine Struktur.

Durch die Überprüfung von Blutproben in verschiedenen Teilen der Welt hat man festgestellt, daß es beinahe 100 verschiedene Hämoglobin-Mutanten gibt. All diese Mutationen sind offenbar gesundheitsschädlich. Eines der Symptome, die dadurch hervorgerufen werden, ist die Einschlußkörperchenanämie, bei der das Hämoglobin ausfällt und in den roten Blutzellen Körperchen bildet, wodurch sich deren Lebensdauer verkürzt. Ein weiteres Symptom ist die Blausucht, bei der sich die Haut bläulich verfärbt, weil sich in den Kapillaren Deoxyhämoglobin (Hämoglobin ohne Sauerstoff) befindet. Dieses Krankheitsbild scheint darauf zu beruhen, daß das zweiwertige Eisen eine zu geringe Affinität für Sauerstoff hat: Es kann ihn nicht genau binden. Ein drittes Symptom tritt auf, wenn die Affinität für Sauerstoff zu hoch ist, so daß das Hämoglobin seinen Sauerstoff nicht an die Zellen abgibt. Es wird als Polycythamie bezeichnet und veranlaßt das Knochenmark, zum Ausgleich im Übermaß rote Blutkörperchen zu bilden (Perutz und Lehmann).

Blutgruppen und ihre Quantenunterschiede

Mancher von uns wird irgendwann in seinem Leben Blut empfangen oder geben müssen. Doch wer wem Blut geben kann, das unterliegt gewissen Einschränkungen, die auf subtilen Unterschieden in der Quantenphysik der Blutzellen beruhen. Diese Unterschiede möchte ich hier erläutern. Doch zuvor ist vielleicht eine Bemerkung über Bluttransfusionen angebracht. Bluttransfusionen sind etwas ganz Normales und in vielen Fällen lebensrettend. Allerdings gibt es einige angsterregende Aspekte, die berücksichtigt werden müssen.

Viele machen sich heute Sorgen wegen der Möglichkeit, sich durch eine Bluttransfusion die Krankheit AIDS zuzuziehen. Wie es scheint, wird das AIDS-Virus durch den engen Kontakt von Körperflüssigkeiten übertragen, und Blut scheint ein geeigneter Weg zu sein. Dabei sind täglich Tausende von Patienten auf Bluttransfusionen angewiesen, und das Rote Kreuz betreibt weiterhin Blutspende-Kampagnen. Ich bin mir ziemlich sicher, daß das Spenden und Empfangen von Blut unbedenk-

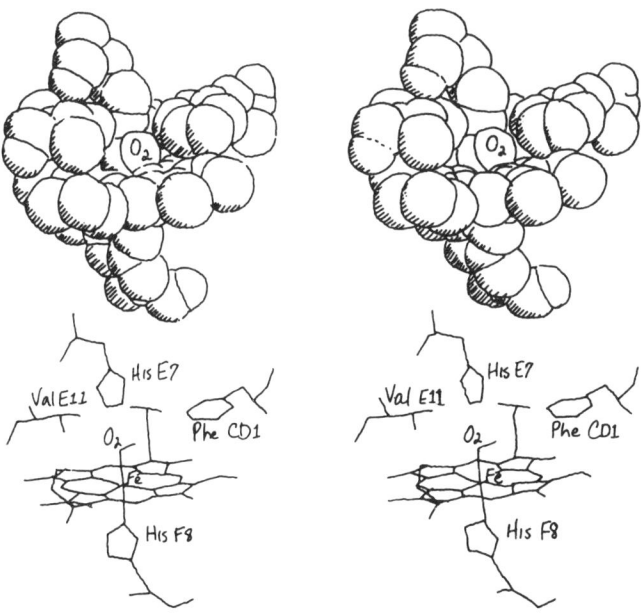

Schauen Sie über die Nasenspitze schielend auf das Bild, so daß in der Mitte zwischen dem linken und dem rechten Bild ein drittes, dreidimensionales Bild entsteht. (Bearbeitet nach S. Phillips, 1980 Journal of Molecular Biology)

Abbildung 22 Stereoskopische Ansicht des Hämoglobin-Moleküls

lich ist. Natürlich gibt es das Problem, daß man Blut erhält, das mutierte Hämoglobinmoleküle enthält; dabei handelt es sich gewissermaßen um eine quantenmechanische Krankheit, die normalerweise nicht entdeckt wird. Zur Feststellung von molekularen Veränderungen braucht man komplizierte Geräte, die Röntgenstrahlen mit einer so hohen Auflösung ergeben, daß die molekulare Struktur betrachtet werden kann. Doch solche Mutationen sind selten, und falls Sie Blut brauchen, sollten Sie sich darüber keine Gedanken machen.

Weshalb kommt es zu solchen Mutationen? Warum gibt es überhaupt Unterschiede zwischen den Molekülen des menschlichen Blutes? Aus quantentheoretischer Sicht liegt der Grund auf der Hand: Hier ist das Körperquant am Werk. Die Natur bedient sich der Mutationen, um die Lebewesen zu verändern und mit neuen Formen zu experimentieren, die möglicherweise an eine veränderte Umwelt besser angepaßt sind. Als Quantenphysiker glaube ich, daß Moleküle sich zu diesem Zweck «bewußt» verändern, möglicherweise in Reaktion auf ihre Umwelt. Vage quantenphysikalische Wahrscheinlichkeiten können plötzlich zur Realität werden. Die Quantenphysik lehrt, daß nichts absolut sicher ist und daß immer wieder neue Möglichkeiten entstehen. Zum anderen ist mit dem Beobachtereffekt der Bewußtseinsaspekt gegeben, so daß durch bloße Beobachtung eine Möglichkeit in Wirklichkeit verwandelt werden kann.

Wahrscheinlich sind die unterschiedlichen Blutgruppen in ferner Vergangenheit durch solche Wirkungen entstanden. Unter dem Mikroskop sehen die roten Blutkörperchen von verschiedenen Menschen einander zwar sehr ähnlich, doch in Wirklichkeit sind sie verschieden. Man kann sie in vier Gruppen einteilen: A, B, AB und 0. Am häufigsten sind in Westeuropa und den Vereinigten Staaten die beiden Gruppen A und 0: Je 43 Prozent der Bevölkerung haben die Gruppe A beziehungsweise 0. Auf die Gruppe B entfallen rund 10 Prozent, auf AB weniger als 5 Prozent. Der Unterschied zwischen den Blutgruppen beruht auf Molekülen, die auf der Oberfläche der roten Blutkörperchen sitzen und als *Antigene* bezeichnet werden, sowie darauf, ob das Plasma andere Moleküle, die sogenannten *Antikörper*, enthält oder nicht.

Die Blutgruppen werden also danach unterteilt, ob bestimmte Antigene und Antikörper vorhanden sind oder nicht. Ein Antigen ist ein Molekül, das die Bildung eines Antikörpers induzieren kann; ein Antikörper ist ein Molekül, das andere spezifische Moleküle gezielt angreifen kann. Bei einer Impfung bekommen Sie Antigene injiziert, die die

Bildung von Antikörpern anregen, welche dauernden Schutz gegen bakterielle Erkrankungen wie etwa Kinderlähmung gewähren. Der Prozeß läuft etwa folgendermaßen ab:

Antigen – (erzeugt) → Antikörper – (zerstört) → Antigen

Dies wiederholt sich ständig. Der Körper erkennt diesen Prozeß und kann zum Schutz vor weiteren Antigen-Angriffen weitere Antikörper erzeugen. Im Grunde macht die Injektion des Antigens den Körper mit einer neuen Krankheit bekannt. Darauf reagiert er mit der fortgesetzten Erzeugung von Antikörpern in einer Menge, die die Zahl der zunächst eingeführten Antigene übersteigt, so daß der Körper bei einer anschließenden bakteriellen Infektion einen Vorsprung hat.

Die Wirkung der Antikörper beruht darauf, daß sie mit den Antigenen einen Komplex bilden, der die Antigene daran hindert, wirksam Stoffe aus dem Blutstrom, in dem sie schwimmen, aufzunehmen. Der Austausch wird dadurch herabgesetzt, daß der Zellkomplex eine im Verhältnis zu seinem Gewicht verringerte Oberfläche hat: Je größer der Komplex von Antigenen, desto geringer ist ihre Wirkung auf den Körper.

Es gibt zwei Antigene, A und B, und zwei Antikörper, A^+ und B^+. Die vier Blutgruppen ergeben sich aus verschiedenen Kombinationen dieser Antigen- und Antikörper-Faktoren.

Wird Blut oder Blutplasma (die klare Flüssigkeit, die 55 Prozent des Blutvolumens ausmacht) in den Kreislauf eines Menschen eingeführt, der zu einer anderen Blutgruppe gehört, so kommt es zu einer gefährlichen Reaktion, der *Agglutination*. Wie das vor sich geht, soll im folgenden an den verschiedenen Blutgruppen erläutert werden.

Bezeichnen wir die vier Blutgruppen wiederum mit A, B, AB und 0. Blut der Gruppe A enthält A-Antigene und B^+-Antikörper, die B-Antigene angreifen; Blut der Gruppe B enthält B-Antigene und A^+-Antikörper, die A-Antigene angreifen; Blut der Gruppe AB enthält sowohl A- als auch B-Antigene, aber keine Antikörper; Blut der Gruppe 0 enthält keine Antigene, aber sowohl A^+- als B^+-Antikörper. Die Antigene A und B sind Moleküle, die an den Blutkörperchen haften. Die Antikörper A^+ und B^+ schwimmen frei im Blutplasma herum.

Wer kann nun von wem Blut erhalten? Um das zu entscheiden, muß man wissen, was beim Zusammentreffen der verschiedenen Blutgruppen geschieht. Die entscheidende Frage ist: Was geschieht mit den ge-

spendeten roten Blutkörperchen? Wenn das Blut des Empfängers Antikörper enthält, die die Antigene des Spenders angreifen, ist eine Übertragung ausgeschlossen. Enthält das Blut des Spenders keine Antigene,
so besteht keine Gefahr, auch wenn das Spenderblut Antikörper enthält.
Woran liegt das? Zunächst folgt aus der Tatsache, daß das Spenderblut
keine Antigene enthält, daß die Antikörper des Empfängers die roten
Blutkörperchen des Spenderbluts nicht angreifen. Zum anderen sind die
im Spenderblut vorhandenen Antikörper relativ harmlos, weil die Blutspende im Verhältnis zur Blutmenge des Empfängers verhältnismäßig
gering ist. Das Blut des Empfängers enthält so viele rote Blutkörperchen,
daß die Antikörper im Spenderblut nicht mit ihnen fertig werden.

Könnten Sie jetzt sagen, wer wem Blut spenden darf? Nehmen wir zum
Beispiel eine Empfängerin der Blutgruppe AB. Ihr Blutplasma enthält
keine Antikörper. Deshalb kann sie eine Blutspende von jeder Gruppe
erhalten. Andererseits enthält ihr Blut A- und B-Antigene, und deshalb
kann keine Gruppe mit A^+- oder B^+-Antikörpern Blut von ihr empfangen. Sie kann ihr Blut also nur für einen anderen AB-Empfänger spenden.

Betrachten wir nun die Blutgruppe 0. Dieses Blut enthält keine Antigene, aber sowohl A^+- als auch B^+-Antikörper. Der bedauernswerte 0-
Typ kann von keiner anderen Gruppe, sondern nur von einem 0-Spender
Blut empfangen. Der großzügige 0-Typ kann jedoch sein Blut jedem
spenden, ohne daß eine Agglutination zu befürchten wäre.

Der Rhesusfaktor

Außer den erwähnten Blutgruppen gibt es noch eine Reihe weiterer
Untergruppen: Rhesus, NNS, P, Kell Lewis, Dufy und Lutheran, um nur
einige zu nennen. Diese Untergruppen spielen aber im ganzen eine
untergeordnete Rolle, weil die meisten Menschen die entsprechenden
Antigene oder Antikörper nicht besitzen, mit Ausnahme des Rhesusfaktors.

Das wichtige Rhesus-Blutgruppensystem entdeckte man 1939 dadurch, daß die Übertragung von roten Blutkörperchen eines Rhesusaffen auf ein Kaninchen zur Erzeugung von Antikörpern führte. Die
Antikörper, die sich im Blut des Kaninchens entwickelten, verklumpten,
wie man später feststellte, nicht nur mit den roten Blutkörperchen von
Rhesusaffen, sondern auch mit denen vieler Menschen. Die bedeutend-

ste Erkenntnis war jedoch, daß das Blutserum von Frauen, deren Kinder an der sogenannten hämolytischen Neugeborenenerkrankung litten, Agglutination auslöste, obwohl die AB0-Blutgruppe verträglich war.

Menschliches Blut enthält demnach auch Antigene und Antikörper des Rhesusfaktors. Jeder ist entweder Rh-positiv oder Rh-negativ, je nachdem, ob er das Rh-Antigen besitzt oder nicht. Etwa 15 Prozent der Bevölkerung sind Rh-negativ; 85 Prozent weisen in ihren roten Blutkörperchen das Rh-Antigenmolekül auf.

Ein schwieriges Problem entsteht, wenn eine schwangere Frau Rh-negativ und ihr Baby Rh-positiv ist. In den letzten Schwangerschaftswochen gelangen über die Plazenta Rh-positive Zellen des Kindes in den Blutstrom der Mutter. Bei der ersten Schwangerschaft bleibt das folgenlos, doch bei späteren Schwangerschaften, besonders bei der dritten und vierten, kann es im Blut des Kindes zur Agglutination kommen. Die Mutter konnte nämlich in der Zwischenzeit Rh-Antikörper entwikkeln. Diese in ihrem Blutplasma vorhandenen Antikörper können dann bei späteren Schwangerschaften über die Plazenta in den Blutstrom des Kindes übertreten und dessen rote Blutkörperchen zerstören.

Von hundert Frauen haben etwa siebzehn Rh-negatives Blut. Ist der Mann ebenfalls Rh-negativ, so werden auch alle Kinder Rh-negativ sein und es gibt kein Problem; ist der Mann dagegen Rh-positiv, was statistisch in vierzehn der siebzehn Fälle zu erwarten ist, so ist auch das Kind in fünfzig Prozent aller Fälle Rh-positiv. Somit kommt es bei hundert Schwangerschaften zu sieben Rh-positiven Kindern mit einer Rh-negativen Mutter.

Ist nun der Vater Rh-negativ und die Mutter Rh-positiv – das sind zwölf Prozent aller Fälle –, so entsteht kein Problem, weil die Mutter keine Rh-Antikörper besitzt. Hat das Kind Rh-positives Blut, so entsteht kein Problem; ist das Kind Rh-negativ, so verhindert das Eindringen von Rh-negativen Blutkörperchen in den Rh-positiven Kreislauf der Mutter, daß Antikörper erzeugt werden. Bei Rh-negativem Blut besitzt das Kind normalerweise keine Rh-Antikörper, weil die roten Blutkörperchen der Mutter nicht über die Plazenta in den Blutstrom des Kindes gelangen. Entsprechend werden keine Antikörper gebildet.

22. Warum wir Luft schnappen müssen

Im Laufe einer langwierigen Evolution hat das Leben bemerkenswerte Methoden entwickelt, Stoffe aus der Umwelt aufzunehmen und in Energie umzuwandeln. Wir wissen alle, daß wir Sauerstoff brauchen: Wir müssen atmen, und der Sauerstoff wird benötigt, um aus Nahrung Energie zu erzeugen.

Anaerobik und Aerobik: Der Odem des Lebens

Wie im 5. Kapitel erwähnt, bezeichnet man alle Prozesse, die nur in Gegenwart von Sauerstoff ablaufen können, als aerobe (an Luft gebundene) Prozesse, und diejenigen, die keinen Sauerstoff benötigen, als anaerobe (nicht an Luft gebundene) oder Gärungsprozesse. Das Glas Wein, das Sie beim Essen genießen, entstand durch anaerobe Prozesse; bei der Wein- und Bierherstellung muß der Zutritt von Sauerstoff sogar unter allen Umständen verhindert werden. Jetzt wissen Sie, warum Ihr Wein fest verkorkt ist.

Als das erste Leben entstand, war die Atmosphäre *nicht* reich an Sauerstoff. Die Zellen konnten die aufgenommene Nahrung nur anaerob in Energie umwandeln. Spuren unserer ersten Anfänge gibt es noch heute, hauptsächlich in Gestalt von Mikroorganismen, die im Boden, in der Tiefsee oder im Meeresschlamm leben. Der pathogene (krankheitserregende) Organismus *Clostridium welchii*, der Wundbrand hervorruft, ist eine anaerobe Form von Leben.

Einige unserer Zellen, so etwa die Skelettmuskelzellen, können sich auf Sauerstoffmangel einstellen; man bezeichnet sie als fakultative Zellen. Unter Sauerstoffmangel können sie durch anaerobe Gärungsvorgänge aus Glucose Energie gewinnen. Wenn dagegen Sauerstoff vorhanden ist, zeigen diese Zellen eine deutliche Vorliebe für die Verbrennung, die Oxydation der Glucose.

Das Vorkommen von freiem Sauerstoff in der Atmosphäre geht unzweifelhaft auf die Zeit zurück, als die Pflanzen lernten, auf dem Weg der Photosynthese aus Sonnenlicht, Wasser- und Kohlendioxyd Glucose zu bilden, wobei Sauerstoff als Abfallprodukt anfiel. (Sie erinnern sich, daß man von anaerober Glykolyse spricht, wenn eine Zelle in Abwesenheit von Sauerstoff Glucose verwertet.) Unsere Muskelzellen sind zur anaeroben Glykolyse imstande, und das ist der Grund, warum die Muskeln müde werden. Ein Sportler, der die 100- oder 200-m-Strecke in Höchstgeschwindigkeit durchlaufen will, zwingt seine Muskelzellen zur anaeroben Glykolyse, weil er seinen Muskeln in der kurzen Zeit einfach nicht genug Sauerstoff zur Verfügung stellen kann. Die Müdigkeit wird durch die Erzeugung von Milchsäure hervorgerufen, die bei anaerober Betätigung als natürliches Nebenprodukt entsteht.

Der chemische Vorgang der Milchsäurebildung ist einfach: Glucose verwandelt sich in Milchsäure plus 47 Kalorien Energie. Auf das Körpergewicht umgerechnet, bedeutet das etwa 262 Kalorien pro Kilogramm. In Anwesenheit von Sauerstoff läuft die Reaktion dagegen anders ab: Glucose plus Sauerstoff verwandelt sich in Kohlendioxyd plus Wasser plus 639 Kalorien.

Sie sehen also, daß die Verbrennung oder Oxydation der Glucose sehr viel mehr Kalorien (etwa 3550 pro kg) liefert als die Glucosegärung, bei der Milchsäure entsteht. Bei dem aeroben Prozeß wird also keine Milchsäure erzeugt, aber dafür über dreizehnmal mehr Energie.

KREBSZELLEN HASSEN DIE ATMUNG Bekanntlich können Krebszellen sowohl aerob als auch anaerob leben. Sie scheinen jedoch selbst dann, wenn Sauerstoff zur Verfügung steht, die anaerobe Lebensweise vorzuziehen, bei der sie Glucose in großen Mengen durch Gärung aufzehren. Gewichtsabnahme ist eines der wesentlichen Krebssymptome, und es wird verständlich, wenn man weiß, daß Krebszellen wegen der anaeroben Lebensweise einen größeren Glucoseverbrauch haben. Krebszellen erzeugen, verglichen mit normalen aeroben Zellen, aus einem Gramm Glucose nur ein Vierzehntel der Energie. Die Glucose ist dann praktisch aufgebraucht, und der Körper muß, um seinen Energiebedarf zu decken, seine Fettvorräte angreifen. Krebs ist ein sicheres Mittel, um abzunehmen.

Drei Stufen im Prozeß des Lebens

Die vollständige Oxydation von Glucose ist der wirksamste Weg zur Umwandlung von Nahrung in Energie. Sie umfaßt mehrere Zwischenstufen. Die erste Stufe im dreistufigen Prozeß der Energieerzeugung des Lebens ist die aerobe Glykolyse; es handelt sich um die folgenden Stufen:

- die aerobe Glykolyse,
- den Krebs-Zyklus (auch Citratzyklus genannt) und
- die Elektronenatmung.

Auf der ersten Stufe wird Glucose in das Endprodukt der aeroben Glykolyse, Pyruvat, umgewandelt. Pyruvat wird dann im Citratzyklus, der nach einem seiner Entdecker auch Krebs-Zyklus genannt wird, in Citrat umgewandelt.

Man kann den Ablauf des Krebs-Zyklus mit dem Rollen eines Rades durch den Schlamm vergleichen; um die durch den Schlamm bedingte Reibung zu überwinden, muß man für jede Umdrehung des Rades Energie zuführen. Außerdem werden bei jeder Umdrehung Schlammpartikel fortgeschleudert, die dem sich drehenden Rad weitere Energie fortnehmen. Die Energieform, die für das «Durchlaufen des Zyklus» benötigt wird, ist Citrat. Dieses Molekül wird in einem mehrstufigen Prozeß in Oxalacetat umgewandelt, das seinerseits unter Energieaufnahme wieder in Citrat umgewandelt wird. Die bei dem Krebs-Zyklus abfallende «Schlammenergie» steckt in der Veränderung eines bestimmten Moleküls, des Nicotinamid-adenin-dinukleotids oder kurz NAD.

NAD ist die Ausgangsbasis für die dritte Stufe, die Elektronenatmung. Elektronen, die während des Krebs-Zyklus dem NAD hinzugefügt wurden, werden auf dieser Stufe fortgenommen und dem Sauerstoff gegeben. Man könnte sagen, daß der Sauerstoff Elektronen «einatmet» – deshalb spricht man von Elektronenatmung. Hier findet der eigentliche Energieaustausch statt, weil die Elektronen, die im Krebs-Zyklus dem NAD zugefügt wurden, große Energie besitzen, die sie auf der Atmungsstufe freisetzen.

Wenn der Sauerstoff Elektronen einatmet, wird ein anderes wichtiges Molekül, das Adenosindiphosphat (ADP) mit Energie angereichert; daraufhin nimmt es ein weiteres Phosphatatom auf und wird zu Adenosintriphosphat (ATP). Wie schon im 5. Kapitel gezeigt, dient ATP in fast allen zellulären Prozessen des Körpers als Energieträger. Diese Energie gibt es ab, indem es seine zusätzliche Phosphatlast fallen läßt und sich wieder in ADP zurückverwandelt. Man kann daher sagen, daß der Energiekreislauf des Körpers auf dem einfachen Zyklus beruht:

ADP → ATP → ADP usw.

DIE REDOXREAKTION UND DAS ELEKTRON Ein wichtiges Element des Atmungszyklus ist das Molekül Nicotinamid-adenin-dinukleotid. Wir werden die Rolle des NAD besser verstehen, wenn wir chemische Reaktionen als Redoxreaktionen betrachten. Von Oxydation spricht man, wenn ein Molekül ein Elektron abgibt und dadurch aus der reduzierten in die oxydierte Form übergeht. Aus dem reduzierten Stoff X wird so der oxydierte Stoff X plus e^-. Dem reduzierten X wird das Elektron gewöhnlich von einem anderen Atom oder Molekül abgenommen.

Die Oxydation verbraucht normalerweise Energie, während die Reduktion, bei der ein Elektron aufgenommen wird, Energie freisetzt. Ein einfaches Beispiel für diesen Vorgang liefert die Oxydation eines Wasserstoffatoms: Wenn Wasserstoff oxydiert wird, verwandelt er sich in ein Proton und ein Elektron; wenn das Proton reduziert wird, verwandelt es sich wieder in Wasserstoff. Die Oxydation von Wasserstoff erfordert Energie; die Reduktion von Protonen setzt Energie frei.

Im Laufe des Krebs-Zyklus wird reduziertes NAD gebildet. In einer komplizierten Reaktion des reduzierten NAD-Moleküls mit Protonen wird Energie frei, und es entstehen zwei Wasserstoffatome sowie oxydiertes NAD. Dieses Molekül trägt (wie ein Proton) eine positive elektrische Ladung, und es hat noch etwas verloren: ein Wasserstoffatom. Im Endergebnis wird also bei der Umwandlung von reduziertem in oxydiertes NAD Energie frei statt aufgebraucht. Darin liegt der Nutzen des reduzierten NAD, und deshalb ist es der Ausgangspunkt der dritten Stufe in der Atmungskette.

Diese Stufe, die der Elektronenatmung, ist zwar noch nicht vollständig verstanden, aber soviel scheint doch sicher zu sein: daß Elektronen von dem reduzierten NAD über eine Reihe von wichtigen Enzymen

251

weitergereicht werden. Diese Enzyme nennt man Cytochrome, und betrachtet man sie unter dem Mikroskop, sieht man, daß sie ähnlich wie das Hämoglobin rotgefärbt sind. Bei dem Transport der Elektronen von einem Enzym zum anderen wird die in ihnen enthaltene Energie frei, und mit ihrer Hilfe wird ADP zu ATP veredelt.

Die drei Zyklen des atmenden Lebens sind in Abbildung 23 schematisch dargestellt. Auf der Stufe der Glykolyse wird die Glucose in mehreren Schritten in Pyruvat verwandelt. Zwischen zwei dieser Zwischenstufen, F6P und FDP, tritt als kontrollierender Mechanismus der sogenannte ATP-Block auf; er kommt auch im Krebs-Zyklus vor. In man-

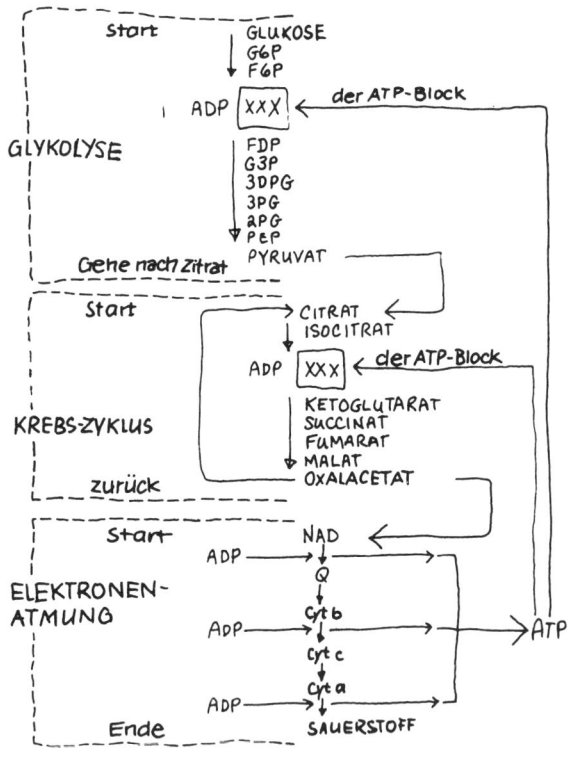

Abbildung 23 Drei Zyklen des Lebens

chen Phasen unterbindet dieser Block die entsprechenden Schritte, wie es die Abbildung zeigt. Wenn zum Beispiel zuviel ATP vorhanden ist, kann F6P sich nicht in FDP vewandeln. Entsprechend verhindert zuviel ATP auch die Umwandlung von Isocitrat ind Ketoglutarat.

Die Energie kontrolliert sich auf diese Weise selbst: Ist zuviel ATP vorhanden, so wird das System gebremst. Das heißt, daß Ihr Stoffwechsel ebenfalls gebremst wird, weil der Körper das Signal bekommt, daß Sie genügend Energie in ATP-Molekülen gespeichert haben. Dieser Mechanismus macht verständlich, warum eine erfolgreiche Diät so schwierig ist. Wenn Sie die Nahrungsaufnahme reduzieren, beginnt Ihr System, das Körperfett zu verbrennen; dadurch entsteht ein Überschuß an ATP-Molekülen, und Ihr Stoffwechsel verlangsamt sich. Auf diese Weise überwachen die Fettzellen ihren Bestand: Sie möchten nicht allzu sehr abgebaut werden und schützen sich deshalb vor einem weitergehenden Abbau. Wenn Sie durch Sport Ihre physische Leistung steigern, regen Sie Ihren Stoffwechsel an und zwingen die Fettzellen, in verstärktem Maße Fett abzugeben.

Warum atme ich?

Wir atmen aus zwei Gründen: erstens, um die Glykolyse zu erleichtern. In Gegenwart von Sauerstoff ergibt sich aus der Glucose das für die nächste Stufe, den Krebs-Zyklus, benötigte Pyruvat und nicht die Milchsäure, die den Muskelkater hervorruft. Zweitens ist der Sauerstoff der Landepunkt für die Elektronen auf ihrem Wege zur letzten Stufe der Elektronenatmung.

Das führt alles im Endergebnis dazu, daß Sie atmen, um 36 Moleküle ADP in 36 Moleküle ATP zu verwandeln. Die energiereichen ATPs werden dann zu jeder einzelnen Zelle des Körpers transportiert – sie sind die eigentliche Energie des Lebens selbst.

Sechster Teil
Bewußtsein

Die meisten der von uns bislang betrachteten Prozesse waren buchstäblich bewußtlos – sie laufen ab, ohne daß das Bewußtsein eine nennenswerte Rolle spielt. Wie das Bewußtsein in die körperlichen Vorgänge eingreift, entzieht sich noch immer weitgehend unserer Kenntnis, aber *daß* es eine sehr aktive Rolle spielt, steht fest. Wir wissen, daß wir unsere Atemfrequenz willentlich verändern können. Wir können den Körper von einem Ort zum anderen bewegen. Wir wissen, daß Gedanken den Körper beeinflussen, daß sie größte Freude und tiefen Schmerz auslösen können, ja sogar Krankheit. Einiges deutet darauf hin, daß seelische Belastung zum vorzeitigen Absterben von Gehirnzellen führen kann.

Eines ist sicher: Ohne ein Nervensystem kann das Bewußtsein keine Rolle spielen. Dieses System leitet Informationen von einer Körperstelle zur anderen, was schließlich zum Prozeß des Erkennens führt. Erkennen setzt voraus, daß wir über die von dem System beförderten Informationen etwas wissen; Erkennen bedeutet also Wiedererkennen. Um etwas wiederzuerkennen, muß man bereits Informationen besitzen, mit denen man dieses Etwas vergleichen kann, und diese Informationen – man kann auch sagen: Gedächtnis – sind in irgendeiner Weise in den Systemen des Gehirns, der Muskeln und der Nerven enthalten. In welcher Weise, das weiß jedoch niemand.

In den folgenden Kapiteln werde ich Spekulationen über diese rätselhafte Wechselwirkung von Geist und Körper anstellen, und ich werde eine weitere, bislang unerwähnte Rolle beschreiben, die das Körperquant spielt. Diese Rolle erlaubt es dem Bewußtsein, die Wahrscheinlichkeit von Ereignissen zu verändern und aus Wahrscheinlichkeiten Realitäten des Alltags zu machen.

Die letzten Kapitel dieses Buches befassen sich mit Bewußtsein, Heilen und Transformation, und es ist mir klar, daß es darüber kontroverse Ansichten gibt. Ich beschreibe einige ernstzunehmende philosophische Einsichten in die Mechanismen des Geistes und stelle darüber Spekulationen an. Der Leser sollte also wissen, daß vieles von dem, was ich hier ausführen werde, eine *Spekulation* über die Wechselwirkung zwischen Geist und Materie und ihre möglichen Zusammenhänge aus der Sicht der Quantenphysik ist.

Nehmen wir zum Beispiel die Frage, was ein Gedanke ist. (Ich zähle sowohl bewußte als auch unbewußte geistige Vorgänge zu den «Gedanken».) Denken beginnt nach meiner Ansicht als eine unbewußte Assoziation; aufgrund einer Reihe von Assoziationen bildet sich schließlich ein Bewußtsein heraus. Bewußtsein beginnt also, anders gesagt, im Unbewußten und tritt schließlich als ein bewußter Gedanke an die Oberfläche. Dies läßt sich allerdings nicht mehr zurückverfolgen, denn die physikalischen Prozesse gleich welcher Art, die zum Bewußtsein führen (und der wichtigste Prozeß ist nach meiner Überzeugung der Beobachtereffekt), gehören, wenn wir uns ihrer bewußt werden, bereits der Vergangenheit an.

Ich habe vom Geist oder Bewußtsein die folgende Modellvorstellung: Es gibt ein Überbewußtsein, das den Inhalt zahlreicher Teilbewußtseine umfaßt und integriert. Die Teilbewußtseine wählen ihrerseits mittels des Beobachtereffekts aus einem ungeheuren Meer von Möglichkeiten bestimmte Wirklichkeiten aus. Auf diese Weise treten zum Beispiel Moleküle in bestimmte Quantenzustände ein. Das Überbewußtsein integriert dann die molekularen Inhalte und entscheidet. Diese Entscheidung wird letztlich als der bewußte Gedanke wahrgenommen, der zu einer bewußten Handlung führt. Ich hoffe, dieses Konzept im folgenden klären zu können.

23. Kommunikation:
Sie haben Nerven!

Während die Organismen auf dem Weg von der einzelligen Amöbe bis hin zum vielzelligen menschlichen Wesen an Größe und Komplexität zunehmen, werden innere Kommunikationsnetze immer problematischer. Es ist in der Tat ein Wunder, daß wir nicht über unsere eigenen Füße fallen wie der unglückliche Tausendfüßler aus der bekannten Parabel, der seine vielen Beine durcheinanderbringt, als er beginnt, darüber nachzudenken, wie er sie bewegen soll.

Aber vielleicht lassen sich die Probleme der Kommunikation besser an der einfachen Hummel verdeutlichen. Dann und wann hört man die scherzhafte Bemerkung, eine Hummel könne eigentlich nicht fliegen, weil ihre Flügel für ihren Körper einfach zu klein sind. Die Hummel kümmert sich jedoch nicht um die aerodynamische Theorie und fliegt einfach. Sie kann fliegen, nicht weil sie ein Problem der Flugdynamik, sondern weil sie ein Problem der nervlichen Kommunikation gelöst hat. Kommunikation heißt, daß ein Absender einem entfernten Empfänger eine Nachricht schickt. Damit der Absender weiß, daß die Nachricht empfangen worden ist, muß der Empfänger eine Nachricht zurückschicken: Hier alles in Ordnung – wie steht's bei Dir? Ein solcher Vorgang erfordert Zeit und Raum – Kommunikation ist eine raum-zeitliche Koordination, ein Tanz von Rhythmus und Bewegung. Um mit den verwickelten Problemen dieser Koordination fertig zu werden, hat der Mensch ein erstaunliches Nervensystem entwickelt; das kleinste Runzeln der Augenbraue oder ein Schnippen mit den Fingern erfordert ein ganzes Orchester von Neuronen, die sich sowohl miteinander als auch mit den Muskelgruppen, welche diese Bewegungen ausführen, verständigen.

Doch zurück zu der Hummel und ihrer Physik, die im Grunde gar nicht kompliziert ist (Deakin, S. 1003). Berücksichtigt man die Luftdichte, das Gewicht der Hummel, die Flügelfläche und die Schwerkraft, dann stellt sich heraus, daß die Zahl der zum Fliegen erforderlichen Flügelschläge proportional zur Quadratwurzel aus dem Gewicht der Hummel zunimmt und mit ihrer Flügelfläche abnimmt. Kurz, je größer die Flügelfläche und je kleiner das Gewicht, desto weniger muß das Insekt seine Flügel bewegen, um zu fliegen. Denken Sie an den Gossamer-Supergleiter (ein mit Muskelkraft vom Piloten angetriebenes, superleichtes Fluggerät), der mit einem Gewicht von weniger als 32 kg und einer Spannweite, die größer ist als die einer DC-9, ohne einen Flügelschlag durch die Lüfte schwebt (Einstein, S. 193).

Das ist gut und schön, was den Gleiter angeht, aber bei der Hummel stellt sich heraus, daß sie pro Sekunde 250mal mit den Flügeln schlagen muß, und das ist mit ihrer Nervenphysiologie nicht zu schaffen. Selbst die Nerven des Menschen können elektrische Signale nicht mehr mit sehr viel mehr als 200 Impulsen pro Sekunde leiten. Die Hummel kann nur auf maximal 35 Impulse pro Sekunde reagieren; wäre sie auf ihr begrenztes Gehirn und Nervensystem angewiesen, dann käme sie niemals hoch. Aber die Hummel weiß nicht, daß sie nicht fliegen kann. Sie weiß auch nicht, daß sie automatisch, ohne Nerven, die Zahl ihrer Flügelschläge je nach dem Luftwiderstand, auf den ihre Flügel treffen, verändert. Wenn der Wind bläst, steigert die Hummel, während ihr nicht sehr kräftiges Herz sanft pocht, die Zahl der Schläge entsprechend, ohne einen Gedanken daran zu verschwenden. Der Flügel reagiert also direkt auf den Wind und den Luftwiderstand, ohne daß der Geist oder das Nervensystem der Hummel es gewahr wird. Dieses Phänomen bezeichnet man als asynchrone Flugmuskelreaktion.

Sie sind jedoch keine Hummel, und Sie reagieren auch nicht direkt auf die Belastung ihrer Arme und Beine; bei Ihnen hängt die Reaktion davon ab, wie schnell ein Nervensignal vom Gehirn zu den Gliedmaßen wandert.

Eine wilde Fahrt und ein Quanten-Baseballspiel

Um die Kommunikation der Nerven zu verstehen, stellen Sie sich bitte vor, Sie führen mit mir in einem Sportwagen mit 160 km/h. Ihre Nervenimpulse haben etwa die gleiche Geschwindigkeit: 176 km/h. Auf

einmal sehen Sie, wie nur 90 m voraus (etwa die Länge eines Fußball-
platzes) ein kleines Tier auf die Straße springt und im Lichtkegel Ihrer
Scheinwerfer erstarrt. Sie sehen es, aber können Sie noch etwas tun?
Ihr Gehirn braucht etwa 0,75 Sekunden, um eine Nachricht an Ihren
Fuß zu schicken, und in dieser Zeit fährt das Auto 32 Meter. Jetzt erst
treten Sie auf die Bremse, und das Auto verlangsamt sich. Übliche
Bremsen können Ihr Auto nur um 21 km/h pro Sekunde verlangsamen,
und Sie treten das Bremspedal bis zum Blech durch. Wie schnell Sie den
Wagen zum Halten bringen, hängt davon ab, wie schnell Sie vorher
waren. Bei 160 km/h brauchen Sie über 7 Sekunden, um mit kreischen-
den Reifen zum Stehen zu kommen. Obwohl der Wagen stetig abge-
bremst wird, rollt er noch quälende 170 m weiter, bevor er zum Stillstand kommt. Insgesamt hat Ihr 160-km/h-Wagen dann eine Strecke
von 202 m oder mehr als 2 Fußballplätze «gebraucht».

Würden Sie mit 80 km/h fahren, dann würden Sie nur 16 Meter
rollen, bevor Ihr Gehirn eine Nachricht losschickt und Ihr Fuß sie empfängt. Würden Sie dann auf die Bremse treten, so käme Ihr Wagen in
nur 3,8 Sekunden völlig zum Stehen und würde in dieser Zeit gerade
42 m weiterrollen, so daß die gesamte Bremsstärke 58 m betrüge, genug, um einen Unfall zu vermeiden.

Wenden wir uns einem anderen Beispiel der neuralen Kommunikation
zu, diesmal aus der Welt des Sports. Ein guter Baseball-Spieler hat eine
Trefferquote von 280 oder mehr, das heißt, daß er bei tausend Schlägen,
280 Mal oder öfter trifft. Wenn er nicht gerade einen «Blackout» hat,
entspricht seine Reaktionszeit in etwa der Flugzeit des Baseballs. Angenommen, er hätte eine Trefferquote von 500, so würde er praktisch jeden
zweiten Ball treffen. Hätte er dagegen eine Trefferquote von 0, so würde
er den Ball nie treffen. In jedem Fall hängt seine Trefferquote davon ab,
wie lange er den Ball von dem Zeitpunkt an, da der Werfer ihn losläßt, bis
zum Eintreffen beim Heimmal beobachten kann.

Bei einem schnellen Wurf fliegt der Ball mit etwa 144 km/h von der
Abwurfstelle zum Schlägermal, und das ist von der Stelle, an der der
Ball sich befindet, wenn der Werfer ihn losläßt, etwa 16 m entfernt
(Brancazio, S. 251). Für diese Strecke braucht der Ball nur 400 Millisekunden (knapp eine halbe Sekunde). Daraus können wir errechnen,
daß ein Signal vom Gehirn des Schlägers bis zu den Armen innerhalb
von etwa 0,5 Sekunden (oder etwas weniger) wandern müßte, und das
ist kürzer als die Reaktionszeit des durchschnittlichen Autofahrers
(0,71 Sekunden).

Wie schafft der Schläger das? Da er, ausgehend von der Annahme, daß die Reaktionszeit für die Arme in etwa die gleiche ist wie für die Beine, nicht schneller reagieren kann, müssen wir annehmen, daß er die Ankunft des Balls über dem Mal antizipiert und den Schlag längst eingeleitet hat, bevor er wissen kann, wo der Ball ist!

Möglicherweise ist das, was wir beschreiben, quantenphysikalischer Baseball, nämlich in dem Sinne, daß wir, wie ich in meinem Buch *Star Wave* (7. Kapitel) erläutert habe, uns auf mögliche Zukünfte einstimmen. In der Trefferquote drückt sich die Quantenwahrscheinlichkeit des Spielers aus, eine erfolgreiche Zukunft zu erreichen. Tatsächlich hängt der Erfolg in den *meisten* Sportarten davon ab, daß der Spieler die Zukunft antizipiert, um das Ergebnis der Gegenwart zu maximieren.

Daß wir jedesmal, wenn wir in der Gegenwart etwas tun, die Zukunft antizipieren, ist von Benjamin Libet und Bertram Feinstein am Mount Zion Hospital in San Francisco durch Experimente belegt worden. Nach ihren Untersuchungen beginnt das Gehirn bereits ganze 1,5 Sekunden bevor die Versuchsperson eine so einfache Handlung ausführt, wie einen Finger zu heben, entsprechende Wellen und Signale zu erzeugen.

Wenn die Quantenphysik etwas mit dem menschlichen Bewußtsein zu tun hat – und davon bin ich überzeugt –, dann müssen selbst so harmlose Vorgänge wie das Heben eines Fingers oder das Riechen einer Rose auf der Fähigkeit des Geistes beruhen, das Erlebnis zu antizipieren. Dieses künftige Erlebnis «reicht» dem gegenwärtigen Ergebnis «über die Zeit hinweg die Hand». Zwischen Quantenwellen im Gehirn, die vom gegenwärtigen Augenblick in die Zukunft gehen, und spiegelbildlichen Quantenwellen, die aus der Zukunft kommen, findet eine Interaktion statt. Der «Zusammenprall» von zukünftigen und gegenwärtigen Wellen «erzeugt» die gegenwärtigen Tatsachen des Lebens, die wir alle genießen oder verfluchen. Tatsächlich sind wir alle an einem universalen Quanten-Baseballspiel beteiligt, dem Spiel des Lebens.

24. Gib mir Autonomie,
oder gib mir den Tod

Die Hummel reagiert auf eine stärkere Belastung, indem sie ihre Flügel schneller schlagen läßt, als ihr «Geist» (ihr Nervensystem) es ihnen befehlen kann. Auch bei uns Menschen gibt es etwas Ähnliches, nämlich ein autonomes Nervensystem, das vom Willen unbeeinflußt Daten verarbeiten und Organe wie eine Maschine reagieren läßt. Unsere Körpertemperatur wird in der Tat ebenso autonom reguliert wie unser Herzschlag, wie die Bewegungen von Lunge und Zwerchfell – wie alle Funktionen des Körpers.

Evolution und autonome Körperfunktionen

Weshalb brauchen wir ein autonomes System? Wie geht es zum Beispiel zu, daß wir einerseits unseren Atem nach Wunsch regulieren können, während es andererseits möglich ist, daß er sich autonom selbst reguliert?

Die Autonomie der Körperfunktionen ist ein Ergebnis der Evolution. Nur werden wir uns in dem Maße, in dem wir uns weiterentwickeln, unserer Autonomie stärker bewußt. Für unsere Vorfahren war es von Vorteil, wenn ihre Nebenniere auf ein erschreckendes Erlebnis hin automatisch Adrenalin ausschüttete, und sicherlich war es einfacher, die Peniserektion und das Feuchtwerden der Vagina dem autonomen Ablauf zu überlassen, statt sich darüber Gedanken machen zu müssen! Es ist unzweifelhaft eine späte evolutionäre Entwicklung, daß wir imstande sind, über solche körperlichen Vorgänge wie die Adrenalinausschüttung oder die sexuelle Erregung nachzudenken, uns ihrer bewußt zu werden. Die autonome Regelung und der bewußte Wille gehen vermutlich auf einen einzigen Prozeß zurück und haben sich im Laufe der Evolution differenziert. Sicherlich konnten unsere frühesten Vorfahren sexuell erregt sein, ohne es bewußt wahrzunehmen. Als sie sich dann des körperlichen Geschehens bewußt wurden, trat eine Bewußtseinsspaltung ein. Nun wußten sie um ihre Erregung, und zugleich wußten sie, daß sie in den Prozeß eingreifen konnten. Er blieb weiterhin autonom und war dennoch einer bewußten, willentlichen Kontrolle unterworfen. Vor diesem Sprung in der Evolution hatten unsere Vorfahren praktisch keine Wahl, und vor allem um diese Fähigkeit, eine Wahl zu treffen, geht es mir hier. Eine der zentralen Thesen dieses Buches ist es ja, daß der Akt des Wählens oder der Entscheidung über den Beobachtereffekt Realität schafft. Je mehr Wahlmöglichkeiten wir haben, desto höher unsere Entwicklungsstufe. So kann man sich auch vorstellen, daß irgendwann nach dem Auseinandertreten von autonomer Regelung und bewußtem Willen moralische Gesetze und Stammesgesetze entstanden sind.

Mit der Entdeckung des Biofeedback wird es denkbar, daß wir eine noch weitergehende Kontrolle über die autonomen Funktionen erlangen werden; wir können ja bereits durch Biofeedback und Meditation den Blutdruck und den Herzschlag bewußt kontrollieren und dadurch unsere Gesundheit fördern.

ZNS und ANS

Um die autonomen körperlichen Vorgänge zu verstehen, müssen wir das Nervensystem betrachten. Das Nervensystem des Menschen setzt sich aus zwei nebeneinander existierenden Teilen zusammen: dem *Zentralnervensystem* (ZNS) und dem *autonomen Nervensystem* (ANS).

Das ZNS besteht aus dem Gehirn, dem Rückenmark und den peripheren Nerven, die ein Netz von motorischen und sensorischen Nervenfasern bilden. Das ANS besteht ausschließlich aus peripheren Nerven, aber obwohl es sich mit dem ZNS in die gleichen Bahnen teilt, existiert es gesondert von ihm.

Eine Aufgabe der peripheren Nerven ist die Weiterleitung von sensorischer Information (Gesichts-, Gehör- und Geruchseindrücke) an das Gehirn und das Rückenmark. Nervenfasern, die Informationen *vom* Sinnesorgan an Gehirn oder Rückenmark weiterleiten, nennt man *affe-*

rente Nerven; Nerven, die Information von Gehirn und Rückenmark *zu* den verschiedenen Organen, Muskeln und Drüsen weiterleiten, bezeichnet man als *efferente* Nerven.

Das ANS ist vom ZNS getrennt. Das vom Sympathikussystem gesteuerte autonome Bewußtsein beruht auf einer Reihe von Ganglien, die von der Schädelbasis bis hinunter zum Steißbein durch Stränge untereinander verbunden sind. Es kontrolliert die Bewegungen von inneren und äußeren Organen, so etwa den Herzschlag, die Zusammenziehung und Weitung der Bronchien, die Weitung und Zusammenziehung der Pupillen sowie die automatisch funktionierenden Drüsen, etwa die Drüsen des Gastrointestinalsystems, das Verdauungssäfte ausschüttet, die Nebennieren und die Schilddrüse.

Man bezeichnet das ANS der Einfachheit halber auch als Sympathikussystem (Gray, S. 798). Es wird unterteilt in die großen Sympathikusgeflechte, große Komplexe von Nerven und Ganglien im Brust-, Bauch- und Beckenraum. Es sind dies das Herz, das Sonnen- und das Beckengeflecht.

In der Evolution zum Menschen war es wichtig, daß sich zwei Bewußtseinsformen entwickelten: das willentliche und das autonome Bewußtsein. Diese beiden überschneiden sich bei vielen Funktionen.

Ein typisches Beispiel ist die Atmung: Männer machen, wie bereits erwähnt, in Ruhe etwa 12 Atemzüge pro Minute, Frauen etwa 20 und Kleinkinder etwa 60. Die Atmung ist selbsttätig reguliert; ihre Automatik beruht auf dem pH-Wert (Säuregrad) des Atmungszentrums im Gehirn; verändert sich dieser Faktor, so beschleunigt oder verlangsamt sich die Atemfrequenz.

Nun tritt aber das Bewußtsein auf, und wir können nach Wunsch schneller atmen oder den Atem anhalten. Desgleichen können wir mit Hilfe von Biofeedback unsere Körpertemperatur und unseren Herzschlag beeinflussen, und manche Yogis können sogar die Häufigkeit, mit der ihre Nervenzellen Erregungsimpulse aussenden, steuern. Zwischen der autonomen und der willentlichen Körperkontrolle gibt es offenbar keine klare Abgrenzung, und diese Überschneidung zwischen dem autonomen und dem willentlichen Anteil an der Atemsteuerung machen diese spirituellen Lehrer sich für die Selbstbewußtwerdung des Körper-Geistes zunutze.

Quantenbewußtsein: Wie ein Yogi seinen Herzschlag kontrolliert

Wenn Sie gezwungen wären, jeden Atemzug, jeden Herzschlag und jeden einzelnen Schritt der peristaltischen Darmbewegung bewußt zu kontrollieren, könnten Sie sich nicht mehr auf unerwartete Ereignisse konzentrieren. Ihre Aufmerksamkeit würde dermaßen von der Überwachung dieser autonomen Funktionen in Anspruch genommen, daß Sie völlig außerstande wären, wahrzunehmen, wie eine Ampel auf Rot springt. Damit Ihr Geist von den elementaren Funktionen befreit ist und dennoch im Notfall die Kontrolle übernehmen kann, muß es zwischen dem Geist und dem Gehirn eine subtile Wechselwirkung geben.

Das im Hirnstamm sitzende Gebilde, das die autonomen Funktionen steuert, ist das *reticuläre aktivierende System* (RAS). Unter dem Begriff «Hirnstamm» faßt man eine Reihe von Nervenstrukturen an der Basis des Gehirns zusammen; das RAS ist eine nicht genau abgegrenzte Ansammlung von Neuronen im Zentrum dieses Stammes.

Im Bereich der Wechselwirkung zwischen den beiden Nervensystemen könnten aus der Sicht der Quantenphysik die Wurzeln der Autonomie des Bewußtseins liegen. Stellen wir uns vor, daß von einem Organ, etwa dem Herzen, ein Nervensignal über einen Nerv zum Hirnstamm gelangt und daß der Hirnstamm dann ein Antwortsignal zum Herzen zurückschickt. Dieses Antwortsignal wirkt dann als Regulator und veranlaßt zum Beispiel, daß das Herz schneller oder langsamer schlägt. Dieser Austausch von Signalen erfolgt autonom, wir werden seiner normalerweise nicht gewahr. Doch Yogis haben uns gezeigt, daß es möglich ist, sich dieses Austausches bewußt zu werden und ihn zu beeinflussen.

Diese Bewußtwerdung setzt voraus, daß das Geschehen sich auf einer ganz einfachen Ebene, etwa auf der Ebene eines einzelnen Neurons, seiner selbst bewußt ist. Das RAS-Neuron «weiß» von dem Signal, das vom Herzen kommt, und schickt ein Signal zum Herzmuskel zurück. Mit «Wissen» meine ich, daß ein Bewußtseinsakt stattgefunden hat, bei dem eine Quantenwellenfunktion, die mit dem eintreffenden Signal verbunden war, durch den Beobachtereffekt plötzlich verändert wurde. Diesen Vorgang umschreibe ich mit den Worten, daß man «das Quiff platzen läßt».

Das Platzenlassen des Quiff ist meine bildhafte Veranschaulichung für den Beobachtereffekt. Die Quantenphysik lehrt, daß die materielle Welt nicht einfach als reine Materialität ohne Quiffs existieren kann. Quiff ist meine Abkürzung für «Quantenwellenfunktion». Das Quiff stellt einen Grenzbereich des menschlichen Verstehens der physikalischen Realität dar; es verweist auf eine Grenze zwischen der harten Materialität der physikalischen atomaren Elemente und dem Geist selbst. In der mathematischen Sprache der Quantenphysik hat das Quiff die Form einer Welle, die die Grundlage aller zeitlich-räumlichen Phänomene bildet.

Jeder Punkt auf einer Quiff-Fläche repräsentiert eine mögliche Beobachtung eines Ereignisses, etwa die Entdeckung eines atomaren Teilchens. Diese Wellenoberfläche pflanzt sich folgerichtig und stetig durch Raum und Zeit fort. Das geschieht so lange, bis eine Beobachtung stattfindet; dann verschwindet die Welle plötzlich für einen kurzen Augenblick. An ihre Stelle tritt ein einzelnes Teilchen beziehungsweise das Erkennen eines einzelnen Ereignisses. Sobald die Beobachtung vorüber ist – und sie dauert nur einen winzigen Augenblick –, taucht ein neues Quiff auf, das sich wieder durch Raum und Zeit ausbreitet und erneut beobachtet werden kann. Jede Beobachtung läßt das Quiff auf einen Punkt kollabieren, so wie eine Seifenblase kollabiert, wenn man sie ansticht. Aus diesem Grunde bezeichne ich den Beobachtereffekt als Platzenlassen des Quiff.

Wenn man das Quiff nicht platzen läßt, wird vom Gehirn kein Antwortsignal erzeugt, und das Herz erhält keine Nachricht, daß es langsamer oder schneller schlagen soll. Im Hinblick auf das Neuron besteht der Unterschied einfach darin, ob es das ankommende Signal wahrnimmt oder nicht. Durch den Akt der Wahrnehmung verändert das Neuron das Quiff plötzlich und irreversibel. Diese Veränderung vollzieht sich wahrscheinlich durch die Wechselwirkung von Enzymen innerhalb des Neurons und durch die Protein-Torstrukturen, die in die Membran des Neurons eingebettet sind und mit dem Feuerungsverhaltens des Neurons zu tun haben.

Beim Yogi hat sich wahrscheinlich ein ganz ungewöhnliches RAS-System von Neuronen entwickelt, das sich «weigern» kann, Nachrichten, die vom Herzen kommen, zur Kenntnis zu nehmen. Dieses veränderte Bewußtsein könnte die Grundlage seiner bemerkenswerten Fähigkeiten sein: Der Yogi versetzt – und das ist wahrscheinlich sehr schwer zu erreichen – seinen Geist in einen veränderten Bewußtseinszustand. Unter dessen Kontrolle bleibt das RAS-Neuron in einem Bewußtseinszustand, in dem es im gleichen Augenblick sowohl gefeuert als auch nicht gefeuert hat – eine Art von Quantenparadoxie. Der Geist des Yogi hat gelernt, einer Situation gewahr zu sein, in der beide Möglichkeiten gleichzeitig gegeben sind; auf diese Weise erzeugt er einen anderen körperlichen Zustand, der mit dem Tiefschlaf, dem Winterschlaf, ja sogar dem Tode vergleichbar ist. Dieser neue Bewußtseinszustand ist nicht zu erreichen, wenn das Bewußtsein nicht auf etwas anderes konzentriert wird; dieses andere ist gewöhnlich eine bildhafte Vorstellung oder der Klang eines Mantra. Nach langer Übung ist nicht einmal mehr die Vorstellung vonnöten, und es genügt, lediglich den Zustand der Nichtwahrnehmung zu wollen.

Es muß im Gehirn des Yogi einen versteckten Beobachter geben, einen Bewußtseinsbereich, der die Entscheidung trifft. Dieser Beobachter steckt auch in unserem Gehirn, ja in jedem Neuron unseres Körpers. Es ist dieser Beobachter, der die Entscheidung trifft, die möglichen Ereignisse, die unser Nervensystem in jener Nanosekunde (Milliardstel Sekunde) bombardieren, zur Kenntnis zu nehmen oder nicht.

Das Handeln dieses winzigen quantenphysikalischen Beobachters ist stets mit Unbestimmtheit verbunden. Die Beobachtung ruft im Zustand des Neurons eine Veränderung hervor, in der diese Unbestimmtheit ihren Niederschlag findet. Nehmen wir zum Beispiel an, das neurale Enzym sei ein langes, komplexes Proteinmolekül, das an einem Ende von einer Molekülgruppe abgeschlossen wird, die, wenn sie beobachtet wird, eine von zwei möglichen physischen Konfigurationen, *a* oder *b*, annehmen kann, die jedoch, wenn sie nicht beobachtet wird, eine energetisch günstige Konfiguration annehmen wird, die weder *a* noch *b* ist. In der Sprache der Quantenphysik ausgedrückt, ist der unbeobachtete Zustand – weder *a* noch *b* – eine Überlagerung von *a* und *b*. Energetisch günstig bedeutet, daß nichts geschieht, weil sich das Molekül im niedrigsten möglichen Energiezustand befindet.

Schreiben wir diese Möglichkeiten hin:

a und b

a oder b

Bei der ersten Möglichkeit, *a und b*, hat das Bewußtsein das Quiff nicht platzen lassen, und es wird von dem Neuron kein Signal ausgesendet. Bei der zweiten Möglichkeit, *a oder b*, hat das Bewußtsein das Quiff platzen lassen, und es ist entweder zu der *a*- oder zu der *b*-Konfiguration gekommen, was in beiden Fällen dazu führt, daß das RAS ein Signal zum Herzen zurückschickt. Die Unbestimmtheit ist also noch immer da, nur sind ihre Folgen insofern überraschend, als sie einen automatischen oder autonomen Effekt hervorrufen, nämlich das Zurückfunken eines Nervensignals.

Wenn das Neuron einmal in diesem Sinne «trainiert» ist, nimmt es sich anschließend selbst in dem gemischten *a-oder-b*-Zustand wahr, mit der Folge, daß es sich nach mehreren derartigen Fällen mit einer Wahrscheinlichkeit von je 50 Prozent in dem einen oder anderen Zustand befindet. Überraschenderweise, so lehrt uns die Quantenphysik, wäre das gleiche Ergebnis die Folge, wenn ein *äußerer* Beobachter den *a-und-b*-Zustand betrachten würde, um die Konfiguration des Enzyms festzustellen. Der Beobachtungsakt würde *a und b* platzen lassen und zum *a-oder-b*-Zustand führen, mit der gleichen Wahrscheinlichkeit von 50 Prozent, das eine oder das andere zu finden.

Beim Yogi geschieht nun folgendes: Das Überbewußtsein wechselt von der normalen Beobachtung, bei der es die *a-oder-b*-Inhalte der Teilbewußtseine überblickt, in die vom Yogi erzeugten entspannten *a-und-b*-Zustände über und übernimmt dabei die Kontrolle des Herzschlags. Dieser bemerkenswerte Vorgang auf der Quantenebene ist allerdings schwer zu beobachten. (Die Beobachtung eines einzelnen Neurons ergibt entweder den *a*- oder den *b*-Zustand – der *a-und-b*-Zustand ist unbeobachtbar.)

Die Neuronen wechseln bewußt aus *a-und-b*-Zuständen nach *a oder b*. In diesem Zustand sind die Bewußtseine aktiv, und das System arbeitet autonom. Wenn der Yogi sich entspannt und durch «Nichtwahrnehmen» diese gemischten *a-oder-b*-Zustände in den «reinen» *a-und-b*-Zustand überführt, verlieren die Neuronen ihr stabiles Feuerungsverhalten, das Herz verlangsamt sich oder bleibt stehen – vielleicht flimmert es auch. (Bei einem guten Yogi flimmert es wahrscheinlich nicht.)

Sehen wir einmal von dem Yogi ab, der sein Herz zu kontrollieren vermag, so besitzen wir alle in unserem Herz, dessen Rhythmus autonom geregelt wird, Millionen (vielleicht Milliarden) von winzigen neuralen Teilbewußtseinen, die sämtliche *a-oder-b*-Zustände wahrnehmen. Jede Wahrnehmung des *a oder b* führt entweder zum Zustand *a* oder *b*. Dies ist die autonome Funktionsweise und die Wirkungsweise des Körperquants. Die Entwicklung der autonomen Funktionsweise, die für mich gleichbedeutend ist mit der Entwicklung eines Überbewußtseins und von Teilbewußtseinen, war ein notwendiger Schritt der Evolution.

25. Die Wechselwirkung
zwischen Geist und Körper

Wie Quiffs sich selbst als Resonanzen in der DNS erkennen

In diesem Kapitel möchte ich einige sehr spekulative Gedanken über das Bewußtsein vortragen. Der erste betrifft das Verhalten der Quiffs. Sie erinnern sich, daß der Quantenphysiker das massive, materielle Universum auf der Ebene der Atome und Moleküle mit Hilfe von Quantenwellenfunktionen (Quiffs) beschreibt.

Wenn Atome in einem hochgradig repetitiven Muster angeordnet sind, wie es etwa in Kristallen oder in den langen Strängen der molekularen DNS der Fall ist, nehmen die Quiffs ebenfalls ein entsprechendes Muster an. Dieses Muster stellt so etwas wie eine fortlaufende Beobachtung dar, bei der sich das Quiff gewissermaßen selbst immer wieder beobachtet. Quantenwellen und Quiffs werden durch ein solches Muster eingeengt, und tatsächlich verleiht das der Struktur ihre Stabilität.

Das Quiff wird nach meiner Ansicht durch den Beobachtereffekt an- und abgeschaltet. Bei einer Beobachtung «platzt» das Quiff, und ein punktförmiges Atom oder ein Teil eines Atoms zeigt sich für einen Augenblick. Wenn keine Beobachtung stattfindet, «treibt sich» das Quiff an derselben Stelle, an der es zuvor geplatzt ist, wie ein Gespenst «herum». Diese Abfolge wird von der sich wiederholenden Struktur in hohem Grade verstärkt.

Weil viele Atome beteiligt sind, fällt es schwer, sich dieses Konzept zu veranschaulichen. Nach meiner Vorstellung befinden sich die Quiffs «in Resonanz» mit der Struktur der Moleküle, so daß jedes Quiff mit einer hohen Schwingungszahl an- und abgeschaltet wird. Dies entspricht, von dem festen Molekül aus gesehen, seiner eigenen Selbstbeobachtung.

Dem kann man die Selbstbeobachtung eines einzelnen Atoms gegenüberstellen, von dem man sich ebenfalls vorstellen kann, daß es sich in einem Selbstbeobachtungsmuster befindet, in dem sein Quiff an- und abgeschaltet wird. Bei einem einzelnen Atom ist das Muster jedoch weit zufälliger. Es erscheint auf der atomaren Ebene als das Atom selbst, das abwechselnd verschwindet und wieder auftaucht als eine Folge von zufallsbedingten Punkten, die mehr oder weniger zu einem festen Objekt verschwimmen.

Die Quiff-Muster sind daher für das Element, das sie repräsentieren, hochgradig spezifisch. Das Quiff eines Wasserstoffatoms unterscheidet sich in den Einzelheiten stark vom Quiff eines Kohlenstoffatoms. Wenn ein Zucker-Phosphat-Molekül sich in einer endlosen Kette von schlangenartigen Strängen wiederholt, die wie eine Wendeltreppe umeinander gewunden sind, dann tritt der Effekt eines unendlichen Spiegelsaals ein, der das Entstehen des lebenden, bewußten Moleküls ermöglicht. Die Rede ist natürlich von dem genetischen Molekül des Lebens, der Desoxyribonukleinsäure oder DNS.

Der zweite Gedanke ist noch seltsamer und noch spekulativer. Am Platzen eines Quiffs sind im Grunde zwei Quiffs beteiligt, wobei das zweite, das Stern-Quiff oder die *Sternwelle* (wie ich sie in meinem Buch *Star Wave* bezeichnet habe), die gleiche Form hat wie das gewöhnliche Quiff, nur daß es in der Raum-Zeit rückwärts orientiert ist. Ein gewöhnliches Quiff, W, das vom Hier-Jetzt zum Dort-Dann verläuft, begegnet einem Stern-Quiff, W*, das vom Dort-Dann zum Hier-Jetzt verläuft. Durch Multiplikation dieser Quiffs ergibt sich das Produkt W*W. Daß man das gewöhnliche Quiff W mit seinem Stern-Quiff W* multiplizieren muß, um die Wahrscheinlichkeit von Quiff-Ereignissen zu berechnen, ist nun ganz und gar keine Spekulation, denn genau das tun die Quantenphysiker, wenn sie die Wahrscheinlichkeit eines Ereignisses bestimmen. Das Spekulative daran ist die Idee, daß W* aus der Zukunft kommt und in der Zeit rückwärts wandert, so wie eine vom Ufer abprallende Welle zu ihrem Ursprung zurückwandert. Ich kann diese Idee nicht, zumindest noch nicht, durch ein physikalisches Experiment belegen.

Ich halte diese Idee deshalb für wichtig, weil sie überhaupt die Möglichkeit der Evolution erklären könnte. Ähnliche Ideen erörtert Sir Fred Hoyle in seinem Buch *Das intelligente Universum*. Daß allein aus Zufallsprozessen etwas derart Geordnetes wie ein menschliches Wesen entstehen könnte, ist äußerst unwahrscheinlich. Wie ich im 11. Kapitel erklärt habe, muß irgendeine Art von Intelligenz beteiligt sein. Die Frage ist aber, in welcher Weise diese Intelligenz wirkt. Ich könnte natürlich einfach postulieren, daß es eine Höchste Intelligenz gibt und daß dieses Wesen in jeder ihm geeignet erscheinenden Weise wirken kann. Als Albert Einstein einmal darüber nachgrübelte, wie Gott es gemacht hat, soll Niels Bohr zu ihm bemerkt haben: «Sie sollten Gott nicht vorschreiben, was er zu tun hat.»

Das möchte ich bestimmt nicht! Aber ich möchte wissen, wie Gott es macht. Doch als Physiker bin ich da ein bißchen eingeengt: Ich kann nicht einfach eine Idee postulieren, denn eine wissenschaftliche Idee muß, um als gültig anerkannt zu werden, mit dem zusammenpassen, was wir bereits wissen (oder zumindest zu wissen «glauben»). Die Idee, daß W* aus der Zukunft kommt, könnte jedoch die Lage retten. Hoyle formulierte das so:

Wenn Ereignisse nicht nur aus der Vergangenheit in die Zukunft, sondern auch aus der Zukunft in die Vergangenheit verlaufen könnten, ließe sich das scheinbar unlösbare Problem der Quantenunbestimmtheit lösen. Die lebende Materie könnte statt immer mehr zu verfallen, auf Quantensignale aus der Zukunft reagieren, auf jene Information, die für die Entwicklung von Leben notwendig ist. Dann wäre das Universum nicht zu wachsender Unordnung und Zerfall verurteilt, sondern das Gegenteil könnte der Fall sein.

In einem hochgradig organisierten Material, das wiederkehrende Muster enthält, wird der Inhalt des W*W hochgradig repetitiv und erzeugt ein verstärktes Wahrscheinlichkeitsmuster. Deshalb besitzen Kristalle aus sich wiederholenden Materialien wie etwa Natriumchlorid, Kohlenstoffgitter (wie etwa Diamanten) und andere Einkristalle aus Metallen und Verbindungen von Metallen mit anderen Substanzen große Härte und andere ungewöhnliche Eigenschaften.

Nun haben wir in der DNS ein ähnliches, sich stark wiederholendes Phänomen: Zwischen den tragenden Zucker-Phosphat-Molekülen, die komplexe Muster bilden, liegen die sehr viel längeren, scheinbar zufällig verteilten Stufen der Basenpaare, die komplementär miteinander verbunden sind. Sie werden sich erinnern, daß es vier solcher Basen gibt: A, C, G und T.

Hier kommt nun eine dritte Idee ins Spiel: Wegen der repetitiven Struktur der DNS besitzt ein wiederkehrendes W*W-Muster eine hohe

Wahrscheinlichkeit, wobei das W* sich aus einer nahen Zukunft in die Gegenwart ausbreitet. Das Signal aus der Zukunft gleicht mehr oder weniger dem aus der Vergangenheit, und folglich neigt das Muster zur Stabilität. Je stabiler das Muster ist, desto unwahrscheinlicher wird es, daß die ferne Zukunft es stören wird. Hier kommt wiederum die Idee zum Tragen, daß es zwischen dem Quiff und seiner Struktur unter Einschluß der Vergangenheit und der Zukunft eine Resonanz gibt. Allerdings treffen Signale aus der fernen Zukunft ein, denn ohne sie würden sich die Muster der DNS niemals ändern. Doch je stabiler die durch die Wiederholung des Stranges bewirkte Verstärkung ist, desto kleiner ist die dadurch hervorgerufene Störung.

Aus dem Wechselspiel zwischen der endlosen kristallartigen Wiederholung der DNS-Stränge, die sich im Raum winden und als Schwingungen in der Zeit tanzen, und den beinahe, aber nicht vollkommen zufälligen Mustern der Basen A, C, G und T entsteht ein stabiles tierisches und pflanzliches Bewußtsein. Es ist somit die Verbindung der Schwingungsmuster der Quantenwellenfunktion mit den repetitiven, sowohl mit der Zukunft wie auch mit der Vergangenheit in Resonanz stehenden Schwingungsmustern der DNS, woraus das Bewußtsein, wie wir es erfahren, hervorgeht.

Moleküle der DNS, die sich gewissermaßen in Rufweite voneinander befinden, senden einander Quantennachrichten zu, und dadurch entsteht zwischen benachbarten Molekülen eine Resonanz. Diese Resonanz kann man durchaus mit anderen Resonanzerscheinungen vergleichen, etwa den Schwingungen eines Gebäudes im Wind oder dem Rollen eines Schiffs auf hoher See. Wenn die Energie, die das eine Molekül dem anderen zuführt, genau die richtige Frequenz hat, um das andere Molekül zu einer Reaktion anzuregen, entsteht zwischen den beiden Resonanz. Auf dieser Resonanz von Wellen in verschiedenen Zellen könnte die Heilung von Zellen beruhen.

Es ist denkbar, daß Krankheit durch einen gegenteiligen Effekt entsteht. Moleküle, die sich nicht in Resonanz miteinander befinden, können nicht miteinander kommunizieren. Die fehlende Resonanz könnte auf atomaren Veränderungen in den Molekülen oder auf geringfügigen Veränderungen in den Wahrscheinlichkeitsmustern der Quiffs beruhen, die möglicherweise durch negatives Denken ausgelöst werden. Möglicherweise neigen Moleküle unter dem Einfluß dieses Denkens dazu, sich zu isolieren und in sich abgeschlossene Einheiten von begrenzter Kapazität zu bilden. Diese Isolation der Moleküle kann man im Sinne unseres eigenen Verhaltens verstehen: Wenn wir uns niedergedrückt fühlen oder uns wegen irgend etwas große Sorgen machen, möchten wir mit unserem Unglück allein gelassen werden.

Krankheit und negatives Denken könnten also in unseren Zellen molekulare Inseln der Trennung entstehen lassen. Heilungsenergie wirkt dieser Trennungstendenz entgegen, indem sie Korrelationen zwischen den Molekülen fördert: Ein Molekül heilt das andere.

In der Beziehung zwischen einem Heiler und seinem Patienten bemüht sich der Heiler, mit diesem durch Berührung oder bloße körperliche Anwesenheit in Resonanz zu treten. Beim Heiler und seinem Patienten entsteht dadurch das Gefühl, daß die Heilungsenergie in ihnen beiden gleichzeitig gegenwärtig ist.

Gefühle und Energiezustände

Jegliche Energie ist, wie die moderne Physik lehrt, gequantelt: Energie bewegt sich in bestimmten, beobachtbaren Einheiten von einem Ort zum anderen, in sogenannten *Quanten.* Diese Energieeinheiten sind meßbar, wenngleich die Heisenbergsche Unschärferelation der Genauigkeit der Messung Grenzen setzt. Der begrenzende Faktor ist die Zeit, und das macht die Erkenntnis, die wir über die Energie gewinnen wollen, zu einer Frage des Timings.

Wenn Atome oder Moleküle bei Energieübergängen Energie aussenden oder absorbieren, muß das Zeitintervall, in dem dieser Energieübergang stattfindet, unbestimmt bleiben. Ist dagegen das Zeitintervall bekannt, so wird die Energieänderung unbestimmt. Nun wissen wir, daß Energie und Frequenz ein und dasselbe sind; folglich kann die Frequenzänderung und die Zeit, in der eine Frequenzänderung erfolgt, nicht gleichermaßen mit Bestimmtheit erkannt werden: Je mehr man über die Frequenz weiß, desto weniger weiß man über die Zeit und umgekehrt.

Diese Komplementarität zwischen Zeit und Frequenz (oder Energie) tritt auch auf, wenn jemand ein Lied singt. Nur wenn der Sänger einen bestimmten Ton hinreichend lange hält, so daß viele vollständige Schwingungszyklen ans Ohr gelangen, läßt sich bestimmen, welche Tonhöhe oder Frequenz er angeschlagen hat. Wenn er das Zeitintervall hinreichend unbestimmt läßt, wenn er also die Dauer, während derer er den Ton singt, nicht genau begrenzt, kann er sich sehr genau auf die

Frequenz-Energie des Tons einschwingen. Versucht er dagegen, den Ton zu schnell zu singen, so daß nicht der vollständige Tonzyklus gesungen wird, läßt sich die Frequenz-Energie des Tons nicht exakt bestimmen.

Nun ist nach meiner Sternwellentheorie Energie gleich Gefühl. Die Energie und das Gefühl, das sich dann als ein emotionaler Zustand äußert, hängen ebenso linear miteinander zusammen wie Energie und Frequenz. Mit einer Änderung des Energiezustands ist eine entsprechende Änderung im Gefühl verbunden, die dann im Beobachter einen bestimmten emotionalen Zustand auslöst. Alle Energietransformationen im Körper werden daher letztlich als Transformationen des emotionalen Zustands empfunden. Nach der Sternwellentheorie besteht ebenfalls ein linearer Zusammenhang zwischen Zeit und Denken: So wie die Zeit nur bestimmbar ist, wenn die Energie unbestimmt bleibt, kann das Denken nur bestimmt werden, wenn das Fühlen unbestimmt bleibt. Wenn während einer Energietransformation im Körper Gedanken gedacht werden, sind die Energietransformationen oder Gefühle nicht bestimmbar. Dieses Prinzip muß unbedingt beachtet werden, wenn man verstehen will, wie der Körper durch Denken krank gemacht oder geheilt werden kann.

Dieses Prinzip wirft zugleich Licht auf jenen Prozeß der Energietransformation, den ich weiter oben gefeiert habe: das Essen. Die meisten von uns achten beim Essen nicht auf die stattfindenden Energietransformationen und Körpergefühle. Das liegt daran, daß wir beim Essen ständig an etwas denken; entweder sprechen wir zwischen den einzelnen Bissen mit jemandem, oder wir denken, wenn wir allein essen, über die Welt und ihre Einwirkung auf uns nach. Wir essen nach Zeitplan, und nur wenige von uns nehmen sich die nötige Zeit für das Essen, um Zeit und Denken unbestimmt werden zu lassen. Das kann zur Folge haben, daß die Nahrungsenergie nicht vollständig oder nicht richtig umgewandelt wird, und das führt zu Verdauungsstörungen. Tatsache ist, daß Verdauungsstörungen in der modernen Gesellschaft rapide zunehmen.

Wir können uns aber von Verdauungsstörungen völlig freimachen, indem wir uns auf die Nahrung, die wir essen, einstimmen. Sich auf das Essen einzustimmen bedeutet, daß wir so gut wie möglich versuchen, beim Zerkauen der Nahrung ihren Geschmack wahrzunehmen. Es bedeutet, sich auf den Duft, die Textur und die Temperatur, auf den Säuregrad oder die Alkalinität der Nahrung zu konzentrieren. Es bedeutet, daß wir wahrnehmen, in welchem Maße wir die Nahrung einspeicheln, kurz, es bedeutet, sich ganz auf die Erfahrung des Essens einzulassen. Wenn wir das tun, können wir uns unmöglich überessen. Von Gedanken überlastet, ist der Körper äußerst empfindlich für die stattfindenden Energietransformationen. Wenn wir nicht nur mit leerem Magen, sondern auch mit leerem Kopf essen, schmeckt es einfach besser!

Außerdem liefert die Nahrung dann ihren größten Nährwert. Die bloße Tatsache, daß man achtsam ißt und dabei nicht denkt oder redet, sorgt für eine bessere Einspeichelung und damit für bessere Verdauung. Unverdaute oder schlecht verdaute Nahrung bedeutet geringeren Nährwert. Bewußtes Essen führt eindeutig dazu, daß der Körper die in die zellulären Lebensvorgänge gelangenden Nährstoffe besser verwertet. Richtig praktiziert, ist das Essen eine ganz bewußte Tätigkeit.

Das Zuhören liefert ein weiteres Beispiel für das Sternwellenprinzip. Die meisten von uns hören nur selten genau auf das, was andere sagen. Gewöhnlich mischen sich unsere eigenen Gedanken ein und rücken die Aussagen des anderen in einen Zusammenhang, den wir ihnen überstülpen. Durch einen solchen falschen Zusammenhang kommt es oft zu Mißverständnissen. So wird zum Beispiel das Wort «Liebe» oft mißverstanden. Wenn ich die Wendung «ich liebe» höre, kann ich ohne weiteres einen Sinn hineinprojizieren, der von dem, was der Sprecher meint, vollkommen abweicht.

In der Sprache der Quantenphysik würde man sagen, daß zwei Nachrichten einander überlagern: die Worte des Sprechers und die Gedanken des Zuhörers. Da die Worte des Sprechers Energietransformationen im Körper auslösen, die als Veränderung des emotionalen Zustandes erfahren werden, müssen die Gedanken des Zuhörers zwangsläufig den Sinn dieser Worte verändern. Tatsächlich wird die frühkindliche Programmierung, die wir alle durchmachen, einschneidend verändert, wenn wir sprechen lernen. Unsere kindlichen Gedanken vermengen sich mit den Worten von Vater oder Mutter. So kann es passieren, daß ein Kind lernt, das, was seine Eltern ihm beibringen, zu schätzen oder zu verabscheuen.

Angenommen, die Mutter möchte dem Kind ein bestimmtes Gericht schmackhaft machen. Immer wieder sagt sie zu dem Kind in seinem Hochstuhl: «Oh, das schmeckt so *gut*! Lecker, Lecker!», während das Kind dieses Gericht widerlich findet. Das Wort «gut» wird jetzt mit der Zwangsfütterung assoziiert. Das kann am Ende dazu führen, daß das Kind allem, was als *gut* angepriesen wird, mißtraut. Später im Leben wird dann alles, was allzu gut ist, seinen Argwohn erregen. Wer von seinen Eltern allzu streng programmiert wird, könnte sogar «gut» mit «ich hasse es» gleichsetzen.

Ähnlich verhält es sich, wenn wir uns gegen neue Erkenntnisse sträuben, die mit unserer früheren Programmierung nicht zusammenpassen. Ein neues Erkenntnismuster, das sonst vielleicht entstehen würde, wird durch Worte oder Gedanken, die uns sofort in den Sinn kommen, zerstört. Jedem Wunder begegnen wir dann mit Skepsis, jedem logischen Gedanken mit einem irrationalen Gefühl.

Bei der Gehirnwäsche versucht man, den ständig aktiven Geist durch endlos wiederholte Eingabe von neuen Daten zu ermüden, bis schließlich die an der Formulierung von Gedanken beteiligten Muskeln und Energieumwandlungen erschöpft sind. Damit bekommt die neue Information direkten Zugang zu den DNS-Molekülen, und so entsteht durch die Gehirnwäsche schließlich eine neue Persönlichkeit.

Die Erfahrungen, die wir mit gewissen religiösen Kulten und Sekten in unserer Gesellschaft gemacht haben, sind in der Öffentlichkeit leider nicht richtig verstanden worden. Es ist in der Tat gelungen, verirrte Kinder wiederzufinden, sie aus den Bewegungen herauszureißen und durch eine rationale und emotionale Umprogrammierung wieder in die normale Gesellschaft einzufügen. Was man dabei nicht verstanden hat, ist die Quantenphysik, die *jeglicher* geistigen Programmierung zugrunde liegt. Im Grunde erfährt jeder allein dadurch, daß er in eine bestimmte Gesellschaft hineingeboren wird, eine Gehirnwäsche. Was bei der Umprogrammierung junger Leute durch religiöse Sekten geschieht, ist nichts anderes, als daß ihnen immer wieder bestimmte Botschaften dargeboten werden, ohne daß die Gedanken der Zuhörer störend dazwischentreten. Ähnlich verhält es sich in Kriegszeiten, wenn der Führer eines Staates die Proportionen einer Vaterfigur annimmt und uns auffordert, in die Schlacht zu ziehen und unser Leben zu opfern.

Die Gehirnwäsche hat selbstverständlich auch eine gute Seite. Wir sind niemals zu alt, um uns umprogrammieren zu lassen. Wir können unsere Denkgewohnheiten ändern und unseren Horizont erweitern, wir können alte Programme abstreifen und dadurch zu geistig freieren und glücklicheren Menschen werden. Eine gute Gelegenheit dafür ist die sogenannte Midlife-crisis, und in den siebziger Jahren haben zahlreiche Bewußtseinsbewegungen mit großem Erfolg genau das getan: Sie haben das Bewußtsein vieler Menschen verändert und eine Bewußtseinsrevolution bewirkt.

Die Gesundheit wird, wenn man sie quantenphysikalisch versteht, zu einer Frage der rechten Achtsamkeit. Durch Denken können alte Programme vernichtet werden. Es ist möglich, die DNS zu verändern, so daß ein anderer Körper entsteht. Allerdings kann auch die Depression, die durch die Umwandlung von Denken in Ärger ausgelöst wird, die DNS verändern und möglicherweise zu Krebs führen.

Auch andere Krankheiten entstehen durch Gedankentransformation. Luise L. Hay zählt in ihrem Buch *Heal Your Body* eine lange Liste von körperlichen Erkrankungen auf, die durch negative Gedanken ausgelöst werden. Krebs entsteht zum Beispiel durch eine tiefe Ratlosigkeit oder durch lange gehegten Groll oder Kummer, der an einem nagt; Verstopfung entsteht, wenn man alte Ideen nicht aufgeben möchte; Husten entsteht aus beunruhigenden Gedanken, die man nicht ausspricht; Taubheit kommt daher, daß man nicht zu hören wünscht, usw. Sicherlich kann Verstopfung auch durch eine ballaststoffarme Kost verursacht werden, und Krebs kann auf Kontakt mit Karzinogenen beruhen. Unsere physische Umwelt hält viele Gefahren für das Leben bereit. Darauf soll im nächsten Teil des Buches, der vom Heilen handelt, näher eingegangen werden.

Wie Gedanken sich körperlich manifestieren

Wie kann ein negativer oder ein positiver Gedanke körperlich werden? Um das zu verstehen, müssen wir uns mit dem Impuls und dem Ort von Objekten im Raum befassen.

Die Lage eines Objekts im Raum ist seinem Impuls komplementär. Der Impuls ist das Produkt aus der Masse und der Geschwindigkeit des Objekts. In der Quantenphysik kommt es vor allem auf den Impuls an; Masse und Geschwindigkeit spielen eine untergeordnete Rolle. Ein Objekt kann zum Beispiel einen wohlverdienten Impuls haben, muß aber nicht unbedingt eine wohldefinierte Geschwindigkeit oder Masse haben.

Komplementär zum Impuls ist die räumliche Lage. Um zu erkennen, *wo* ein Ding ist, muß man auf die Erkenntnis verzichten, *wie* es sich bewegt; die Bewegung schließt auch die Bewegungsrichtung ein. Wenn Sie zum Beispiel wissen, daß ein Molekül sich am Punkt x befindet, wobei x der Abstand von einer gegebenen Ebene im Raum ist, dann können Sie nichts über seinen Impuls in der x-Richtung in Erfahrung bringen: Sie wissen nicht, ob das Molekül sich von der Bezugsebene entfernt oder auf sie zubewegt. Das besagt die *Unschärferelation*.

Nach der Quantenphysik gibt es eine Beziehung zwischen Impuls und Wellenlänge des Quiffs. Genauer gesagt, besteht zwischen dem Impuls und der Wellenlänge des Quiffs der gleiche Zusammenhang wie zwischen der Energie und der Schwingungsdauer. Teilt man die Zahl 1 durch die Schwingungsdauer, so erhält man die Frequenz, teilt man 1 durch die Wellenlänge, so erhält man eine Größe, die als räumliche Frequenz bezeichnet wird. Der Impuls ist also dasselbe wie die räumliche Frequenz. Die Energie ist dasselbe wie die zeitliche Frequenz. Die Energie kann ausgedrückt werden durch $E = hf$, der Impuls durch $p = hk$, wobei h die Planck-Konstante (das Wirkungsquantum), f die zeitliche Frequenz und k die räumliche Frequenz ist.

Ein einfacher Vergleich soll die Unschärferelation in bezug auf Ort und Impuls verdeutlichen. Stellen Sie sich vor, Sie seien ein Kind, das sich in einer Großstadt verirrt hat. Sie kommen zu einem kilometerlangen Lattenzaun, dessen Ende nicht absehbar ist. Sie laufen auf dem Bürgersteig an dem Lattenzaun entlang und bemerken, daß eine Zaunlatte der anderen gleicht. Die Latten sind periodisch angeordnet, der Abstand zwischen ihnen ist also gleich. Stellen Sie sich den Lattenzaun als einen Zustand von wohldefinierter räumlicher Frequenz mit einem dazugehörigen wohldefinierten Impuls vor. Sie versuchen, Ihre relative Stellung in bezug auf den Zaun festzustellen, aber weder in der einen noch in der anderen Richtung ist ein Ende abzusehen. Sie haben keinen wohldefinierten Ort im Raum.

Schließlich stoßen Sie auf eine zerbrochene Latte, eine Störung in dem Muster der räumlichen Frequenz. Diese Unterbrechung gibt Ihnen einen Anhaltspunkt, anhand dessen Sie sich orientieren können; um also festzustellen, an welchem Ort im Raum Sie sich befinden, müssen Sie das konstante Muster der räumlichen Frequenz durchbrechen. Sie erhalten einen wohldefinierten Ort, indem Sie einen wohldefinierten Impuls aufgeben.

Umgekehrt betrachtet, lassen Merkzeichen oder Unterbrechungen in Mustern die räumliche Lage erkennen, aber keine Regelmäßigkeit; sie erlauben nicht, die Richtung in die Zukunft zu erkennen. Um zu wissen, wo Sie sind, müssen Sie auf das Wissen, wo Sie gewesen sind und wo Sie sein werden, verzichten. Um zu wissen, wo Sie gewesen sind, wo Sie sind und wo Sie sein werden – das heißt, um Ihr Fließmuster zu kennen –, müssen Sie auf die Erkenntnis verzichten, wo Sie gegenwärtig sind.

In japanischen buddhistischen Klöstern habe ich oft den Eindruck, daß sie durch ihre Leere das zeitlose Fließen der Nichtzeit und des Nichtraums vermitteln. Das Fließen des Buddhismus scheint mir immer das gleiche zu sein, ob in diesem Jahrhundert, in der Zukunft oder vor tausend Jahren.

In meinem Buch *Star Wave* habe ich die Theorie vorgetragen, daß im Gehirn Impuls und Intuition einander entsprechen und daß die räumliche Lage und die körperliche Empfindung einander entsprechen. So werden aus äußeren Ereignissen körperliche Empfindungen. Ich sehe einen Stern, und meine Netzhaut erfährt eine Veränderung, die wahrgenommen wird; ich höre ein Lied, und mein Trommelfell schwingt.

Auch hier wird ansatzweise deutlich, wie ein negativer oder ein positiver Gedanke körperlich werden könnte. Durch unsere bewußten Entscheidungen darüber, in welcher Weise wir die Gegebenheiten der Außenwelt betrachten wollen, verändern wir letztlich die Impulse beziehungsweise die Orte von physikalischen Objekten im Raum. Mit diesen Objekten sind Moleküle und atomare Strukturen in unserem Körper gemeint, die sich bei der Wahrnehmung unserer Außenwelterfahrung verändern. Diese Moleküle und Strukturen entsprechen Repräsentationen von Außenwelterfahrungen, die in beliebiger Weise wahrgenommen werden können, je nachdem, welche Entscheidung wir über Impulse und Orte in unserer Innenwelt, in unserem eigenen Körper treffen.

Der Impuls erscheint als eine fortlaufende, stetige Bewegung. Ohne es zu bemerken, stimmen wir uns mit unserer Intuition auf den Impuls ein. Wir sehen einen Fußball durch die Luft fliegen und wissen schon, wo er landen wird. Wir betrachten das endlose Fließen des Wassers, erfassen seine Fließrichtung und wissen, wohin es gehen wird, nachdem es an uns vorbeigeflossen ist. Auf diese Weise verarbeitet unsere Intuition innerlich den in der Außenwelt wahrgenommenen Impuls.

Auf diese Weise werden äußere Erfahrungen, Worte und physikalische Kräfte körperlich erfahren; schließlich werden sie zu einem Wechselspiel zwischen Intuition und Empfindung und schlagen sich an bestimmten Körperstellen nieder. Ein Bruch in der Intuition schlägt sich nieder als eine Empfindung, die körperlich wahrgenommen wird. Wir fühlen uns verletzt, wenn unser Ehegatte in einem falschen Ton «guten Morgen» sagt; der normale Fluß von zahllosen morgendlichen Begrüßungen wird durch einen unaufmerksamen Gruß durchbrochen, und ein Schmerz durchzuckt unseren Körper.

Als Kinder haben wir von unserer Mutter gelernt. Wir hatten das Gefühl, von ihr akzeptiert zu sein, und ihre weichen, liebevollen Berührungen haben unsere Haut für weitere Empfindungen empfänglich gemacht. Wir atmeten mit jeder Pore. Die Nervenendungen um die Poren unserer Haut ließen diese sich erwartungsvoll für die liebevolle Berührung öffnen. War die Mutter jedoch unaufmerksam und begann, unseren zarten Körper plötzlich grob zu behandeln, dann zog unsere Haut sich ängstlich zusammen – unsere Poren schlossen sich, wir wollten nicht berührt werden. Es ist möglich, daß sich das im späteren Leben nachteilig auswirkt, daß sich die Wünsche nach Berührung und Nichtberührung in der Haut festsetzen und wir als Jugendliche und Erwachsene Akne, Gürtelrose oder Schuppenflechte bekommen.

Jede Erfahrung im Laufe unseres Lebens hinterläßt eine Spur in Gestalt einer körperlichen Empfindung, die von einer gestörten Intuition, einem durchbrochenen Fließmuster hervorgerufen wird. Auf diese Weise lernen wir.

Das Lernen durchzieht unseren Körper als ein Tanz der Intuition, bei dem die körperlichen Empfindungen exakt dem Fluß des Impulses und dem Ort der äußeren Ereignisse entsprechen. In unserem Körper speichern sich Muster, die sich in der Körperhaltung, im Muskeltonus, im Blutfluß und in geringfügigen Veränderungen des Wasserdrucks in unseren Zellen äußern. Diese körperlichen Veränderungen wirken sich ihrerseits auf die zellulären Prozesse aus, bis hinunter zum Zellkern, wo die DNS, von Wassermolekülen umhergestoßen, ihr Schwingungsmuster verändert. Der veränderte Schwingungstanz der DNS kann, je nachdem, welcher Art die äußere Erfahrung ist, zu einem stabilen Muster werden, das der Veränderung entspricht, die sich außen bei der Umwandlung von Impuls in Empfindung vollzieht. Hat sich dieses Muster erst einmal gefestigt, so ist es zu einem Bestandteil von «uns» geworden.

Siebenter Teil
Heilung

Das Wort «heilen» geht auf das indogermanische Stammwort *kailo* zurück, das «ganz», «unverletzt», «Gutes verheißend» und «heilig» bedeutet. Geheilt zu werden heißt demnach, «ganz gemacht» zu werden, eins mit dem Universum. Wir alle reagieren auf eine zärtliche Hand, ein einfühlendes Herz. Einfühlung ist ein rhythmisches Verstehen, eine gemeinsame, harmonische Schwingung. Ein einfühlender Mensch kann «fühlen», was ein anderer fühlt oder empfindet.

Was geschieht, wenn jemand geheilt wird? Zwar können wir alle sehen, wie eine Wunde zuheilt, oder wir wissen, was es heißt, wenn ein gebrochenes Herz auf dem Wege der Besserung ist, besonders wenn dieses Herz unser eigenes ist, aber niemand kann sagen, *worin* der Heilungsmechanismus besteht. Auch hier kommt uns wieder das Körperquant zu Hilfe. Nach meiner Vermutung ist das Heilen ein quantenphysikalischer Vorgang, den man als eine Phasenharmonie von Quantenwellen begreifen kann. Wir fördern diese Harmonie, wenn wir beieinander sind, so wie zwei Magnete zusammen mehr Kraft besitzen als jeder Magnet für sich. Außerdem müssen, damit Heilung eintritt, getrennte Teile des Körpers beginnen, in Phasenharmonie aufeinander zu reagieren.

Krankheit wird entsprechend definiert als Schwingungen von Quantenwellen, die nicht miteinander harmonieren. Krankheiten können darüber hinaus auf der Grundlage der Quantenphysik als ein Wahrscheinlichkeitsspiel verstanden werden, das durch unsere verborgensten Gedanken und Wünsche beeinflußt wird. Wir werden krank, wir fühlen uns deprimiert. Doch was war zuerst da? Die Krankheit oder die Depression? Aus der Sicht der Quantenphysik ist die Antwort nicht einfach – in einem gewissen Sinne sind nämlich Depression und Krankheit ein und dasselbe. Zwischen einer physischen Erkrankung und einem mentalen Gedanken besteht ein sehr subtiler, aber folgerichtiger Zusammenhang: Krankheit führt zu depressiven Gedanken, depressive Gedanken führen zu Krankheit.

Der Leib und das Denken, Körper und Geist sind also miteinander korreliert. Krankheit kann demnach als eine (möglicherweise unbewußte) Entscheidung verstanden werden, die der unsichtbare Beobachter in uns trifft. Diese Entscheidungen werden von mehreren Faktoren bestimmt, darunter auch die leibliche und seelische Verfassung von Körper und Geist.

Seit wir entdeckt haben, wie wichtig die Quantenphysik des menschlichen Körpers ist, haben wir eine neue Einsicht in die Krankheiten gewonnen: Einige entziehen sich allen Heilungsbemühungen, und das sind die *quantenmechanischen Krankheiten*.

26. Die Quantenphysik der Krankheit

Ein Urlaub und ein Kokettieren mit quantenphysikalischen Krankheiten

Ich bin kürzlich von einem langen Urlaub zurückgekehrt, während dessen ich gänzlich von meinem gewohnten täglichen Sportpensum abgegangen bin, das normalerweise darin besteht, entweder zu joggen oder an Fitneß-Geräten zu trainieren. Außerdem habe ich in dieser Zeit mehr gegessen, mehr geschlafen und gefaulenzt, getrunken und geraucht. Ich habe seichte Unterhaltungsromane gelesen und über einen Monat lang nicht ein einziges Wort geschrieben. Es war herrlich! Doch als ich zurück war, fühlte ich mich nicht mehr in Form, angeschlagen und ein bißchen schuldig, weil ich meinen Körper so sehr mißhandelt hatte (obwohl ich es genossen habe!).

Die Fragen, die mich hinterher quälten, sind, dessen bin ich mir sicher, dieselben, die uns allen manchmal zu schaffen machen: Welchen Schaden habe ich meinem Körper zugefügt? Kann mich übermäßiges Essen, Alkoholkonsum und Rauchen wirklich Jahre meines Lebens kosten? Wie wirkt sich der Mangel an Betätigung und geistiger Anregung aus? Kommt mich mein Urlaub eventuell teurer zu stehen als das Geld, das ich ausgegeben habe? Haben die ein bis zwei Zigaretten pro Tag wirklich die Wahrscheinlichkeit, daß ich Krebs oder ein Emphysem bekomme, gesteigert? Ist Alkoholgenuß wirklich die Ursache von Leberzirrhose? Hat mich dieser eine Monat, in dem ich das übliche volle Programm an Lauf- und Gerätetrainung schleifen ließ, so weit zurückgeworfen, daß ich vielleicht nie mehr meine frühere Fitneß erreiche?

Könnte nicht auf der anderen Seite das Ausruhen mein Leben um Jahre verlängert haben? Ich habe den Urlaub und die Entlassung aus der Disziplin wirklich genossen. Aber wie wirken sich Ruhe und Genuß auf Gesundheit und Vitalität aus? Mir scheint, daß wir beides brauchen, zumindest dann und wann, wenn wir weiterhin glücklich sein wollen.

Als ich schließlich wieder zu meiner maßvolleren Lebensweise zurückkehrte, hatte ich einige überraschende Erkenntnisse. Mir wurde klar, daß ich im Urlaub mit wachsendem Mißbrauch eine größere Toleranz für den Mißbrauch entwickelt hatte. Bei meinem aktiven Sportprogramm ruft die Gewohnheit, täglich eine Zigarette zu rauchen, gewöhnlich Kopfschmerzen hervor, und damit sinkt das Verlangen, eine zweite zu rauchen. Im Urlaub konnte ich täglich drei Zigaretten rauchen, ohne merkliche Nachwirkungen. Außerdem konnte ich zwei- oder dreimal täglich Alkohol trinken – wenn ich von meiner üblichen Tagesroutine in Anspruch genommen bin, kann ich das nicht. Wenn ich in Form bin, ist meine Mißbrauchstoleranz offenbar gering, aber wenn ich nicht in Form bin, kann ich einen weit stärkeren Mißbrauch nicht nur vertragen, sondern sogar genießen. Es wundert mich nicht, daß Alkoholiker am Alkohol einen solchen Genuß finden und daß Raucher, die täglich zwei Päckchen rauchen, die vierzigste Zigarette ebenso genießen wie die erste am Morgen.

Gewiß habe ich mich in meinem Urlaub mehr gehenlassen als sonst, wenn ich zu Hause bin und schreibe, aber ich hatte auch eine sorglose Zeit. Offenbar liegt es mehr an meiner seelischen Verfassung, ob ich unpäßlich werde oder erkranke, als an meinem bloßen gesundheitsschädlichen Verhalten. Anders gesagt: Meine körperliche Konditon ließ zwar nach, meine Muskeln und Bänder wurden schlaff, und meine Lungen wurden durch Sauerstoffmangel mit Karzinogenen belastet, die in Zigaretten und sonstigem rauchbaren Zeug enthalten sind, aber für meine seelische Verfassung war es eine riesige Zeit.

Das Joggen, die Gesundheitskost und das Bücherschreiben halten mich zwar recht fit, aber gleichzeitig bin ich beunruhigt, weil ich mir um ein gesundes, gesichertes und vernünftiges Leben *Sorgen* mache, und ich weiß, daß Sorgen auf die Dauer zu Krankheiten führen können. Die Frage ist: Beugt das, was ich zur Vorbeugung gegen Krankheit tue, wirklich der Krankheit vor?

Das ist nicht mehr so leicht zu beantworten. Zunächst hat sich durch die nahezu vollständige Ausrottung von Ansteckungskrankheiten wie

Kinderlähmung, Pocken und Tuberkulose unser Krankheitsbegriff selbst verändert.

James F. Fries und Lawrence M. Crapo machen in ihrem Buch *Vitality and Aging* deutlich, wie unsere Begriffe sich verändert haben. Das US-Gesundheitsministerium veröffentlicht, wie sie schreiben, regelmäßig eine Statistik der wichtigsten Todesursachen. Vierzehn Kategorien werden angeführt, die fast alle Todesursachen umfassen:

Infektionskrankheiten	*Gewaltsamer Tod*
Diphtherie	Verkehrsunfälle
Masern	Selbstmorde
Lungenentzündung/Grippe	
Pocken	*Chronische Krankheiten*
Streptokokken	Krebs
Syphilis	Herz/Nieren
Tuberkulose	Diabetes
Typhus	
Keuchhusten	

Was die Infektionskrankheiten betrifft, ist die Sterblichkeit spektakulär zurückgegangen; sechs davon werden inzwischen offiziell mit der Sterblichkeit Null gemeldet, was bedeutet, daß jährlich nur 1 Person unter 200 000 daran stirbt. Dazu gehören beispielsweise der Keuchhusten und die Pocken. Die letzten drei Todesursachen, die chronischen Krankheiten, sind noch immer ein Problem.

Durch unser heutiges Gesundheitsverhalten und die Fortschritte der medizinischen Erkenntnis sind die Infektionskrankheiten fast alle ausgerottet. Trotzdem gibt es noch immer unverkennbare Gefahren, etwa den Krebs und die Herzkrankheit. Die große Frage ist: Warum sind gewisse Krankheiten so hartnäckig?

Tatsachen über Krankheit, Altern und Tod

Viele von uns hoffen, daß die Forschung bald Medikamente entwickeln wird, die alle Krankheiten ausrotten. Wir glauben, die Lebensdauer des Menschen nähme ständig zu und der Tod sei die Folge einer Krankheit. Viele glauben, ein Programm im Gehirn und in den Genen sei für das Altern verantwortlich.

Bei näherer Betrachtung stellt sich heraus, daß jede der obigen Aussagen irreführend, wenn nicht rundherum falsch ist. Die Lebensdauer des Menschen nimmt nicht zu: Sie ist, nach den Forschungsergebnissen der Medizin und anderer Wissenschaften zu schließen, seit 100 000 Jahren gleich geblieben. Was im Laufe der Zeit zugenommen hat, ist die mittlere Lebenserwartung, eine statistische Größe. Die Lebenserwartung ist das Alter, in dem ein durchschnittliches Individuum, unter Voraussetzung der gegenwärtigen Sterblichkeit durch Krankheit und Unfall, sterben wird. In den Vereinigten Staaten beträgt die mittlere Lebenserwartung etwa 73 Jahre, und sie steigt.

Die Lebensdauer hat dagegen nicht zugenommen. Das Höchstalter, das der Mensch erreichen kann, scheint – nach sorgfältiger Prüfung der vorhandenen Unterlagen – 115 Jahre zu betragen. Die Lebensdauer, definiert als das Alter, in dem ein durchschnittliches Individuum sterben würde, wenn es nicht einer Krankheit oder einem Unfall erläge, liegt seit zwei Jahrhunderten bei 85 Jahren. Der Tod tritt aber auch ohne Krankheit oder Unfall ein; auch Menschen, die frei von Krankheit sind und nicht verunglücken, sterben. Und was diese Gruppe betrifft, hat sich das mittlere Sterbealter nicht nennenswert geändert.

Was sich geändert hat, sind die Kenntnisse über die Krankheit. Wir wissen inzwischen mehr darüber, haben bessere Statistiken und können viele Krankheitsfaktoren kontrollieren. Ich möchte vorschlagen, die Krankheiten in zwei Gruppen einzuteilen: die *klassisch-mechanischen* Krankheiten, die mit modernen antibakteriellen Mitteln wie Penicillin heilbar sind, und die *quantenmechanischen* Krankheiten, deren Behandlung nicht so einfach ist. Zu den letzteren gehören unter anderem die Virusinfektionen, der Krebs, die Arteriosklerose, die Zuckerkrankheit und einige andere.

Die quantenmechanischen Krankheiten sind nichts Neues. Offenbar ist medikamentöse Behandlung nicht der geeignetste Weg, um diese Gesundheitsprobleme zu lösen. Die hauptsächlichen chronischen oder quantenmechanischen Krankheiten stellen die größte Gefahr für die Gesundheit dar. Das geeignetste Verfahren zu ihrer Bekämpfung ist heute nicht die medizinische Behandlung, sondern die vorbeugende Bekämpfung von Faktoren, die die Vitalität beeinträchtigen können.

«Vitalität» ist nicht leicht zu definieren. Sie umfaßt so selbstverständliche Gesundheitsmerkmale wie die Fähigkeit, Luft in die Lungen aufzunehmen, den Atem anzuhalten und Kerzen in einer gewissen Entfernung auszublasen, die Schnelligkeit, mit der die Nervenzellen elektrische Signale weiterleiten, den Grundumsatz, die Blutversorgung der Nieren und andere wichtige körperliche Funktionen. All diese Funktionen nehmen mit dem Alter ab. Im Alter von 20 Jahren werden all diese Funktionen zu etwa 100 Prozent genutzt; mit 40 Jahren sind all diese Funktionen zurückgegangen, am stärksten das maximale Atemvolumen, das auf etwa 90 Prozent gesunken ist. Mit 80 Jahren ist das Atemvolumen auf ungefähr 40 Prozent zurückgegangen, die übrigen Funktionen nicht so stark (die Leitungsgeschwindigkeit der Nerven nimmt am wenigsten ab, sie sinkt auf etwa 90 Prozent).

Nach meiner Ansicht hängt die mit dem Alter abnehmende Vitalität unmittelbar mit der Quantenphysik zusammen, und sie beruht auf Fehlern, zu denen es auf der Ebene der molekularen Prozesse kommt, etwa beim Aufbau komplexer Proteinmoleküle. Diese Fehler bedingen die nachlassende Vitalität, die wir gemeinhin als Altern bezeichnen.

Das Altern äußert sich als eine abnehmende Lebensfähigkeit aller unserer Organe, wahrscheinlich schon von der Geburt an, mit Sicherheit aber von 30 Jahren aufwärts. Wir gelangen also zu drei Tatsachen, die das künftige Leben bestimmen:

- Die Lebensdauer des Menschen ist begrenzt.
- Die Vitalität nimmt mit dem Alter ab, ja, abnehmende Vitalität ist gleichbedeutend mit dem Alter.
- Quantenphysikalische Prozesse schenken Leben und nehmen es.

Was ist eine Krankheit?

Was hat die Quantenphysik genaugenommen mit Krankheit zu tun? Krankheit ist, dem Wörterbuch zufolge, schließlich nichts anderes als «ein abnormer Zustand eines Organismus oder eines Teils davon, insbesondere infolge einer Infektion, einer angeborenen Schwäche oder einer Umweltbelastung, die das normale physiologische Funktionieren beeinträchtigt». Diese Definition ist jedoch nicht vollständig. Was heißt es denn, daß ein Organ normal funktioniert? Außerdem sind nicht alle Krankheiten infektiös oder ansteckend. Tuberkulose kann zum Beispiel übertragen werden, Diabetes aber nicht. Einige Krankheiten, besonders die, an denen heute die meisten Menschen sterben, sind offenbar universal. Es scheint, daß man nichts tun kann, um ihnen vorzubeugen. Tatsache ist, daß diese universalen Krankheiten, wenngleich sie zum

Tode führen mögen, gleichzeitig für unser Leben *notwendig* sind. Lassen Sie mich diese einigermaßen schockierende Behauptung erläutern.

Ich behaupte, daß die universalen Krankheiten aus einer Disharmonie von quantenphysikalischen Wahrscheinlichkeitsmustern innerhalb des menschlichen Körpers und über ihn hinaus entstehen. Diese Muster sind sowohl für das normale als auch für das abnormale Funktionieren der menschlichen Organe und Zellen verantwortlich. Deshalb bezeichne ich diese universalen Krankheiten als quantenmechanisch.

Um zu wachsen und sich körperlich und seelisch zu verändern, muß man Risiken eingehen. Das Leben ist in der Tat eine riskante Sache. Diese Risiken bringen Gewinn, aber auch gesundheitliche Beeinträchtigung. Die besten Beispiele sind der Sportler und das Genie: Kaum ein Spitzensportler, der sich nicht verletzt, kaum ein großer Geist, der nicht unter Depressionen leidet, kaum ein Künstler, der nicht bisweilen seine Kunst als Unsinn empfindet.

Mit anderen Worten: In Zusammenhang mit mentalen Vorgängen, die oft nicht ausgesprochen, sondern einfach *empfunden* werden, treten Risikomuster auf. Diese Muster sind quantenphysikalischer Natur und beruhen sowohl auf bewußtem Denken als auch auf hypothetischen, ungedachten Gefühlen und Intuitionen im Hinblick auf das geeignete Verhalten. Sie treten nicht nur bei Menschen, sondern auch bei Tieren auf. Es ist das unvermeidliche Risiko, dem das Leben seine Fähigkeit verdankt, sich zu ändern, zu wachsen und sich an eine Vielfalt von Umweltbedingungen anzupassen; gleichzeitig läßt dieses Risiko unausweichlich die universalen Krankheiten entstehen.

Ich stütze mich bei diesen Behauptungen auf die Forschungsergebnisse der Doktoren James Fries und Lawrence Crapo. Sie schreiben in ihrem Buch *Vitality and Aging*, die universalen Krankheiten seien gegenwärtig mit Abstand das größte Gesundheitsproblem, und bis heute habe man erfolglos nach Heilmethoden für diese Krankheiten gesucht. Dazu gehören die Arteriosklerose, der Krebs, die Osteoarthritis, der Diabetes, das Emphysem und die Zirrhose; das sind die quantenmechanischen Krankheiten.

Fries und Crapo beschreiben eine andere Kategorie von Krankheiten, zu der die Hodgkin-Krankheit, die Dickdarmentzündung, die insulinbedingte Diabetes, die rheumatische Arthritis, die Schuppenflechte, die multiple Sklerose, die Muskeldystrophie und die Schizophrenie gehören; diese bezeichne ich als *halb-klassisch*. Weder sind die Bedingungen ihres Auftretens universal wie bei den quantenmechanischen

Krankheiten, noch sind sie akut oder klassisch-mechanisch wie etwa die Infektionskrankheiten.

Diese Krankheiten sind einigermaßen rätselhaft und können nicht einfach auf eine allgemeine Abnahme der Vitalität oder einen «Bazillus» zurückgeführt werden. Dennoch ähneln sie den akuten oder infektiösen Krankheiten; sie können spontan verschwinden, es kann aber auch trotz medikamentöser Behandlung oder nach einer Operation zu einem furchtbaren Rückschlag kommen.

Die Arteriosklerose läßt sich ebenfalls schwer in diesem Sinne einordnen, weil sie nicht universal ist. Die Degeneration der Arterien, durch die die Gefäßwände ihre Elastizität verlieren, ist vermutlich eine universale oder quantenmechanische Krankheit.

Tatsache ist, daß die universalen Krankheiten, die Fries und Crapo als chronisch bezeichnen, in den Vereinigten Staaten mit Abstand das größte Todesrisiko und damit die größte Gesundheitsgefahr darstellen.

Die Bedingungen für das Auftreten der klassisch-mechanischen oder infektiösen Krankheiten scheinen dagegen mit dem Alterungsprozeß nichts zu tun zu haben. Diese heilbaren, ansteckenden Krankheiten nenne ich deshalb klassisch-mechanisch, weil sie durch Übertragung von klassisch definierten, mikroskopisch kleinen Körpern von einem Individuum auf das andere verbreitet werden. Ebenso wie die klassische Mechanik in den Anfängen des 20. Jahrhunderts durch die Quantenmechanik abgelöst wurde, wurden die klassisch-mechanischen Krankheiten ausgerottet. Man muß sich einmal klarmachen, daß im Jahre 1900, dem Jahr, in dem die Quantenphysik geboren wurde, 40 von 100 000 Menschen an akuten Infektionskrankheiten wie Diphtherie, Typhus, Masern und Pocken starben. In dem Maße, wie die Quantenphysik sich entwickelte, gingen diese Krankheiten zurück, und heute stirbt praktisch niemand mehr an ihnen.

Fries und Crapo behaupten, wir alle würden an den universalen oder *chronischen* Krankheiten sterben (Fries, S. 86). Nicht um die vorbeugende Bekämpfung dieser Krankheiten geht es, sondern um eine Strategie, mit der den zunehmenden Funktionsstörungen der Organe begegnet werden kann, die unausweichlich als Symptome dieser Krankheiten auftreten. An irgend etwas sterben wir alle.

Fries und Crapo schreiben: «Bei näherem Hinsehen brechen die Mythen vom Vielhundertjährigen, von den Einwohnern von Shangri-La und von Methusalem, zusammen. Doch in den Trümmern finden wir die Hoffnung auf eine sinnvolle Verjüngung, bei der nicht die Lebensdauer verlängert wird, sondern die Zeit der Vitalität.»

Aus der Sicht der Quantenmechanik gibt es für alle Krankheiten einen unablässig wirksamen Entstehungsanreiz, nicht nur in Gestalt der oben erwähnten Mechanismen – der Infektion, der angeborenen Schwäche oder der Umweltverschmutzung –, sondern auch in Gestalt der Wechselwirkung zwischen Geist und Körper. Diese Wechselwirkungen entstehen aus den Entscheidungen, die wir im Hinblick auf unsere Lebensführung treffen. Weil aber die Wechselwirkung zwischen Leib und Seele quantenphysikalischer Natur ist, sind diese Entscheidungen nicht immer von Erfolg gekrönt. Das Leben ist ein Würfelspiel: Der Draufgänger kann mit 30 Jahren beim Sprung aus einem Flugzeug umkommen, aber auch ohne ein Draufgänger zu sein, kann man mit 50 Jahren dem Krebs zum Opfer fallen.

Der Hauptunterschied zwischen den universalen Krankheiten und den Ansteckungskrankheiten liegt in der Größe des störenden Einflusses. Mikroben und gewisse Viren sind, was ihre Einwirkung auf den Körper angeht, gewissermaßen klassisch-mechanisch. Sie werden mit medikamentösen Therapien ausgerottet. Sehr viel heimtückischer sind die quantenmechanischen Krankheiten, die Krankheiten der *fundamentalen Lebensprozesse*. Sie treten in Erscheinung als ein allmählicher Rückgang der Organfunktionen, den wir alle im Prozeß des Lebens selbst erfahren. Die nachlassende Geschwindigkeit der Nervenleitung, die Verringerung des Grundumsatzes, der zurückgehende Blutstrom zu und von den Nieren und das nachlassende maximale Atemvolumen der Lungen sind quantenphysikalischer Natur, es gibt keine Vorbeugung dagegen, und sie sind universal. Die Forschung hat gezeigt, daß die von diesen Funktionen abhängige Vitalität beginnend mit etwa 30 Jahren mit zunehmendem Alter linear abnimmt.

Die Quantenphysik hat neue, bis dahin unbekannte physikalische Phänomene wie den Elektronenspin und die Kernkräfte ans Licht gebracht, und zugleich hat die Ausrottung der klassisch-mechanischen Krankheiten die Quantenkrankheiten zu den vorrangigen Todesursachen gemacht. Je weiter wir in die Prozesse des Lebens eindringen, um so mehr werden uns seine Grenzen und seine Bestimmung bewußt.

27. Krebs oder der Schrei einer Zelle nach Unsterblichkeit

Die Krebssterblichkeit hat im Laufe der Zeit stetig zugenommen: Betrug die spezifische Sterbeziffer im Jahre 1900 64 von 100 000, so lag sie im Jahre 1980 bei 180 von 100 000. Was können wir aus dieser statistischen Zahl entnehmen? Möglicherweise glauben wir, der Krebs sei auf dem Vormarsch; eine kurze Überlegung zeigt jedoch, daß das nicht stimmt.

Die Krebszellen – ein Schrei nach Leben

Häufig hört man Äußerungen wie die, der Krebs werde epidemisch, Rauchen rufe Krebs hervor oder Fleischessen brächte Karzinogene in unser System hinein. Karzinogene, so heißt es, seien die Ursache von Krebs. Es heißt auch, der Krebs sei ein Virus und könne wie das Poliovirus ausgerottet werden. Diese und ähnliche Äußerungen sind, wie sich herausstellt, irreführend und falsch.

Wenn wir einmal die Tuberkulosesterblichkeit des Jahres 1900 (914 von 100 000) mit der des Jahres 1980 (etwa 2 von 100 000) vergleichen, dann wird uns allmählich klar, warum die Krebssterblichkeit gestiegen ist. Wer im Jahre 1900 jung an Tuberkulose starb, hatte gar keine Zeit, Krebs zu bekommen – vorher wurde man von der Tb erwischt. Im Jahre 1980 ist die Tb ausgerottet, man lebt länger, und damit steigt die Wahrscheinlichkeit, an Krebs zu sterben. Der Krebs ist nicht auf dem Vormarsch, sondern man sieht jetzt seine tödlichen Auswirkungen, die früher durch die tödlichen Folgen solcher Krankheiten wie Tb verdeckt wurden.

Auch die Häufigkeit von anderen quantenmechanischen oder universalen Krankheiten ist in dem erwähnten Zeitraum von 80 Jahren gestiegen. Wir werden also, anders gesagt, nicht mehr von Infektionskrankheiten hinweggerafft, aber dafür taucht eine neue Gesundheitsgefahr auf. Diese neue Gefahr verlangt von uns ein Umdenken, und wir müssen zur Kenntnis nehmen, daß wir es jetzt mit einer chronischen, universalen Krankheit zu tun haben. Die alten medizinischen Verfahren werden nicht ausreichen, wenn es um die Krankheiten geht, die ich als quantenmechanisch bezeichne. Ein Umdenken im Hinblick auf die chronischen Krankheiten setzt zunächst voraus, daß wir den Krebs besser verstehen.

Hier zeichnet sich jetzt eine überraschende Antwort ab: Der Krebs ist, paradox genug, sowohl eine Todesursache als auch ein Versuch des Lebens, unsterblich zu werden. Diese doppelte Tatsache wurde im Jahre 1961 bekannt, als Leonard Hayflick und P. S. Moorhead nach sorgfältigen Untersuchungen einen epochemachenden Aufsatz veröffentlichten, aus dem hervorging, daß normale menschliche Fibroblasten (spezielle Zellen, die durch Herstellung von Kollagen und anderen Proteinsubstanzen Narbengewebe bilden), in Gewebekultur gezüchtet, eine streng begrenzte Lebensdauer haben (Hayflick, S. 585). Es zeigte sich, daß Zellen, die von normalen menschlichen Embryonen stammten, sich etwa 50mal teilten, aber nicht weiter. Andere Forscher haben diese Untersuchung mehrfach nachgeprüft, und die entdeckte Teilungsgrenze bezeichnet man heute als *Hayflick-Grenze*.

Man war über dieses Ergebnis verblüfft, weil es einer älteren Untersuchung widersprach, mit der Carrel und Ebeling 1912 gezeigt hatten, daß normale Zellen von Hühnerkeimlingen, die man weiterzüchtete, sich unbegrenzt teilten. Hier wurde demonstriert, daß Zellen *in vitro* (das heißt, in Gewebekulturen auf Petrischalen) unsterblich sind.

Gewisse Zellen sind unsterblich. Die Vorläufer der Ei- und der Samenzelle müssen es sein, anderenfalls würde die Spezies aussterben. Das Überleben jeder Spezies hängt davon ab, daß die ursprüngliche Samenzelle sich immer wieder teilt.

Forscher haben gezeigt, daß sich gewisse Krebszellen unter optimalen Bedingungen ebenfalls unbegrenzt teilen, zum Beispiel die Hela-Zellen (die Bezeichnung geht auf eine Frau zurück, die an Cervix-Krebs starb; ihr Name lautete Helen La...). Am MIT hat man vor kurzem nachgewiesen, daß Keratinocyten (eine bestimmte Art von Hautzellen) sich bis zu 150mal teilen, und daraus geschlossen, daß diese menschlichen Zellen ihre Teilung *in vitro* unbegrenzt fortsetzen würden (Pearson 1, S. 138).

Wir alle wissen, daß unsere Haut bei Verletzungen durch Regeneration und Zellteilung neue Hautzellen zu bilden beginnt. Auch Zellen der Darmschleimhaut und des Knochenmarks teilen sich *in vivo* (in unserem Körper), solange wir leben.

GEBUNDENE UND UNGEBUNDENE ZELLEN Kirkwood und Holliday haben 1975 eine geniale Erklärung für die Hayflick-Grenze vorgeschlagen (Fries, S. 52). Nach ihrer Theorie sind zunächst alle Zellen unsterblich. Bei der Teilung entstehen zwei Zelltypen: gebundene und ungebundene. Die gebundenen Zellen sind sterblich, die ungebundenen unsterblich. Die ungebundenen Zellen ergeben, wenn sie sich weiter teilen, sowohl gebundene als auch ungebundene Zellen, während die gebundenen Zellen nur wiederum gebundene Zellen ergeben. Nach einer gewissen Zeit enthält die Kultur nur wenige ungebundene Zellen, verglichen mit der großen Zahl von gebundenen Zellen.

Zwar haben Hunderte von Experimenten bislang noch keinen Anhaltspunkt für die Existenz von ungebundenen Zellen geliefert, aber dennoch bin ich der Ansicht, daß weitere Untersuchungen zur Überprüfung dieser Theorie gerechtfertigt sind. Die Frage ist: An was ist eine Zelle gebunden? Darauf werde ich später eingehen.

Hier möchte ich den Gedanken in diese Diskussion einbringen, daß Krebszellen ungebunden und daher unbegrenzt teilungsfähig sind. Aus meiner quantenphysikalischen Sicht stellt eine Krebszelle ein Bewußtsein dar, das sich reproduzieren möchte, weil es «denkt», es sei das *einzige* Wesen ringsum. Sie teilt sich also, und jede Tochterzelle «denkt» dann ebenfalls, sie sei die einzige Zelle, die es gibt – und damit setzt eine maßlose Vermehrung ein.

Gebundene Zellen hören dagegen auf, sich zu teilen, weil sie «wahrnehmen», daß sie Teil eines größeren Ganzen sind. Sie stehen mit anderen Zellen in ihrer Nachbarschaft in Verbindung, wahrscheinlich durch quantenphysikalische Randbedingungen, welche die Energieniveaustrukturen, die der DNS in der Zelle zur Verfügung stehen, begrenzen. Bei jeder Teilung sind sich die gebundenen Partner der Anwesenheit der anderen bewußt. Dadurch werden die Energieniveaustrukturen nach und nach so verändert, daß bei Erreichen der Hayflick-Grenze eine weitere Zellteilung energetisch ungünstig wird.

Unter dem Gesichtspunkt der Entropie muß eine Zelle, die eine

Teilung durchmacht, das Verhältnis ihrer Oberfläche zu ihrem Volumen dadurch vergrößern, daß sie mehr Oberfläche erzeugt, als zur Einschließung des gleichen Volumens erforderlich ist. Diese Tendenz führt zur Entropieerzeugung, normalerweise durch Wärmeabgabe an die umgebende Materie. Unter der Voraussetzung, daß alle übrigen Entropiebedingungen gleich bleiben, scheint es daher günstig zu sein, wenn Zellen sich weiter unterteilen. Vielleicht sind Krebszellen ebenfalls ein Versuch der Natur, die Entropie zu maximieren.

28. Ursache und Heilung quantenphysikalischer Krankheiten

Jahr für Jahr hört man, die Krebstherapie mache rasche Fortschritte und die Heilerfolge mehrten sich. Immer wieder hört man von Wundern und fragt sich allmählich, ob unsere Ärztevereinigungen uns irgend etwas verheimlichen. Herr Dr. Haydn Bush, der das London Regional Cancer Centre in Kanada leitet und Krebspatienten behandelt, hält diese Behauptungen für falsch (Bush, S. 34). Die modernen Behandlungsverfahren wie die Strahlentherapie, die Chemotherapie und die Chirurgie haben lediglich bei ihrer Einführung in den frühen vierziger Jahren mit ihren Überlebensstatistiken den Anschein erweckt, sie könnten die Schlacht gegen den Krebs gewinnen.

Die Statistik, um die es ging und die bald zu einer Art Eichmaß der klinischen Onkologie wurde, war die sogenannte fünfjährige Überlebensrate. In der Regel wurde das so verstanden, daß ein Patient, der fünf Jahre nach der ersten Diagnose überlebte, als geheilt betrachtet werden konnte. Die fünfjährige Überlebensrate hat sich jedoch als irreführend erwiesen. Bush und seine Kollegen haben festgestellt, daß Patienten, die «für fünf Jahre geheilt» waren, später mit großer Wahrscheinlichkeit wieder Krebs bekommen würden. Meine eigene Familie hat diese Statistik schmerzlich zu spüren bekommen. Mein Vater wurde erstmals mit 39 Jahren vom Krebs befallen. Seine erkrankte Niere wurde entfernt, und man sagte ihm, er sei geheilt, falls man fünf Jahre später keinen weiteren Krebs feststellen würde. Doch der Krebs kam wieder, und er ist daran mit 48 Jahren gestorben.

Die Quantenphysik der Verursachung und der Heilung von Krebs

Bei vielen Krebsarten scheint es nicht darauf anzukommen, welche Behandlung man wählt. Positiven Berichten, die eine bestimmte Therapie nahelegen, sollte man daher mit Vorsicht begegnen. Kurz, es hat den Anschein, als müßten wir an den Krebs, besonders an die schwersten Formen, grundlegend anders herangehen, wenn wir ihn jemals heilen wollen. Die gegenwärtige Forschung über Entstehungs- und Verlaufsmechanismen des Krebses und über mögliche krebshemmende Substanzen in unserer Nahrung wird allenfalls dazu führen, daß man den Krebs durch Vorbeugung und Behandlung eindämmt.

Ich habe jedoch Zweifel, ob bei diesem Ansatz mehr herauskommt als ein Notbehelf, mit dem man den Krebs zeitweise zurückdrängt, aber nicht wirklich heilt. Wenn der Krebs eine quantenphysikalische Krankheit ist und wenn, was viele Physiker allmählich anerkennen, die Quantenphysik tatsächlich etwas mit dem Bewußtsein zu tun hat, dann haben auch Krebs und Bewußtsein etwas miteinander zu tun und können wahrscheinlich miteinaner korreliert werden. (Es ist mir bewußt, daß ich mich hier auf dünnem Eis bewege.) Sollte das bedeuten, daß jemand allein dadurch, daß er ständig negativ denkt, die Vermehrung von Krebszellen hervorrufen kann? Viele von uns haben doch ihnen nahestehende Personen durch den Krebs verloren, und wir hatten, glaube ich, nicht unbedingt den Eindruck, daß die Betroffenen, bevor sie Krebs bekamen, schwermütig oder depressiv waren.

Wodurch also entsteht Krebs? Durch depressive Gedanken? Welches sind, anders gesagt, die ursächlichen Faktoren, die den Krebs hervorrufen? Damit eine Krebszelle entsteht, muß es auf der molekularen oder quantenphysikalischen Ebene zu einer äußerst unwahrscheinlichen Ereignisfolge kommen.

Karzinogene und ihre Wirkung

Nach der derzeit herrschenden Auffassung wird der Krebsprozeß dadurch ausgelöst, daß eine Zelle mit bestimmten Substanzen, sogenannten Karzinogenen, in Berührung kommt. Ein typisches Beispiel für ein Karzinogen ist das in Zigarettenrauch enthaltene Benzpyren. Doch entgegen einer verbreiteten Ansicht lösen Karzinogene in ihrer ursprünglichen Form keinen Krebs aus. Es ist zum Beispiel klar, daß das Rauchen an sich nicht die *Ursache* von Lungenkrebs sein kann, sonst würden alle Raucher ihn bekommen. Tatsächlich hat man bei Erhebungen festgestellt, daß die überwiegende Mehrheit der Zigarettenraucher *keinen* Krebs bekommt. Allerdings ist auch klar, daß die Mehrheit derjenigen, die an Lungenkrebs leiden, Raucher sind. (Es könnte sogar sein, daß der Krebs selbst ein ursächlicher Faktor ist, der die Leute zum Rauchen veranlaßt!)

Ein Karzinogen, das beispielsweise in die Lunge gelangt ist, muß eine molekulare oder quantenmechanische Umwandlung durchmachen. Man spricht von der *Karzinogenaktivierung.* Paradoxerweise wird die eingedrungene Substanz durch die Karzinogenaktivierung entgiftet und damit unschädlich gemacht, so daß das Karzinogen in eine Form umgewandelt werden kann, die schadlos über den Urin oder die Schweißdrüsen ausgeschieden wird. (Haben Sie schon bemerkt, daß Raucher einen stärkeren Körpergeruch haben als Nichtraucher? Das liegt an der Karzinogenaktivierung.) Der Aktivierungsprozeß wird gewöhnlich durch eine Reihe von Enzymen innerhalb der Zelle ausgelöst. Aus einem bislang noch unbekannten Grund besitzen manche Menschen eine ungewöhnliche Kombination von Entgiftungsenzymen, die aus ebenfalls unbekannten Gründen das Karzinogen auf eine andere Weise verändern. Dadurch können die Karzinogene die Kernmembran der Zelle überwinden und in den Kern eindringen, wo sie auf den zentralen Aufbaumechanismus aller Zellen stoßen, die Desoxyribonukleinsäure, die DNS.

Die Zelle besitzt jedoch ihre eigene Polizeitruppe. Innerhalb der Zelle gibt es Aasfresser-Moleküle – das Mikroimmunsystem –, die aktivierte Karzinogene aufspüren und sich an sie binden, *bevor* diese in den Kern eindringen können. Falls die aktivierten Karzinogene es schaffen, sich diesem System zu entziehen, werden sie von Proteinen angezogen, die in dem umgebenden äußeren Cytoplasma schwimmen. Die Wahrscheinlichkeit, daß ein aktiviertes Karzinogen es schafft, über die Kerngrenze zu kommen, ist daher ziemlich gering.

Aber nehmen wir an, es überwindet die Grenze. Das Eindringen in die Goldene Stadt ist nicht unbedingt gleichbedeutend mit Gold für den Eindringling. Das aktivierte Karzinogen kann sich jetzt an bestimmte Stellen des DNS-Stranges anheften. Es hängt sich also an die Doppelhelix, ganz wie ein Gangster, der in einem Film über Al Capone auf das Trittbrett eines jener Wagen aus den zwanziger Jahren aufspringt. Doch hier tritt eine andere Polizeitruppe in Aktion: das Kern-Immunsystem.

Es besteht aus speziellen Molekülen im Kern, die es irgendwie fertigbrin-
gen, Mitfahrer auf dem Doppelhelix-Expreß zu entdecken. Diese «Reparatur»-Enzyme langen hinaus und schneiden die «Schwarzfahrer» ab.
Dabei werden auch normale DNS-Einheiten, sogenannte Nukleotide,
abgeschnitten. Jetzt eilen andere Nukleotide an die Schnittstelle und
ersetzen das fehlende Stück. Der Schaden betrifft gewöhnlich nur einen
Strang der DNS; der andere Strang, der dem verletzten Strang quantenmechanisch komplementär ist, stellt eine Blaupause (oder eine Scha-
blone) dar, nach der die Nukleotide in der korrekten Reihenfolge an der
offenen Wunde angeheftet werden. Die DNS ist repariert.

Entscheidend ist dabei die Zeit: Kann die Reparatur beendet sein,
bevor die Zelle sich im Zuge der Mitose (in etwa einer Stunde) in zwei
identische Tochterzellen teilen wird? Falls die DNS vor der Mitose
repariert ist, ist der Krebsmechanismus stillgelegt, falls nicht, sind die
Tochterkerne mutiert, wobei jede eine Kopie des beschädigten DNS-
Stranges enthält. Auf diese Weise entsteht ein mutiertes Gen. Jede
Tochterzelle, die die Abspaltung von der anderen Zelle überlebt, enthält
jetzt ein stabiles DNS-Muster, und alle künftige Nachkommen werden
die Mutation erben.

Doch selbst dieser «Fehler» im DNS-Code ist noch keine Garantie für
Krebs. Die DNS-Stränge bilden Gene, die ihrerseits Chromosomen bil-
den, von denen die Menschen 46 besitzen (abgesehen von Samen- und
Eizellen, die jeweils 23 enthalten). Eine einzige Zelle enthält über
50 000 Gene, von denen nur einige zu onkogenen oder krebstragenden
Genen werden können. Die Mehrzahl der karzinogenbedingten Mutationen erfolgt an den normalerweise inaktiven Genen innerhalb einer
Zelle, allenfalls töten oder verkrüppeln sie eine einzige Zelle. Nur wenn
das Karzinogen gerade das richtige Gen trifft, also die entsprechende
Stelle auf dem DNS-Strang mutiert, tut die Zelle den ersten Schritt, der
sie zu einer Krebszelle werden läßt. Das Problem ist, daß wir nicht
wissen, welches das richtige Gen ist.

Die meisten Befunde deuten darauf hin, daß selbst dann, wenn dieser
Schritt getan ist, in der nun «scharfgemachten» Zelle eine weitere Mutation erfolgen muß, und es ist äußerst unwahrscheinlich, daß das geschieht. Da von einer Milliarde Zellen nur eine scharf gemacht wird,
beträgt die Wahrscheinlichkeit dafür, daß die gleiche Zelle «gezündet»
wird, eins zu einer Milliarde Milliarden. An dieser Stelle betritt die
Krebsforschung die Szene und macht uns verständlich, wie aus einer so
entlegenen Möglichkeit eine nicht ganz so ferne Wirklichkeit wird.

Nach der sogenannten Promoter-Theorie reagieren bestimmte Chemikalien mit scharfgemachten Zellen leichter als mit normalen Zellen. Stuart Yuspa hat die Wirkung chemischer Karzinogene auf die Haut untersucht und festgestellt, daß bei Mäusen, deren Haut mit bekannten Karzinogenen bestrichen wurde, kein Krebs entstand. Wurden die so behandelten Mäuse aber mit bestimmten Chemikalien in Berührung gebracht, entstanden in den bestrichenen Gebieten Tumore. Die gleichen Chemikalien riefen bei Mäusen, deren Haut nicht mit den Karzinogenen bestrichen war, keine Tumore hervor. Die von Yuspa angestellten statistischen Berechnungen, in die die normale Wachstums- und Absterberate von Zellen ebenso einging wie die Wahrscheinlichkeit von Mutationen an der falschen Stelle, macht verständlich, warum es so lange dauert, einen Tumor auszulösen. Seine Untersuchung zeigt außerdem, daß Krebs am stärksten in solchen Zellen wächst, die ihrerseits unter normalen Umständen eine hohe Wachstumsaktivität aufweisen, wie zum Beispiel die Zellen der Haut, des gastrointestinalen Bereichs und der Uterusschleimhaut, so daß man bei Zellen, die sich nicht teilen, wie etwa den Hirn- und Nervenzellen, kaum Krebs antrifft.

Was bedeuten diese Ergebnisse für die menschliche Gesundheit? Man kann daraus schließen, daß Krebs keine Infektionskrankheit ist und daß für die Entstehung von Krebs eine Reihe von ganz speziellen Bedingungen erfüllt sein muß, die jeweils eine geringe Wahrscheinlichkeit besitzen. Es genügt nicht, daß man seinem Körper Karzinogene zuführt, sondern es muß außerdem zwischen der befallenen Zelle und dem Karzinogen eine spezielle Übereinkunft bestehen, damit die Aktivierung stattfinden kann und die «örtlichen Polizeikräfte» innerhalb der Zelle (einschließlich der «Kernpolizeitruppe») den Eindringling ignorieren. Auf mich machen diese ziemlich ungewöhnlichen «Vereinbarungen» zur Umgehung des Immunsystems der Zelle den Eindruck, als sei eine primitive Form von Bewußtsein am Werk. Die Zelle hat, wenn ich so sagen darf, aus irgendeinem Grund den «Wunsch», befallen zu werden!

Möglicherweise kann der Krebs uns etwas über das zelluläre Bewußtsein verraten. Es ist außerdem denkbar, daß man den Krebs nur mit Hilfe von Verfahren wird heilen können, die es dem Menschen ermöglichen, sich einzelner Organe und darüber hinaus der Zellen seines Körpers bewußt zu werden.

Man wird es vermutlich seltsam finden, daß wir uns der Niere, der Lungen, der Bauchspeicheldrüse, der Leber und anderer innerer Organe bewußt werden könnten – sind wir uns ihrer denn jetzt bewußt? Dumpfe oder stechende Schmerzen im Körper vermögen die meisten von uns zwar zu identifizieren, aber daß jemand, abgesehen von einigen östlichen Yogis, ein inneres Organ wahrnehmen kann, davon ist nichts bekannt.

Es könnte vielleicht gelingen, einen derartigen Bewußtseinszustand herzustellen und sich der Organe und sogar der Zellen in den Organen bewußt zu werden, wenn wir wüßten, wessen wir gewahr werden sollen. Dazu benötigen wir jedoch ein geeignetes Modell des zellulären Bewußtseins. Zu großen wissenschaftlichen Fortschritten kommt es in der Regel dann, wenn geeignete, nachprüfbare Modelle vorliegen. Das läßt sich am Beispiel der Aerodynamik zeigen: Erst gab es nur Vorstellungen über das Fliegen, dann begannen die ersten Flugversuche. Über das zelluläre Bewußtsein gibt es jetzt ebenfalls unbestimmte Vorstellungen. Wenn erst einmal ein Modell entwickelt ist (und ich schlage vor, ihm den quantenphysikalischen Beobachtereffekt zugrunde zu legen), wird es zu raschen Fortschritten kommen. Nicht umsonst habe ich auf das Beispiel der Aerodynamik verwiesen. Bevor sich Menschen mit Flugzeugen in die Luft erhoben, mußte erst einmal der Traum da sein, daß es möglich sei, wie die Vögel zu fliegen, und es mußte angesichts der zahlreichen Skeptiker, die das Fliegen für unmöglich hielten, der experimentelle Beweis erbracht werden. Es bedurfte kühner neuer Visionen, um deren Verwirklichung man sich bemühte. Um die neuen Höhen des Quantenbewußtseins zu erreichen, ist ebenfalls ein kühner neuer Ansatz nötig.

Nach meiner Überzeugung sind wir uns auf irgendeiner Ebene aller Vorgänge in unserem Körper bewußt. Wenn wir krank werden oder Schwierigkeiten mit einem inneren Organ haben, dann kommt es beispielsweise vor, daß uns die entsprechende Funktionsstörung in einem Traum oder in einer sogenannten unbewußten Handlung beschäftigt. Der Arzt Carl Simonton und der Psychiater Gerald Jampolsky berichten von Versuchen mit Krebspatienten, aus denen zu entnehmen ist, daß lebensbedrohlichen Krankheiten mit gelenkten Vorstellungen begegnet werden kann. Kinder, die an Leukämie leiden, werden durch gelenkte Vorstellungen dazu gebracht, ihre Angst fallenzulassen und anders über ihre Krankheit zu denken. Das Wort «unmöglich» wird ersetzt durch die Wendung «wird geschehen», «ich kann nicht» durch «ich kann», «ich müßte» durch «ich werde». Krebspatienten lernen, dreimal täglich über die Vorstellung zu meditieren, wie gesunde Zellen Krebszellen zerstören.

Was ist die richtige Therapie? Kann die Quantenmechanik erklären, wie Krebs geheilt werden kann? Nach meiner Ansicht ist Krebs nicht im üblichen Sinne wie zum Beispiel die Kinderlähmung oder die Syphilis heilbar. Was wir brauchen, ist ein grundlegend neuer Begriff für die Krankheit. Darauf wird das nächste Kapitel näher eingehen.

29. Der Quantencode des Todes

Die Ideen, die ich hier erörtern möchte, beruhen auf einer älteren Arbeit des Physikers Per-Olov Löwdin. Er hat schon 1964 die Überlegung angestellt, daß die natürlichen Ursachen, an denen wir sterben, quantenphysikalischer Art seien. Der Tod, Probleme mit der Mutation, das Altern, ja sogar die Tumorbildung beruhten letztlich auf einem quantenphysikalischen Prozeß in der DNS, der zu einer genetischen Fehlcodierung führe. Dieser Fehler entstehe durch Protonentunnelung in den Wasserstoffbindungen, die zwischen den Basenpaaren bestehen, welche die Stufen der DNS-Spirale bilden. In diesem Kapitel möchte ich dem Leser Löwdins Gedanken erläutern und anschließend meine Vorstellungen darüber vortragen, wie das Bewußtsein das durch den quantenmechanischen Tunneleffekt hervorgerufene genetische Durcheinander beeinflussen kann.

Der Tunneleffekt ist ein quantenphysikalischer Vorgang, für den es in unserer Alltagswelt kein anschauliches Gegenstück gibt. Dabei ist die Tunnelung ein häufiger Vorgang, der nicht nur Protonen, sondern auch andere atomare und subatomare Teilchen betrifft. Man kann sich das vielleicht so vorstellen, daß das Teilchen eine winzige Murmel ist, die in einem Glasbecher herumrasselt. Der Becher soll unbewegt auf einem Tisch stehen. Würden Becher und Murmel von atomarer Größenordnung sein, dann würde die Murmel der Quantenphysik zufolge in dem Becher zu rasseln beginnen, um sich von der umgebenden Glasbarriere zu befreien. Da sie nicht genügend Energie hat, um die Glaswand hinaufzuklettern, würde sie einfach hin- und herrasseln. Nun bleiben aber in der Quantenphysik Murmeln von atomarer Größe nicht dauernd solide kleine Murmeln. Beim Rasseln verwandeln sie sich in Wellen, und als Wellen können sie etwas tun, was sie als Teilchen nicht können: Sie können durch die umgebende Glaswand «hindurchscheinen». Hat die Quantenwelle das Glas durchdrungen, dann nimmt sie, sobald sie beobachtet wird, wieder ihre Teilchengestalt an. In jedem Mikrochip eines jeden heute hergestellten Computers findet diese Tunnelung statt.

Sie könnte auch die Hauptursache menschlichen Leids und menschlicher Krankheiten sein, besonders derjenigen, die ich als quantenmechanisch bezeichne. In der menschlichen Zelle findet nämlich die Protonentunnelung in den winzigen Molekülen statt, die unsere Erbmerkmale bestimmen, in unserer DNS. Ein DNS-Molekül besteht aus zwei langen molekularen Strängen, in denen sich ein Zucker-Fünfeckring-Molekül mit einem Phosphat-Bindeglied-Molekül abwechselt; diese Stränge winden sich, wie schon gesagt, wie die Geländer einer Wendeltreppe umeinander (siehe Abb. 24–27). Diese Stränge sind durch molekulare Stufen miteinander verbunden. Die einzelnen Stufen bestehen aus einem Paar von Molekülen, und zwar stehen dafür nur fünf Basenmoleküle zur Verfügung, die der Einfachheit halber A, C, G, T und U genannt worden sind. Diese molekularen Basen paaren sich nicht unter-

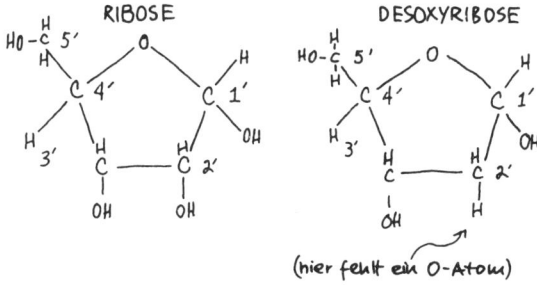

Abbildung 24 Zucker-Fünfecke des Lebens

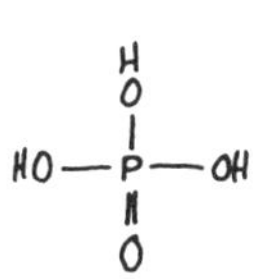

$$HO — \overset{\overset{H}{O}}{\underset{\underset{O}{\parallel}}{P}} — OH$$

Abbildung 25 Phosphorsäure: Die Säurekönigin der DNS und der RNS

schiedslos miteinander: A paart sich normalerweise nur mit T oder U, aber nicht mit G oder C, und G paart sich nur mit C.

Der Grund für diese selektive Paarung hat mit der Natur der chemischen Protonenverbindungen selbst zu tun (siehe Abb. 28). Diese Bindungen bestehen in «Korridoren» zwischen zwei Molekülen, wobei der Korridor jeweils ein einzelnes Proton enthält, ein Wasserstoffatom ohne sein Elektron.

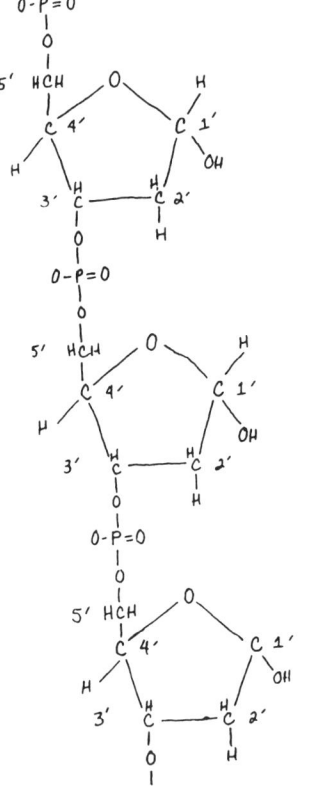

zum 5'-Kohlenstoff am Ende der Kette

Abbildung 26 Das Rückgrat des quantenmolekularen Lebens

Von einem A-Molekül gehen zwei Korridore aus, der obere und der mittlere Korridor, wobei der obere ein Proton enthält, der mittlere nicht. Auch eine T-Base hat einen oberen und einen mittleren Korridor, nur ist das Proton hier im mittleren enthalten. Dies gilt auch für das U-Molekül. Wenn nun A und U (oder T) zusammenkommen, besteht eine Tendenz, daß ihre Korridore sich verbinden und zwischen sich in jedem Korridor ein Proton einschließen, wo es dann, wie eine Murmel von atomarer Größe in einem Glasbecher, hin- und herrasselt. Zwischen A und T rasseln die beiden Protonen in ihren jeweiligen Korridoren hin und her.

Bei der C-G-Bindung gibt es drei Korridore: das Proton im oberen Korridor gehört zur C-Base, während die beiden im mittleren und unteren Korridor zur G-Base gehören. Bei der C-G-Bindung werden Verbindungen zwischen den entsprechenden Korridoren hergestellt, so daß

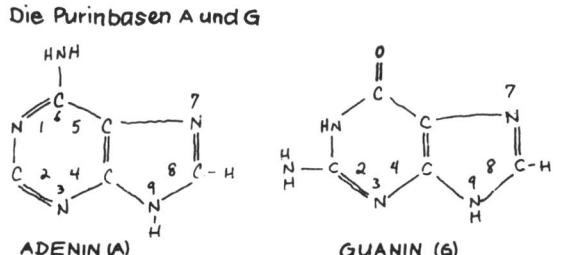

Abbildung 27

alle drei Protonen wie Gespenster im Flur eines Schlosses umherrasseln können. Soviel zur Natur der chemischen Protonenbindung.

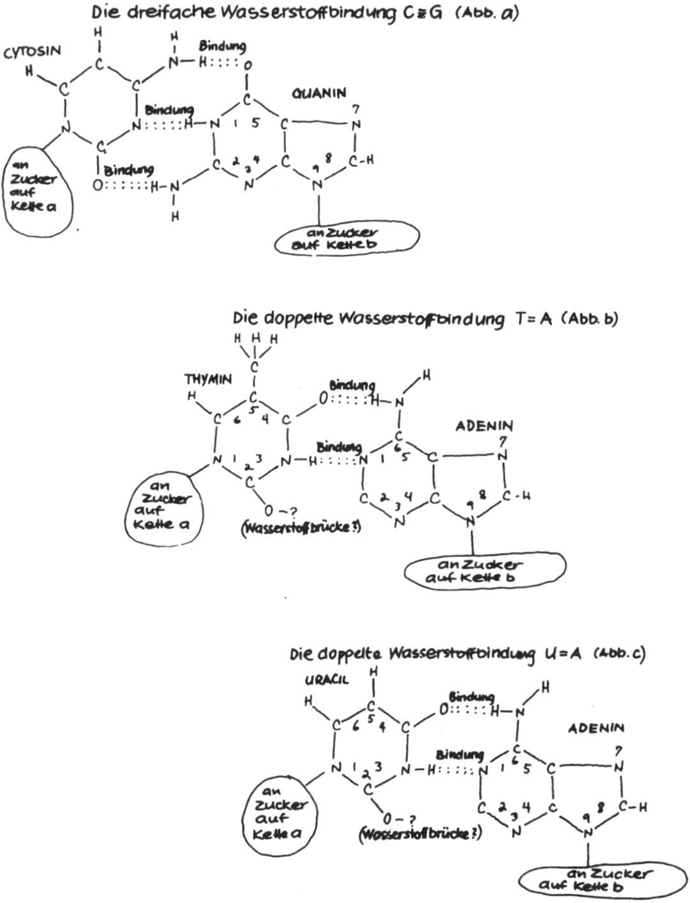

Abbildung 28

Das Abstürzen des quantenmechanischen DNS-Computers

Die Paarung zwischen den Basen A und T wird durch eine Zwei-Korridor- oder doppelte Wasserstoffbindung hergestellt, während die Paarung zwischen Basen C und G durch eine Drei-Korridor- oder dreifache Wasserstoffbindung hergestellt wird. An den Bindungsstellen ist ein einzelnes Proton eng an eine der Basen gebunden, wird aber auch von der anderen angezogen. Deshalb rasselt es hin und her. Die Paarbindungen zwischen den Basen sind in Abbildung 29 vereinfacht dargestellt. Wenn man die Basen in der oberen Reihe dieser Abbildung um ihre senkrechte Achse dreht, erhält man die untere Reihe.

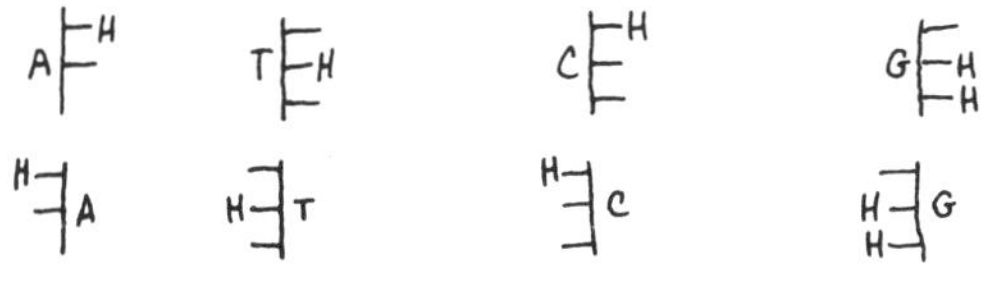

Abbildung 29 Überblick über Protonenbindungen in Basen

Die Base A, bei der an die obere Bindungsstelle ein Proton (H) gebunden ist, hat zwei Bindungsmöglichkeiten. Die Base T, bei der ein Proton an die mittlere Bindungssstelle gebunden ist, hat drei Bindungsmöglichkeiten. Die Base C hat ebenfalls drei Bindungsmöglichkeiten, doch ist das Proton bei ihr an die obere Bindungsstelle gebunden. Bei der Base G, die ebenfalls drei Bindungsmöglichkeiten hat, ist je ein Proton an die mittlere und die untere Bindungssstelle gebunden. Aus Abbildung 30 ist leicht zu ersehen, warum A und T zusammenpassen und warum A weder zu C noch zu G paßt.

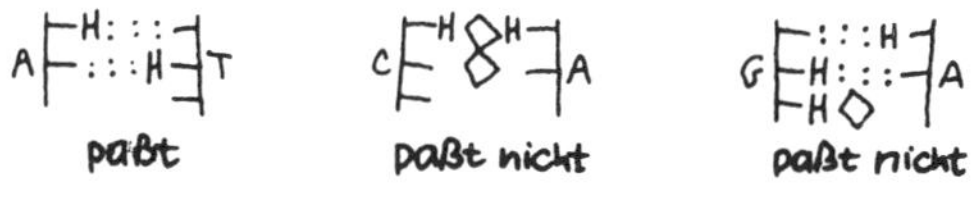

Abbildung 30 Die Basen A-T, C-A und G-A: wie sie zueinander passen

A und T passen zusammen, weil A das Proton für die obere und T das Proton für die untere Bindungsstelle bereitstellt. Es ist so, als hätte man an den Enden der Korridore ein mit zwei Schlüsseln arbeitendes Sicher

307

heitsystem. Jede Base besitzt einen Schlüssel (H) und ein Schloß (:::),
das vergleichbar ist mit der Tendenz, ein Proton festzuhalten. C und A
passen nicht zusammen, weil beide an der oberen Bindungssstelle einen
Schlüssel (A) haben, aber kein Schloß (:::), um den Schlüssel aufzunehmen und dadurch die Bindung herzustellen. Tatsächlich stoßen
die Protonen sich gegenseitig ab. A und G passen nicht zusammen, weil
an der unteren Bindungsstelle von G ein H steht, das A abstößt.
Wäre dieses H nicht dort, würden G und H zusammenpassen und damit
eine Mutation auslösen, einen quantenmechanischen Fehler (Abbildung 31).

Abbildung 31 Die Basen C-G, C-T und G-T: wie sie zueinander passen

C und G passen ebenfalls zusammen; hier stellt G zwei Schlüssel und
ein Schloß für den einen Schlüssel und die zwei Schlösser von C bereit.
C und T sowie G und T passen nicht zusammen (<>), weil entweder
eine durch das Fehlen eines Protons verursachte Bindungsabstoßung
(-<>-) oder eine durch zwei an den Bindungsstellen vorhandene Protonen verursachte Protonenabstoßung (-H<>H-) vorliegt. Darauf beruht die Fähigkeit des genetischen Codes, sich durch komplementäre
Paarung zu reproduzieren.

Noch ein Wort zur Wasserstoffbindung selbst. Ich habe sie als -H:::-
beziehungsweise als -:::H- gezeichnet. Das Symbol ::: bedeutet eine
von der leeren Stelle ausgehende Anziehung auf das Proton. Es ist
daher möglich, daß -H:::- spontan zu -:::H- hinübertunnelt. Das
Proton tunnelt in diesem Fall von einer Anziehungsstelle (oder Seite)
der Bindung zur anderen hinüber. In der klassischen Physik könnte das
nicht passieren, weil zwischen den beiden Stellen eine Potentialenergie-
schwelle besteht. Abbildung 32 veranschaulicht den Sachverhalt.

Zum einen sind die zwischen den beiden Basen A und T bestehenden
oberen und unteren Schwellen gezeigt, die durch die beiden H-Bindun-
gen gebildet werden, zum anderen die drei Potentialschwellen, die in
der dreifachen Bindung zwischen C und G vorliegen. Das Zusammenpassen ist dadurch gewährleistet, daß in jedem Fall ein einzelnes Proton

auf der einen oder anderen Seite des «Hügels» eingeschlossen ist. Eigentlich dürfte das Proton nicht über den Hügel hinwegkommen, es sei denn, es besäße genügend Energie, um hinaufzuklettern; das trifft jedoch nur für ein klassisches Teilchen zu, und das ist das Proton natürlich nicht. Je nachdem, wie hoch die Schwelle und wie lang die Bindung zwischen A und T ist, kann das Proton durch den Hügel hindurchtunneln. Wenn man das Proton entfernt oder auf jeder Seite der Schwelle eines hineintut, entsteht Abstoßung, und es kommt zu keiner Bindung.

Quantenphysikalisch ist es möglich, daß das Proton vom Tal aus durch den Hügel hindurchtunnelt und auf der anderen Seite herauskommt. Aufgrund der Unschärferelation besteht sogar eine kleine, aber durchaus nicht unendlich kleine Wahrscheinlichkeit, daß es bereits dort ist!

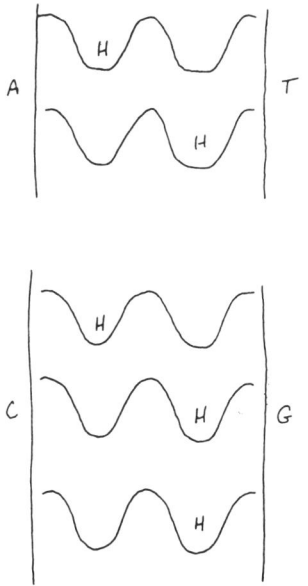

Abbildung 32 Protonen (H) in den Quantentälern
der Basenpaare A-T und C-G

Genetische Fehler und Tod als Folge von Fehlcodierungen

Wenn es einem Proton gelingt, von seiner eigentlichen Bindungsstelle auf eine andere zu hüpfen, dann ändert sich die entsprechende Base und wird zu einem *Tautomer* der ursprünglichen Base. Abbildung 33 zeigt einige Möglichkeiten tautomerer Formen der Basen A, C, G und T.

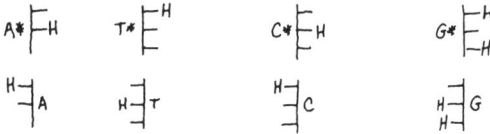

Abbildung 33 Eine quantenmechanische Tunnelungs-Fehlermöglichkeit

Zum Vergleich wird in der unteren Reihe die normale Form der Base gezeigt. Sitzt zum Beispiel das Proton bei A an der oberen Bindungsstelle, so sitzt es bei A* an der mittleren Bindungsstelle. Folglich verbinden sich die tautomeren Formen nicht mit den gleichen komplementären Basen wie die normalen Formen. (Warum, das zeigen die folgenden Abbildungen.) Wenn zum Beispiel während der DNS-Replikation bei der Aufspaltung von A-T ein A* entsteht, wird dieses sich nicht mehr mit einem anderen T verbinden, sondern mit einem C. Bei weiteren Aufspaltungen kommt es dann zu Basenpaar-Fehlern (Abbildungen 34–37).

Die folgende Abbildung zeigt einen normalen Wachstumsbaum, wie er sich aus der A-T-Aufspaltung eines einzelnen DNS-Stranges ergibt. Bei der ersten Aufspaltung der A-T-Bindung (siehe Abbildung 38) holt sich jeder der Partner einen komplementären Partner, und es entstehen wieder neue A-T-Basenpaare. Aus einer A*-T-Aufspaltung jedoch (Abbildung 39) sind nach zwei Generationen sowhl A-T-Paare als auch C-G-Paare entstanden.

Es gibt hier noch eine weitere Möglichkeit. Wenn es sowohl an der oberen als auch an der unteren Bindungsstelle eines A-T-Paares zu einer Tunnelung kommt, entsteht ein neues Paar A*-T*. Wenn dieses Paar sich aufspaltet (siehe Abbildung 40) so besteht keine Hoffnung, daß jemals wieder eine A-T-Bindung entstehen wird. Das A* wird sich nur mit einem C und das T* nur mit einem G verbinden, und es entstehen C-G-Paare.

Da C-G-Bindungen Dreifachbindungen sind, sind sie stärker als A-T-Bindungen und somit stabiler und widerstandsfähiger gegen spontane Aufspaltungen. Falls bei Krebszellen statt A-T an der entsprechenden Stelle ihres DNS-Stranges C-G-Paare sitzen, ist es kein Wunder, daß sie der Vernichtung entgehen und sich so erstaunlich vermehren. Möglicherweise ist es die Umwandlung von A-T-Paaren in A*-T*-Paare, die letzten Endes zu den Alterungsprozessen führt, welche nach und nach die Vitalität der menschlichen Organe untergraben.

Ganz ähnlich verhält es sich mit den C-G-Paaren. Wenn aus einem C durch Protonentunnelung oder einen anderen Mechanismus ein C* wird, dann werden aus dem C*-G-Paar nicht nur C-G-Paare hervorgehen. C* wird sich nur mit A verbinden; folglich wird C*-G sowohl A-T- als auch C-G-Paare hervorbringen. Mit einer gewissen Wahrscheinlich-

Abbildung 34 Mögliche Basenpaarungen und Fehler mit dem Ergebnis:

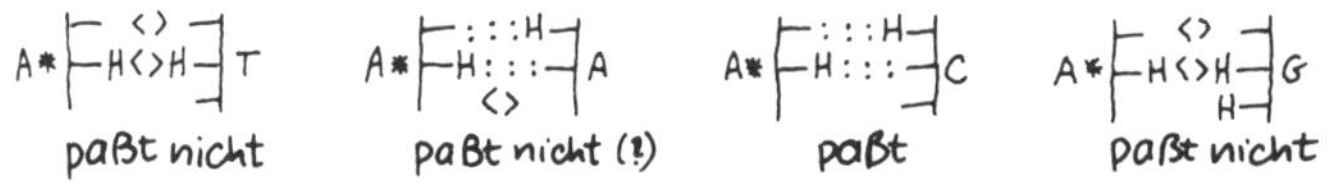

Abbildung 35 Mögliche Basenpaarungen und Fehler mit dem Ergebnis:

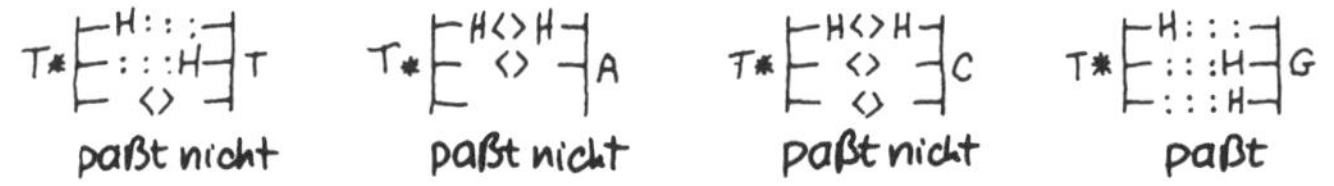

Abbildung 36 Mögliche Basenpaarungen und Fehler mit dem Ergebnis:

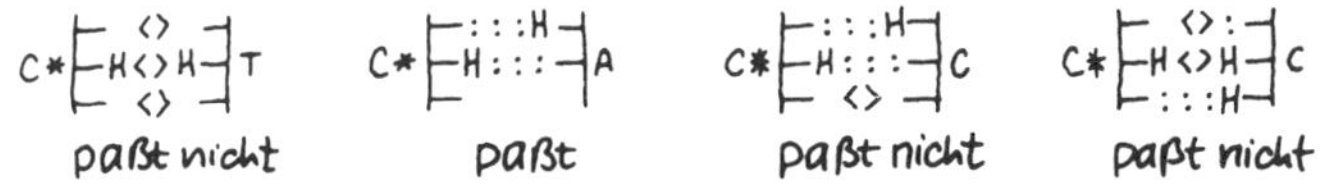

Abbildung 37 Mögliche Basenpaarungen und Fehler mit dem Ergebnis:

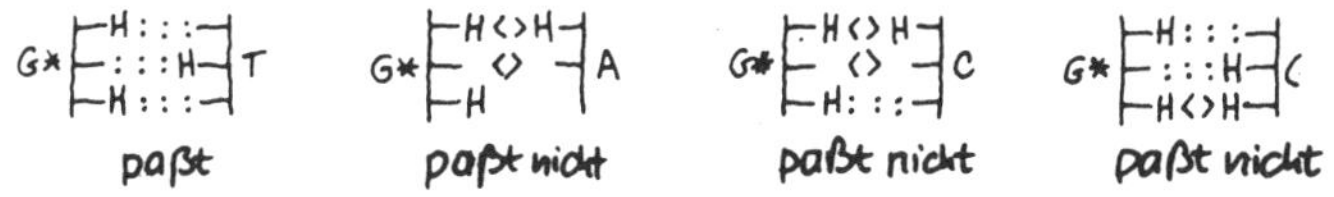

keit kann aus C-G auch C*-G* werden, wenn gleichzeitig zwei Protonen durch ihre jeweiligen Bindungen tunneln. Das führt zu A-T-Bindungen, die als Doppelbindungen störenden Kräften, die auf sie einwirken, nur schwachen Widerstand leisten. Diese Bindungen könnten, in den DNS-Tochtersträngen an den falschen Stellen sitzend, für die Degenereation und den Tod der Zelle verantwortlich sein.

FEHLERBÄUME
(Aus kleinen Protonentunnelungen können Tod und Krebs erwachsen)

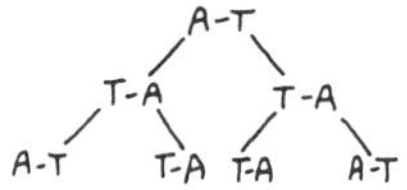

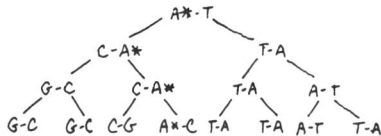

Abbildung 38 Eine normale DNS-Aufspaltung

Abbildung 39 Ein abnormes Wachstum aus A*-T

Abbildung 40 Ein abnormes Wachstum aus A*-T*

Krankheit unter quantenphysikalischem Aspekt

Mit dem Begriff der *quantenphysikalischen* im Gegensatz zur *klassisch-physikalischen* Krankheit erscheint die Gesundheit unter einem neuen Aspekt. Krebs, Arteriosklerose, Osteoarthritis, Diabetes, Emphysem und Zirrhose beruhen nicht auf einer einzigen materiellen Ursache, und es ist nach meiner Ansicht vergeblich, nach Therapien im herkömmlichen Sinne zu forschen. Nun gibt es zwar für keine dieser Krankheiten eine einzige materielle Ursache, aber sehr wohl eine einzige nichtmaterielle Ursache. Diese Ursache könnte das Bewußtsein sein, das über den quantenphysikalischen Beobachtereffekt wirkt. Nun kann man zwar durch richtige Ernährung und körperliche Betätigung viel zur Krankheitsvorbeugung beitragen, aber das Hinausschieben oder Abwehren einer Krankheit ist noch keine Therapie. Therapien für diese quantenmechanischen Krankheiten wird man nur auf der Grundlage der Quantenphysik finden. Man müßte daher in solchen Vorgängen wie der Protonentunnelung die ursächlichen Faktoren dieser Krankheiten vermuten. Sollte sich das als zutreffend erweisen und sollte es außerdem zutreffen, daß das menschliche Bewußtsein imstande ist, allein durch die Beobachtung physikalische Materie zu verändern, dann müßten sich geeignetere Verfahren entwickeln lassen, um diese Krankheiten zu heilen.

Im nächsten Kapitel möchte ich untersuchen, in welcher Weise das Körperquant – der Beobachter – wirken könnte.

30. Der Geist:
Quantenmörder und Quantenheiler

Auf der Grundlage der Quantenphysik läßt sich ein annehmbares Modell jener Krankheiten entwickeln, die einen Vitalitätsverlust mit sich bringen. Die menschliche Zelle stellt in diesem Modell einen Kompromiß dar; sie ist ein Abbild der quantenmechanischen Komplementarität und ein Schlachtfeld der Auseinandersetzung zwischen den Kräften der Ordnung und des Chaos.

Elektrische Kräfte ordnen und korrelieren die Bewegungen der Elektronen und Protonen, aus denen die Wasserstoff- oder Protonenbindungen zwischen den Basenpaaren der DNS bestehen: Sie sind Kräfte der Ordnung. Wir wissen inzwischen aus der Quantenphysik, daß bei der Wechselwirkung von zwei Systemen, die zuvor unkorreliert waren, eine gemeinsame Quantenwellenfunktion entsteht, ein Quiff. In einem korrelierten System ist immer mehr Information enthalten als in einem unkorrelierten. Korrelationen speichern Information und minimieren Entropie in dem betreffenden System.

Der Geist bricht Korrelationsbindungen

Wenn eine Beobachtung stattfindet, werden dadurch Korrelationen zerstört und die in den Korrelationsbindungen enthaltene Information geht verloren. Während die physikalische Situation davon vorläufig unberührt bleibt, wird das Quiff radikal geändert. Mit den grundlegend veränderten Wahrscheinlichkeitsmustern wird eine Mutation, eine plötzliche Veränderung des DNS-Codes, wahrscheinlicher. Je stärker also das Körperbewußtsein, desto größer ist die Wahrscheinlichkeit, daß eine Veränderung ausgelöst wird. Darin liegt die Möglichkeit der Heilung und zugleich des Todes.

Durch das Eindringen in die DNS-Bindung kann der Geist deren Quiff-Muster verändern und damit die Möglichkeit der Protonentunnelung verstärken. Ebenso kann der Geist aber auch auf eine spontan erfolgte Protonentunnelung stoßen und die Wahrscheinlichkeit in der Weise verändern, daß das Proton an die Stelle, an die es gehört, zurückgebracht wird. Das erhält die Gesundheit. Wir können, indem wir bewußter werden, unsere Vitalität sowohl steigern als auch untergraben.

Die Launenhaftigkeit der Wasserstoffbindung

Was uns an der Natur der quantenmechanischen Krankheiten am meisten interessiert, ist die Wasserstoffbindung, -H::::- oder -:::-H-. Auf sie wollen wir deshalb näher eingehen. Eine Wasserstoffbindung besteht aus einem Paar von Elektronen und einem einzelnen Proton. Betrachten wir die obere Bindung eines A-T-Paares, so finden wir -H:::-O. Der erste - steht für ein Elektronenpaar, das das Proton (H) an sich bindet. Das Symbol ::::- steht sowohl für den Potential-«Hügel» als auch für die Anziehungskraft auf der anderen Seite des Hügels. In den Abbildungen 41 bis 43 sind die beiden Bindungen des A-T-Basenpaares dargestellt. Hier sehen wir eine neue Erscheinung: Die Bindungsenergie ist nicht auf beiden Seiten der Schwelle die gleiche. Das Proton hält sich daher eher auf der einen Seite des Hügels in dem tieferen Tal als auf der anderen Seite in dem höheren Tal auf.

In der normalen Anordnung des A-T-Paares hält sich das Proton im tieferen Tal auf und hat damit eine relativ stabile Position.

Nach einer gleichzeitigen Tunnelung beider Protonen in der oberen und der unteren Bindung befinden sich die Protonen in den höheren Tälern des A*-T*-Basenpaares. Diese Situation ist für die Fähigkeit der DNS, sich fehlerfrei zu reproduzieren, äußerst gefährlich. Die Wahrscheinlichkeit einer Tunnelung ist um so geringer, je größer der Höhenunterschied zwischen den Talböden in der jeweiligen Bindung ist. Das Quiff, das sich über die gesamte Bindung erstreckt, ändert sich jedoch im Zeitverlauf, und damit ändert sich auch die Wahrscheinlichkeit der Tunnelung.

Ein ganz ähnliches Phänomen finden wir in der musikalischen Resonanz. Wenn ein Sänger das hohe C singt, kann ein Glas am anderen

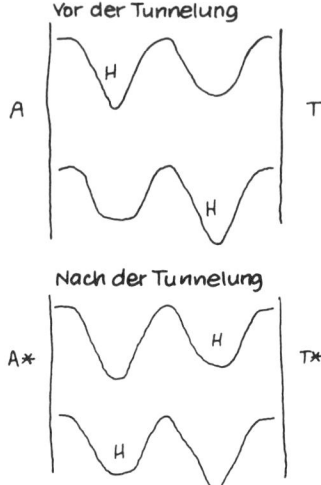

Abbildung 41 Ein A-T-Paar tunnelt sich zu einem A*-T*-Paar

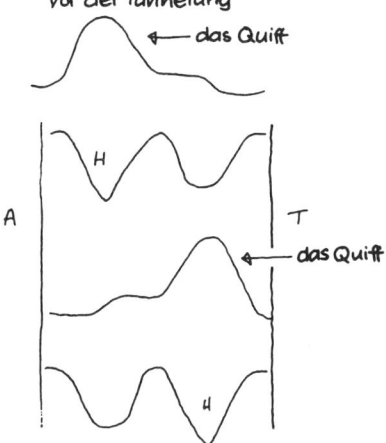

Abbildung 42 Quantenwellen (Quiffs) vor der Tunnelung
beim Basenpaar A-T

Ende des Raumes plötzlich Risse bekommen und zerspringen. Ursache ist die Resonanz: Die Schwingungen der Stimmbänder des Sängers haben zufällig eine Resonanzfrequenz des Glases getroffen. Das Glas beginnt zu schwingen, und da diese Schwingungen durch den Ton, den der Sänger erzeugt, fortlaufend verstärkt werden, zerbricht es schließlich.

Ganz ähnlich schwingt das Proton im tieferen Tal der Bindung. Auch zu dieser Schwingung gibt es auf der anderen Seite der Bindung, wo das höhere Tal liegt, eine Resonanzfrequenz. Daher verstärkt sich schließlich das Quiff in dieser Region. Entsprechend verringert sich die Wahrscheinlichkeit, das Proton auf der Seite des tieferen Tales anzutreffen, und die Wahrscheinlichkeit, es auf der Seite des höheren Tales anzutreffen, wächst. Wenn die Chancen 50 : 50 stehen, wird die Wahrscheinlichkeit sehr groß, daß das Proton plötzlich in dem höheren Tal auftaucht. Und schließlich geschieht es einfach.

Die Häufigkeit dieses Geschehens hängt stark von ziemlich verwikkelten Umweltfaktoren ab. Wahrscheinlich hängt sie von der Temperatur ab. Außerdem hängt sie von der Höhe der Schwelle oder des Hügels und von der Tiefe der Täler ab. Sie hängt ebenfalls ab von den benachbarten Bindungen und ihren Ladungsüberschüssen, also praktisch von der gesamten elektrischen Umgebung der Bindung selbst. Der entschei-

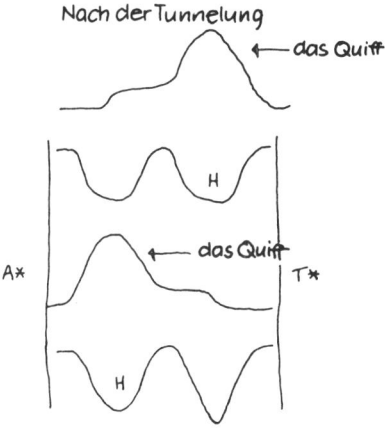

Abbildung 43 Quantenwellen (Quiffs) nach der Tunnelung
beim Basenpaar A*-T*

dende Faktor ist, ob es, in Relation zur Replikationszeit der Zelle, lange oder kurz dauert, bis es zu einer Tunnelung kommt, und das hängt möglicherweise von Ihrem Geist ab.

Wo war Ihr Geist, als das Proton durchtunnelte?

Um zu begreifen, wie unser Geist in die schicksalhaften Bindungen zwischen den Strängen unserer DNS-Moleküle eingreifen kann, müssen wir uns mit der Grundlage aller quantenmechanischen Prozesse befassen, der quantenmechanischen Wahrscheinlichkeitsamplitude. Man kann sich darunter etwas Ähnliches wie die «Lautstärke» einer Quantenwelle vorstellen, so wie ja auch die Amplitude einer Schallwelle ihrer Lautstärke entspricht. Je größer die Amplitude, desto lauter ist der Schall. In der Quantenphysik gilt: Je größer die Amplitude, desto größer ist die Wahrscheinlichkeit, daß etwas geschieht. Das Symbol für diese Amplitude schreibt man <a|b>. Dieses eigenartige Symbol für die Wahrscheinlichkeitsamplitude bedeutet folgendes: Wenn ein Ereignis b mit einer bekannten Häufigkeit, |b>, und die Möglichkeit a auftreten kann, <a|, dann beträgt die Wahrscheinlichkeit, daß a auftritt, vorausgesetzt, b ist aufgetreten, <a|b>. Diese Amplitude ändert sich mit der Zeit, kann also manchmal größer sein als zu anderen Zeiten. Bei physikalischen Schwingungserscheinungen ist mit dieser Amplitude eine Frequenz verbunden. Je größer die Amplitude, desto größer ist die Frequenz.

Wenn wir den Aufenthalt des Protons im höheren Tal mit a, seinen Aufenthalt im tieferen Tal mit b bezeichnen, dann hängt die Tunnelungshäufigkeit in hohem Maße von der Wahrscheinlichkeitsamplitude <a|b> ab. Sie gibt die Wahrscheinlichkeit dafür an, daß ein Proton, das anfangs am Ort b war, später am Ort a angetroffen wird. Um sie zu bestimmen, greift man auf die Quantenwellen (Quiffs) zurück, die dem Zustand vor und nach der Tunnelung entsprechen. Diese werden miteinander multipliziert, und dann werden die Produkte zusammengezählt. Die Quiffs für den Aufenthalt des Protons in der oberen Bindung des A-T-Paares vor und nach der Tunnelung zeigen die Abbildungen 42 und 43. Wie sie miteinander multipliziert werden, zeigt Abbildung 44.

Zur Berechnung von <a|b> multipliziert man die Größe des oberen Quiffs mit der entsprechenden Größe des unteren Quiffs an der gleichen Stelle; wenn man das Punkt für Punkt getan hat, werden die

Produkte addiert. Dies ist natürlich nur eine Näherung, aber das Wesentliche dürfte dadurch klar sein. Auf ähnliche Weise kann man <b|b> berechnen. Hierbei wird das Quiff b Term für Term mit sich selbst multipliziert und anschließend addiert. Für <b|b> ergibt sich die Summe 60, für <a|b> 30. Demnach ist <b|b> immer größer als <a|b>. Wenn Sie sich die Produkte anschauen, sehen Sie, daß in der Summe von <a|b> sieben Produkte mit dem Faktor 0 enthalten sind, weil dort, wo Quiff b groß ist, Quiff a klein ist und umgekehrt. In <b|b> kommen nur fünf Produkte mit dem Faktor 0 vor. Ein Wert ergibt sich überhaupt nur dort, wo die Wellen sich überlappen, und das hängt davon ab, wie groß das jeweilige Quiff in der «verbotenen Zone» des zentralen Hügels ist (betrachten Sie noch einmal die Abbildungen 42 und 43).

Je größer die Überschneidung, desto größer ist die Wahrscheinlichkeit, daß ein Tunnelübergang ausgelöst wird. Hier stellt sich die Frage, was wir mit uns selbst machen, um <a|b> zu vergrößern. Anders gesagt: Welche Faktoren erhöhen die Wahrscheinlichkeit eines Durchganges durch die verbotene Zone?

Hier müssen wir bedenken, was diese Amplituden bedeuten. Es sind ja Wahrscheinlichkeitsamplituden und keine physikalischen Tatsachen, und Wahrscheinlichkeiten beziehen sich auf Möglichkeiten, nicht auf Gewißheiten. Wenn <a|b> groß ist, ist auch die Möglichkeit groß, daß ein Proton vom Ort b zum Ort a tunnelt. Das heißt aber nicht, daß

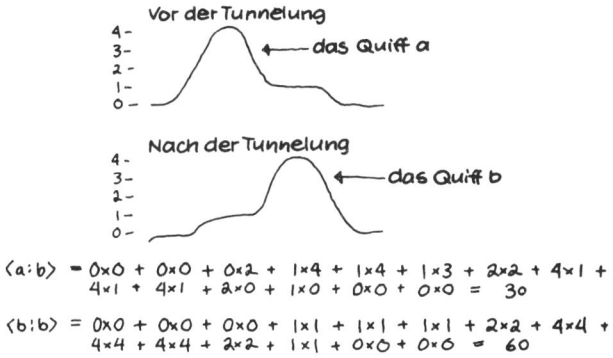

Abbildung 44 Quantenwellen (Quiffs) und ihre Wahrscheinlichkeiten

dieses Ereignis mit Sicherheit eintreten wird, denn ohne den Körper-Quanteneffekt tritt kein Ereignis ein. Damit ein Ereignis wirklich stattfindet, muß es jemand beobachten. Wenn keine Beobachtung erfolgt, wird die Wahrscheinlichkeitsamplitude einfach weiter schwanken. Das Proton wird dann in Wellenform existieren, mit Amplituden auf beiden Seiten des Hügels. Die Bindung bleibt dann bestehen Erst wenn eine Beobachtung stattfindet und das Proton mit Sicherheit auf der einen oder anderen Seite der Schwelle «erspäht» wird, zerreißt die Bindung wie ein Gummiband.

An dieser Stelle kommen Sie ins Spiel. Mit «Sie» meine ich natürlich das, was in uns allen «beobachtet». Es ist eine Art von Intelligenz, ein Auge, das alles sieht. Diese Intelligenz ist verantwortlich für die plötzliche Veränderung einer Wahrscheinlichkeitsamplitude, mit der aus einer Wahrscheinlichkeit eine Gewißheit wird. So wie ein Baseballspieler sich in seiner Haltung darauf einstellt, wenn er bemerkt, daß der Werfer eher hohe als flache Würfe macht, so können auch «Sie» die Häufigkeit Ihrer Beobachtungen auf eine erhöhte Wahrscheinlichkeit der Protonentunnelung einstellen. Wenn Sie Ihr Bewußtsein auf diese Weise «einstellen», können Sie sich auf Ereignismöglichkeiten von hoher Wahrscheinlichkeit konzentrieren und damit gewissermaßen die Tunnelung auslösen. Wenn sie dagegen überhaupt nicht hinschauen oder nur dann, wenn die Wahrscheinlichkeitsamplitude klein ist, wird die Bindung nicht so häufig zerbrechen.

Daß wir altersschwach werden und unsere Gesundheit nachläßt, könnte letztlich daran liegen, daß unser Bewußtsein häufiger beobachtet und dadurch unseren genetischen Strukturen mehr Schaden zufügt. Krankheit und Tod könnten darauf beruhen, daß die Natur versucht, intelligenter zu werden. Das ist ein kosmischer Witz, aber er ist von tödlichem Ernst.

Achter Teil
Transformation

Wir alle haben schon Wunder erlebt. Bei manchen, die wir kennen, hat sich plötzlich der Körper, das Aussehen, die ganze Persönlichkeit verändert. Sportler erreichen neue Höchstleistungen; Menschen, die bislang keinerlei Begabung erkennen ließen, erweisen plötzlich ein besonderes Talent auf irgendeinem Gebiet. Das quantenphysikalische Konzept der parallelen Welten bietet eine Möglichkeit, solche wundersamen Transformationen zu begreifen.

Die Parallelwelten-Hypothese der Quantenphysik ist eine andere Erklärungsmöglichkeit für den Beobachtereffekt. Statt eines plötzlichen Umschlagens einer quantenmechanischen Wahrscheinlichkeit in Wirklichkeit nimmt die Hypothese der parallelen Welten an, daß *jede* Möglichkeit tatsächlich existiert, und zwar jeweils in einer eigenen Welt. Jede Welt besteht aus einem stetigen Strom von Ereignissen; jedes Ereignis kann ein Verzweigungspunkt sein, der eine Welt mit einer anderen verbindet. Da es für jedes Ereignis zahllose Möglichkeiten gibt, gibt es zahllose Welten. In einigen dieser Welten, von denen wir in unserer Welt nicht unmittelbar Kenntnis haben, gibt es genau entsprechende Ereignisse, die – und jetzt bediene ich mich einmal der zweiten Person, wenn ich Sie anspreche – ein paralleles «Du» bilden. Dieses parallele «Du» hat von dir in der gleichen Weise Kenntnis, wie du von dem «Du» Kenntnis hast. Sollte das «Du» in einer parallelen Welt dem Du in dieser Welt als ein Traumwesen erscheinen, dann würde auch das diesseitige Du dem «Du» der parallelen Welt als ein Traumwesen erscheinen. Durch unsere Träume und unsere veränderten Bewußtseinszustände können das Du und das «Du» miteinander kommunizieren.

Die parallelen Welten, die Traumwelten, umgeben jeden von uns als eine Aura, ein Traumkörper. Dieser Traumkörper ist für den realen oder physikalischen Körper ebensosehr eine Realität, wie das Quiff für die physikalische oder materielle Substanz eine Realität ist.

Auch hier liegt die Vorstellung zugrunde, daß unser normales Körperbewußtsein sich aus einer unendlichen Zahl von getrennten Bewußtseinen zusammensetzt, die sich jeweils eines Einzelaspekts des Körpers bewußt sind. Diese von uns als Teile unseres normalen Bewußtseins verstandenen Aspekte – so etwa das Bewußtsein der Wärme oder Kälte des Körpers oder das Bewußtsein von Empfindungen in unseren Händen und Beinen – bilden zusammengenommen das, was wir «Wachbewußtsein» nennen. Dieses Bewußtsein bezeichnen wir als unser Universum oder unsere Welt; es ist jedoch der anderen, parallelen Welten nicht gewahr. Beim gegenwärtigen Stand unserer Kultur und Technik können wir dieser Welten vermutlich nur durch Träume, Intuitionen und blitzartige psychische Vorgänge wie *déjà-vu*-Erlebnisse gewahr werden.

Die oben angeführten sogenannten Wunder ereignen sich vermutlich dann, wenn zwischen unserem diesseitigen und parallelen «Selbsten» große Übereinstimmung besteht, wenn wir aufhören, gegen die unbewußten Parallelselbste zu kämpfen, und uns in Übereinstimmung mit unseren Träumen verhalten. Zu einer solchen Übereinstimmung kann es nur dann kommen, wenn wir auf Botschaften, die von anderen Selbsten in diesen parallelen Welten eintreffen, «achten». Die «Du» in den parallelen Welten haben dann von dem, was zu erreichen ist, eine übereinstimmende Auffassung. Praktisch bedeutet das, daß wir uns der Randbereiche unserer Persönlichkeit, unserer dunklen wie unserer lichten Seiten, bewußt werden. Damit sind wir im Bereich des Geistes.

So gesehen, bekommt Krankheit einen anderen Charakter: Sie ist eine von dem Traumkörper an den physikalischen Körper gerichtete Botschaft, daß eine Transformation stattfindet. Das Bewußtsein ist die Brücke, über die Sie sich auf den Traumkörper einstimmen und feststellen können, welche Wahlmöglichkeiten Ihnen offenstehen. Den Unterbau dieses Bewußtseins bilden die Propriozeptoren, die sensorischen Nerven, die Informationen von den Muskeln an diese selbst zurückmelden.

Die Wechselwirkung zwischen dem Du und einem «Du» in einer parallelen Welt kann man sich nach dem Modell der Freudschen Psychologie vorstellen. Die entscheidende Grundlage der Gesundheit ist wahrscheinlich eine Transformation des menschlichen Ichs. Nach der Freudschen Lehre baut das Ich auf dem Es auf. Nach meiner Ansicht finden im Es fundamentale quantenphysikalische Vorgänge statt. An ihnen sind sowohl der Todeswunsch als auch die Lebenskräfte beteiligt. Diese Kräfte erwachsen aus den quantenphysikalischen Prozessen der Vernichtung und Erzeugung von Materie. Verschiedene spirituelle Lehren beschreiben das Ich als eine Verengung, eine Kristallisation des Selbst. Auf dieser Vorstellung aufbauend, werde ich ein einfaches quantenphysikalisches Modell des Ichs entwerfen. Schmerz und Lust, aber auch Streß und Gesundheit sind danach abhängig von den Einwirkungen des Beobachters auf die Randgebiete der physikalischen Einheit des Körpers. Icherweiterung ist ein durch Denken bewirktes Lösen von Spannungen, das Lust hervorruft, aber nicht immer leicht zu erreichen ist.

Die Geist-Körper-Ganzheit, eine auf der Quantenphysik des Ichs aufbauende Vorstellung, ist ein Gesundheitsideal für den einzelnen wie für den ganzen Planeten.

31. Botschaften
aus einem parallelen Universum

Arnold Mindell ist ein wichtiger Mann auf dem revolutionären Gebiet der Traum- und Körperarbeit. Er ist Psychotherapeut und Analytiker der Schule von C. G. Jung und hat außerdem ein Physikstudium mit dem Magistertitel abgeschlossen. In seinem Buch *Dreambody* erklärt er, der menschliche Körper sei nicht nur ein realer physikalischer Körper, so wie ihn die praktischen Ärzte und die klassischen Physiker sehen, sondern außerdem ein Traumkörper. Dieser Traumkörper umfaßt Träume, Visionen und Mythen, die wir seit unserer Kindheit mit uns tragen. Er empfängt Botschaften aus dem Unbewußten, Botschaften, die sich uns als unwillkürliche Körperbewegungen, Schmerzen und Krankheiten bemerkbar machen und in einigen Fällen sogar zum Tode führen.

Warum Ihr realer Körper auch ein Traumkörper ist

Die Idee des Traumkörpers geht auf das Werk von C. G. Jung zurück. Schon in zahlreichen religiösen Systemen des Altertums erwähnt, wird sie heute von Anhängern Wilhelm Reichs wie von Gestalt- und Körpertherapeuten angewandt. Mindell erklärt, seine psychologische Praxis sei durch den Jungschen Begriff des Traumkörpers grundlegend verändert worden. Mindell gelangte zum Traumkörper-Konzept durch seine Untersuchungen über die Wechselwirkung zwischen Psyche und Materie, ein Problem, das auch Jung und Freud stark beschäftigte. Als Mindell selbst leicht erkrankte, fragte er sich, warum er sich mit Hilfe der von ihm benutzten psychologischen Theorien nicht selbst von seiner Krankheit heilen konnte. Nach Tausenden von Stunden der Traumanalyse und langwierigen Bemühen um Techniken der Imagination und der Assoziation wandte er sich dann dem Körper und seinen Phänomen zu.

Die westliche Medizin sieht den Körper getrennt vom Geist; er gilt als ein System von physikalischen Prozessen, ähnlich wie eine aus Einzelteilen zusammengesetzte Maschien. Man glaubt, man brauche nur die Natur seiner Einzelteile zu verstehen, um sein Verhalten zu bestimmen. Die klassische Physik sieht den Körper genauso. Sie glaubt, den physischen Körper zu verstehen, wenn sie die körperlichen Zusammenhänge auf Materieteilchen zurückführt, die sich in Raum und Zeit bewegen und miteinander wechselwirken. Der Vorstellung von einem realen Körper liegen somit die Vorstellungen der klassischen, deterministischen Physik zugrunde.

Wie die Quantenphysik lehrt, spielt der Beobachter in der Realität dieser Prozesse aufgrund der Unbestimmtheit und der Komplementarität eine wichtige Rolle. Der Körper besteht nicht aus einzelnen Teilen, die sich jeweils auf deterministische Weise verhalten; er beruht vielmehr auf komplementären Prozessen, die sich wechselseitig beeinflussen. Wenn eine Beobachtung stattfindet, entscheidet sie darüber, was beobachtet werden kann auf Kosten komplementärer Beobachtungen. Durch die Art, wie er seinen Körper beobachtet, verändert der Mensch die Energie der körperlichen Prozesse selbst.

Das Konzept des Traumkörpers geht über den realen Körper in der gleichen Weise hinaus, wie die Quantenphysik über die klassische Physik hinausgeht. Der eigentliche Unterschied zwischen den beiden Zweigen der Physik liegt in dem begrifflichen Rahmen, innerhalb dessen die reale Welt dargestellt wird. Für die klassische Physik gibt es *da draußen* eine reale Welt, unabhängig vom menschlichen Bewußtsein. Das Bewußtsein kann nur aus realen Objekten wie etwa Neuronen und Molekülen konstruiert werden. Es ist ein Nebenprodukt der materiellen Ursachen, die die vielen physikalischen Wirkungen, die man beobachtet, hervorrufen.

Nach der Quantenphysik kann diese Theorie nicht stimmen, denn die Beobachtung greift, ob wir es wollen oder nicht, in die reale Welt ein. Die Entscheidungen, die der Beobachter trifft, verändern in unvorhersagbarer Weise die realen physikalischen Ereignisse. Das Bewußtsein ist tief und unauslöschlich in dieses Bild verstrickt und nicht ein Nebenprodukt des Materiellen. In der Quantenphysik gibt es jedoch zwei Auffassungen darüber, in welcher Weise das Bewußtsein an physikalischen Prozessen beteiligt ist.

Nach der ersten existiert das Bewußtsein außerhalb aller physikalischen Ereignisse; es tritt erst dann in sie ein, wenn ein Beobachter eine Entscheidung trifft. Es wirkt dann in der Weise, daß es das Quantensystem in die eine oder andere mögliche reale Situation «zwingt». Durch diesen «Zwang» wird dann etwas Physikalisches sichtbar, etwa der Aufenthalt eines Teilchens in einem Meßinstrument.

Der zweiten Auffassung zufolge, die als Parallelwelten-Theorie bekannt ist, wirkt das Bewußtsein nicht in dieser Weise; vielmehr «spaltet» sich bei jeder Beobachtung das Bewußtsein des Beobachters. Der Beobachter bemerkt diese Spaltung nicht, weil er sich ebenfalls spaltet: Der eine Beobachter sieht und registriert das Teilchen an einem Ort, der andere sieht und registriert das Teilchen an einem anderen Ort. Jeder Beobachter existiert in einer parallelen Welt; jeder ist überzeugt, sein Bewußtsein habe das Teilchen «gezwungen», in ein Meßgerät einzudringen, das seine Position registriert. Und jeder Beobachter ist dem anderen unbekannt. Nun kann hier jedoch eine andere Art von Messung stattfinden. Sie erfaßt beide Welten, und sie kann nur durchgeführt werden, wenn beide Welten als eine einzige Welt genommen werden. Diese Messung ist den Messungen der getrennten Welten komplementär. Auf diese Weise kann eine Person in der einen Welt von ihrem *Alter ego* in der anderen Welt Kenntnis erhalten.

Um sich eine Vorstellung vom Traumkörper zu machen, greift man ebenfalls am besten auf das quantenphysikalische Bild der parallelen Welten zurück. Der Traumkörper tritt in diesen physischen Körper ein, wenn etwas nicht ganz in Ordnung ist. Oftmals tritt das ein, wenn unser normales Bewußtsein durch Krankheit erschüttert ist. Wenn der Körper krank ist, denkt man gewöhnlich, da stimmt doch etwas nicht mit dem Körper. Dieser Gedanke impliziert schon, daß es einen stimmigen, richtigen Zustand gibt. Deshalb versucht man, durch Medikamente oder Therapie die physischen Begleiterscheinungen der «krankhaften» Prozesse zu beeinflussen, sie wieder unter Kontrolle oder «auf Vordermann» zu bringen.

Im Grunde weiß niemand, wie ein Medikament den Körper von einer Krankheit heilt. Wir wissen natürlich, daß ein Antibiotikum in die chemischen Zusammenhänge eines Bakteriums eingreift und seine Fähigkeit zerstört, sich zu vermehren. Aber was veranlaßt den Körper überhaupt, sich gegen eine Infektion zu wehren? Daß wir alle ein Immunsystem haben, ist im Grunde keine Erklärung, sondern enthebt uns der Notwendigkeit einer Erklärung: Wir nehmen die Medizin, wir vertrauen dem Doktor. Dann geschieht das Wunder, das wir mit dem Satz umschreiben «die Natur nimmt ihren Lauf», und in wenigen Tagen sind wir geheilt.

Wir haben die Vorstellung, unser realer physischer Körper sei erkrankt. Der Keim der Krankheit ist aber wohl schon in der Vorstellung enthalten, daß es bloß *einen* realen Körper gibt. Sieht man dagegen den Körper unter dem Aspekt der parallelen Welten, so kann man Krankheit als eine Kommunikation zwischen dem Körper und dem Traumkörper auffassen, eine Kommunikation zwischen einer Parallelwelt und einer anderen, die einen Konflikt heraufbeschwört, eine Störung eines Musters in unserem Leben. Dies ist nicht der einzige Weg, auf dem wir eine Botschaft von einer parallelen Welt erhalten können, doch bei unserem gegenwärtigen Bewußtseinsstand dürften die meisten von uns wohl am ehesten auf diesem Wege zu einer über unseren gewöhnlichen Horizont hinausgehenden Form von Bewußtsein gelangen.

Hier ist noch ein klärendes Wort angebracht. Nach dem Weltbild der klassischen Physik reagiert der Körper auf Programme ganz ähnlich, wie ein Computer auf Programme reagiert. Man braucht nur bestimmte Daten und ein Verfahren zur Manipulation dieser Daten einzugeben, und der Körper tut das und das. Nach der quantenphysikalischen Hypothese von den parallelen Welten gilt dies für alle Körper in den parallelen Welten: Jeder Körper in den parallelen Welten wird von der Dateneingabe und der Programmierung beeinflußt. Allerdings kann ein Körper allenfalls in einem statistischen Sinne vorhersagen, was mit einem der parallelen Körper geschehen wird. Einige werden schnell geheilt sein, einige werden kränker werden. Wahrscheinlich wird Ihr Körper zu der Menge jener Körper gehören, bei denen nicht sogleich ein Wunder geschieht. Die anderen parallelen Körper werden Ihnen dann mitteilen, daß sie «nicht mehr phasengleich» mit Ihnen sind. Die kränkeren Körper werden sagen, daß sie kränker werden, die gesundenden werden sagen, daß es ihnen wunderbarerweise gutgeht. Irgendwo dazwischen werden Sie sein und auf ihre Botschaften hören.

Sie werden daher nicht genau vorhersagen können, was Ihr Körper tun wird, aber vielleicht können Sie den Verlauf Ihrer Krankheit dadurch beeinflussen, daß Sie lernen, sich auf die gesundenden Parallelwelten-Körper einzustimmen. Wahrscheinlich werden Sie das erreichen, wenn Sie sich emotional von Faktoren und Bedingungen Ihres Lebens lösen, die den gewöhnlich mit einer Krankheit verbundenen Streß hervorgerufen haben. Die gesundenden Körper in Ihren parallelen Welten werden gesund, weil sie kein persönliches Interesse daran hatten, krank zu bleiben. Bei Ihnen könnte ein solches Interesse vorliegen; das Schlachtfeld, wo derartige Interessen miteinander ringen, ist das Unbewußte. Jedenfalls kommen unterschiedliche Botschaften bei Ihnen an. Sie können, wenn Sie sich darum bemühen, sich auf Heilung und positive Botschaften einstimmen; Sie können sich aber auch auf Katastrophen einstimmen. Je nach dem Zustand, in dem sich Ihr «Schiff» befindet (leicht beschädigt, sinkend oder rettungslos verloren), können Sie den Verlauf Ihrer Krankheit beeinflussen und sich möglicherweise selbst heilen.

Mir geht es um die Tatsache, daß der Körper ebensowenig real ist wie ein Teilchen der Physik, etwa ein Elektron. Der Körper besitzt keine wohldefinierten Grenzen, und man kann nicht vorhersagen, daß er sich auf eine ganz bestimmte Weise bewegen oder reagieren wird. Man kann ihn vielleicht am ehesten als Vereinbarung verschiedener Einflüsse verstehen, hervorgebracht durch die Resonanz von parallelen Prozessen, die jeweils in einer von zahllosen parallelen Welt stattfinden. Was wir Realität nennen, setzt sich tatsächlich zusammen aus den unendlich vielen Prozessen, die alle in getrennten und nicht miteinander wechselwirkenden Welten stattfinden.

Nach einer Interpretation des Körperquants setzt sich der Körper aus Schwingungen und Feldern zusammen. So wie ein elektrisches Feld den Raum durchdringt, durchdringt der Traumkörper den gleichen Raum wie der reale Körper. Und wie das elektrische Feld an und für sich nicht zu sehen ist – nur seine Auswirkungen auf Materie können beobachtet werden –, manifestiert sich auch der Traumkörper in seinen Auswirkungen auf den realen Körper.

Man kann bei dieser Idee des Traumkörpers als einer Feldstärke auch an einen Doppelgänger denken. Rod Serlings *Twilight Zone* enthält eine Episode, in der eine «nicht besonders phantasievolle Frau, die sich nicht übermäßig ängstigt und auch nicht unter Einbildungen leidet, kurz, eine vernünftige Frau», zu einem Busbahnhof kommt und durch Ereignisse, die sich ihrer Kontrolle entziehen, beunruhigt wird. Sie hat den Eindruck, von Verrückten umgeben zu sein, als der Fahrkartenkontrolleur ihr barsch erklärt, sie habe ihren Koffer bereits aufgegeben und mehrfach gefragt, wann der Bus ankommen werde. Im Waschraum erklärt ihr die Wärterin, sie sei doch erst vor einem Augenblick dagewesen. Nichts davon trifft zu.

Ein Mann, der ebenfalls auf den Bus wartet, hört sich die Geschichte voller Mitgefühl an. Als der Bus da ist, wollen die beiden einsteigen. Plötzlich schreit sie entsetzt auf und flüchtet in die Station zurück, weil sie *sich selbst* schon im Bus sitzen gesehen hat. Der Mann läßt den Bus abfahren und hört ihr zu, wie sie das Geschehene erklärt: Sie hat eine Doppelgängerin; ein Spiegelbild von ihr aus einer parallelen Welt ist irgendwie in diese Welt geschlüpft und muß, um zu überleben, ihre Stelle einnehmen.

Dem Mann ist klar, daß sie übergeschnappt ist, und er ruft die Polizei, die sie mitnimmt. Wenige Minuten später tut ihm das leid, denn als er einem flüchtenden Kerl nachrennt, von dem er glaubt, er habe seinen Koffer gestohlen, blickt der Kerl sich im Laufen um und grinst ihn spöttisch an. Zu seinem Entsetzen bemerkt er, daß das grinsende Gesicht sein eigenes ist!

Serlings Geschichten werden heute noch viel gelesen, vielleicht noch mehr als bei ihrem ersten Erscheinen vor über 25 Jahren. Es ist zwar eine schockierende Idee, daß wir einen anderen Körper haben, einen Traum- oder Geistkörper, der unserem eigenen spiegelbildlich gleicht und mit uns um sein Überleben kämpft, aber sie klingt glaubwürdig. Im alten Indien wurde dieser Doppelgänger *Linga-shar-ira* genannt; der französische Spiritualismus bezeichnet dieses Phänomen als den feinstofflichen Körper. Schamanen, Medien und Heiler sehen den menschlichen Körper von einer Aura umgeben, der Gegenwart des Traumkörpers. Der helle Schimmer, der Jesus auf allen Abbildungen umgibt, ist der von den Künstlern intuitiv erfaßte Traumkörper.

Was Ihre Krankheiten Ihnen wirklich sagen

Im Winter 1978 wurde ich von der Philosophical Research Society in Los Angeles zu einigen Vorträgen eingeladen. Mein Thema – «Das bewußte Atom» – versprach viele Anhänger der Mystik und Methaphysik in die Veranstaltung zu locken, und so war es auch. Darunter war ein Mann – ich will ihn Drew nennen –, dessen Erlebnisse mit seinem Doppelgänger mich beeindruckt haben.

Drew gehörte zu jenen Studenten, die im Grunde mehr zu lehren als zu lernen haben. Er war vor kurzem schwer erkrankt und noch nicht gesundet, als er mir die Erfahrung seines Doppelgängers folgendermaßen beschrieb:

Stellen Sie sich vor, Sie seien an Bord eines Schiffes, das irgendwo hinfährt. Sie stehen am Bug, Sie können von vorn nach achtern gehen, Sie sehen, wo das Schiff hinfährt – aber Sie haben keinen Einfluß auf seinen Kurs. Sie befürchten, daß etwas nicht in Ordnung ist, aber niemand ist an Deck, und auch am Ruder scheint niemand zu stehen. Es ist niemand da, an den Sie sich wenden könnten.

Während Sie auf dem Schiff umherwandern, wird Ihnen klar, daß sie ausgesperrt sind. Sie finden keine Tür, die sich öffnen läßt, nicht einmal eine Luke. Das Schiff stampft einem unbekannten Ziel entgegen, und Sie scheinen machtlos zu sein. Aber plötzlich hören Sie etwas. Sie legen Ihr Ohr an die Eisentür, die ins Innere des Schiffes führt, und hören drinnen eine Stimme. Sie ruft nach Hilfe, nach Führung.

Durch die Türritzen strömt Ihnen von der anderen Seite her Gestank entgegen. Die Stimme klingt jedoch recht kräftig und behauptet, das Schiff zu steuern. Aber das Wesen, dessen Stimme aus der Dunkelheit dringt, ruft, es könne nicht sehen, wohin das Schiff fährt. Es bittet darum, jemand möge die Tür öffnen, damit es sieht, in welche Richtung seine Handlungen das Schiff steuern.

Sie rufen ihm durch die Tür zu: «Ich bin hier draußen. Ich kann sehen, wohin das Schiff fährt. Ich kann dir helfen, das Schiff zu steuern, aber ich kann es selbst nicht kontrollieren. Kannst du mich hören?»

Es ruft zurück: «Ist da draußen jemand? Ich bin schon so lange im Dunkel des Laderaums, daß ich nicht einmal mehr weiß, ob es da draußen ein Draußen gibt. Ist da jemand?»

Darauf brüllen Sie: «Ich bin hier, hör mir zu!» Aber leider hört das Wesen Sie nicht. Sie wissen, warum es Sie nicht hören kann. Der Gestank drinnen verrät Ihnen, daß die Ladung am Verfaulen ist. Das Wesen da drinnen kann nicht hören, weil es so sehr mit dem Führen des Schiffs beschäftigt ist und weil es zu unaufmerksam ist, auf die Außenwelt, nach der es ruft, zu achten. Selbst wenn es Ihnen gelänge, die Tür aufzubrechen, könnten Sie nicht in den Laderaum hinein. Der Schmutz drinnen würde Ihnen die Sinne rauben, und Sie würden ohnmächtig werden. Sie müssen an Deck bleiben.

Doch Sie müssen etwas tun, um das Schiff auf den richtigen Kurs zu bringen, zumindest müßten Sie dem im Laderaum eingesperrten Wesen mitteilen, daß Sie da sind und die Richtung angeben könnten. Immer wieder versuchen Sie, das Wesen drinnen zu erreichen.

Das Schiff ist Ihr Körper; das Wesen drinnen ist Ihr Geist, Ihr Bewußtsein; die Person draußen, die sehen kann, aber machtlos ist, ist Ihr Doppelgänger, Ihr höheres oder spirituelles Selbst, Ihr Traumkörper.

Das Schiff ist natürlich dafür gebaut worden, seinen Passagier irgendwo hinzubringen, aber es ist so konstruiert, daß es von außen schwer zu steuern ist. Die eigentliche Steuerung muß von einer Seele kommen, die in das Schiff eindringt, die dabei aber auch gefangengenommen und eingesperrt wird. Der Doppelgänger soll die eingesperrte Seele daran erinnern, daß es ein Draußen gibt, eine Richtung und ein Ziel für das Schiff. Wenn jedoch das Wesen drinnen, das das Schiff steuert, nicht zu kommunizieren weiß und von dem Traumkörper draußen keine Weisung annimmt, kann das Schiff sein Ziel nicht erreichen. Es ist einfach führungslos, und schließlich wird es stranden und untergehen.

Krankheit ist eine solche Botschaft; sie läßt das Innere des Schiffs verfaulen, damit die Tür geöffnet und Licht hereingelassen wird, damit die Seele den spirituellen Atem bekommt, den sie braucht.

Der menschliche Körper wird von zwei gleich starken, gegensätzlichen Antrieben bewegt, die beide die Herrschaft zu gewinnen trachten, um zu überleben. Das eine ist der Antrieb zum *Tun*, das andere ist der Antrieb zum *Sein*. Tun bedeutet Handeln, Bewegung, den Gang des Lebens steuern. Sein bedeutet Nichthandeln, ein bewegungsloses, zeitloses, raumloses Selbst: «Tu doch nicht bloß etwas, steh einfach herum!»

Nichthandeln ist nötig, um die äußere Seele hören zu können, die nicht in den Laderaum hineinkann, ohne vom Gestank des täglichen Lebens überwältigt zu werden. Handeln ist notwendig, um die treibende Kraft des Universums – Schöpfung und Evolution – zu verwirklichen. Schöpfung bedeutet unausweichlich, den Körper, die Erde, das Universum zu verseuchen, zu verschmutzen. Vollkommenheit ist steril. Mit jeglicher Schöpfung aufzuhören bedeutet, den Zustand absoluter Zeitlosigkeit zu erreichen, wo nichts zu tun ist. Und das macht gar keinen Spaß.

Unser Körper ist Ausdruck einer ständigen Oszillation zwischen Tun und Sein, der Schöpfung und dem Ausruhen von der Schöpfung. Krankheit entsteht nach meiner Ansicht aus einer Disharmonie, die dann entsteht, wenn parallele Welten nicht im Einklang miteinander schwingen, weil sie nicht mehr aufeinander hören.

In der westlichen Gesellschaft haben wir alle in der Illusion gelebt, wir hätten keine Körper. Bevor uns nicht die Krankheit trifft, tragen wir diesen Fleischklumpen herum und ignorieren ihn so gut es geht, wenn wir nicht gerade geil oder hungrig sind oder zur Toilette müssen. Sich auf den Körper einzustimmen erscheint uns unmöglich, solange wir nicht Biofeedback anwenden oder Körperbewußtsein trainieren – oder solange wir nicht durch einen physischen Rückschlag gezwungen werden, mit allen Ohren nach innen zu lauschen.

Betrachten Sie die Krankheit nicht als etwas Schlimmes; betrachten Sie sie als etwas, das letzten Endes in Ordnung geht: Die innere Seele sieht endlich ein wenig Licht. Der Laderaum ist durchgefault, und die Botschaft der äußeren Seele (des Doppelgängers) kann jetzt eindringen. Und siehe da: Die innere und die äußere Seele haben das gleiche Gesicht!

32. Ich, Streß und Streßabbau –
ein Quantenmodell

In diesem Kapitel untersuche ich den nach meine Ansicht entscheidenden Krankheitsfaktor: die wachsende Streßbelastung der Menschen.
Ich bin überzeugt, daß stärker als alle anderen ursächlichen Faktoren
unsere Gedanken für den Streß verantwortlich sind. Wichtiger als alle
medizinische Fürsorge ist die Vorbeugung durch eine richtige Geisteshaltung. Unter richtiger Geisteshaltung verstehe ich eine positive Ein-
stellung zu jeder Situation, die uns begegnet. Im vorigen Kapitel habe
ich diese Haltung damit umschrieben, daß wir lernen müssen, auf die
«Gesunden» unter unseren anderen Körpern in parallelen Welten zu
«hören». Dies könnte besonders im Falle der zuvor erwähnten universalen Krankheiten gelten.

Wie kann man für ein gesünderes menschliches Dasein sorgen? Das
menschliche Dasein hängt vom Denken der Menchen ab, und das Denken hängt von unserem Selbstbild, unserem Ich, ab. Nach meiner Ansicht muß man sich vor allem mit dem Vordringen des Ichs befassen, um
zu begreifen, warum und in welcher Weise wir uns selbst krank machen
und oft auch rascher altern lassen, als es nötig wäre.

Die Vorstellung vom Ich hat sich immer wieder geändert. Ich gehe
von der grundlegenden Definition aus, wie sie zuerst von Sigmund
Freud gegeben wurde, sowie von anderen Konzeptionen des Ichs, wie
sie etwa von spirituellen Lehrern wie Da Free John, Jiddu Krishnamurti, der entkörperlichten Wesenheit Seth und Paramahansa Yogananda gelehrt werden. Diese geistigen Führer haben mir einen Einblick
in die Quantenphysik der Ichbildung gewährt.

Das Ich

Das grundlegende Konzept des Ichs verdanken wir Sigmund Freud, der das Ich als eine Instanz innerhalb der Psyche (Seele) verstand. Diese Instanz geht aus einem früheren psychischen Gebilde hervor, dem Es. Das Es ist der älteste psychische Apparat; es wird hergeleitet aus der Freudschen Grundannahme, daß jeder Mensch ein Seelenleben besitzt, das eine Funktion des psychischen Apparats ist. Dieser Apparat hat räumliche und zeitliche Ausdehnung. Freud hat sich nie darüber geäußert, wo das Es existiert oder woraus es sich aufbaut. Nach Freuds Verständnis umfaßt das Es alles, was angeboren ist, was schon bei der Geburt da ist, was schon in der Natur angelegt ist, also vor allem die Triebe, die ihren Ursprung in der somatischen Organisation haben und einen ersten psychischen Ausdruck im Es finden, in Formen, über die wir nichts wissen.

Das Ich entsteht aus dem Es, weil das Es sich mit der «realen» Welt der Reize und Empfindungen auseinandersetzen muß. Jener Teil des Es, der zum Ich wird, erfährt eine eigentümliche Umwandlung. In der Hirnrinde selbst, das heißt, in einer Rindenschicht, bildet sich eine spezielle Organisation heraus, die als Vermittler zwischen dem Es und den Reizen der Außenwelt fungiert. Während vorher zwischen Sinneswahrnehmung und Muskelaktion ein quasi automatischer Zusammenhang bestand, hat das Ich eine Kontrolle über willkürliche Bewegungen. Seine Aufgabe der Selbsterhaltung kann es erfüllen dank der bewußten Wahrnehmung von Reizen, mit Hilfe des Gedächtnisses, durch Vermeiden von Reizen, durch Anpassung und durch Lernen. Gegenüber dem Es erfüllt es die Aufgabe, dessen Ansprüche (die Triebe) unter seine Kontrolle zu bringen, indem es (das Ich) entscheidet, welche dieser Ansprüche befriedigt werden sollen, gewisse Befriedigungen aufschiebt und die durch Reize ausgelösten Spannungen der rationalen Abwägung unterwirft. Es kann außerdem zwischen diesen Spannungen differenzieren und feststellen, was als Schmerz (Unlust) oder Lust empfunden wird. Die Lustempfindung besteht in einem Schwingungsmuster zwischen zwei Spannungspolen, dem Schmerz- und dem Lustpunkt. Steigende Spannung wird als Schmerz, nachlassende Spannung als Lust empfunden.

Nach Freuds Trieblehre bestehen die eigentlichen Spannungen nicht zwischen dem Lust- und dem Schmerzpunkt, sondern zwischen zwei grundlegenden *Trieben*: dem Liebes- und dem Todestrieb.

Das Ich in der Sicht spiritueller Meister

Für Da Free John ist das Ich ein verheerendes Konstrukt, das die Menschen davon abhält, ihr göttliches Selbst zu erkennen. Unser Leben wird vom ichbedingten Streß beherrscht; das Ich beruht auf einem ichbesessenen physischen, emotionalen und seelischen Reagieren auf die Umstände unseres Lebens. Das Ich erzeugt Streß. Er entsteht durch die Frustration eigener Antriebe oder durch die Furcht davor, diesen Antrieben zu folgen. Gelöst wird der Streß dadurch, daß man entweder diesen Antrieben folgt oder die Frustrationsreaktion abbaut. Um das zu erreichen, muß man lernen wahrzunehmen, wann Streß entsteht – eine Einsicht, die man durch Selbsterkenntnis gewinnt. Wahrzunehmen, wann Streß entsteht, klingt zwar recht einfach, doch kaum jemand von uns nimmt wahr, wann er unter Streß gerät. Wahrzunehmen, daß man gestreßt ist, und gleichzeitig diesen Streß zu empfinden, ist ebenso schwierig wie das sprichwörtliche Tanzen auf zwei Hochzeiten.

Um ein Beispiel zu nennen: Jemand sagt Ihnen etwas, worüber Sie sehr verstimmt sind; Sie werden dann entweder zornig, oder Sie fühlen sich deprimiert. Ihr Gefühlszustand wird Ihnen sicherlich bewußt sein, aber in der Regel wird Ihnen nicht bewußt sein, daß durch diese Gefühle ein Streß entstanden ist. Sie haben wohl ein Gefühl, aber Sie kennen es eigentlich nicht. Oft genug habe ich (und Sie sicherlich auch) Menschen erlebt, die offensichtlich sehr verärgert waren, aber wenn man sie fragte, ob sie verärgert seien, verneinten sie das. Zunächst denken wir natürlich, daß diese Menschen sich selbst belügen: Sie müssen doch «einsehen», daß sie verärgert sind. Aber denken Sie noch einmal darüber nach. Die meisten Menschen belügen sich nicht bewußt; es hat nur den Anschein, daß sie lügen, weil es für andere so offenkundig ist, daß sie lügen *müssen*.

Nach meiner Ansicht sind das Wissen von einem Gefühl und das Gefühl selbst einander komplementär. Wenn Sie wissen, daß Sie ein bestimmtes Gefühl haben, wird dieses Gefühl dadurch in einer nicht vorhersagbaren Weise beeinflußt und mit Sicherheit verändert. Es ist wie mit dem Ort und dem Impuls eines Teilchens – man kann nicht etwas fühlen und gleichzeitig wissen, daß man es fühlt.

Ebensowenig ist es möglich, gestreßt zu sein und gleichzeitig zu wissen, daß man gestreßt ist. Wenn Sie sich des Stresses bewußt werden, verändert das den Streß. Dazu fällt mir ein amüsantes Beispiel ein. Wenn ich mit einer Frau ins Bett gehe, und es ist richtig schön, dann braucht mir nur der Gedanke zu kommen: «Mensch, ist das riesig!», und schon hat dieser Gedanke an das, was ich empfinde, die Empfindung verändert. (Ich bin sicher, daß Sie verstehen, was ich meine.)

Paramahansa Yogananda bezeichnet das Ich in seiner *Autobiographie eines Yogi** als die Wurzel aller Dualität, der scheinbaren Trennung zwischen dem Menschen und seinem Schöpfer. *Ahankara* (Verlangen) bringt die Menschen unter die Herrschaft der *Māyā* (kosmische Täuschung), durch die das Subjekt (Ich) fälschlich als ein Objekt erscheint: Die Geschöpfe bilden sich ein, die Schöpfer zu sein.

In ihrem Buch *Vom Werden zum Sein*** sprechen Jiddu Krishnamurti und der Physiker David Bohm über Senilität und Gehirnzellen. Sie argumentieren, daß das menschliche Gehirn, objektiv gesehen, sehr alt sei. Das Gehirn eines einzelnen Menschen sei kein persönliches Gehirn, es gehöre niemandem. Es habe sich vielmehr im Laufe von Jahrmillionen entwickelt. Daher sei es mit Überlebens-Mustern ausgestattet, die heute überholt sein könnten. Eines dieser Muster sei das Ich mit seinen Tendenzen.

In Jane Roberts' Buch *The Unknown Reality* bezeichnet die entkörperlichte Wesenheit Seth das Ich als spezialisiert auf räumliche Expansion und Manipulation. Als sich das Ich in menschlichen Stammesgemeinschaften entwickelte, war es eine notwendige Spezialisierung; es vermochte die Sinneseindrücke in emotionaler und sonstiger Hinsicht zu differenzieren. Menschen wurden danach unterschieden, ob sie zum Stamm gehörten oder nicht. Dieses Stammbewußtsein bildete das ursprüngliche Gruppen-Ich. Als dann das Bewußtsein nicht mehr mit diesem Stammes-Ich zurecht kam, setzte die Individuation ein. Dieser Prozeß beruhte auf der Kooperation zwischen den Mitgliedern des Stammes. So entstand das individuelle Ich aus der Übereinkunft zwischen den Stammesmitgliedern.

Vieles ließe sich noch zu diesem Thema sagen. Ich hoffe, in weiteren Schriften ausführlicher erläutern zu können, wie das menschliche Ich durch die Quantenphysik erklärt werden kann. Hier möchte ich das – soweit ich weiß – erste quantenphysikalische Modell des Stresses und der Ichbildung vortragen. Das Konzept des Ichs läßt sich meiner Ansicht nach besser erfassen, wenn es uns gelingt, es – wenn auch einstweilen metaphorisch – in naturwissenschaftlichen Begriffen zu beschreiben.

---

* O. W. Barth Verlag, Bern u. a., 16. Auflage 1988. (Anm. d. Hrsg.)
** O. W. Barth Verlag, Bern u. a., 1987. (Anm. d. Hrsg.)

Ein quantenphysikalisches Modell des Ichs

Zunächst einmal sind viele Physiker überzeugt, jegliche Materie be-
stehe aus eingefangenem Licht. Diese Überzeugung findet ihren Ausdruck in der berühmten Gleichung Einsteins: $E = mc^2$. Sie stützt sich
auf die Tatsache, daß es zu jedem Materieteilchen ein spiegelbildliches
Antimaterie-Teilchen gibt. Bei der Wechselwirkung eines Teilchens mit
seinem spiegelbildlichen Teilchen, der sogenannten Materie-Antimate-
rie-Vernichtung, entsteht Licht oder masselose Energie. Materie ist insofern eingefangenes Licht.

In meinem Buch *Star Wave* habe ich die Überlegung angestellt, daß
man menschliche Gefühle wie Liebe und Haß durch einfachere und
grundlegendere Basisgefühle beschreiben könnte. Diese Basisgefühle
könnten die Materie-Licht-Transformationen der Elektronen sein. So
habe ich den Haß als eine quantenstatistische Eigenschaft von Elektronen erklärt, ausgehend von der Tatsache, daß sich niemals zwei Elektronen im gleichen Quantenzustand befinden werden. Die Liebe habe
ich mit dem quantenstatistischen Verhalten von Lichtteilchen, Photonen, erklärt: Alle Photonen sind bestrebt, sich, wenn sie die Gelegenheit dazu haben, in den gleichen Zustand zu begeben; physikalisch
verstanden ist also der Ausdruck «Licht ist Liebe» nicht übertrieben.

Ähnlich verhält es sich mit der Einsamkeit, an der wir alle leiden, und
sonstigen Schmerzen, die mit unserem materiellen Körper zusammenhängen: Sie beruhen auf den Haßeigenschaften der Elektronen. Diese
Elektronen sind gewissermaßen eingefangenes Licht. Nach meiner Spekulation «empfinden» Elektronen eine Art von Quantenleid. Es ist
anders als unser Leid, aber unser Leid beruht auf dem ihren. Dieses
Leid besteht in dem Verlangen, wieder zu Licht zu werden. Wenn ein
Elektron mit seinem Antiteilchen, dem Positron, zusammentrifft, ver-
nichten sich die beiden Teilchen, und es entsteht das extrem hochfre-
quente Licht, das wir als Gammastrahlen bezeichnen.

Ich glaube, daß all unsere menschlichen Gefühle und Emotionen in
diesen einfacheren physikalischen Eigenschaften der Materie wurzeln
und daß man das Empfinden der Menschen erklären kann mit den
Gruppeneigenschaften zahlreicher Elektronen im menschlichen Körper.

Jedes Elektron in jedem Atom Materie besitzt wohldefinierte klassische Eigenschaften wie elektrische Ladung, Masse, Spin, magnetisches
Moment, Trägheit und räumlichen Ort. Dieses letztere Attribut ist je-

doch zweifelhaft. Der Zweifel beruht auf dem Welle-Teilchen-Dualismus aller Materie, der Quantennatur der physikalischen Welt. Bei Elektronen sollte man weniger an Objekte mit bestimmten Eigenschaften als vielmehr an «Ereignisse mit Attributen» denken. Das Elektron ist, anders gesagt, ein Konstrukt des menschlichen Denkens. Da das menschliche Denken auf unmittelbare Sinneseindrücke beschränkt ist und die Quantenphysik eine Welt beschreibt, die jenseits solcher Eindrücke ist, kann niemand wissen, was ein Elektron wirklich ist. Ich sehe hierin eine notwendige und zureichende Bedingung für die Existenz der physikalischen Welt.

Der paradoxe Dualismus von Welle und Teilchen ist für die Entstehung des Ichs von größter Bedeutung. Lassen Sie mich jedoch zunächst etwas über die Quantenphysik des Es sagen.

Das Es ist nach meiner Ansicht vollkommen von dem mathematischen Gerüst der Quantenphysik bestimmt. Kurz, das Es ist ein Hilbert-Raum, ein mathematischer Raum mit unendlich vielen Dimensionen, wobei jede Dimension einem Quantenzustand der Existenz oder einem meßbaren Attribut entspricht. Ein gewöhnliches Wasserstoffatom besitzt dementsprechend eine unendliche Anzahl von quantisierten Energiezuständen. Diese Zustände sind die Dimensionen seines Hilbert-Raums. Da das Es, Freud zufolge, aus zeitlichen Zuständen besteht, stelle ich die These auf, daß diese Freudschen Zustände nichts anderes sind als Energiezustände des komplexen menschlichen Energiesystems. Ich behaupte ferner, daß Energiezustände und emotionale Zustände ein und dasselbe sind. Wenn also etwas Physikalisches eine Energietransformation erfährt, drückt es ein Gefühl aus.

Nicht alles, was energetisch zum Ausdruck kommt, wird jedoch gefühlt. Was wir als Gefühl bezeichnen, beruht auf einer Transformation von Energiezuständen, und diese Transformation setzt ein recht komplexes Netz von Empfindungen voraus. Beim Menschen besteht dieses Netz im Nervensystem und im Gehirn.

Vielleicht sollte ich betonen, daß «Gefühl» und «Empfindung» für mich nicht dasselbe sind. Ich verwende diese Ausdrücke im Sinne von C. G. Jung. Über Empfindungen läßt sich leichter etwas sagen; sie beruhen darauf, daß Elektronen oder andere elektrisch geladene Teilchen von einem Ort zum anderen wandern. Eine Empfindung setzt einen Störfaktor oder ein störendes Ereignis voraus, beispielsweise einen Nadelstich auf der Haut oder ein Zuckermolekül, das mit einer Geschmacksknospe in Berührung kommt. Die Empfindungen umfassen

Schwingungen, Wärme, Kälte, Geschmack, Geruch, Licht- und Schall-
eindrücke. Eine Empfindung muß an irgendeiner Stelle des Körpers
aufgenommen werden. Über die Haut nehmen wir einen Nadelstich
oder eine Wärmeempfindung auf, die Zunge nimmt die Geschmacks-
empfindung auf. Empfindungen entsprechen dem quantenphysikalischen Vorgang der Ortung eines Teilchens mit Hilfe eines Wahrneh-
mungsapparates im Körper, gewöhnlich einer Nervenendung.

Gefühle sind etwas anderes als Empfindungen; sie lassen sich schwerer beschreiben und entsprechen der *Bewertung* einer Empfindung. Je
nachdem, ob sie von einem lieben Freund oder jemandem ausgeht, der
verärgert ist, kann eine Schwingung als gute oder als schlechte «Schwingung» bewertet werden. Der Geschmack von gutem Essen vermittelt
einem ein «wunderbares» Gefühl, und nachdem man auf dem empfindlichsten Teil seiner Anatomie einen Schneehügel hinuntergerutscht ist,
hat man ein Gefühl der Behaglicheit, wenn man seinen Hintern am
Feuer wärmen kann. Die streichelnde Berührung des Partners oder die
Wärme des Feuers sind nur Empfindungen. Gefühle können zwar auf
Empfindungen beruhen, sind aber nicht von ihnen abhängig. Man kann
Gefühle haben, ohne daß diese durch Empfindungen hervorgerufen
werden, zum Beispiel im Traum oder in der Erinnerung. Den Gefühlen
entsprechen in meinem Quantenmodell der Psyche Wellen, den Empfindungen entsprechen Teilchen.

Man würde keine Gefühle empfinden, wenn die Nervenzellen keine
Membrangrenzen hätten. Gefühle, die man empfindet, beruhen auf
körperlichen Empfindungen, die durch elektrische Veränderungen an
den Grenzen von Nervenzellen hervorgerufen werden (siehe 15. Kapitel). Gefühle, die man empfindet, sind daher Gefühle, die in Empfindungen transformiert sind. Wenn sich ein Gefühl äußert, hat der Körper
eine Empfindung. Diese Empfindung läßt sich jedoch nicht vollständig
bestimmen, wenn das entsprechende Gefühl stark ist. Hier verhält es
sich ähnlich wie bei der Komplementarität zwischen dem Ort eines
Teilchens und der Wellenbewegung in der quantenphysikalischen Beschreibung der Materie. Die Teilchen, die man bei einem physikalischen
Experiment «sieht», sind Energiezustände, die durch ein unter elektrischer Spannung stehendes Ortungsinstrument, etwa eine Blasenkam-
mer, in Orte im Raum transformiert werden.

Das Ich ist ein Konstrukt, das aus Energietransformationen entsteht,
die sich als körperliche Empfindungen äußern. Man kann daher nicht
einfach sagen, das Ich existiere im Gehirn; es existiert überall, wo Zel-

len Grenzen haben, und es existiert immer dann, wenn an diesen Grenzen eine räumliche Veränderung erfolgt. In einem gewissen Sinne hat jede Zelle ein Ich. Man muß sogar jedem Lebewesen, das eine Oberfläche hat, ein Ich zusprechen. Selbstverständlich haben Tiere ein Ich, und dies gilt auch für Pflanzen, Amöben und andere einzellige Lebewesen.

Um die Entstehung und Veränderung des Ichs zu begreifen, müssen wir noch einmal auf den wichtigsten Faktor der Quantenphysik zurückkommen, den Beobachtereffekt.

DER BEOBACHTEREFFEKT   Durch den Beobachtereffekt ist jede Beobachtung von einem plötzlichen, irreversiblen Sprung in dem beobachteten Objekt begleitet. Hat ein Atom zuvor in einem zeitlosen Zustand «ohne Energie» existiert, bestand es, anders gesagt, in einer Überlagerung aller möglichen Energiezustände von gleicher Wahrscheinlichkeit, so nimmt es, wenn man sein Licht sieht und seine Energie mißt, plötzlich einen bestimmten Energiezustand an, indem ein Lichtphoton auftritt.

Diese plötzliche Realisierung ist ein nichtstetiger Quantensprung aus einem Zustand in einen anderen innerhalb des Hilbert-Raums, wie ihn die Mathematiker nennen. Dieser Sprung, bei dem, wie ich oben gesagt habe, «das Quiff platzt», hängt mit dem Meßapparat zusammen. Das ergibt sich aus dem quantenphysikalischen Komplementaritätsprinzip.

Dieses Prinzip besagt, daß jede Messung, die man erhält, jedes Objekt, das sich beobachten läßt, mit einer spezifischen quantenphysikalischen Wellenfunktion, einem Quiff, verknüpft ist. Dieses Quiff ist seinerseits die Summe anderer Quiffs. Jedes Glied der Summe ist selbst ein Quiff, das eine komplementäre Observable repräsentiert. Das Quiff, das zum Beispiel den Energiezustand «sich gut fühlen» repräsentiert, setzt sich zusammen aus komplementären Denkzuständen, Zuständen, die kein Gefühl haben, sondern selbst Gedanken sind. Solche Gedanken sind beispielsweise «ich fühle mich gut» und «ich fühle mich elend». Wenn Sie also versuchen, sich über Ihre Gefühle klarzuwerden, und dazu den Denkapparat an Stelle des komplementären Gefühlsapparats in Gang setzen, dann werden Sie darüber, wie gut Sie sich tatsächlich fühlen, «gemischte Gefühle» haben.

Greifen wir dazu noch einmal auf das bereits verwendete Beispiel zurück. Wenn man beim Geschlechtsverkehr seine körperlichen Empfindungen in Gefühle verwandelt, wird man kaum einen Gedanken daran verschwenden. Die sublimsten und schönsten Gefühle erlebt man gerade dann, wenn man *nicht* daran denkt; darum geht es ja überhaupt beim Geschlechtsverkehr. Sobald man aber bei sich denkt: «Würde mein Partner doch dies tun», oder: «Würde ich doch das und das empfinden», dann wird man zwar weiterhin Empfindungen haben, aber die Gefühle werden sich völlig ändern.

Ein weiteres Beispiel: Von einem Redner lassen wir uns oft «mitreißen», wenn er uns besonders sympathisch ist oder seine Erscheinung Eindruck auf uns macht. Wenn wir die gleichen Ausführungen jedoch lesen, reagieren wir vielleicht mit Geringschätzung. Der Redner erregt unsere Gefühle, und unsere Fähigkeit, dem Inhalt nüchtern zu folgen, ist herabgesetzt. Mit solchen komplementären Methoden sind Diktatoren an die Macht gekommen, vielleicht sogar Präsidenten. Ähnliche Beispiele sind in vielen alten Sprichworten enthalten: Eine altüberlieferte jiddische Redensart lautet: «Wenn der Penis aufsteht, geht das Gehirn schlafen.»

Denken und Fühlen sind komplementäre, mit einem breiten Spektrum von Gedanken und Gefühlen verbundene Operationen. Nicht anders verhält es sich mit der Wahrnehmung und dem intuitiven Erkennen. Das intuitive Erkennen beruht auf körperlichen Empfindungen und ist ihnen in der gleichen Weise komplementär, wie Gefühle auf Gedanken beruhen und mit ihnen verknüpft sind. Das Sträuben der Nackenhaare ist der empfindungsmäßige Ausdruck der intuitiven Erkenntnis, daß jemand hinter Ihnen steht oder daß in der allernächsten Zukunft etwas passieren wird. Wenn der angesprochene psychische Apparat «am Denken» ist, werden die Gefühle verändert und in vielen Fällen undefinierbar. Ist dieser Apparat «am Fühlen», werden die Gedanken verändert und in vielen Fällen undefinierbar. Jede Beobachtung bewirkt eine Unterdrückung, sei es von Gefühlen, wenn Gedanken auftauchen, oder von Gedanken, wenn Gefühle auftauchen.

Mit jeder Beobachtung geht daher eine Unterdrückung von komplementären Beobachtungen einher. Der Apparat, der die entsprechenden Entscheidungen trifft, liegt im Es und geht aus ihm hervor: Es ist das Ich.

Entstehung und Erzeugung von Ich, Streß und Schmerz

Der Wirkungsbereich des Ichs ist der Körper-Geist. Unter dem Körper-Geist ist der Grenzbereich zwischen dem Körper und dem Geist zu verstehen. Bei näherem Hinschauen beginnt sich die Grenze zu verwischen, und zwischen dem, was wir Körper nennen, und dem, was wir Geist nennen, läßt sich nicht mehr unterscheiden. Der Körper-Geist ist vermutlich ein sehr altes Gebilde. Tiere besitzen einen wohldefinierten Körper-Geist, weil ihre Denkmuster wahrscheinlich einfacher sind als unsere. Der Körper-Geist etwa einer Amöbe ist das Tier selbst. Nur in unserem eigenen Falle wird die Differenzierung zwischen Körper und Geist so kompliziert, weil wir fähig sind, Gedanken und andere Abstraktionen einander mitzuteilen.

«Der unerleuchtete Körper-Geist», schreibt Da Free John, «beruht auf den Folgen der *Selbst-Einengung*. Die Selbst-Einengung äußert sich in der Absonderung des Selbst vom transzendentalen Urzustand und von allen anderen Formen eines vermeintlichen Nicht-Selbst sowie in der eigenständigen Definition des Selbst und dem ständigen Bemühen um eigenständige Selbst-Erhaltung. Das selbst-bezogene oder selbst-einengende und selbst-erhaltende Daseinsverständnis äußert sich in einer Psychologie der Furcht und des Konflikts gegenüber allem, was Nicht-Selbst ist.»

Yogananda beschreibt, wie im *Sankhya-* und im *Yoga*-System normale mentale Funktionen miteinander zusammenhängen. Es heißt bei ihm:

Die Reize des Tast-, Gesichts-, Geschmacks-, Gehör- und Geruchssinnes, auf die wir reagieren, werden durch Schwingungsänderungen von Elektronen und Protonen hervorgerufen.

Diese beruhen ihrerseits auf der, wie es heißt *Māyā* des Dualismus. *Māyā* bedeutet «kosmische Illusion»; es bedeutet außerdem «der Messende». *Māyā* ist demnach die magische Kraft in der Schöpfung, die im Unermeßlichen und Unteilbaren scheinbar Beschränkungen und Teilungen entstehen läßt.

Sowohl Da Free John als auch Yogananda gehen auf die Trennung zwischen dem sogenannten Selbst und dem Nicht-Selbst ein. Man kann diese Trennung in seinem eigenen Bewußtsein nachvollziehen. Versuchen Sie einmal in einem ruhigen Augenblick, nachdem Sie alle Ablenkungen soweit wie möglich ausgeschaltet haben, sich des Selbst bewußt zu werden, das sich der gewöhnlichen Sinneseindrücke, die Sie erfahren, bewußt ist. Schließen Sie zum Beispiel für kurze Zeit die Augen. Schauen Sie zu, wie Gedanken in Ihnen auftauchen, aber hängen Sie ihnen nicht nach. Lassen Sie sie einfach vorbeiziehen, indem Sie gewahr sind, daß Sie Gedanken haben. Lenken Sie ihre Aufmerksamkeit dann auf den Prozeß des Denkens selbst. Dabei wird Ihnen die Trennung zwischen dem Denken und dem Denkenden, dem Selbst (oder dem Denker) und dem Nicht-Selbst (den Gedanken), bewußt werden.

Sobald wir uns mit unseren Gedanken, Empfindungen, Gefühlen oder Intuitionen identifizieren, beginnen wir, wie besessen das Spiel der *Māyā* zu spielen. Wenn wir zu dem zeitlosen, gedankenlosen, gefühllosen und intuitionslosen Zustand zurückkehren, lassen wir von diesem Spiel ab, aber gleichwohl *leben* wir.

Die egozentrische Lebensweise beruht somit auf der fundamentalen Illusion, daß alles Seiende ewig und für immer getrennt existiert. Aus dieser Illusion erwächst das unselige Bestreben, Macht über das Dasein anderer auszuüben. Angst, Leid und Ärger müssen sie schon deshalb begleiten, weil ihr ein fundamentaler Irrtum zugrunde liegt.

Das Körperquant-Modell, das ich hier vorschlage, ist ganz einfach; seine Grundlage ist der Beobachtereffekt, der sich auf jeder quantenphysikalisch definierten Ebene auswirkt, sei es bei einem Teilchen, einer Gruppe von Teilchen, einer Zelle oder einem Neuron. Und natürlich wirkt er auch in Menschen.

Betrachten wir ein Elektron, das sich nur innerhalb eines begrenzten Raums bewegen kann, aber ansonsten von jeder Wechselwirkung frei ist. In der Quantenphysik nennt man ein solches System «ein Teilchen in einem Kasten» (siehe Abbildung 45). Das auf diese Weise beschränkte Teilchen kann nicht außerhalb des Kastens existieren. Immer, wenn es an die Grenze stößt, wird es – im Sinne der klassischen Physik gesprochen – abprallen und in den umgrenzten Bereich des Kastens zurückgeworfen.

Im Sinne der neuen Physik besitzt das Teilchen überhaupt keinen wohldefinierten Ort innerhalb des Kastens. Besäße es ihn, dann hätte es einen Impuls oder eine Energie von enormer Unschärfe, und es würde mit einer gewaltigen Energie aus dem Kasten entweichen. Wir können dem Teilchen nicht in jedem Augenblick einen bestimmten Ort zuschreiben, sondern müssen statt dessen von dem Quiff oder der Wahrscheinlichkeitswelle des Teilchens sprechen, die an den Grenzen des Kastens verschwindet. Das heißt, daß die Wahrscheinlichkeit, das Teilchen an der Grenze anzutreffen, gleich Null ist.

Die Grenzen des Kastens wirken auf das Quiff des Teilchens in der gleichen Weise wie eine Klemme auf einer Guitarrensaite. Die Klemme sorgt dafür, daß der abgeklemmte Teil der Saite nicht schwingen kann, so daß nur Töne von einer bestimmten Höhe auf der Saite gespielt werden können. Die Saite muß danach mit einer bestimmten Anzahl von halben Wellenlängen schwingen.

Der Quantenphysik zufolge können nur bestimmte Energiezustände für das Teilchen im Kasten gemessen werden. Aufgrund der Randbedingungen wird das Teilchen daher nur in bestimmten Energiezuständen vorkommen.

Würden die Grenzen des Kastens erweitert und sein Volumen zuneh-

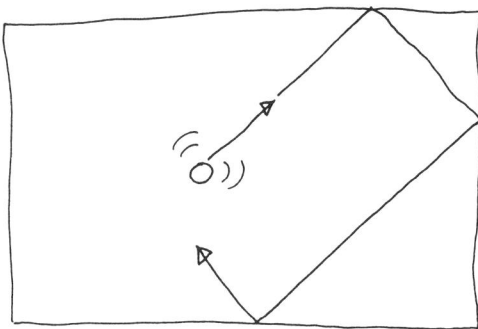

ein klassisches Teilchen in einem Kasten

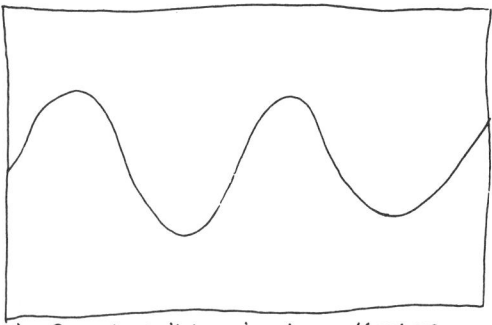

ein Quantenteilchen in einem Kasten

Abbildung 45

men, dann würden die Energiezustände enger zusammenrücken; würden die Grenzen des Kastens dagegen eingeengt und das Volumen abnehmen, so würden die Energiezustände explosionsartig auseinanderstreben. Mit anderen Worten, die Energieänderungen, die sich in dem vom Elektron ausgesendeten Licht äußern, würden um so größer sein, je kleiner der Kasten ist. Ein Elektron, das in einem Kasten von Zimmergröße umherschweifen könnte, würde, wenn es Licht abstrahlt, winzige Energieänderungen erfahren, während ein Elektron, das in ein Atom eingesperrt ist, sehr viel größere Energieänderungen erfahren würde.

Bei der Entstehung oder Bildung des Ichs aus begrenzten Systemen verhält es sich ganz ähnlich wie bei den Teilchen im Kasten. Zunächst, bei den ersten Sinneseindrücken, ist die Ich-Grenze recht weit; zwischen den Grenzen des Ichs und den Grenzen des gesamten Universums wird nicht differenziert. Das Neugeborene zum Beispiel macht zwischen sich und dem ihn umgebenden Universum keinen Unterschied: Es ist allwissend. Anschließend ist der Sinnesapparat jedoch Ereignissen ausgesetzt, die mit Schmerz oder Lust verbunden sind. Jetzt bildet sich das Ich des Kindes.

In meinem vereinfachten Modell existiert der ursprüngliche Ich-Zustand – das Ich, das Sie hatten, bevor Sie geboren wurden – in einem stabilen, begrenzten, aber recht weiten Raum: dem gesamten Universum. Doch die ersten Erfahrungen engen Ihr Ich rasch auf die unmittelbare Umgebung ein. In diesem Raum liegen die Energieniveaus nah beieinander, und auf den zwischen ihnen stattfindenden Transformationen beruht die sinnliche Erfahrung. Anschließend kommt es jedoch zu einem wichtigen und notwendigen Prozeß: der Strukturierung des Wissens. Es kommt zu einer Unterteilung, und zwischen der Außen- und der Innenwelt wird eine künstliche Grenze gezogen. Diese Unterteilung ist ganz und gar künstlich, sie ist ein Akt des unterscheidenden Bewußtseins, ein Wissensakt. Man könnte meinen, dieser Wissensakt sei epistemologischer Natur, aber tatsächlich ist er ontologischer Natur: Die Welt des Kindes ist in einen Wissenden und ein Gewußtes aufgeteilt worden.

Das Verhalten des Ichs ähnelt somit dem Verhalten des Teilchens im Kasten (siehe Abbildung 46). Bei einer Lernerfahrung wird das Ich in der gleichen Weise eingeengt, wie die Grenzen des Kastens enger werden. (Denken Sie an eine Amöbe, die auf ein fremdes Objekt stößt.) Wenn die Einengung des Kastens rational ist in dem Sinne, daß das Längenverhältnis der Seiten des Kastens vor und nach der Einengung einen ganzzahligen Bruch ergibt, wird der Energiezustand des Teilchens

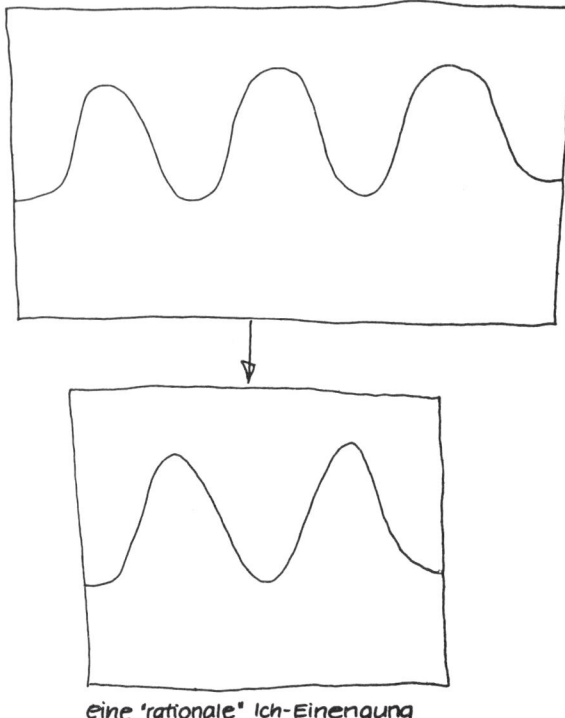

eine 'rationale' Ich-Einengung

Abbildung 46

im Kasten stabil sein. In bezug auf das Ich sagen wir, daß die Ich-Einengung eine Welterfahrung repräsentiert. Sie enthält eine Repräsentation der Erfahrung in dem gleichen Sinne, wie ein Miniaturobjekt das Originalobjekt repräsentiert.

Ist die Einengung des Kastens irrational in dem Sinne, daß das Seitenverhältnis vor und nach der Einengung eine irrationale Zahl, beispielsweise die Quadratwurzel aus 2, ergibt, so wird der Energiezustand des Teilchens in dem engeren Kasten nicht stabil sein (siehe Abbildung 47). Das Teilchen wird sich in einem Zustand befinden, in dem die Energie unbestimmt ist. Das Ich wird ein Trauma erleben; es entsteht eine mit dem Zustand verbundene Erinnerung, aber sie wird nicht angenehm sein. Was den Kasten betrifft, werden die Energiezustände, weil das System kleinere Grenzen hat, weiter auseinanderliegen, wie schon erwähnt. Dadurch wird es schwieriger, Energieänderungen hervorzurufen. Darum sind eingeengte Kästen stabiler. Entsprechend heißt es aber auch, daß es schwierig ist, das Ich mit energetischen Methoden, etwa durch körperliche Aktivität, zu verändern.

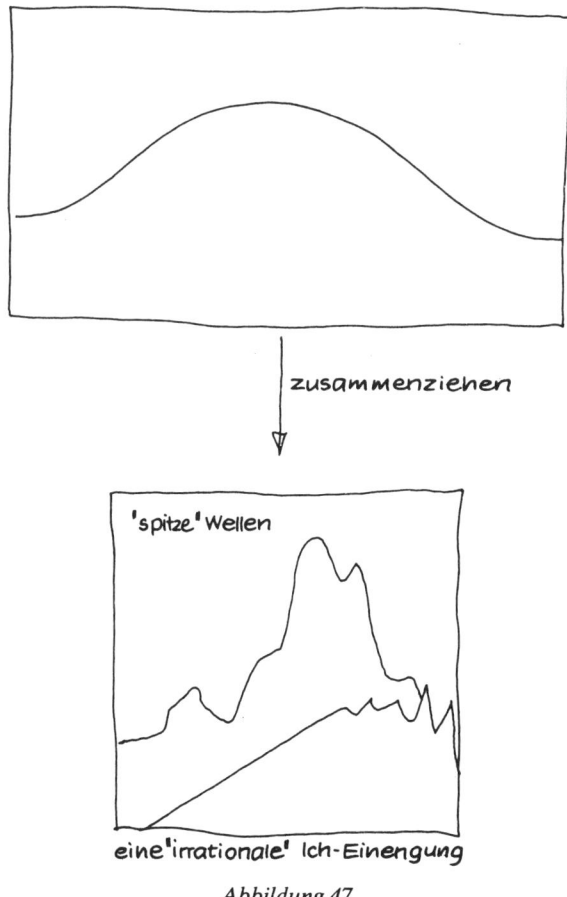

Abbildung 47

Könnte das Ich sich erweitern, so würde das Erinnerungsmuster auseinanderreißen, ganz ähnlich wie eine Erweiterung des Kastens die Energiezustände auseinanderreißt. Die Ich-Erweiterung würde das Muster zerbrechen und ein erneutes Lernen ermöglichen.

Wenn Erweiterungen und Einengungen erfolgen, entsteht Spannung oder das Gefühl von Kräften. Auf den Kasten bezogen ist Spannung eine physikalische Kraft, die auf das Teilchen wirkt; auf das Ich bezogen ist Spannung das Gefühl, daß der Streß wächst oder sich löst.

Bei einer rationalen Einengung entstehen keine Spannungsspitzen; eigentlich gibt es nichts, was auch nur an eine stattgefundene Änderung erinnern könnte – nichts, einmal davon abgesehen, daß das Teilchen jetzt auf einen engeren Raum beschränkt ist. Die Energieänderungen, die es jetzt erleidet, werden daher entsprechend größer sein. Auf das Ich übertragen bedeutet das, daß es schwerer fällt als vor der Einengung, durch Änderungen des Gefühls Erfahrungen zu reproduzieren. Mit anderen Worten, im eingeengten Zustand ist mehr Arbeit und Energie erforderlich als im ursprünglichen Zustand, um bei dem Teilchen im Kasten Energieänderungen hervorzurufen.

Lernen vollzieht sich wahrscheinlich durch rationale Einengung ohne Spannung. Das Ich hat sich gebildet ohne ein reales Bewußtsein davon, daß es Gestalt angenommen hat. Offensichtlich hat aber die Spannungslosigkeit ihren Preis. Um Gefühlsänderungen in der zellulären Struktur zu bewirken, ist jetzt mehr Arbeit erforderlich.

Die irrationale Einengung (mit Spannung) erzeugt Schmerzen oder Kraftspitzen, die die Grenzen der Zelle durchbrechen. Dadurch wird das Ich zu einer Änderung dieser Situation bewegt, sei es durch weitere Einengung, sei es durch Erweiterung des Ichs. Damit meine ich aber nicht eine Aufblähung des Ego, sondern eine Ich-Erweiterung in dem physikalischen Sinne, daß das Teilchen jetzt bestrebt ist, einen größeren Raum einzunehmen, als es ihn vorher hatte.

Physik der Ich-Erweiterung, Streßlösung und Lust

Die Einengung oder Ausdifferenzierung des Seienden zu voneinander getrennten, selbstbesessenen Einheiten führt unausweichlich zu Schmerz oder Langeweile. Lust ist damit nicht verbunden, und doch scheint die Selbst-Einengung ein ursprünglicher, mit dem Überleben zusammenhängender Trieb zu sein. Die Einengung kann, wie aus meinem einfachen Modell hervorgeht, nur zu negativen Emotionen führen, die mit Schmerz, Kummer, Ärger und allen möglichen destruktiven Handlungen verbunden sind. Davon muß jedoch eine Erinnerung bleiben. Durch die Einengung der Ich-Zelle wird die Welt größer und unfreundlicher. Die sich selbst einengende Einheit programmiert sich ja im Grunde für die Selbstvernichtung, ähnlich wie die Hauptperson in *The Incredible Shrinking Man*. Doch wir Menschen verharren in der Illusion. Bedenken Sie, daß bei enger werdendem Ich mehr Arbeit erforderlich ist, um überhaupt etwas zu fühlen. Das letztlich ersehnte Ziel der ichhaften Existenz ist deren Einengung auf die Größe von Atomen. Nicht zufällig sind wir heute physisch in der Lage, unser Ich auf dieses Ausmaß schrumpfen zu lassen. Man braucht nur einige Atombomben zu zünden.

Doch was können wir gegen die Einengung tun? Die Antwort der Quantenphysik lautet: Erweiterung. Was passiert, wenn man einem Teilchen im Kasten mehr Bewegungsspielraum bietet? Die einzige Folge ist ein Ansteigen der Spannung, das man als Lust, Schmerz und vielleicht sogar Erleuchtung auffassen kann.

Erweiterung ist jedoch nicht das Gegenteil von Einengung. Es gibt keine Erweiterung, die zu einem spannungslosen Dasein führen würde. Wenn die Grenzen eines quantenphysikalischen Systems erweitert werden, treten immer Kräfte auf. Die zuvor begrenzte, zeitlose Welle findet sich nach der Erweiterung in einem größeren Raum wieder, und wie eine Welle schwappt sie in diesem Raum hin und her, um ein Gleichgewicht bemüht, das sie niemals findet (siehe Abbildung 48).

Ich glaube, daß diese Kräfte im Ich physische Lust auslösen, einfach deshalb, weil es schwingende Spannungen oder wiegende Empfindungen sind. Die Frequenz dieser Spannungsschwingungen hängt natürlich von der Größe der Zelle und der Masse des darin eingeschlossenen Teilchens ab.

Auf dieser Differenz beruht die Unterscheidung zwischen Lust und Schmerz. Lust ist, mit anderen Worten, die zeitliche Änderung von Spannungen oder Kräften, die in zellulären Einheiten oder Ich-Strukturen mehr oder weniger stetig erfolgt. Je mehr das Muster einer Sinuswelle ähnelt, desto größer ist die Lust. Spannungsspitzen dagegen, die bei irrationaler Schrumpfung stets auftreten, rufen in allzu kurzer Zeit eine allzu starke Veränderung in der Zelle hervor, und sie zuckt vor Schmerz oder Zorn. Der Unterschied zwischen Lust und Schmerz ist einfach ein Unterschied der Frequenz. Bei sich ändernder Frequenz verspürt das Ich irgendwo zwischen Lust und Schmerz eine Schwelle. Dieses Gefühl könnte das Ergebnis eines explosiven Anfangszustandes von hoher Energie sein, der das plötzliche Gefühl der Erleuchtung hervorruft, ein Gefühl, das irgendwo zwischen Schmerz und Lust liegt.

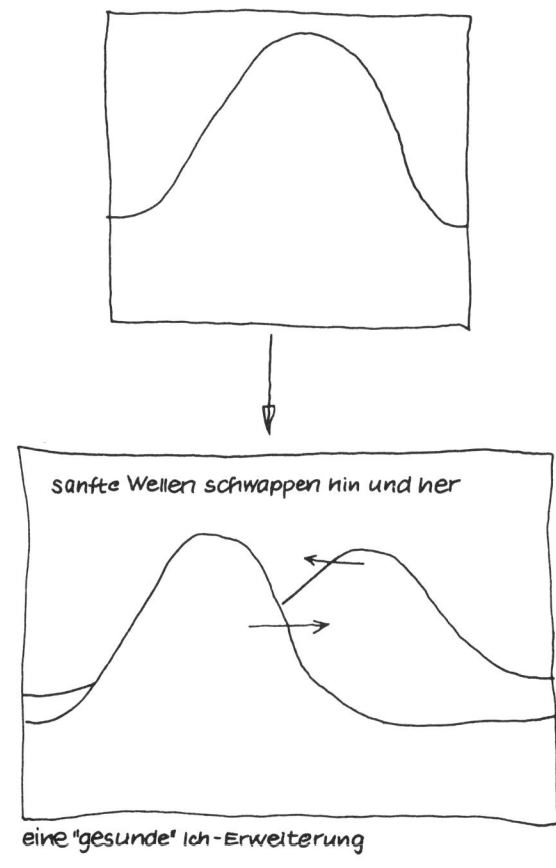

Abbildung 48

Das Ich des Körperquants

In diesem Kapitel wurde gezeigt, daß die Quantenphysik aus der Welt der toten, trägen Materie auf die Welt des lebenden Körper-Geistes übertragen werden kann. Das Ich ist nach meiner Ansicht eine quantenphysikalische Konstruktion unseres Gehirns und Nevensystems, ähnlich der Quantenwelt eines Teilchens im Kasten. Nach Freud ist in unserem Gehirn ein psychischer Apparat vorhanden, aber worin dieser Apparat bestehen könnte, sagt er nicht. Insbesondere sagt er nichts darüber, wie unser Es und unser Ich entstehen.

Nach meiner Ansicht ist das Es ein mathematischer Raum, ein Hilbert-Raum, zusammengesetzt aus der großen Zahl der möglichen verschiedenen Energiezustände des physikalischen Nervensystems. Das Ich entsteht aus dem Es als eine physikalische Operation mit der Tendenz zu entscheiden, welche Zustände beobachtet werden. Das Ich ist demnach eine Oberfläche in dem abstrakten Raum; es ist außerdem eine Oberfläche im Körper. Es wirkt durch Einengung und Erweiterung der Oberfläche der physischen Neuronen. Eine rationale Einengung führt zur Reproduktion einer physischen Erfahrung, zu Erinnerungen; eine irrationale Einengung zieht eine schmerzhafte Erinnerung nach sich. Eine Ich-Erweiterung, die gleichbedeutend ist mit einer physischen Erweiterung der neuralen Oberflächen, führt zu Lust. Das Ich ist daher durch Schmerz und Lust begrenzt und existiert zwischen Erweiterung und Einengung.

Streßlösung ist stets mit Lust verbunden und daher mit einer Erweiterung der neuralen Grenzen. Wenn Streß gelöst wird, vollzieht sich in allen Zellen des Körpers eine entsprechende Erweiterung. Weil zwischen Gedanken und Gefühlen Komplementarität besteht, wird es dem Ich niemals gelingen, alle möglichen physischen Erfahrungen der Welt zu reproduzieren. Die Menschen sind unglücklich, weil sie diese Tatsache nicht begreifen.

33. Die Transformation
des Körper-Geistes

Im vorigen Kapitel habe ich anhand eines einfachen Modells zu erläutern versucht, wie das Ich entsteht und in welcher Weise dies mit einer Selbst-Einengung verbunden ist. Die Energieänderungen eines Teilchens in einem Kasten werden bei einer Erweiterung tatsächlich sanfter. Das heißt, daß Übergänge zwischen Energieniveaus mit einer Erweiterung der Grenzen stetiger werden, und umgekehrt, daß Energieänderungen unstetiger werden, wenn die Grenze zusammenschrumpft.

Ein Modell für die Gesundheit

Energieänderungen in dem Kasten sind mit Veränderungen von Gefühlen im Ich verbunden. Je kleiner die Ich-Strukturen, je kleiner buchstäblich das Ich ist, desto schmerzlicher wird die mit einer Reproduktion von Erfahrung oder Erinnerung verbundene Lernerfahrung sein. Umgekehrt gilt: Je größer die mit neuen Erfahrungen und Gefühlen verbundene Ich-Struktur ist, desto leichter wird das Erlernen neuer Erfahrungen und desto sanfter werden die Gefühlsänderungen sein.

Entscheidend kommt es hierbei auf den Wert der Ganzheit an. Wenn das Ich sich erweitert und den ganzen Körper umfaßt, so daß der ganze Körper zum Körper-Geist wird, werden Lernen und Dasein lustvoll. So leicht dies erscheinen mag, ist es doch nicht das übliche Verhalten, das wir Menschen erlernen. Die uns westlichen Menschen anerzogene rationale Analyse zielt darauf, die Erfahrung in immer kleinere Einheiten zu zerlegen. In der modernen Hirnforschung suchen wir nach den Einheiten, die den einzelnen Sinnesvermögen des Menschen entsprechen.

Wir entwerfen das Bild des Homunkulus, eines kleinen menschlichen Wesens in uns, dessen sensorischer Apparat auf unserer Großhirnrinde liegt und dessen Züge entsprechend unseren Sinnesvermögen verzerrt sind, proportional zu den jeweiligen Rindengebieten. Wir bringen das Lernen mit bestimmten Gebieten des Gehirns in Zusammenhang.

Der erleuchtete Zustand transzendiert jedoch die Spezialisierung der Erfahrung innerhalb von wohldefinierten Grenzen. Je kleiner wir unsere Ich-Struktur durch irrationale Selbst-Einengung werden lassen, desto mehr wächst unser Unbehagen; je heftiger unser Schmerz, desto schwerer fällt es, zu lernen und die Außenwelt zu reproduzieren; je größer uns die Außenwelt erscheint, desto weniger erleuchtet sind wir. Der erleuchtete Zustand reicht über die Ich-Existenz hinaus, indem er das Ich über jene Grenzen hinaus erweitert, die zuvor durch die Tätigkeit des Bewußtseins errichtet wurden.

Diese Tätigkeit kann in Ich-Einengungen bestehen, die das Bewußtsein in kleinere Ichs einschließen, sie kann aber auch in Erweiterungen bestehen, die durch das Miteinanderverschmelzen von Einheiten größere Einheiten entstehen lassen und das Bewußtsein augenblicklich befreien. Das Miteinanderverschmelzen heißt nicht bloß, daß ein Kollektiv von Ichs entsteht, sondern es ist gleichbedeutend mit der Auflösung der Ich-Grenzen. Gab es in dem Raum, den zwei Zellen einnehmen, vor der Verschmelzung zwei Ichs, so ist es nun ein einziges Ich. Die beiden Zellen verstehen sich nicht länger als getrennte Zellen. Die neue Einheit ist durch die Ich-Erweiterung in einem ganz realen Sinne klüger geworden, als es die zwei vorher waren.

In dem Maße, in dem sich immer mehr zelluläre Einheiten in einer Bewußtseinsverschmelzung verbinden und ihre eigensüchtigen Grenzen auflösen, wird das sie repräsentierende Quiff immer umfassender und erstreckt sich über immer weitere Regionen des Raums. So entsteht jene Form des Gewahrseins, die wir üblicherweise als Bewußtsein bezeichnen.

Gesundheit wird in diesem Sinne zu einer einfachen Prozedur. Wenn man gesund machen will, muß man etwas einbeziehen, wenn man krank machen will, muß man etwas ausschließen. Ausschließen heißt, sich dessen, was einen stört, nicht bewußt zu sein, es zu leugnen, zu ignorieren. Einbeziehen heißt, es zu beachten. Gesundheit ist nichts anderes als die bewußte Wahrnehmung dessen, was uns schmerzt. Schmerz entsteht immer durch Ausschließung, bei der das Bewußtsein in kleinere Einheiten übergeht; Lust oder Erleuchtung entsteht immer, wenn «schmerz-volle» Einheiten in das Ganze einbezogen werden.

Ein globales Modell für die Gesundheit

Von einer bestimmten Schmerzintensität an befindet sich die Zelle in einem hochenergetischen Zustand. Ihre Erweiterung ist nicht unbedingt eine angenehme Erfahrung. Je größer die anfängliche Energie der «ungeliebten» Zelle ist, desto intensiver ist die mit der Befreiung aus der Einsamkeit verbundene Erfahrung.

Dieser Gedanke läßt sich auf die menschliche Kultur übertragen. In ihr gibt es eine Furcht vor liebevollen Beziehungen, eine Furcht davor, unser Ich über unsere Körpergrenzen hinaus zu erweitern.

Technische Perfektion bei gleichzeitiger Ich-Beschränktheit des Menschen und der Gesellschaft kennzeichnen nach Ansicht zahlreicher spiritueller Lehrer unsere Zeit. Ein grobschlächtiger Materialismus läßt den Menschen keine Wahl, sondern macht sie zu gefangenen, gefährdeten Tieren. Da Free John drückt das so aus: «Wir alle fühlen uns unter Druck, erfüllt von Verlangen, Frustration, Furcht, Verzweiflung und Aggressionsbereitschaft.»

Die Werbung benutzt den Sex als Verkaufshilfe, weil wir einfach von Sex besessen sind. Diese Besessenheit hängt mit der ständig wachsenden Todesfurcht zusammen. Unsere Sexbesessenheit und unsere Neigung zur Beschäftigung mit den Problemen des Sex, des Körpers und der Gesundheit sind nicht verwunderlich. Eine bessere Ernährung oder eine anziehendere Figur werden jedoch unser Problem nicht lösen; die Lösung liegt in der Erkenntnis, daß wir einer großen Illusion nachjagen. Indem wir immer nur die materiellen Aspekte des Überlebens betonen, schaffen wir fortgesetzt eine ich-besessene Gesellschaft, eine Gesellschaft von Ichs, die einer materialistischen Gehirnwäsche erlegen sind. «Reale Werte bieten Sicherheit» – das scheint das Motto unserer Zeit zu sein.

Doch die «realen Werte» sind nicht «real». Wahre Sicherheit findet man erst im vollen Bewußtsein der Realität, die ein lebendiger, universaler Lebensstrom ist, eine Manifestation der Quiffheit. Im spirituellen Sinne sprechen wir vom «Körper Gottes», ohne zu wissen, was das sein könnte. Um die Ich-Erweiterung, von der ich spreche, zu erfahren, müssen wir der Furcht vor der Erweiterung trotzen. Diese Furcht erleben wir als die Furcht vor dem Tod. Dabei haben wir alle den Tod schon erfahren, immer dann, wenn wir ein Opfer gebracht haben. Die Wendung, mit der die Mutter ihren Sohn fragt: «Sag die Wahrheit, Georg, hast du die Vase zerschlagen?», hat Georgs Ich Tode sterben lassen, als er die Wahrheit sagte. Georg hätte aber auch gelitten, wenn er gelogen hätte; sein Ich wäre durch die Lüge noch stärker eingeengt worden.

Unsere Gesellschaft lebt von ihren Lügen. Wenn wir leben können, ohne «uns ständig mit unserer eigenen Kreativität vollzustopfen, weil wir sonst untergehen müßten», dann werden wir erfahren, daß dieses streßerfüllte Dasein sich buchstäblich in Nichts auflösen kann. Ein Geist der Vereinigung wird eine Welle von Transformationen des Körper-Geists um die ganze Welt gehen lassen. Menschliches Leid wird nach der Erleuchtung nur noch Stoff für Hollywood-Filme sein, und statt Menschen in der Realität leiden zu sehen, gehen wir dann ins Kino.

Nachwort:
Die Zukunft des Körpers

Wenn ich auf dieses Buch zurückblicke, wird mir erneut bewußt, wie herrlich der menschliche Körper ist – kann er doch kurze Distanzen mit einem einzigen Satz überwinden und ein Universum betrachten, das Milliarden von Lichtjahren mißt. Unsere Fähigkeit, den Körper auf vollendetere Weise zu bewegen, als es jede Maschine kann, die wir bislang ersonnen haben, und uns dabei dieser Bewegung vollkommen bewußt zu sein, ist ein Wunder. Wenn wir uns einmal für einen Augenblick als Maschinen betrachten, dann bedenken Sie bitte, daß wir die einzigen Maschinen sind, die die Energiezufuhr *genießen*! Essen ist eine Notwendigkeit – und gleichzeitig für diejenigen, die an den Segnungen unserer Gesellschaft teilhaben, ein großes Vergnügen. Diese Körpermaschine genießt es nicht nur, sich Energie zuzuführen, sie kann sich außerdem selbst reparieren. Sie kann die kompliziertesten Formen molekularen Lebens, wie sie in Pflanzen und Tieren vorliegen, aufnehmen und zu neuen Lebensformen umbauen. Sie baut sie nicht nur um, sondern läßt sie an dem großen Abenteuer der Evolution teilhaben. Und wenn wir uns weiterentwickeln, entwickeln sich auch unsere Proteinmoleküle weiter, unsere DNS und unsere RNS.

Zudem ist diese Maschine, in der wir leben, äußerst empfindlich für Geräusche (eine Trommelfellschwingung von einem Atomdurchmesser wird wahrgenommen), für Drücke, Berührungen, Gerüche (es genügen ein paar Moleküle – vielleicht 5 –, und unsere Nasen verraten uns, daß der Gasherd an ist), für Geschmacks- und Seheindrücke (schon 3 Photonen vermitteln Ihnen einen visuellen Eindruck).

Nicht nur, daß unser Körper empfindlich ist für Sinneseindrücke – unser Geist hat obendrein Mittel ersonnen, um die Organe und Zellen in uns selbst zu beobachten. Dank der Erfindungen von Physik und Technik ist der Körper transparent geworden. Es ist eine atemberaubende Vorstellung, daß Atomkerne in unseren Wassermolekülen komplizierten, computerisierten Sensoren Nachrichten schicken können, die etwas verraten über die Funktion und den Gesundheitszustand von Gebieten, die dem unbewehrten Auge völlig unzugänglich sind.

Und diese Maschine ist bewußt; sie hat jenes Bewußtsein, das uns besonders durch jeden Atemzug unseres Lebens nahegebracht wird. Durch die Atmung wird uns bewußt, daß wir den Lebensprozeß selbst kontrollieren; mit jedem Atemzug nehmen wir Sauerstoffmoleküle auf, bei denen ermüdete Elektronen nach ihrer Reise durch den Körper, bei der sie Energie abgegeben haben, ausruhen können.

Nun haben wir zwar einiges über den Körper erfahren, doch stehen wir noch immer beeindruckt vor seinen Geheimnissen, ja, vor seiner Magie. Wird man jemals wirklich in Erfahrung bringen können, wie Menschen denken oder fühlen, oder ist und bleibt das Leben ein Wunder? Wird die Naturwissenschaft eines Tages das Geheimnis des Lebens lüften, den Zauber zerstören und uns nur kalte Formeln übriglassen?

Ich glaube nicht, daß es so kommen wird, denn schließlich bin ich Quantenphysiker, und ich habe inzwischen erkannt, daß die Geheimnisse des Körpers sich doch ein wenig von den Geheimnissen des Quants selbst unterscheiden. Nein, meine Ausbildung als Physiker hat mir nicht die Ahnung zerstört, daß die Naturwissenschaft das Geheimnis des Lebens niemals lösen, sondern es nur um neue Dimensionen bereichern wird. Ich hoffe, daß auch Sie, lieber Leser, dieses Geheimnis noch tiefer verspüren werden, nachdem Sie dieses Buch gelesen haben und meinen Spekulationen über das Bewußtsein und besonders das Quantenbewußtsein gefolgt sind.

Wir haben über den Körper eine Menge gelernt seit jener Zeit, da Aristoteles erklärte, die Scheidelinie zwischen dem Lebenden und dem Unbelebten sei nicht sichtbar. Diese frühen Vorstellungen haben wir hinter uns gelassen und ein raffiniertes System der Unterscheidung zwischem dem Lebenden und dem Unbelebten entwickelt – ein System, das erst zu Anfang dieses Jahrhunderts durch das winzige Quant erschüttert wurde. Das Quant hat die Scheidelinie erneut verwischt. Wir bestehen aus Körperquanten. Wir sind das Wunder der Verwandlung von Unbelebtem in Leben und von Lebendem in Unbelebtes.

Es könnte aber auch sein, daß *alle* Dinge im Grunde wirklich lebendig sind. Es könnte sein, daß wir mit fortschreitender medizinischer

Erkenntnis einsehen, daß Aristoteles doch recht hatte – es *gibt* keine Scheidelinie!

Betrachten Sie schließlich die wichtige Rolle, die das winzige, aber mächtige Körperquant spielt: die Formen und Inhalte der physikalischen Welt zu Bewußtsein zu bringen. Daß wir über das Geschehen in uns und um uns so vieles und gleichzeitig so wenig wissen (wir können zum Beispiel unser Gehirn und unsere Leber nicht fühlen), wird nur verständlich, wenn wir erkennen, daß ein erst seit wenigen Jahrzehnten bekannter Effekt in der Welt wirksam ist: Die Welt kann sich selbst beobachten und ihre Struktur dadurch verändern. Hier, in unserem eigenen Körper, können wir die wahre Magie der Quantenphysik fühlen, denken, wahrnehmen und genießen. Das Erleben all der schönen Dinge, das wir Leben nennen, verdanken wir in der Tat dem Bewußtsein und der Fähigkeit jedes einzelnen Körperquants, sich selbst zu beobachten. Dadurch wird es möglich, daß unsere Beobachtungen über unsere gegenwärtigen Sinneswahrnehmungen hinauswachsen.

Wohin wird uns das führen? Wenn auch nur einige meiner Spekulationen sich als richtig erweisen sollten, steht uns eine phantastische Reise bevor, vorausgesetzt, wir halten den Planeten Erde zusammen. Durch medizinische Fortschritte wird es möglich werden, nicht nur einzelner Organe und Zellen, sondern sogar der Moleküle, Elektronen und möglicherweise sogar der einzelnen Lichtphotonen bewußt zu werden. (Unsere Netzhaut kann bereits einzelne Photonen wahrnehmen, doch unser Gehirn besitzt noch nicht die nötige Empfindlichkeit, das zu registrieren.) Indem wir bewußt darauf Einfluß nehmen, ob ein Teilchen (etwa ein Proteinmolekül in einer neuralen Membran) eine Welle ist oder nicht, werden wir unseren Körper nach Belieben verändern können. Wenn die Empfindlichkeit und das Bewußtsein auf diese Weise erweitert sind, werden wir neue Botschaften empfangen, und unsere Evolution wird sich dermaßen beschleunigen, daß uns schwindelig wird. Wir werden möglicherweise imstande sein, uns allein dadurch zu heilen, daß wir positiv über uns denken. Vielleicht wird es uns möglich sein, Gliedmaßen nachwachsen zu lassen, unsere Intelligenz zu steigern und sogar 500 Jahre oder länger zu leben.

Falls wir lernen, als menschliche Gattung zusammenzuleben, werden wir nicht bloß die derzeitige Welt überleben, sondern wir werden sie neu erschaffen und darüber hinaus andere Welten, die alles, was wir uns derzeit erträumen, übersteigen. Die Intelligenz des Körperquants ist absolut unbegrenzt.

Literaturverzeichnis

Albert, David Z.: «How to Take a Photograph of Another Everett World», Arbeits-
papier für die Konferenz ‹New Techniques and Ideas in Quantum Measurement
Theory›, veranstaltet von der New York Academy of Sciences, 21.-24. Januar 1986.

Angel, Jack E.: *Physicians' Desk Reference*, Medical Economics, 1984.

Bass, L.: «A Quantum Mechanical Mind-Body Interaction», *Foundations of Physics* 5,
Nr. 1 (1975): 159.

–: «Biological Replication by Quantum Mechanical Interactions», *Foundations of
Physics* 7, Nr. 3 & 4 (April 1977): 221.

–: «The Mind of Wigner's Friend», *Hermathena: A Dublin University Review* 7, Nr. 62
(1971).

Becker, Robert O., und Gary Selden: *The Body Electric. Electromagnetism and the
Foundation of Life*, New York (Morrow) 1985.

Bevan, James: *The Simon and Schuster Handbook of Anatomy and Physiology*, New
York (Simon & Schuster) 1978.

Bialek, William, und Allan Schweitzer: «Quantum Noise and the Threshold of
Hearing», *Physical Review Letters* 54, Nr. 7 (Februar 1985): 725.

Blounston, Gary: «Cancer: The New Synthesis. Prevention», *Science* 84 5, Nr. 7
(September 1984): 36.

Blum, Harold F.: *Time's Arrow and Evolution*, 3. Auflage Princeton (Princeton
University Press) 1968.

Bodanis, David: *The Body Book*, Boston (Little, Brown) 1984.

Brancazio, Peter J.: *Sport Science: Physical Laws and Optimum Performance*, New York
(Simon & Schuster) 1984.

Bush, Hayden: «Cancer: The New Synthesis. Cure», *Science* 84 5, Nr. 7 (September
1984): 34.

California Driver's Handbook, Sacramento, Calif., (Department of Motor Vehicles)
1981.

Cameron, John R., und James G. Skofronick: *Medical Physics*, New York (John Wiley &
Sons) 1978.

359

Chabre, Marc: «From the Photon to the Neuronal Signal», *Europhysics News* 16, Nr. 5 (Mai 1985).

Cohen, John, und John H. Clark: *Medicine, Mind, and Man: An Introduction to Psychology for Students of Medicine & Allied Professions*, San Francisco (W. H. Freeman) 1979.

Colgan, Michael: *Your Personal Vitamin Profile*, New York (Quill) 1982.

Collier, R. John, und Donald A. Kaplan: «Immunotoxins», *Scientific American* 251, Nr. 1 (Juli 1984): 56.

Combs, C. Murphy: *Webster's Illustrated Family Medical Encyclopedia*, New York (Bonanza Books) 1976.

Comfort, Alex: *Reality & Empathy: Physics, Mind, and Science in the 21st Century*, Albany, N. Y., (State University of New York Press) 1984.

Da Free John: *The Transcendence of Ego and Egoic Society*, Clearlake, Calif., (Johannine Daist Dommunion) 1982.

–:*A Call for the Radical Reformation of Christianity*, Clearlake, Calif., (Johannine Daist Communion) 1982.

–: *The Transmission of Doubt*, Clearlake, Calif., (Dawn Horse Press) 1983.

–: *Easy Death*, Clearlake, Calif., (Dawn Horse Press) 1983.

–: *Scientific Proof of the Existence of God Will Soon Be Announced by the White House!*, Clearlake, Calif., (Dawn Horse Press) 1980.

Deakin, Michael A. B.: «The Physics and Physiology of Insect Flight», *The American Journal of Physics* 38, Nr. 8 (August 1970): 1003.

Dickerson, Richard E.: «The DNA Helix and How It Is Read», *Scientific American* 249, Nr. 6 (Dezember 1983): 94.

Dossey, Larry: *Space, Time, & Medicine*, Boulder, Colo., (Shambhala) 1982.

–: *Beyond Illness: Discovering the Experience of Health*, Boulder, Colo., (Shambhala) 1984.

Durdin-Smith, Jo, und Diane DeSimone: *Sex and the Brain*, New York (Arbor House) 1983.

Eccles, Sir John, und Daniel N. Robinson: *The Wonder of Being Human*, New York (Free Press) 1984.

Einstein, Xavier: *Trivia Mania: Science and Nature*, New York (Zebra Books) 1984.

Fadiman, James, und Robert Frager: *Personality and Personal Growth*, New York (Harper & Row) 1976.

Feynman, Richard P., Robert B. Leighton und Matthew Sands: *The Feynman Lectures on Physics: Quantum Mechanics*, Reading, Mass., (Addison-Wesley) 1965.

Feynman, Richard P., Robert B. Leighton und Matthew Sands: *The Feynman Lectures on Physics: The Electromagnetic Field*, Bd. 2. Reading, Mass., (Addison-Wesley) 1965.

Fjermedal, Grant: *Magic Bullets*, New York (Macmillan) 1984.

Fries, James F., und Lawrence M. Crapo: *Vitality and Aging: Implications of the Rectangular Curve*, San Francisco (W. H. Freeman) 1981.

Fullerton, Gary D.: «Basic Concepts of Nuclear Magnetic Resonance Imaging», *Magnetic Resonance Imaging* 1 (1982): 39-55.

Gabler, Raymond: *Electrical Interactions in Molecular Biophysics*, New York (Academic Press) 1978.

Gray, Henry: *Anatomy, Descriptive and Surgical*, 15. Aufl., New York (Bounty Books) 1977.

Haldane, J. B. S.: «On Being the Right Size», *Possible Worlds*, New York (Harper & Bros.) 1928; Neuausgabe 1956, und *The World of Mathematics*, Bd. 2, hrsg. v. James R. Newman, New York (Simon & Schuster) 1956.

Hay, Louise L.: *Heal Your Body*, 3. Aufl., Los Angeles (Louise L. Hay) 1981.

Hayflick, L., und P. S. Moorhead: «The Serial Cultivation of Human Diploid Cell Strains», *Experimental Research* 25 (1961): 585.

Ho, Chien (Hrsg.): *Hemoglobin and Oxygen Binding*, New York (Elsevier) 1982.

Hobbie, Russell K: *Intermediate Physics For Medicine and Biology*, New York (John Wiley & Sons) 1978.

Hochstim, Adolf R.: «Nonlinear Mathematical Models for the Origin of Asymmetry in Biological Molecules», *Origins of Life* 6 (1975): 317-66.

Hoyle, Fred: *The Intelligent Universe*, New York (Holt, Rinehart & Winston) 1984.

Hubel, David H., und Torsten N. Wiesel: «Brain Mechanisms of Vision», *The Brain: A Scientific American Book*, San Francisco (W. H. Freeman) 1979.

Huisman, T. H. J., und W. A. Schroeder: *New Aspects of the Structure, Function, and Synthesis of Hemoglobins*, Cleveland, Oh., (CRC Press) 1971.

Hunter, Tony: «The Proteins of Oncogenes», *Scientific American* 251, Nr. 2 (August 1984): 70.

Isaacs, James P., und John C. Lamb: *Complementarity in Biology: Quantization of Molecular Motion*, Baltimore (Johns Hopkins Press) 1969.

Krishnamurti, J., und David Bohm: *The Ending of Time*, San Francisco (Harper & Row) 1985.

Kunz, Jeffrey R. M. (Hrsg.): *The American Medical Association Family Medical Guide*, New York (Random House) 1982.

Leach, C. S.: «The Endocrine and Metabolic Response to Space Flight», *Medicine and Science in Sports and Exercise* 15 (1983): 432.

Lehmann, H., und R. G. Huntsman: *Man's Haemoglobins*, Amsterdam (North-Holland) 1974.

Lehninger, Albert L.: *Bioenergetics: The Molecular Basis of Biological Energy Transformations*, New York (W. A. Benjamin) 1971.

Levine, Michael W., und Jeremy M. Shefner: *Fundamentals of Sensation and Perception*, New York (Addison-Wesley) 1981.

Littler, T. S.: *The Physics of the Ear*, New York (Macmillan) 1965.

Löwdin, Per-Olov: «Effect of Proton Tunneling in DNA on Genetic Information and Problems of Mutations, Aging, and Tumors», *Quantum Aspects of Polypeptides and Polynucleotides*, hrsg. v. M. Weissbluth, New York (Interscience) 1964.

–: «Some Aspects of Quantum Biology», *Quantum Aspects of Polypeptides and Polynucleotides*, hrsg. v. M. Weissbluth. New York (Interscience) 1964.

McKeon, Richard: *Introduction to Aristotle*, 2. Aufl., Chicago (University of Chicago Press) 1973.

Mercer, E. H.: *The Foundations of Biological Theory*, New York (John Wiley & Sons) 1981.

Mindell, Arnold: *Dreambody: The Body's Role in Revealing the Self*, Santa Monica, Calif., (Sigo Press) 1982.

Mindell, Earl: *Vitamin Bible*, New York (Warner Books) 1979.

Morehouse, Laurence E., und Leonard Gross: *Total Fitness in 30 Minutes a Week*, New York (Simon & Schuster) 1975.

Moskowitz, Mark A., und Michael E. Osband: *The Complete Book of Medical Tests*, New York (W. W. Norton) 1984.

Mourant, Arthur E.: «Why Are There Blood Groups?», *The Encyclopaedia of Ignorance: Everything You Ever Wanted To Know about the Unknown*, hrsg. v. Ronald Duncan und Miranda Weston-Smith, Elmsford, N. Y., (Pergamon Press) 1977.

Nomura, Masayasu: «The Control of Ribosome Synthesis», *Scientific American* 250, Nr. 1 (Januar 1984): 102.

Oberg, Alcestis, und Daniel Woodard: «Anti-Matter Probes», *Science Digest* (April 1982): 54.

Pearson, Durk, und Sandy Shaw: *The Life Extension Companion*, New York (Warner Books) 1984.

–: *Life Extension: A Practical Scientific Approach*, New York (Warner Books) 1982.

Perutz, M. F., und H. Lehmann: «Molecular Pathology of Human Haemoglobin», *Nature* 219 (August 1968): 902.

Pritchard, Roy M.: «Stabilized Images on the Retina», *Scientific American* (Juni 1961).

Pullman, Bernard: «Aspects of the Electronic Structure of the Nucleic Acids in Relation to the Theories of Mutagenesis and Carcinogenesis», *Quantum Aspects of Polypeptides and Polynucleotides*, hrsg. v. M. Weissbluth, New York (Interscience) 1964.

The Rand McNally Atlas of the Body and Mind, New York (Rand McNally) 1976.

Rensberger, Boyce: «Cancer: The New Synthesis. Cause», *Science* 84 5, Nr. 7 (September 1984):28.

Roberts, Jane: *The Unknown Reality*, Bd. 1, Englewood Cliffs, N. J., (Prentice-Hall) 1977.

Robson, John: *Basis Tables in Physics*, New York (McGraw-Hill) 1967.

Rosenblatt, Allen D., und James T. Thickstun: «Modern Psychoanalytic Concepts in a General Psychology. Part One: Concepts and Principles; Part Two: Motivation», *Psychological Issues* 11, nos. 2 & 3. New York (International Universities Press) 1977.

Ross, John: «The Resources of Binocular Perception», *Scientific American* 234 (März 1976): 80.

Ryan, Regina Sara, und John W. Travis: *The Wellness Workbook*, Berkeley, Calif., (Ten Speed Press) 1981.

Scientific American Books: *The Brain*, San Francisco (W. H. Freeman) 1979.

–: *The Molecular Basis of Life*, San Francisco (W. H. Freeman) 1968.

–: *The Chemical Basis of Life*, San Francisco (W. H. Freeman) 1973.

Teyler, Timothy J.: *A Primer of Psychobiology: Brain and Behavior*, New York (W. H. Freeman) 1984.

Tibbetts, Paul (Hrsg.): *Perception: Selected Readings in Science and Phenomenology*, New York (Quadrangle) 1969.

Thomas, Lewis: *The Lives of a Cell: Notes of a Biology Watcher*, New York (Viking) 1974.

Unwin, Nigel, und Richard Henderson: «The Structure of Proteins in Biological Membranes», *Scientific American* 250, Nr. 2 (Februar 1984): 78.

Vannini, Vanio, und Giuliano Pogliani: *The Color Atlas of Human Anatomy*, übers. u. bearb. v. Richard T. Jolly, New York (Harmony Books) 1980.

Watson, James D., John Tooze und David T. Kurtz: *Recombinant DNA: A Short Course*, New York (Scientific American Books) 1983.

Webb, S. J.: *Nutrition, Time, and Motion in Metabolism and Genetics*, Springfield, Ill., (Chalres C. Thomas) 1976.

Weinberg, Robert A.: «A Molecular Basis of Cancer», *Scientific American* 249, Nr. 5 (November 1983): 126.

Wilmore, Jack H., und Dorothy Schefer: «Ideal Weight: New Thinking on Losing, Gaining, Maintaining», *Vogue* (Dezember 1984).

Wolf, Fred Alan: *Star Wave: Mind, Consciousness, and Quantum Physics*, New York (Macmillan) 1984.

–: *Taking the quantum Leap: The New Physics for Nonscientists*, San Francisco (Harper & Row) 1981.

–: «Trans-World I-Ness: Quantum Physics and the Enlightened Condition», *Humor Suddenly Returns: Essays on the Spiritual Teaching of Master Da Free John*, Clearlake, Calif., (Dawn Horse Press) 1984.

–: «The Quantum Physics of Consciousness: Towards a New Psychology», *Integrative Psychiatry* 3, Nr. 4 (Dezember 1985): 236.

Wronski, T. J.: «Alterations in Calcium Homeostasis in Bone During Actual and Simulated Space Flight», *Medicine and Science in Sports and Exercise* 15 (1983): 410.

Yogananda, Paramahansa: *Autobiography of a Yogi*, Los Angeles (Self-Realization Fellowship) 1973.

Yuspa, Stuart H.: «Chemical Carcinogenesis Related to the Skin: Parts I and II», *Progress in Dermatology* (Dezember 1981 und März 1982).

Zicree, Marc Scott: *The Twilight Zone Companion*, New York (Bantam) 1982.

Personen- und Sachregister

Agglutination 245 ff.

AIDS 143, 243

Akne 279

Altern 21, 285, 287, 302

Aristoteles 16, 357 f.

Arthritis, rheumatische 288

Asthma 235

Atemfrequenz → Frequenz

Arteriosklerose 231, 286, 288, 312

Atmen → Atmung

Atmung (Atmen, Ausatmung, Einatmung) 26, 52, 80, 90, 212, 222 f., 234 ff., 249, 263, 357

Atmungszyklus 251

Aufbau → Körperaufbau

Auge 165, 189 f., 193 ff., 198-201, 204-207, 222, 231

–, dichromatisches 205

–, monochromatisches 203

–, trichromatisches 207

Ausatmung → Atmung

Avogadro, Amadeo 82

Avogadrosche Zahl 82

Baby Fae 220

Becker, Robert O. 162

Belastung (Druck-, Zugbelastung) 41-44, 46, 48

Bell, Alexander Graham 175

Beobachtereffekt 12, 17, 22, 24 ff., 28, 61, 66, 104, 109, 118, 124, 135 f., 179, 195, 244, 256, 262, 264 f., 268, 300, 313, 321, 340, 343

Beobachtung 21-24, 341

–, bewußte 21 f.

–, unbewußte 21

Bernoulli, Daniel 224 ff., 229

Bewegung 17, 19, 21 ff., 26 ff., 50 f., 57, 63 f., 71, 73, 90, 106, 152, 185, 189, 234 f., 257, 263, 276, 278, 331, 334, 356

Bewußtheit 136, 144

Bewußtsein(s) 8 f., 12 f., 15 f., 24-28, 52, 61 f., 64, 66, 70, 72 f., 104 ff., 108 f., 114, 118, 129, 136, 142, 144, 185, 195, 198, 209, 244, 255 f., 260, 263-266, 268, 271, 275, 293, 296, 299 f., 302, 313, 320, 322, 325 ff., 330, 336, 342, 345, 348, 353 f., 357 f.

-revolution 275

-spaltung 262

Bialek, William 179,181

Bild 189-192, 199

Bildwahrnehmung → Wahrnehmung, visuelle

Bioenergetik 109

Biofeedback 22, 108, 231, 262 f., 332
Biosynthese 109, 112 f.
Blausucht 242
Blut 7, 19, 31, 38, 67 ff., 89, 164 f., 212, 214 ff., 220, 224-227, 229, 231 ff., 237-240, 242-247
-bahn 147
-druck 7, 31, 68, 222, 224-226, 229-232, 236, 262
-fluß → Blutströmung/-strom
-gefäße 31, 48, 67 f., 222
-gruppen (Bluttypen) 237, 244 ff.
-körperchen, rote 227, 229, 231, 239 f., 242, 244, 246 f.
-plasma 245 ff.
-strömung/-strom (Blutfluß) 225 ff., 240, 245, 247, 290
–, laminare 228 ff.
–, turbulente 228, 230
-system 237
-transfusion 243
-typen → Blutgruppen
-zellen 243
-zirkulation/-kreislauf 69, 90
Bohm, David 336
Bohr, Niels 8, 270
Brancazio, Peter J. 259
Brenner, Douglas 162
Bronowski, Jacob 8
Buddhismus 278
Bush, Haydn 295

Cameron, John R. 39, 91, 164
Chemotherapie → Krebstherapie
Clark, Barney 220
Crapo, Lawrence M. 285, 288 f.
Crick, Francis 125

Dailey, George E. 49
Darwin, Charles 144
Deakin, Michael A. B. 258
Depressionen 56, 276, 281 f., 288
Descartes, René 16

Diabetes (Zuckerkrankheit) 7, 285-288, 312
Dickdarmentzündung 288
Diffusion 238
Diphtherie 285, 289
Donne, John 104
Doppelspalt-Experiment 23
Dossey, Larry 13
Druck (Luftdruck) 41, 44, 84, 183, 222-226, 228, 230-236, 239, 356
–, diastolischer 224, 231
–, kritischer 230
–, systolischer 224, 231
-belastung → Belastung
-festigkeit 44
-unterschied 224 f.
-welle 120

Einatmung → Atmung
Einschlußkörperchenanämie 242
Einstein, Albert 11, 81, 87, 270, 337
Elektroenzephalogramm (EEG) 154, 162
Elektrokardiogramm (EKG) 154, 213, 216, 218 f., 221
Elektromyogramm (EMG) 154
Elektronenatmung 250 f., 253
Elektroretinogramm (ERG) 154
Emphysem 20, 235, 283, 288, 312
Energie 8, 12, 17, 19 f., 22, 51-54, 58 ff., 62-65, 78-87, 90, 92 f., 98-101, 103, 106, 108 f., 111, 113-117, 133, 150, 160, 165 ff., 170 f., 176, 194, 197, 201, 203, 211 f., 225, 232 f., 235, 239, 248-253, 271 ff., 277, 302, 309, 325, 337, 340, 343, 346, 348, 350, 354, 356 f.
–, elektromagnetische 192 f.
–, entropische 84
–, kinetische 51, 53, 81, 83, 90, 92, 107, 225 f., 235
–, potentielle 81, 83, 90, 108, 225 f.

-änderung → Energieumwandlung
-bedarf 55, 101
-erzeugung 21, 54, 86
-kreisläufe 82 f., 251
-mangel 55
-umwandlung (Energieänderung)
    79, 81, 84, 87, 90 ff., 109, 345,
    347 f., 352
-verbrauch 90 f.
Engel, George 11
Entropie 63 f., 83 ff., 87, 103 f.,
    106 f., 113, 293 f., 314
Ernährung → Nahrung
Evolution 24, 54, 135, 142 ff., 199 f.,
    208 f., 238, 248, 261 ff., 267, 269,
    331, 356, 358

Farbempfindlichkeit 208
-unterschiede 207
-wahrnehmung (Farbensehen)
    192, 199 ff., 203
Farbenblindheit 199, 205, 208
Farbensehen → Farbwahrnehmung
Feinstein, Bertram 260
Feld
-, elektrisches 150, 152 ff., 158 f.,
    162, 164 f., 213 f., 217 ff., 328
-, magnetisches (Magnetfeld)
    154, 162-170, 217
Fitneß 66 ff., 283
-training 66
Fliehkraft (Zentrifugalkraft) 47
Freedman, Alfred M. 14
Frequenz (Atem-, Schallfrequenz)
    88, 154, 165, 169 f., 174, 180 f.,
    186, 193 f., 201, 236, 255, 263,
    271 ff., 277, 318, 349
-empfindlichkeit 177
Freud, Sigmund 61, 63, 322 ff.,
    333 f., 338, 351,
Fries, James F. 285, 288 f.

Galilei, Galileo 18, 29, 89
Galvani, Luigi 153

Ganzheit → Konzept,
    ganzheitliches
Gaußsche Kurve 203
Gehirnschlag 220
Gehirnzellen 255, 336
Gehörsinn 342
Geist 14 f., 21, 25, 196, 198, 255 f.,
    258, 260 f., 264 f., 275, 282, 290,
    315, 318, 322, 330, 341 f., 355,
    357
Gelenk(e) 38 ff.
-schmiere 38 f.
Gershwin, Ira 88
Geruchssinn 89, 342
Geschlechtszellen 139, 144
Geschmackssinn 89, 342
Gesichtssinn 342
Gesundheit(s) 14, 18, 66-69, 79,
    262, 276, 299, 312, 315, 320, 323,
    353 f.
-verhalten 285
Gewichtskontrolle 101
Gleichgewichtssinn 185
Glykolyse 101, 252
-, aerobe 51, 54, 65, 239, 250
-, anaerobe 51, 54 f., 65, 249
Gray, Henry 263
Grippe 285
Gross, Leonard 95
Grundumsatz 90-93, 98 ff., 287
Gürtelrose 279

Haldane, J. B. S. 30
Halluzinationen 199
Haßprinzip 116
Hautzellen 293
Hay, Luise L. 276
Hayflick-Grenze 292 f.
Hayflick, Leonard 292
Hebb, D. O. 189
Heilung/Heilen 26, 256, 271, 281,
    315, 328
Henderson, L. J. 239
Heron, Woodburn 189

Herz 19, 28, 170, 212-224, 226 ff.,
231 ff., 239, 258, 263-267
-infarkt 213, 232
-muskeln 55 f., 108, 213 f., 232, 264
-rhythmus 221
-rhythmusstörungen 188
-schlag-Zyklus/Herzschlag 88 f.,
215 f., 219, 232, 261-264, 267
-zellen 92, 108
Hilbert-Raum 338, 340, 351
Hirntumor 172
Hochstim, Adolf 120
Hodgkin-Krankheit 288
Hörmechanismus 179
-probleme 60
-schwelle 181, 195
-vermögen 178
Hookesches Gesetz 42
Hoyle, Sir Fred 124, 269 f.
Husten 276

Ichbildung 333, 336
-Erweiterung 348, 351, 353 f.
-Grenzen/-Beschränktheit 345,
353 f.
Immunsystem/-abwehr 7, 299, 326
Impedanz 182, 184, 187
Impuls(e) 45, 162, 193, 276-279,
343
–, elektrische 148, 158, 179, 186
Initialwärme 62
Intelligenz 28, 103, 113, 118, 124 f.,
129-132, 134 f., 144, 270, 320,
358 f.
Intuition 278, 288, 322, 343
–, gestörte 279

Jampolsky, Gerald 300
John, Da Free 333, 335, 342, 354
Josephson, Brian 162
Josephson-Übergang 162
Jung, C. G. 324, 338

Kalorien 90 ff., 95, 99 ff.

-verbrauch 98
Kaufman, Lloyd 162
Kehlkopfentzündung 60
Kernresonanz 162, 166, 171 f.
Kernresonanz-Tomographie 148
Keuchhusten 285
Kinderlähmung 245, 285, 301
Klimakterium 49
Knochen 19 f., 30 f., 36-42, 44, 46,
48 ff., 57, 103, 176, 178, 182
-bildner (Osteoblasten) 49
-brecher (Osteoklasten) 49
-bruch 44
-dichte 50
-gewebe 48
-mark 240, 242, 293
-mineral 37 f., 40, 42
-rinde 40 f., 43, 45
-schwammwerk 40 f., 43 f.
-verlust 49
-zellen 48 f.
Knorpel 38 f., 48
Körper
-arbeit 324
-aufbau 103-106, 108 f., 113 f., 127,
136 f.
-elektrizität 153
-Geist 263, 341 f., 351 f., 355
-quant 25, 66, 76, 87, 104 f., 118,
124, 135 f., 192, 209, 244, 255,
281, 313, 328, 343, 358 f.
-rhythmus (Rhythmus) 88 ff.
-sprache 60
-temperatur-Zyklus/Körpertempe-
ratur 88 f., 261, 263
Kollagen 40, 42
Komplementarität(s) 12, 314, 339,
351
-prinzip 203
Kontraktion → Muskelkontraktion
Konzept, ganzheitliches
(Ganzheit) 13, 352
Kopenhagener Deutung 12
Kopfschmerzen 59, 284

Krankheit 21, 67, 281 f., 284-287, 290, 320, 322, 324, 326 ff., 331 ff.
–, quantenmechanische/–, quantenphysikalische 282, 286, 288 ff., 292, 303, 312 f., 315
–, klassisch-mechanische/–, klassisch-physikalische 286, 289 f,. 312
Krebs 14, 20, 119, 127, 171, 250, 276, 283, 285 f., 288, 290 ff., 295 f., 298 f., 301, 312
-forschung 298
-therapie (Chemo-, Strahlentherapie) 295
-zellen 249, 292 ff., 296, 298, 300, 311
-Zyklus 52 f., 86, 212, 250-253
Kreislauf(-system) 68, 238 f.
Krishnamurti, Jiddu 333, 336
Kunstherz 220 f.
Kurzsichtigkeit 60

Lautstärke, wahrgenommene 175
Leach, C. S. 48
Lebensdauer 286 f., 290, 292
Leberzirrhose 283
Lehninger, Albert L. 109, 111
Leib-Seele-Wechselwirkung 55 f.
Leukämie 300
Libet, Benjamin 260
Libido, Freudsche 63
Licht 191, 193-196, 198-205, 207 f.
-geschwindigkeit 81, 193
-intensität 200
-wahrnehmung 196
-wellen 191, 194, 196, 201
Löwdin, Per-Olov 302
Luftdruck → Druck
Luftkrankheit 185
Lunge(n) 19, 33 ff., 214 f., 227, 233 ff., 238 f., 261, 284, 290, 297, 299
-entzündung 285
Lust 63, 77, 323, 334, 345, 348-351, 353

Magnetfeld → Feld, magnetisches
Magnetismus 163
Magnetocardiogramm (MCG) 164
Magnetoenzephalogramm (MEG) 162 ff.
Masern 285, 289
Materie 8, 16 f., 21, 104, 120, 153, 191, 256, 328, 337
–, atomare 17 f.
–, lebende 19
–, subatomare 17 f.
–, tote, träge 19
Mechanik, Newtonsche/–, klassische 12, 289
Meditation 98, 216, 262
Mendel, Gregor 137
Mercer, E. H. 141
Midlife-crisis 275
Mindell, Arnold 324
Momente, magnetische 167, 169
Moorhead, P. S. 292
Morehouse, Laurence E. 95
Müdigkeit 52-56, 59, 61, 249
Muskel(n) 53-62, 64, 66-76, 101, 106, 154 f., 176, 234 ff., 249, 255, 275, 322
-arbeit 62
-dystrophie 288
-entspannung 56, 65
-gewebe 62, 103
-gruppen 22, 28, 257
-kater 253
-kontraktion (Kontraktion) 56-59, 61 f., 69-76
-schmerzen 59, 61
-verkrampfung/-krampf 54, 60 f.
-verspannung 61
-zellen 52-55, 57, 61 f., 64, 67, 69 ff., 76, 153, 213 f., 249

Nahrung[s] (Ernährung) 26, 28, 49 f., 77-80, 82, 86, 90, 98, 100 f., 103, 106, 133, 200, 211, 221, 248, 250, 273 f., 296

-energie 51, 81, 104, 273
Nerven 48, 75, 161 f., 255, 258, 286, 322
–, afferente 262 f.
–, efferente 263
-impulse 22, 64
-system 17, 61, 66, 129, 148, 153, 156, 184, 186, 195, 255, 257 f., 261, 266, 338, 351
–, autonomes [ANS] (Sympathikussystem) 55, 261 ff.
–, vegetatives 56
-zellen 70, 152-156, 213 f., 263, 286, 339
Newton, Sir Isaac 16, 18 f., 29
Nichtraum 278
Nichtzeit 278
Nierenausscheidungs-Zyklus 88

Ohr 173 f., 177-180, 186, 272
-muskeln 62
Orgonenergie 63 f.
Osteoarthritis 288, 312
Osteoblasten → Knochenbildner
Osteoklasten → Knochenbrecher
Osteoporose 49 f.
Otosklerose 178

Parallelwelten-Hypothese/-Theorie 321, 326
Parker, J. F. 95
Passmore, R. 93
Paulisches Ausschließungsprinzip 117
Pearson, Durk 293
Perutz, M. F. 242
Plancksche Konstante 169, 194
Pocken 285, 289
Poiseuille, Jean Marie 227 f.
Polycythamie 242
Positronen-Emissions-Tomographie 148, 172
Pritchard, Roy 189

Promoter-Theorie 299
Propriozeption 70 ff.

Quanten
-korrelation 107
-mechanik 12 ff., 169, 191, 289 f., 301
-potentialenergie 81
-sprünge 160, 171, 340
–, äußere 149
–, innere 149
-wellenfunktion → Quiff
Quiff (Quantenwellenfunktion, Wahrscheinlichkeitswelle) 22, 64, 74, 108, 114 f., 264 ff., 268 f., 271, 277, 314 f., 317 ff., 322, 340, 343, 353

Raum 16, 18, 21, 24, 27, 63 f., 118, 153, 195, 257, 265, 269, 271, 276 ff., 325, 328, 339, 345, 348 f., 351, 353
Reaktionsprinzip, Newtonsches 44
Reaktionszeit 259 f.
Regenerationswärme 62
Reich, Wilhelm 61-64, 324
Relativitätstheorie 81
Resonanz, magnetische 165
Reynoldsche Zahl 229
Reynolds, Osborne 229 f.
Rhesusfaktor 246 f.
Rhythmus → Körperrhythmus
Roberts, Jane 336
Robson, John S. 93
Röntgenstrahlen 37, 50, 166, 172, 244
Röntgen-Tomographie, computerisierte 148
Rückenschmerzen 59
–, chronische 60
Rückgratverkrümmung 49
Rückkoppelungsschleife 66, 71 f., 76
Ruhemasse 81

Ruhemasseenergie 81
Ruhewärme 62

Sagan, Carl 13
Sauerstoff 34 f., 51-56, 65, 67 ff.,
    82, 84-87, 89, 93, 133, 149 f.,
    211 ff., 221, 227, 232 f., 237 ff.,
    242, 248-251, 253
-mangel 68, 284
-verbrauch 92, 95
-verbrauchs-Zyklus 88
Schall 173 ff., 177, 179 f., 182, 184
-energie 182
-frequenz → Frequenz
-geschwindigkeit 174, 180, 182, 186
-intensität 174 f., 181
-welle 22, 174, 176 f., 179-182,
    185-188, 192, 318
Schizophrenie 288
Schlaf- und Wach-Zyklus 88 f.
Schlaganfall 19, 31, 231
Schroeder, William 220
Schrödinger, Erwin 74 f.
Schuppenflechte 279, 288
Schweitzer, Allan 179, 181
Schwerelosigkeit 48
Schwerkraft 31 f., 47 f., 71, 80, 258
Schwingungsenergie 107
Seekrankheit 185
Seele 8, 13, 16, 21, 25, 55, 61, 136
Sehschwelle 195
Sehvorgang 195
Selbst-Einengung 342, 348, 352 f.
-Erhaltung 342
-erkenntnis 108
-mord 285
Serling, Rod 328 f.
Sexualität/Sex 63, 136, 144, 354
Sherrington, Charles Scott 70 f.
Simonton, Carl 300
Sinnestäuschungen 199
Skelett 20, 37, 44, 47-50, 222
-muskeln/-muskulatur 55 ff., 92
-muskelzelle 57, 248

Sklerose, multiple 156, 288
Skofronick, James G. 39
Sollwert-Theorie 101
Sonnenbrand 166
Sport 27, 66 ff., 253, 259
Stefan-Boltzmann-Gesetz 19
Stevens, S. S. 175
Stoffwechsel 52, 90, 93, 101 f.,
    108, 147, 253
-energie 157, 159
-störung 49
Stoß
–, elastischer 45
–, unelastischer 45
Strahlentherapie → Krebstherapie
Streß 56, 61, 66, 72, 323, 327, 333,
    335 f., 348, 351
–, seelischer 54
-befreiung/-lösung 66, 351
Ströme, elektrische 154, 162
Sympathikussystem → Nerven-
    system, autonomes (ANS)
Syphilis 285, 301

Tastsinn 342
Taubheit 178, 276
Teilbewußtsein 256, 267
Theorie, trichromatische 200 f.
Thermodynamik 81 ff., 85, 90 f., 109
Tod 15, 37, 119, 136, 266, 285 f.,
    288, 302, 315, 320, 324, 354
Transformation 26, 256, 273, 321 ff.,
    338, 345, 355
Traum 321 f., 324, 339
-arbeit 324
-körper 322, 324-331
-wellen 322
Trauma 60 f., 346
Tuberkulose 285, 287, 291
Tomor 188, 299
Tunnelung/Tunneleffekt, quanten-
    mechanischer 302, 310, 313, 315,
    318, 320
Typhus 285, 289

Überbewußtsein 256, 267
Ultraschall 148, 172, 186 ff.
Universum 12 f., 16, 18, 63, 81 ff.,
103, 116, 137, 141, 208, 268, 270,
281, 331, 345, 356
Unschärferelation, Heisenbergsche
12 f., 17, 142, 272, 277, 309

Verdauungsprozeß 80
-störungen 79, 152, 273
Vererbung 137
Verformung 41 f.
Verstopfung 276
Vitalität 284, 286 f., 289 f., 311,
315

Wärmeenergie 83, 85 f., 103
Wahrnehmung 26, 148, 174, 193,
267, 278, 341, 353
–, visuelle (Bildwahrnehmung)
190 ff.
Wahrscheinlichkeitswelle → Quiff
Watson, James 125
Webb, P. 95
Welle-Teilchen-Dualismus 24, 192,
338
West, V. R. 95
Wheeler, John Archibald 8
Wilkens, Maurice 125
Williamson, Samuel 162
Wronski, T. J. 48
Wundbrand 248
Wundstrom 164

Yoga 28
-Atemkunst 234
-System 342
Yogananda, Paramahansa
333, 336, 342
Young-Modul 42, 44
Yuspa, Stuart 299

Zeit 15 f., 18, 21, 118, 257, 265,
269, 271 ff., 325
-sinn 90
Zell(en) 13, 34, 52-57, 63 f., 82, 84,
92, 104 ff., 108-113, 115, 124 f.,
129-134, 137 f., 139 ff., 153, 156,
158 ff., 167, 170 ff., 181, 185,
193, 216 f., 220, 222, 227, 238 f.,
248 f., 271, 288, 292, 294, 297-300,
303, 314, 318, 339 f., 348 f., 351,
354, 357 f.
–, gebundene 293
–, ungebundene 293
-energie 81
-kern 108, 114, 131, 134, 137 f.,
279
-teilung 133, 136, 138, 140, 293
-tod 136 f.
Zentralnervensystem (ZNS)
71, 262 f.
Zentrifugalkraft → Fliehkraft
Zinder, Norton 144
Zirrhose 288, 312
Zuckerkrankheit → Diabetes
Zugbelastung → Belastung

Zu dieser Ausgabe

insel taschenbuch 1497
Fred Alan Wolf
Körper, Geist und neue Physik

Der Text folgt der Ausgabe: Fred Alan Wolf, *Körper, Geist und neue Physik. Eine Synthese der neuesten Erkenntnisse von Medizin und moderner Naturwissenschaft*, Scherz O. W. Barth Verlag, Bern-München-Wien 1989. Die amerikanische Originalausgabe erschien 1986 unter dem Titel *The Body Quantum*, Youniverse Seminars, Inc. Die deutsche Übersetzung besorgte Friedrich Griese. Umschlagabbildung: Arecibo Observatorium. Das Arecibo Observatorium ist dem National Astronomy and Ionosphere Center angeschlossen, das in Zusammenarbeit mit der National Science Foundation von der Cornell University betrieben wird.

Weitere
BÜCHER
ZUR KOSMOLOGIE
im Insel Verlag:

Friedrich Cramer
Der Zeitbaum
Grundlegung einer allgemeinen Zeittheorie

Mit zahlreichen Abbildungen
Etwa 288 Seiten. Gebunden ca. DM 38,–
ISBN 3-458-16523-1

Friedrich Cramer stellt hier einen neuen umfassenden Zeitbegriff vor, der den aktuellen Erkenntnissen in Physik, Philosophie und Kosmologie Rechnung trägt, ganz besonders aber die Erkenntnisse der modernen Biologie berücksichtigt. So ist ein Handbuch entstanden, das dem Wissenschaftler wie dem Laien gleichermaßen zum Lesen und Nachschlagen dienen kann.

Es erscheint nicht mehr länger möglich, mit dem starren Newtonschen Zeitbegriff der Dauer zu operieren: Zeit ist de facto weder gleichförmig noch reversibel. In einer prozessualen Welt, wie sie die Darwinsche Theorie oder die Urknalltheorie beschreiben, durchschreitet die Zeit selber die Systeme, prägt ihnen ihren Zeitmodus, ihre jeweilige Eigenzeit auf – und doch hängen alle Eigenzeiten in einem einzigen Kosmos irgendwie zusammen.

Für diesen Zusammenhang werden Begriff und Bild des ›Zeitbaums‹ vorgeschlagen: In einem evolvierenden Weltall evolviert die Zeit selber, sie geht durch Verzweigungen, durch Bifurkationen, auch die Zeit hat ihren Stammbaum genauso wie die Elementarteilchen, die Hauptreihensterne, die Mineralien und die Lebewesen. So hat die Zeit einen zweifachen Charakter: In stabilen Systemen (sofern es solche überhaupt gibt) ist sie reversibel und zyklisch: in Planetensystemen, in stabilen Atomen, in Naturkreisläufen, im Herzrhythmus, in gesellschaftlichen Riten.

Aber diese reversibel-zyklischen Systeme sind in der Realität doch nur so etwas wie Warteschleifen, wenn auch teilweise recht langfristige. Irgendwann wird und muß ein jedes zyklisch-iterative System nach den Regeln des deterministischen Chaos über einen ›seltsamen Attraktor‹ in die Situation eines irreversiblen Sprunges, einer Bifurkation, geraten. Auf diese Weise kommt der irreversible Zeitenteil, der Zeitpfeil, zustande.

So ist der Weltprozeß zusammengesetzt aus einem fein abgestimmten Zusammenspiel von ›stabilen‹ Strukturen, Zyklen, Oszillationen, Warteschleifen mit dem reversiblen Zeitmodus tr und Instabilitäten, Sprüngen und Verzweigungen, die den irreversiblen Zeitpfeil ti etablieren. An vielen Beispielen aus Physik, Chemie, Ökologie und Biologie wird das Modell des Zeibaums erläutert.

Jenseits von Einstein
Die Suche nach der Theorie
des Universums
Von Michio Kaku und Jennifer Trainer

Aus dem Amerikanischen von Ilse Davis Schauer
Etwa 260 Seiten. Gebunden ca. DM 38,–
ISBN 3-458-16528-2

Seit Isaac Newton im 17. Jahrhundert seine Theorie der Schwerkraft entwickelte, hat die Physik mit jahrtausendealten Vorstellungen über unser Universum aufgeräumt. Quantenmechanik und Relativitätstheorie revolutionierten für immer unsere Vorstellungen von Raum und Zeit; spätere Theorien, wie beispielsweise die Theorie der »Schwarzen Löcher«, konfrontierten uns erneut mit der Grenze des menschlichen Vorstellungsvermögens.

Albert Einstein arbeitete die letzten Jahre seines Lebens intensiv daran, eine umfassende, die vier Elementarkräfte der Natur vereinheitlichende Theorie zu entwickeln.

Heute glauben anerkannte Physiker, mit dem Superstring-Modell eine solche Theorie gefunden zu haben. Sie unterscheidet sich jedoch von allen vorangegangenen, weil sie von einem fundamental anderen physikalischen Bild ausgeht: Materie besteht nicht aus punktförmigen Teilchen, sondern aus vibrierenden ›Strings‹, die sich, ähnlich wie die Saiten einer Violine, nur in ihren Schwingungsfrequenzen voneinander unterscheiden. Die Superstring-Theorie macht verblüffende Voraussagen über die Zukunft unseres Planeten wie über den Anfang der Zeit noch vor dem Urknall.

Ob die Superstring-Theorie sich schließlich als die langgesuchte einheitliche Feldtheorie erweisen wird, steht noch dahin. Die Verknüpfung von Astronomie, Kosmologie und Quantentheorie bleibt weiterhin zentrale Aufgabe der Wissenschaft.

Der renommierte amerikanische Physiker Michio Kaku schrieb gemeinsam mit der Journalistin Jennifer Trainer ein Buch der Physik für Nichtphysiker. *Jenseits von Einstein* gibt, in einer klaren, auch dem Laien verständlichen Sprache, eine Zusammenfassung der kosmologischen Grundgedanken der letzten Jahre.

Das Buch bietet nicht nur Einblicke in die neuesten Theorien des physikalischen Universums – vom Mikrokosmos der Elementarteilchen bis zum Makrokosmos der Sterne und Galaxien –, sondern zeigt auch die philosophischen Dimensionen, die den großen physikalischen Theorien zugrunde liegen. Ein ausführliches Glossar erläutert die naturwissenschaftlichen Begriffe und Sachverhalte.

Allwissen und Absturz
Der Ursprung des Computers
Von Werner Künzel und Peter Bexte

Mit zahlreichen Abbildungen
Etwa 216 Seiten. Gebunden ca. DM 38,–
ISBN 3-458-16527-4

Kaum eine Wissenschaft der Neuzeit dürfte so geschichtslos angetreten sein wie die Computertheorie. Das System schluckt die Geschichte und läßt so vergessen, daß es seinerseits eine solche hat. Dieser aber haben die Autoren des Bandes nachgespürt, seit sie die logischen Modelle des Scholastikers Raimundus Lullus in die Computersprachen Cobol sowie Assembler übersetzten und sie in einen Berliner Großrechner eingaben. So entstand das ablauffähige Programm »ArsMagna. Autor: Raimundus Lullus, um 1300«. Dieser älteste Systementwurf ist der Ausgangspunkt des Buches; es weist nach, daß die Elektronengehirne einen direkten Draht zu mittelalterlichen Gottesbeweisen haben. In solcher Grenzüberschreitung zeigen die alten Texte plötzlich Spuren des Neuen. Die von Raimundus Lullus ab 1275 entwickelte logische Maschine ist Gestalt gewordene Kosmologie; sie verkörpert Offenbarungswissen, demonstriert die Logik des Universums. In ihrem kombinatorischen Verfahren sind Gottesbeweis und Maschinenbau identisch, sie fallen zusammen, bilden keine Gegensätze. Mit ihr wird ein Feld eröffnet, das sich nicht durch Widersprüche strukturiert, sondern durch Kommunikation von anderweitig Getrenntem. Alles folgt hier ein und derselben Logik, sie durchmißt die gesamte Stufenleiter des Seins, von den Steinen, Pflanzen, Tieren über Menschen, Himmel, Engel bis hinauf zu Gott und wieder hinab. Das Buch handelt von der Geschichte der logischen Kombinatorik aus der Sicht der aktuellen Computertheorie. Dabei werden die entscheidenden Metamorphosen dieser Maschine erfaßt. Die Spur der Ars Combinatoria führt aus der mittelalterlichen Kosmologie in eine Welt technischer Phänomene. Aus der Tradition kabbalistischer Kombinationslogik werden jene Schaltpläne geboren, die die universelle Maschine steuern.

Neben der mathematischen Kombinatorik entdeckte das Barockzeitalter aber auch deren sprachliche Formen: Die Sprachmaschinen eines Harsdörffer fanden ihre Tradierung über die Romantiker und Mallarmé hin zu den konkreten Poeten.

Im Computer schließen sich diese Stränge wieder zusammen. Die alten Texte und die neuen Maschinen demonstrieren auf je besondere Weise die Logik und den Zusammenhang des Universums.

Elisabet Sahtouris
Gaia

Mit einem Vorwort von James E. Lovelock
Aus dem Amerikanischen von Ernst Burkel
Etwa 350 Seiten. Gebunden ca. DM 48,–
ISBN 3-458-16525-8

Die sogenannte Gaia-Theorie ist längst nicht mehr als kauzig in Verruf, sondern hat, nicht zuletzt auch durch die Umweltkonferenz in Rio, wissenschaftliches Ansehen erhalten. Bei dieser Theorie geht es um das Verständnis der Erde als eines lebendigen Systems, eines lebendigen Organismus: sich selbst – nach kritischen, Anfängen – stabilisierend und sich selbst entwickelnd.

Der Name ›Gaia‹, die Bezeichnung für die griechische Erdgottheit, für eine neue Theorie der Erde stammt vom Literatur-Nobelpreisträger William Golding. James Lovelock entwickelte diese Theorie zu einem Globalkonzept: Die Erde ist nicht, wie die Geologen behaupten, eine riesige, größtenteils von Wasser bedeckte Steinkugel, sondern ein Lebewesen, ein einziger großer Organismus. Dieses Konzept, radikaler als das mancher Umweltschutzbewegungen, steht bei Ökologen ebenso wie bei Politologen und Theologen im Brennpunkt der Diskussion.

Elisabet Sahtouris, Schülerin von Lovelock, hat das Konzept fortgeführt und differenziert. Zugleich legt sie in diesem Buch die faszinierende Entwicklungsgeschichte des Planeten Erde in seiner Gesamtheit dar: eine neue Theorie der Evolution.

James Lovelock schreibt in seinem Vorwort: »Von dieser Theorie geht ein großer Impuls zur geophysiologischen Erforschung unseres Planeten aus, und sie befruchtet auch das philosophische Nachdenken darüber, was es für den Menschen heißt, Teil eines lebenden Planeten zu sein... In der Konzeption von Elisabet Sahtouris verbindet sich der wissenschaftlichen Kriterien genügende evolutionstheoretische Aspekt des Gaia-Modells mit der dem Menschen eigentümlichen Suche nach seinen Wurzeln zu einer Synthese, die es uns ermöglicht, aus der bereits einige Milliarden Jahre bestehenden Erfahrung der Erde in der Selbstorganisation funktionstüchtiger, lebender Systeme zu lernen. Diese Synthese trägt sowohl den Bedürfnissen unseres Planeten als auch unseren eigenen, spezifisch menschlichen Interessen Rechnung, ohne allerdings den Menschen in seinem unreifen Glauben zu belassen, diesen Planeten nach seinem Gutdünken benutzen zu können. Statt dessen täten wir besser daran, uns bei der Organisation unseres Überlebens nach diesem ›gaianischen‹ System zu richten.«

Carol Zaleski
Nah-Todeserlebnisse und Jenseitsvisionen

Aus dem Amerikanischen von Ilse Davis Schauer
Etwa 460 Seiten. Gebunden ca. DM 48,–
ISBN 3-458-16526-6

Was an der Schwelle zum Tod geschieht, ist Thema dieses Buchs, das die zahlreichen neuen Berichte und Studien zu Nah-Todeserlebnissen mit Zeugnissen aus den vergangenen 2000 Jahren vergleicht und dabei auf überraschende Analogien stößt.

Mit ihrem Buch greift die Harvard-Theologin Carol Zaleski in die besonders in den USA heftig geführte Debatte über die Bedeutung der ›Nah-Todeserfahrung‹ ein – dort als ›NDE: Near-Death Experience‹ bezeichnet –, Erfahrungen also von Menschen, die nach ihrem klinischen Tod wieder reanimiert wurden und deren Berichte seither auf sehr kontroverse Reaktionen stoßen.

Auch in Deutschland gewinnt das Thema an öffentlichem Interesse, zum Teil ausgelöst durch die von Elisabeth Kübler-Ross protokollierten Berichte Sterbender und sicherlich auch, weil die Erfahrung derer, die an der Schwelle des Todes standen, vielleicht Aufschlüsse über die ewige Frage verspricht, was und ob uns etwas nach dem Tode erwartet.

Eine breitere Aufmerksamkeit erreichte das Thema mit dem Erscheinen von Raymond Moodys Buch *Leben nach dem Tod*. Die Erfahrungen von Menschen, die nach ihrem Tod ins Leben zurückkamen, entsprechen einem gemeinsamen Muster, das Kübler-Ross und Moody in zwölf bis fünfzehn Punkten beschreiben (u. a. Heraustreten aus dem Körper, Tunnel, Licht, Lebensfilm, Begegnung mit Lichtwesen, Lebensbewertung). Dieses Muster fand sich unabhängig von Alter, sozialer Stellung, ethnischer Zugehörigkeit.

Zaleski hat nachgewiesen, daß zahlreiche historische Quellen ähnliche Berichte aufweisen. So vergleicht sie in einem großen Rückgriff die ›heutigen‹ Nah-Todeserfahrungen und die sogenannten außerkörperlichen Erfahrungen mit den christlichen mittelalterlichen Berichten von Visionen und mystischen Reisen. Diese bestätigen im Prinzip das moderne Muster.

Die Autorin, die sich stets an der absoluten Authentizität des zugrundeliegenden Erlebnisses orientiert, schlägt einen neuen Ansatz vor, um die Sprache der Berichte zu interpretieren. Sie stellt die schöpferische Phantasie und die Kraft der spirituellen Suche in den Mittelpunkt, eher als daß sie die Endgültigkeit, ›Wahrheit‹ oder ›Unwahrheit‹ der Antworten bewertet.

Jacob Needleman
Vom Sinn des Kosmos
Moderne Wissenschaften und
alte Wahrheiten

Aus dem Amerikanischen von Charlotte Franke
Etwa 256 Seiten. Gebunden ca. DM 38,– DM
ISBN 3-458-16524-x

Seit etwa zwei Jahrzehnten vollzieht sich in den westlichen, hochtechnologischen Gesellschaften ein Prozeß der Wiederentdeckung der spirituellen Dimension unserer Existenz. Needlemans Buch ist einer der grundlegenden Texte dieser Rückbesinnung.

Überall, in jedem Winkel der Erde, übt die technische Anwendung wissenschaftlicher Theorien einen dominierenden Einfluß auf das Leben der Menschen aus. Wir sprechen jetzt von mehr als fünf Milliarden Menschen, von riesigen ökonomischen, von biologischen Kräften, die vielleicht sogar mit geologischen Kräften in Zusammenhang stehen. Die Wissenschaft *ist* die moderne Welt. Was können da spirituelle Lehren, was kann hermetisches Wissen bewirken?

Needleman wendet sich gegen den oberflächlichen Pragmatismus einer Wissenschaft, eines scheinwissenschaftlichen Denkens, das nur begrenzte Intentionen und Wünsche befriedigt. Seine Erkenntniskritik an den modernen Wissenschaften resultiert aus seinem Zugang zu den antiken Weisheitslehren: Dort waren die Motive, war die Bedeutung der Frage, des Vorgangs des Fragens ganz anders als in den modernen Wissenschaften. Und dies deshalb, weil die strukturelle Übereinstimmung zwischen Mensch und Kosmos noch nicht zerbrochen war.

Auch die spirituellen Lehren sind aufgebaut in Strukturanalogie zum Universum, sie spiegeln die Ordnung des Kosmos, sind »spiegelkosmische Realität«. Needleman verfolgt zunächst die Geschichte der Medizin in ihren Grundlinien von der Antike über das Mittelalter bis zur Gegenwart. In einem zweiten Abschnitt beschreibt Needleman die Krise der Psychoanalyse, eine Krise, die zu einer Verbindung der kulturellen Techniken des Westens (Psychologie) und Ostens (Meditation) geführt habe, und diskutiert dann das Verhältnis von Spiritualität und moderner Physik. Schließlich untersucht Needleman auch das Phänomen der Magie und magische Praktiken als Grenzphänomene des Wissenschaftlichen. Needleman plädiert, bei aller nötigen Differenzierung, für eine umfassende Reintegration und Humanisierung der Wissenschaften. So bedürfen auch die modernen Wissenschaften der Rückbindung an alte Weisheiten.